U0396102

普通高等教育“十三五”规划教材

服务外包产教融合系列教材

主编 迟云平 副主编 宁佳英

Java程序设计实验实训教程

主 编 蔡木生

副主编 陈建锋 王建红 王吉林 李旭锋

华南理工大学出版社
SOUTH CHINA UNIVERSITY OF TECHNOLOGY PRESS
·广州·

图书在版编目(CIP)数据

Java 程序设计实验实训教程/蔡木生主编．—广州：华南理工大学出版社，2019.6(2020.7 重印)
(服务外包产教融合系列教材/迟云平主编)
ISBN 978－7－5623－5941－8

Ⅰ.①J… Ⅱ.①蔡… Ⅲ.①JAVA 语言－程序设计－高等学校－教材 Ⅳ.①TP312.8

中国版本图书馆 CIP 数据核字(2019)第 097479 号

Java 程序设计实验实训教程
蔡木生 主编

出 版 人：卢家明
出版发行：华南理工大学出版社
(广州五山华南理工大学 17 号楼，邮编 510640)
http://www.scutpress.com.cn E-mail:scutc13@scut.edu.cn
营销部电话：020－87113487 87111048(传真)
总 策 划：卢家明 潘宜玲
执行策划：詹志青
责任编辑：詹志青
印 刷 者：广州市新怡印务有限公司
开 本：787mm×1092mm 1/16 印张：35 字数：871 千
版 次：2019 年 6 月第 1 版 2020 年 7 月第 2 次印刷
定 价：85.00 元

“服务外包产教融合系列教材”
编审委员会

总　序

发展服务外包，有利于提升我国服务业的技术水平、服务水平，推动出口贸易和服务业的国际化，促进国内现代服务业的发展。在国家和各地方政府的大力支持下，我国服务外包产业经过10年快速发展，规模日益扩大，领域逐步拓宽，已经成为中国经济增长的新引擎、开放型经济的新亮点、结构优化的新标志、绿色共享发展的新动能、信息技术与制造业深度整合的新平台、高学历人才集聚的新产业，基于互联网、物联网、云计算、大数据等一系列新技术的新型商业模式应运而生，服务外包企业的国际竞争力不断提升，逐步进入国际产业链和价值链的高端。服务外包产业以极高的孵化、融合功能，助力我国航天服务、轨道交通、航运、医药、医疗、金融、智慧健康、云生态、智能制造、电商等众多领域的不断创新，通过重组价值链、优化资源配置降低了成本并增强了企业核心竞争力，更好地满足了国家"保增长、扩内需、调结构、促就业"的战略需要。

创新是服务外包发展的核心动力。我国传统产业转型升级，一定要通过新技术、新商业模式和新组织架构来实现，这为服务外包产业释放出更为广阔的发展空间。目前，"众包"方式已被普遍运用，以重塑传统的发包/接包关系，战略合作与协作网络平台作用凸显，从而促使服务外包行业人员的从业方式发生了显著变化，特别是中高端人才和专业人士更需要在人才共享平台上根据项目进行有效整合。从发展趋势看，服务外包企业未来的竞争将是资源整合能力的竞争，谁能最大限度地整合各类资源，谁就能在未来的竞争中脱颖而出。

广州大学华软软件学院是我国华南地区最早介入服务外包人才培养的高等院校，也是广东省和广州市首批认证的服务外包人才培养基地，还是我国服务外包人才培养示范机构。该院历年毕业生进入服务外包企业从业平均比例高达66.3%以上，并且获得业界高度认同。常务副院长迟云平获评2015年度服务外包杰出贡献人物。该院组织了近百名具有丰富教学实践经验的一线教师，历时一年多，认真负责地编写了软件、网络、游戏、数码、管理、财务等专业的服务外包系列教材30余种，将对各行业发展具有引领作用的服务外包相关知识引入大学学历教育，着力培养学生对产业发展、技术创新、模式创新和产业融合发展的立体视角，同时具有一定的国际视野。

当前，我国正在大力推动“一带一路”建设和创新创业教育。广州大学华软软件学院抓住这一历史性机遇，与国家发展和改革委员会国际合作中心合作成立创新创业学院和服务外包研究院，共建国际合作示范院校。这充分反映了华软软件学院领导层对教育与产业结合的深刻把握，对人才培养与产业促进的高度理解，并愿意不遗余力地付出。我相信这样一套探讨服务外包产教融合的系列教材，一定会受到相关政策制定者和学术研究者的欢迎与重视。

借此，谨祝愿广州大学华软软件学院在国际化服务外包人才培养的路上越走越好！

国家发展和改革委员会国际合作中心主任

曹文炼

2017年1月25日于北京

前 言

得益于简单、开放、免费、安全、跨平台等先天优势，借助于互联网蓬勃发展的东风，特别是智能手机等电子设备的普及和近年来大数据、人工智能技术的兴起，Java 语言得到广泛使用，连续几年被美国 *IEEE Spectrum* 杂志评为全球最受欢迎的编程语言之一。许多高校都开设一门或多门 Java 课程，然而不同高校间的生源差异较大，人才培养目标不尽相同，在教学内容和教学方式方法上千差万别，迫切需要推广成熟的经验、做法。

本教材集教学知识点与实验实训内容于一体，是应用型本科院校 IT 类专业 Java 程序设计课程近 15 年教学经验的总结，体现了适用、实用、够用、渐进、与时俱进的特点：

(1)适用。本教材适用于应用型本科 IT 类专业(如计算机科学与技术、软件工程、网络工程、物联网工程等)使用，教学内容包含 Java SE 的基本概念、基础知识和基本应用，要求学生具有 C 语言、C++语言、数据库等知识储备，教学目标是为 Java EE、Android 等课程学习打基础，教学课时数建议为64～96学时。

(2)实用。将“夯实基础知识，提高应用能力”的思想贯穿始终。首先，精选了实验内容，前 7 个实验着重强化 Java 编程基础、面向对象知识(类与对象、继承、多态、抽象类与接口、异常等)，后 9 个实验突出 Java 的特色内容，包括泛型与集合、文件与输入输出流、数据库连接、图形界面设计与事件处理、多线程、网络编程等，这些内容有着广泛的应用背景，有利于提高学生的学习兴趣和解决实际问题的能力；其次，每个实验提供了约 10 个例题，是相关知识点的典型应用，供学生在实验、应用时分析、模仿、借鉴之用，有的甚至可以作为基本单元反复使用；再次，推介了一些专业开发工具，如集成开发环境 Eclipse、日志记录工具 Log4j、图形界面设计工具 WindowBuilder、UML 工具 StarUML，以提高学生的专业化水平。

(3)够用。Java 语言的知识点繁杂，涉及领域广泛，教程选取了一些基础、常用的知识点进行教学。这些内容对于大多数学生来说是够用的，不追求大而全，以减轻学生的学习负担，即使还需要掌握其它知识点，以后自学也不难。编程能力是靠多看、多练、多思培养的。全书包含应用例题157题、基础实验73题、提高实验25题，难度、题量适中，只要认真完成，训练量有保证，熟悉、掌握Java SE基础知识不成问题。

(4)渐进。从初学者角度，根据学生认知规律，循序渐进地组织实践内容。每个实验包含实验目的、知识要点与应用举例、实验内容、实验小结四项内容。学生实验前应了解实验的目标、要求，然后学习相关知识点和样例，借鉴解题思路，完成实验任务，再查看小结复习实验要点。分章节实验之后安排了两个综合实训案例，一个是纯软件的院系团学管理系统，另一个是软硬件结合的串口编程，它们都涵盖了多个知识点，需要具备一定的综合应用能力才能完成。以此为参照，学生可以得到启迪，并大胆想象与探索，去设计、实现有一定功能、图文并茂的应用系统，这是课程教学的目标所在。

(5)与时俱进。为展现Java技术的不断发展变化趋势，在实验中融入了一些新知识、新技术，例如，JDK 8对泛型、异常、接口的新支持，单例模式，简单工厂模式；在附录D中对Java 8新增特性(如支持函数式编程、注解和Lambda表达式，新的JavaScript引擎，新的日期API等)进行简介，以拓展学生视野。

注：书中标注“*”的部分内容可以选学。

本书由5位从事Java教学的老师编写，李旭锋编写实验1、实验2与附录A、附录B、附录D，王建红编写实验3～实验5，王吉林编写实验6～实验8及综合案例1(赖俊委同学提供了案例内容与源代码)，蔡木生编写实验9～实验16及附录C，陈建锋编写综合案例2，全书由蔡木生统稿。

本书在编写过程中得到了广州大学华软软件学院国际服务外包人才培训基地宁佳英主任、王佩锋副主任的鼎力支持与帮助，他们对教材写作风格、专业教学如何与国际服务外包对接等提出宝贵意见或建议；期间也得到华南理工大学出版社的悉心指导和帮助。在此一并表示由衷感谢！

由于编者的水平有限，错误之处在所难免，恳请专家和读者批评指正。

编　者

2019年1月

目　录

实验1 Java入门

1.1 实验目的

(1)理解建立Java开发环境的必要性;

(2)掌握JDK的下载与安装方法;

(3)熟悉JDK环境变量的设置;

(4)掌握命令行环境下Java应用程序的创建、编译与运行方法;

(5)能够根据要求，编写简单的Java应用程序;

(6)熟悉命令行环境下目录操作命令的基本用法。

1.2 知识要点与应用举例

1.2.1 基本概念

1. JVM

JVM是Java Virtual Machine的简称，中文名称是Java虚拟机。

JVM是在一台计算机上由软件模拟的计算机，它能读取并处理经编译过的与平台无关的字节码class文件。Java编译器产生class文件，Java解释器负责将class代码生成机器代码在特定平台的JVM上运行。

JVM处于操作系统之上，通过它可执行Java的class文件，层次关系如图1-1所示。

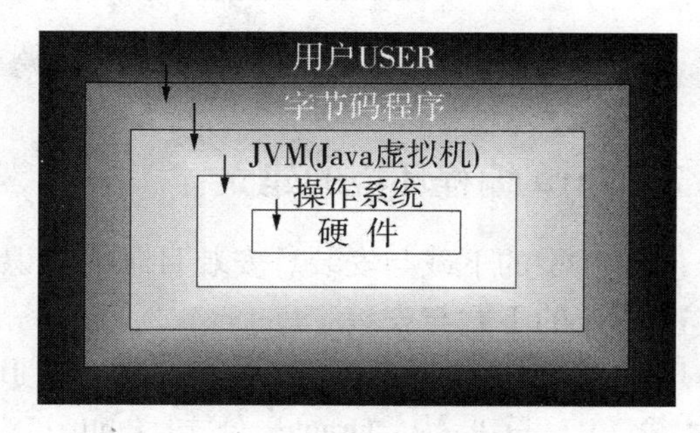

图1-1 JVM的层次关系图

2. JRE

JRE是Java Runtime Environment的简称，即Java运行环境。

可理解：JRE = JVM + Runtime Interpreter(运行时解释器)

其主要功能:

①加载代码，由class loader完成;

②校验代码，由bytecode verifier完成;

③执行代码，由 runtime interpreter 完成。

如果只需要运行 Java 程序，下载并安装 JRE 即可。

3. JDK

JDK 是 Java Development Kit 的简称，即 Java 开发工具集。

开发人员利用 JDK 能够编译、调试和执行 Java 程序。除 JRE 外，JDK 还包括以下开发工具：

编译器（javac）、运行时解释器（java）、文档化工具（javadoc）、调试器（jdb）、Applet 的解释器（appletviewer）、程序打包工具 jar 等。

可理解：JDK = JRE ＋ 开发工具

JVM、JRE、JDK 三者的关系如图 1－2 所示。

假若要自行开发 Java 软件，请下载 JDK。

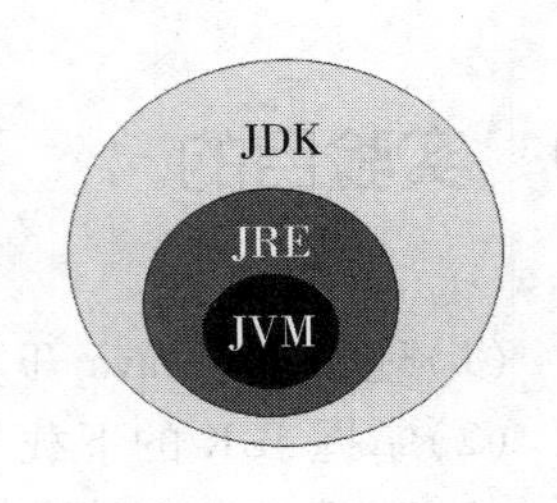

图 1－2　JVM、JRE、JDK 三者关系图

4. Java 程序跨平台运行原理

JVM 依附在具体的操作系统之上，它具有将字节码（.class）转换为特定系统的机器码并运行的功能，所以，Java 程序能够跨平台运行，其原理如图 1－3 所示。

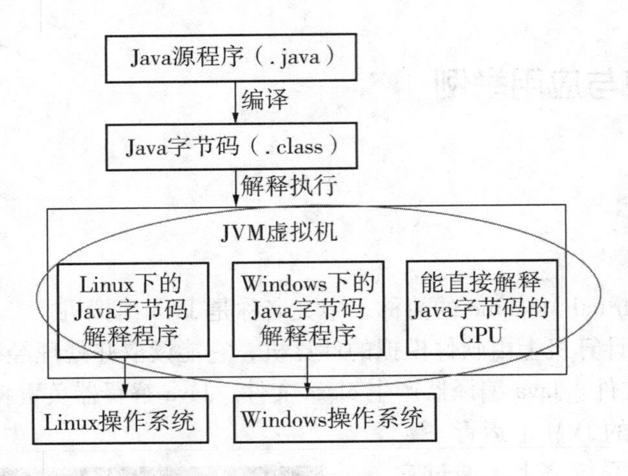

图 1－3　Java 程序跨平台运行原理图

1.2.2　Java 编程环境的建立

包含 JDK 的下载与安装、安装目录的认识、环境变量的配置等工作。

1. JDK 的下载与安装

JDK 有不同版本，截至 2018 年 7 月底，JDK 的最新版本为 10.0.2。其下载、安装较为简单，只要从 Oracle 公司（http://www.oracle.com/technetwork/java/javase/downloads/index.html）下载对应的安装文件，并在向导指引下一步一步完成即可。现以 JDK 8.0 为例进行说明。

2. JDK 安装目录

JDK 安装成功后，会生成相应目录，熟知这些目录及相关文件，对于 Java 后续操作很重要。

bin 目录：存放可执行文件，包括 javac. exe、java. exe、jar. exe、appletviewer. exe 等。

lib 目录：存放 Java 的类库文件，包括 dt. jar、tools. jar 等。

include 目录：存放用于本地化文件。

demo 目录：存放演示程序。

jre 目录：存放 Java 运行环境文件。

3. 环境变量的配置

现假设操作系统为 Windows，JDK 的安装目录为 C:\java\jdk1. 8. 0，主要有三个环境变量需要配置：

①变量名：JAVA_HOME，变量值：C:\java\jdk1. 8. 0。这一变量指明了 JDK 的安装位置，利用该变量，可让其它环境变量的书写更简洁，且当 JDK 的安装目录修改时，只要更新它的值即可，其它环境变量值不必修改。

②变量名：PATH，变量值：…;%JAVA_HOME% \bin，…表示可执行命令文件(如扩展名为 . exe 的文件)的搜索路径，其中%JAVA_HOME%表示 JDK 的安装目录，各项之间用半角分号即“;”隔开。当然也可以不使用 JAVA_HOME 环境变量，直接书写 bin 目录的绝对路径名。该变量的作用是让系统找到 Java SE 所提供的命令文件位置，而不需要每次使用时都指定完整的路径名称。

③变量名：CLASSPATH，变量值：.（半角点号，表示当前目录）。这个变量的设置是为 Java 程序编译、运行时所用，依据该变量，工具程序、JVM 等便能找到所需要的类或接口。现在，位于 jre/lib 目录下的 rt. jar 和 i18n. jar 及 jre/lib/ext 目录中的 jar 包都不需要在 CLASSPATH 中设置，应用程序能够找到它们；如果是用户自己的 jar 包或第三方的 jar 包，则需要进行设置。

在 Windows 系统中可右击“我的电脑”，点击“属性/高级/环境变量”来设置。环境变量的设置是否正确，可通过运行 bin 目录的工具程序(如 java-version、set 等)予以检验。

1. 2. 3 Java 应用程序的创建、编译与运行

1. 什么是 Java 应用程序

Java 应用程序，是一种能在支持 Java 的平台上独立运行的程序，通过 JVM(Java 虚拟机)解释执行。由于 Java 语言是纯高级语言，因此 Java 应用程序中必须包含一个用 public 修饰的类，该类称为主类。主类中一定包含 main()方法，它是应用程序的主要入口。包含主类的源程序命名有特殊规定，主文件名与主类名相同，扩展名为 . java，严格区分大小。Java 应用程序的格式如下：

```
public class 主类名{
//属性的声明
pubic static void main(String[] args)
    {
```

```
        //程序代码
    }
    //其它方法的定义
}
```

2. Java 应用程序的创建

任何一个文本编辑器都可以创建、编辑 Java 文件，例如，Windows 系统下的"记事本"或"写字板"等都可以，当然也可以使用其它的集成开发工具(IDE)(如 Eclipse 等)编写。不过要注意：主文件名应与主类名相同，扩展名为 .java，文件中的英文字母、标点符号等应为半角字符。

例 1－1 编写一个 Java 程序，输出"Hello World!"内容。

解题思路：打开记事本，并输入以下代码：

```
import java.io.*;
public class HelloWorld{
public static void main(String args[]){
    System.out.println("Hello World!");
    }
}
```

编辑完成后，点击文件 -> 保存(或另存为)，在弹出的对话框选择保存目录，在文件名处输入"HelloWorld.java"，点击"保存"按钮，完成 Java 源程序的编写。

3. Java 应用程序的编译、运行

两种主要方式：

1)命令行方式

例如在 Windows 系统中，点击主菜单中的"运行"，输入 cmd，再按回车键。

①编译：javac 源程序 .java

②运行：java 主类名

2)集成开发环境

提供强大的功能，集编辑、编译、运行于一体，如 Eclipse。

4. 编译、运行时常犯的错误

对于初学者来说，在编译、运行 Java 应用程序时经常会犯一些错误。现列举如下，请予以注意：

①编译时，源文件少了扩展名 .java；

②运行时，字节码文件多了扩展名 .class；

③运行时，找不到指定的字节码文件(即 .class 文件)，可能是指定的 class 文件不存在或 classpath 设置不正确；

④运行时，字节码文件名大小写错误，Java 应用程序对英文字母的大小写敏感。

例 1－2 编译运行例 1－1 编写的 Java 应用程序。

解题思路：假设 HelloWorld.java 源程序文件已保存在 D:\Java_src 目录。打开 cmd

命令行界面，输入“D:”进入D盘根目录，然后再输入“cd java_src”进入源程序文件所在目录，输入“javac HelloWorld.java”编译源程序，编译完成后会产生HelloWorld.class文件，最后输入“java HelloWorld”运行程序，将会输出程序运行结果。

例1-3 从键盘上输入两个整数，计算它们的和并输出。

解题思路：主类为IntAdd，所以程序文件名应为IntAdd.java；采用命令行方式来执行程序，并获取参数，不过输入的整数是字符串，需要进行转换（使用Integer.parseInt（字符串）方法，结果为int类型），再输出结果（可用“+”连接字符串和各种数据类型）。程序代码如下：

```
public class IntAdd {
    public static void main(String args[]){
        String s1 = args[0];
        int a = Integer.parseInt(s1);//将字符串转换为数值型,下同
        String s2 = args[1];
        int b = Integer.parseInt(s2);
        int c = a + b;
        System.out.println(a + "+" + b + "=" + c);
    }
}
```

程序运行结果如图1-4所示。

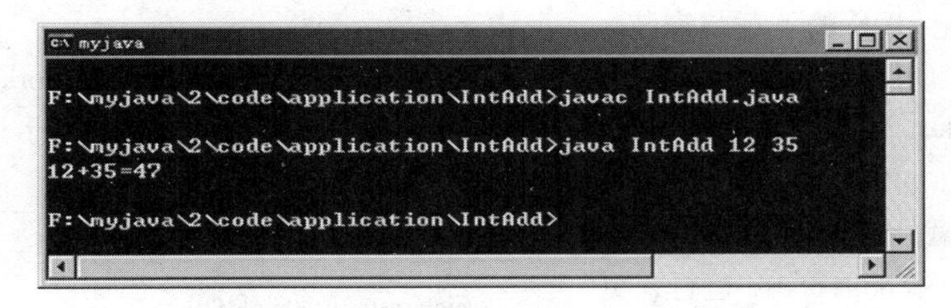

图1-4 Java程序在命令行下运行示图

例1-4 从对话框中输入一个数据（整数或小数），计算该数的平方并输出。

解题思路：主类为Square，所以程序文件名应为Square.java；与上例不同的是：采用图形界面来输入数据、输出结果，比较美观、漂亮，实现方法是调用swing包中的JOptionPane类的两个静态方法（showInputDialog( )实现输入，showMessageDialog( )进行输出）；输入的数据也是字符串，需要进行转换（采用Double.parseDouble（字符串）方法，结果为double类型），输出结果时使用“+”连接字符串和结果数据。程序代码如下：

```
import javax.swing.JOptionPane;//导入所需要的类
public class Square {
    public static void main(String args[]){
        //建立输入对话框窗口来输入字符串
```

```
        String s = JOptionPane.showInputDialog("请输入一个数: ");
        double d = Double.parseDouble(s);//将字符串转换为数值型
        double result = d* d;
        //建立消息对话框窗口来输出结果
        JOptionPane.showMessageDialog(null,s + "的平方是: " + result);
    }
}
```

程序运行结果如图1－5、图1－6所示。

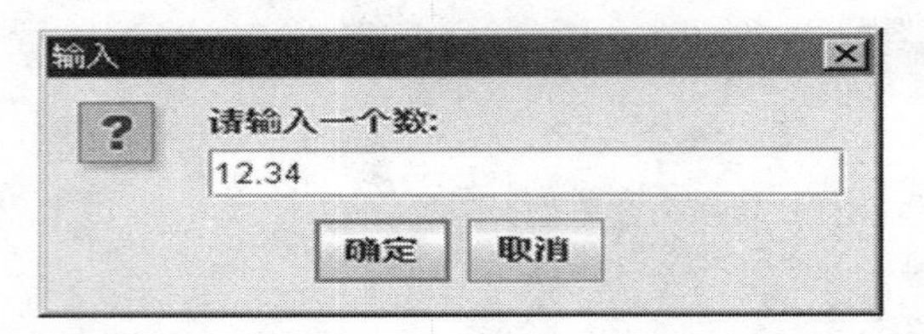

图1－5　用对话框输入数据示图

图1－6　用对话框输出结果示图

1.3　实验内容

1.（基础题）JDK的下载与安装

（1）从Oracle公司的站点http：//www.oracle.com/technetwork/java/javase/downloads/index.html选择适合Windows的JDK较新版本（如JDK 8）进行下载，并保存在某一目录中（如D：\java）。

（2）将下载所得到的文件jdk－8u18－windows－i586－p.exe运行，更改JDK的安装目录(如c：\jdk1.8.0)。

（3）进入JDK的安装目录，查看bin、lib、jre等子目录内容。

2.（基础题）环境变量的配置与测试（假设JDK的安装目录为C：\Program Files\java\jdk1.8.0）

（1）从“我的电脑/属性/高级/环境变量”或“开始/设置/控制面板/系统/高级/环境变量”打开环境变量设置窗口，如图1－7所示。

图1－7　环境变量的设置

(2)点击“新建”按钮，创建系统变量 JAVA_HOME，如图 1－8 所示。

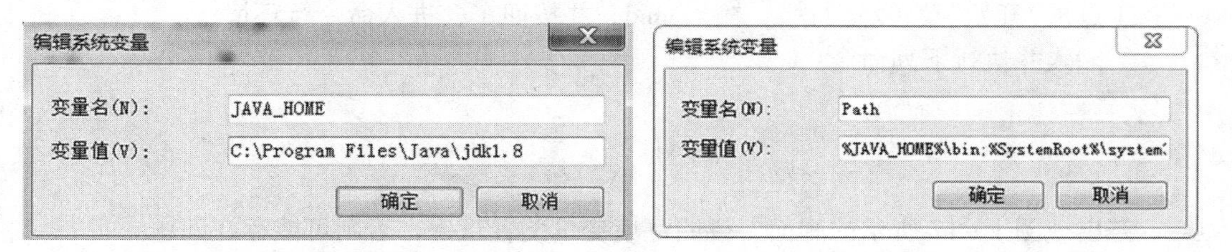

图 1－8　新建系统变量 JAVA_HOME　　图 1－9　编辑系统变量 PATH

(3)如果系统变量 PATH 已存在，则点击“编辑”按钮，修改 PATH，在变量值最前面添加% JAVA_HOME% \bin，如图 1－9 所示。如果系统变量 PATH 原先不存在，就新建一个，方法如(2)。

(4)点击“新建”按钮，创建系统变量 CLASSPATH，变量值为 .;% JAVA_HOME% \lib;% JAVA_HOME% \lib\tools. jar，注意前面一定要加上 .(点号)，表示当前目录，如图 1－10 所示。

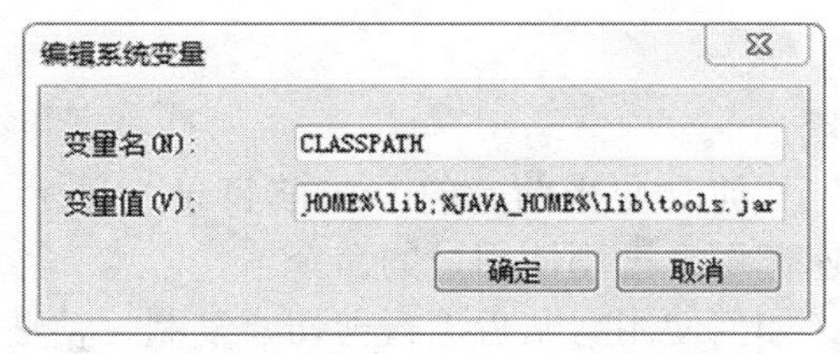

图 1－10　新建系统变量 CLASSPATH

(5)结果如图 1－11 所示，按“确定”按钮保存。

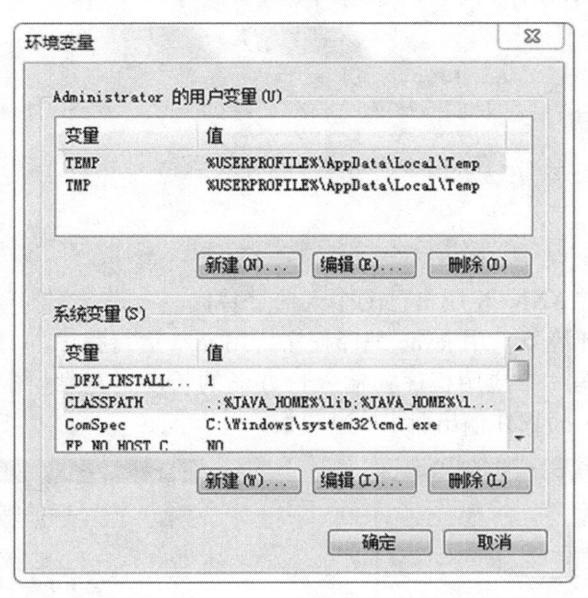

图 1－11　环境变量配置结果

(6)测试环境变量

①点击“开始”菜单/运行…，输入 cmd，并按回车，进入命令行环境；

②输入并执行下列命令：

```
java -version
javac
```

若出现图 1－12 所示的画面，说明环境变量配置正确，否则可能存在问题。

```
C:\windows\system32\cmd.exe

C:\>java -version
java version "1.8.0_20"
Java(TM) SE Runtime Environment (build 1.8.0_20-b26)
Java HotSpot(TM) 64-Bit Server VM (build 25.20-b23, mixed mode)

C:\>_
```

图 1－12　运行 java －version 命令后的画面

问题：

①怎样配置环境变量？

②在命令行环境下，如何改变当前盘符、当前目录、显示当前目录的文件和子目录、清除屏幕？怎样快速调用自己刚使用过的命令？

③在命令行环境下，如何使用剪贴板进行剪切、复制、粘贴操作？

④如何退出命令行环境？

3.(基础题)请用“记事本”或“写字板”等文本编辑器，根据自身信息输入下列内容，并以 MyJava. java 命名保存到 d:\src 目录中：

```
public class MyJava {
    public static void main(String [] args){
        System.out.println("姓名:" + "XXXXX");
        System.out.println("学号:" + "XXXXX");
        System.out.println("专业:" + "XXXXX");
    }
}
```

说明：程序中的 XXXXX 用自己的个人信息替代。

然后在命令行环境下，用 javac 编译程序，用 java 运行程序。

4.(基础题)编写一个应用程序：输入长方形的长度、宽度(图 1－13、图 1－14)，计算长方形的周长、面积并输出(图 1－15)。

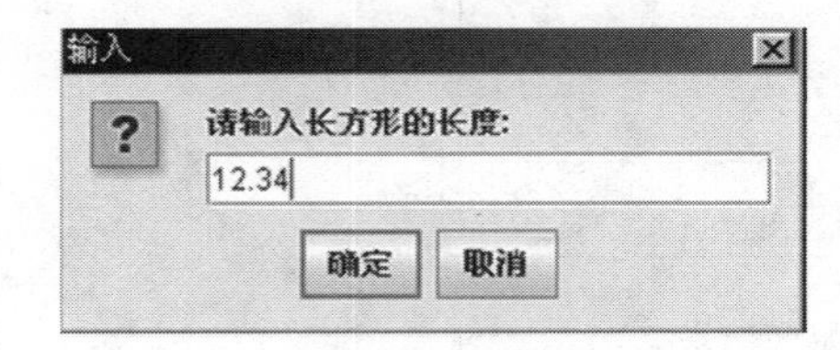

图 1－13　输入长方形的长度

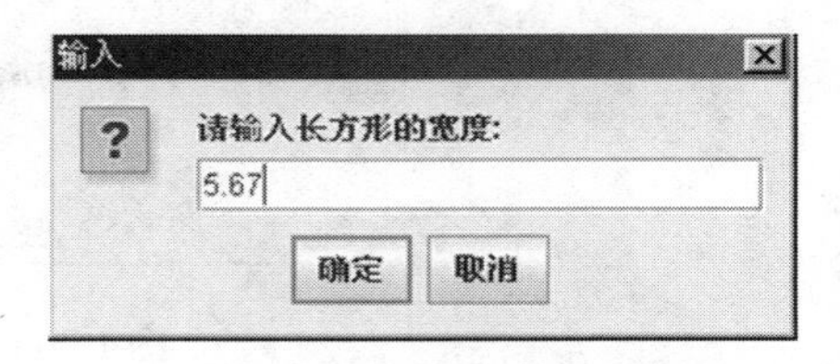

图 1－14　输入长方形的宽度

图1－15　输出计算结果

5.(提高题)在JDK安装目录下有demo\jfc\子目录，其中有多个Java应用程序，如Notepad、Java2D、SwingSet2等，请用鼠标双击扩展名为.jar的文件，见识一下Java应用程序的功能，有兴趣的同学还可以了解位于src目录的源代码。

6.(提高题)请在命令行环境下，熟悉以下目录操作命令的基本用法：

(1)改变盘符命令：盘符：回车

例如：c:\>d:

(2)改变当前目录命令：cd 目标目录

例如：c:\>cd jdk1.8.0

(3)显示当前目录内容：dir

例如：c:\jdk1.8.0>dir

(4)清屏命令：cls

例如：c:\>cls

(5)字符串复制操作：

选定、复制操作：右击、标记、按回车。粘贴操作。

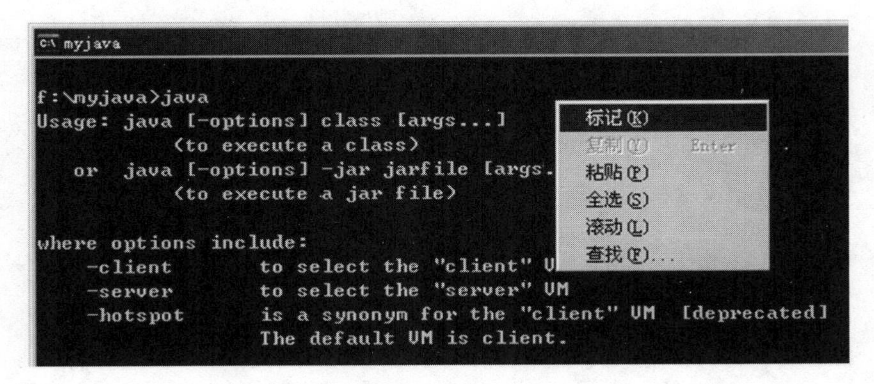

图1－16　命令行环境下字符串的选定、复制、粘贴等操作快捷菜单

(6)退出命令行环境：执行exit命令。

7.(提高题)Java学习的一些网站：

Oracle官方站点　http://www.oracle.com/

CSDN技术社区　http://www.csdn.net

中国大学MOOC　http://www.icourse163.org/

1.4 实验小结

本实验的内容是Java初学者应该掌握的，包括：Java的基本概念，Java开发环境的搭建与测试，Java应用程序的创建、编译与运行。JVM、JRE、JDK是三个既有联系又有区别的概念，请注意区分；要搭建Java开发环境，首先要下载JDK，然后是配置有关环境变量，例如：JAVA_HOME、PATH、CLASSPATH等；使用文本编辑器可以创建、编辑Java源程序，不过要注意其命名要求；可在命令行环境中使用javac、java等编译、运行Java程序；尽管有关Java程序设计的许多知识有待于后续章节来学习，但是希望能够模仿例题，编写、运行一些简单的Java应用程序。俗话说："良好的开端是成功的一半。"只要把基础打牢，循序渐进，掌握好Java并不是一件难事。

实验2 Java编程基础

2.1 实验目的

(1)熟悉 Java 的数据类型，包括其所占字节数、数值范围及常数的后缀形式；

(2)掌握变量的声明、初始化方法，能够正确使用成员变量和局部变量；

(3)掌握关系运算符(>、>=、<、<=、==、! =)和逻辑运算符(!、&&、||)的使用；

(4)熟悉 Java 程序的常用输入输出格式；

(5)理解数组的概念，熟悉一维数组、二维数组的声明、创建、初始化、元素的访问方法。

2.2 知识要点与应用举例

2.2.1 数据类型

Java 中的数据类型可分为基本类型和引用类型两大类。其中，基本类型包括 byte、short、int、long、char、float、double、boolean 等 8 种；引用类型包括类、接口、数组等。熟悉基本数据类型的关键字、所占字节、数据范围、使用场合及数据类型的相互转化十分必要。这些基础内容与 C ++ 等高级语言比较相近，重点在于区分不同语言的差异点。例如，Java 中的 char 类型采用 Unicode 编码，每个字符占 2 个字节(16 位)，单个中英文字符均可存放。如 char ch ='中'；这在 Java 中是正确的，但在 C ++ 中则不允许。

2.2.2 关键字、标识符、变量与常量

Java 中的关键字有 50 多个，它们是一些有特殊含义的单词，只能按系统规定方式来使用，不能单独用作标识符。包名、类名、接口名、方法名、对象名、常量名、变量名等统称为标识符，对于其命名，Java 有严格规定：必须是字母(严格区分大小写)、下画线(_)、美元符号($)开头，后续字符除了这三类之外，还可以是数字、中文字符、日文字符、韩文字符、阿拉伯字符，命名尽可能规范，做到“见名知义”。

顾名思义，变量是指其值在程序运行中可改变的量。Java 是强类型语言，变量要

“先声明、后使用”。在一条声明语句中，可以声明多个变量，也可以赋初值(称为初始化)。变量在运算前应初始化或赋值，例如，int count；count = count + 1；如果 count 是全局变量(即类的成员变量)未初始化，则取默认值(int 型为0)；如果 count 为局部变量(即本地变量)没有初始化，则编译时出错。

Java 中的常量是一类特殊的变量，其值在程序运行期间不会改变。符号常量是用 final 关键字来定义的。常量名通常为大写，且多个单词之间用下画线连接，例如，Math 类的 PI 表示圆周率的近似值，Byte 类的 MIN_VALUE 与 MAX_VALUE 分别表示 byte 类型的最小值和最大值。

例2-1 定义一个类，在类中定义各种基本数据类型的成员变量并赋初值，输出各变量的值。

```
class Chapter02_01 {
    public static void main(String[] args) {
        // 定义字节变量
        byte b =12;
        System.out.println(b);
        // 定义短整型变量
        short s =1234;
        System.out.println(s);
        // 定义整数变量
        int i =12345;
        System.out.println(i);
        // 定义长整型变量
        long l =12345678912345L;
        System.out.println(l);
        // 定义单精度类型(7—8 位的有效数字)
        float f =12.5F;
        System.out.println(f);
        // 定义双精度类型(15—16 位的有效数字)
        double d =12.5;
        System.out.println(d);
        // 定义字符类型
        char c ='a';
        // 重新赋值,Java 中的字符采用的编码是Unicode 编码.占用 2 个字节.
        c ='中';
        System.out.println(c);
        // 定义布尔类型
        boolean flag =true;
        System.out.println(flag);
    }
}
```

程序运行结果如下:

```
12
1234
12345
12345678912345
12.5
12.5
中
true
```

2.2.3 运算符

运算符指明操作数将要进行的运算。根据操作数的数目可分为单目运算符、双目运算符、三目运算符。从功能上可分为算术运算符、自增自减运算符、关系运算符、逻辑运算符、位运算符、移位运算符、赋值运算符、条件运算符等。

(1)算术运算符　包括+、-、*、/和%。请注意"/"运算符在整数运算与浮点数运算的差异。

(2)自增自减运算符　包括++、--，根据是"先运算后赋值"还是"先赋值后运算"，可分为前缀、后缀两种不同形式。

(3)关系运算符　包括>、>=、<、<=、==、!=，运算结果为true或false；它们可分成三组互为相反的运算，只要知道其中一个运算式的值，与之相反的式子的结果也自然确定。

(4)逻辑运算符　包括!(非)、&&(与)、||(或)。它们是在逻辑运算的基础上进行的连接运算，运算结果仍为true或false，不过要注意它们运算的优先级不同；在运算结果能够确定的情况下，一些式子可能不再进行运算，即出现"短路"现象。

(5)位运算符　包括~(非)、&(与)、|(或)、^(异或)。这是在二进制"位"的基础上进行的运算，运算结果仍为整数，^(异或)有特殊用途。

(6)移位运算符　包括<<(左移)、>>(带符号右移)、>>>(无符号右移)。这也是在二进制基础上进行的运算，左移后在右边一律加0，带符号数右移后则根据其正负来决定补什么内容，正数左边补0，负数左边补1，无符号右移左边补0。

(7)赋值运算符　包括=、+=、-=、*=、/=、%=、&=、|=、!=、<<=、>>=等复合赋值运算符。它们运算顺序从右到左。

(8)条件运算符　运算符是?:。这是唯一的一个三目运算符。

说明：当一个式子中出现多个不同运算符时，应按照运算符的优先级进行运算。

例2-2　阅读以下程序，写出输出结果。

```
class Chapter02_02 {
    public static void main(String[] args) {
        int x =1;
        int y =0;
        y =3  > 2 *  x ? x ++ : --x;
        System.out.println(x);
        System.out.println(y);
    }
}
```

解题思路：本题主要是计算 3 >2 * x?x ++ : --x 表达式的值，在该表达式中赋值运算符 = 的优先级最低，应先计算其右侧的条件表达式再赋值；而?:为三目运算符，它的优先级较低，又需要先计算?前面表达式的值；因 * 号的优先级比 > 号的高，3 >2 * 1的计算结果为 true，故执行 x ++ 运算，即先取出 x 的值，再让其值增加 1。所以，最后结果为 x =2，y =1。

2.2.4　表达式

运算符将操作数连接起来构成表达式，在表达式的尾部加上分号(;)就形成了一条语句。语句是构成程序的基本单位，程序就是由一条一条的语句组合而成的。为了增加程序的可读性，可使用注释语句。有三种形式的注释语句：单行注释(以//开始，到行尾结束)、块注释(以/ * 开始，到 * /结束，可以跨越多行文本内容)、文档注释(以/ ** 开始，中间行以 * 开头，到 * /结束)。编写源程序时添加必要的注释，这是程序员应该具备的基本素养。

2.2.5　程序基本结构

Java 程序的三种基本结构：顺序结构、选择结构和循环结构。

1. 顺序结构

按照书写顺序从上到下、逐条执行。这是最简单的结构。

2. 分支结构

根据条件是否满足来选择某一语句的执行。可分为以下几种类型：

①if 单分支结构

```
if (条件表达式) {
    语句块
}
```

②if…else…双分支结构

```
if (条件表达式) {
    语句1
} else {
    语句2
}
```

③if…else…多分支结构

```
if (条件1) {
        if (条件2)
              语句1
      else
              语句2
    } else {
      语句3
}
```

或

```
if (条件1) {
      语句1
   } else {
      if (条件2)
        语句2
      else
        语句3
}
```

或

```
if (条件1) {
      语句1
   } else if (条件2) {
      语句2
   ……
   } else {
   //条件1、条件2、…均不满足
   ……
}
```

④switch 多分支结构

```
switch(表达式){
     case 常量1:
           语句1;
           [break;]
     case 常量2:
           语句2;
           [break;]
         ……
     default:
           语句n+1;
           [break;]
}
```

例2-3 根据学生的成绩判断其等级，判断规则：成绩大于等于90分为优秀，80—89为良好，60—79为及格，60分以下为不及格。

解题思路：需要判断学生成绩所属区间，属于多条件判断，宜用if…else…多分支结构，需要注意的是“某一条件满足”默认是“前面的所有条件均不满足之后”才执行到此语句。程序代码如下：

```
class Chapter02_03 {
    public static void main(String[] args) {
        int grade =75; // 定义学生成绩
        if (grade >= 90) {
            // 满足条件 grade >=90
            System.out.println("该成绩的等级为优秀");
        } else if (grade >= 80) {
            // 不满足条件 grade >= 90 ,但满足条件 grade >=80
```

```
            System.out.println("该成绩的等级为良好");
        } else if (grade >= 60) {
            // 不满足条件 grade >= 80，但满足条件 grade >=60
            System.out.println("该成绩的等级为及格");
        } else {
            // 不满足条件 grade >= 60
            System.out.println("该成绩的等级为不及格");
        }
    }
}
```

程序的运行结果为：

```
该成绩的等级为及格
```

3. 循环结构

在高级语言中，可以将反复执行的语句用循环语句来实现。与 C ++ 类似，Java 中的循环有三种基本形式：

①for 语句

```
for(表达式1；表达式2；表达式3){
        循环体；
}
```

说明：该语句包含了“循环控制部分”和“循环体”两部分，其中，“循环控制部分”是由初始表达式(即表达式 1)、条件判断表达式(即表达式 2)、循环控制变量修改表达式(即表达式 3)三部分组成，通过循环控制变量来控制循环的执行次数；“循环体”是每次循环所要执行的语句或语句块，它可以访问或修改循环控制变量的值。

②while 语句

```
…                       //初始化语句
while (条件表达式) {    //进行条件判断
  语句块                //循环体
    …                   //修改循环变量语句
}
```

③do…while 语句

```
…                       //初始化语句
do {
   语句块               //循环体
     …                  //修改循环变量语句
}while (条件表达式); //进行条件判断
```

请注意 while 语句与 do…while 语句的不同之处。

多重循环就是在一个循环体内允许包含另一个循环，嵌套的层数可以根据需要达到 20 层之多，具体需要多少层应视情况而定，执行多重循环需要耗费更多的系统资源。

4. 跳转语句

可通过 break、continue、return 三种跳转语句来改变程序的执行顺序。

①break 语句：使程序的流程从一个语句块内部转移出去。该语句主要用在循环结构和 switch 语句中，允许从循环体内部跳出或从 switch 的 case 子句跳出，但不允许跳入任何语句块内。

格式：break [标签]

②continue 语句：终止本次循环，根据条件来判断下一次循环是否执行，只能用在循环结构中。

格式：continue [标签]

③return 语句：从某一方法中退出，返回到调用该方法的语句处，并执行下一条语句。

格式：return[表达式]

例 2-4 编写程序输出 1—50 中能被 3 整除的整数，并统计输出它们的个数。

解题思路：设置一个变量 count，初值为 0，用来统计输出数的个数，使用 while 循环来输出、统计 3 的倍数，在循环体中使用表达式 x%3 为判断条件，如果余数为 0，则变量 count 的值加 1。程序代码如下：

```
class Chapter02_04 {
    public static void main(String[] args) {
        int x =1;
        int count =0;
        while (x <= 50) {
            if (x % 3 == 0) {
                count ++;
                System.out.print(x + " ");
            }
            x ++;
        }
        System.out.println("\ncount =" + count);
    }
}
```

程序的运行结果为：

```
3 6 9 12 15 18 21 24 27 30 33 36 39 42 45 48
count =16
```

2.2.6 成员变量与局部变量

成员变量：在类的内部且在类的方法(相当于C++的函数)外部定义的变量。

局部变量：在类的方法或语句块内定义的变量。

上述两类在使用时有一定差异，现分述如下：

1. 成员变量

成员变量指在类中定义的类或对象的成员，不在类的方法中定义。其中，类成员用static修饰，又称为静态成员，同一类的所有对象共享，取值也一样；对象成员是指每一对象的成员变量，对象不同，取值可能也不同，每一对象需要实例化。

例2-5 成员变量使用示例。

解题思路：在同一类中定义了两个变量，其中，a是对象成员，b是类成员变量，以此来对比不同类型变量使用的区别，对象成员依赖于对象，不同对象的成员取值不同；而类成员在同一个类中都是一样的，可直接使用或前面加上类名使用。另外，成员方法print()也是对象成员，其中的变量a也是与之属于同一对象，故不必加上前缀的对象名；main()也是一个类方法，在一个类中只有一个main()，它是程序执行的入口，对其中的对象成员必须用前缀对象名来修饰，类成员则可直接使用或加类名修饰。程序代码如下：

```
public class GlobalVar {
    int a =10; // 对象变量,不同对象的值可能不同
    static double b =20; // 类成员,同一类的所有对象共享

    public static void main(String[] args) {
        GlobalVar globalVar = new GlobalVar();
        System.out.println("\n对象成员变量 a = " + globalVar.a);
        // System.out.println("对象成员变量 a = " +a); 错误写法
        System.out.println("类成员变量 b = " + b);// 写法正确
        globalVar.print();
        System.out.println("\n对象成员变量 a = " + globalVar.a);
        System.out.println("类成员变量 b = " + GlobalVar.b);
    }

    public void print() {
        System.out.println("\n在print()中,开始时成员变量 a = " + a + ", b = " + b);
        a =30;
        b =50;
        System.out.println("在print()中,结束时成员变量 a = " + a + ", b = " + b);
    }
}
```

程序的运行结果为：

```
对象成员变量  a=10
类成员变量  b=20.0

在print()中，开始时成员变量  a=10, b=20.0
在print()中，结束时成员变量 a=30, b=50.0

对象成员变量  a=30
类成员变量  b=50.0
```

说明：①成员变量的作用范围是整个类，即在该类的各个方法中可以直接使用；②任何对成员变量值的改变，都可能对后续操作产生影响。

2. 局部变量

局部变量是指在一个方法或程序块中定义的变量，其作用范围仅限于定义的范围，不得在其它地方引用。

例2-6 局部变量使用示例。

解题思路：在类中定义了一个对象方法print()，其中的a、b都是局部变量，它们的作用范围仅限于此方法内，可以改变它们的取值，当方法调用结束，局部变量值也不复存在。程序代码如下：

```
public class LocalVar {
    public static void main(String[] args) {
        LocalVar localVar = new LocalVar();
        // System.out.println("局部变量 a = " + localVar.a); 引用错误，下同
        localVar.print();
        // System.out.println("变化后的局部变量 a = " + localVar.a);
    }

    public void print() {
        int a = 10; // 局部变量，下同
        double b = 20;
        System.out.println("在print()中开始时的局部变量 a = " + a + ", b = " + b);
        a = 30;
        b = 50;
        System.out.println("在print()中结束时的局部变量 a = " + a + ", b = " + b);
    }
}
```

程序的运行结果如下：

```
在print()中开始时的局部变量  a=10, b=20.0
在print()中结束时的局部变量  a=30, b=50.0
```

2.2.7 常用的输入输出格式

1. 常用的输入格式

(1)命令行方式：用main()方法的参数来表示，args[0]代表第1个参数，args[1]代表第2个参数，以此类推；不过这些参数都是字符串类型，可通过调用包装类的parseXxx(String s)转换为数值类型(如：int、double、float等)。

(2)传统的“I/O流”方式：采用“字节流→字符流→缓冲流”逐层包装方法，将代表键盘的System.in最终包装成字符缓冲输入流，这样，就可以调用它的readLine()方法来获取键盘输入内容。当然，输入值的数据类型是String，若要进行数值计算，也需要进行转换。

(3)使用Scanner类：这是JDK 1.5后新增的内容，该类位于java.util包中，只需将System.in包装成Scanner实例即可，调用相应的方法来输入目标类型的数据，不需要再进行类型转换。当连续输入多个值时，用空格、回车等分隔开即可。这种输入方法简便、易用，值得推广。

(4)图形界面的输入方式：通过调用javax.swing包中JOptionPane类的静态方法showInputDialog()来实现，输入的是字符串，也可能需要进行类型转换，这种方法的优点是界面漂亮。

2. 常用的输出格式

(1)传统的“I/O流”方式：最常用，可以用“+”运算符将各种类型的数据与字符串连接起来。

格式：System.out.print(输出内容)；　//不换行

或　System.out.println(输出内容)；//换行

(2)图形界面的输出方式：通过调用javax.swing包中JOptionPane类的静态方法showMessageDialog()来实现，当输出内容要分成多行时，可在字符串中插入'\n'。

例2-7　图形界面的输入输出示例。

解题思路：①输入输出采用图形界面，比较美观、漂亮；实现方法是：使用swing包中的JOptionPane类，该类的静态方法showInputDialog()可接收数据，静态方法showMessageDialog()可输出信息；请注意所接收到的输入数据都是String类型，需调用包装类Float的parseFloat(str)转换为float类型；输出时是将多个字符串在中间加入换行符连接成一个大串，再显示。②分类统计采用多分支语句来实现，如果成绩落入某一区间就在该类中加1；使用循环来分类成绩，输入的成绩数量不确定，比较灵活，用负数(不可能的成绩值)作为输入结束标志。程序代码如下：

```
import javax.swing.*;//导入javax.swing包中的类
public class ScoreCount {
    public static void main(String args[]) {
        int n0, n30, n40, n50, n60, n70, n80, n90;
        n0 =n30 =n40 =n50 =n60 =n70 =n80 =n90 =0;// 各分数段次数"清0"
        String str;
```

```
        float score;
        while (true) {
            str = JOptionPane.showInputDialog("请输入学生成绩：(负数表示输入结束)");
            score = Float.parseFloat(str);
            if (score < 0)
                break;
            // 分类统计
            if (score >= 90) {
                n90 ++;
            } else if (score >= 80) {
                n80 ++;
            } else if (score >= 70) {
                n70 ++;
            } else if (score >= 60) {
                n60 ++;
            } else if (score >= 50) {
                n50 ++;
            } else if (score >= 40) {
                n40 ++;
            } else if (score >= 30) {
                n30 ++;
            } else {
                n0 ++;
            }
        }
        String str90 = "90～100    分的人数：" + n90 + "\n";
        String str80 = "80～89.99 分的人数：" + n80 + "\n";
        String str70 = "70～79.99 分的人数：" + n70 + "\n";
        String str60 = "60～69.99 分的人数：" + n60 + "\n";
        String str50 = "50～59.99 分的人数：" + n50 + "\n";
        String str40 = "40～49.99 分的人数：" + n40 + "\n";
        String str30 = "30～39.99 分的人数：" + n30 + "\n";
        String str0 = "00～29.99 分的人数：" + n0 + "\n";
        JOptionPane.showMessageDialog(null,
                "各分数段的人数如下：\n" + str90 + str80 + str70 + str60 + str50 + str40 +
str30 + str0);
    }
}
```

程序运行结果如图2-1、图2-2所示（与输入数据有关）。

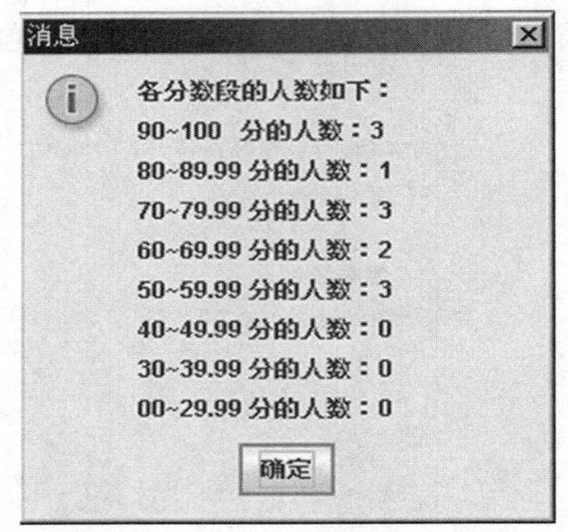

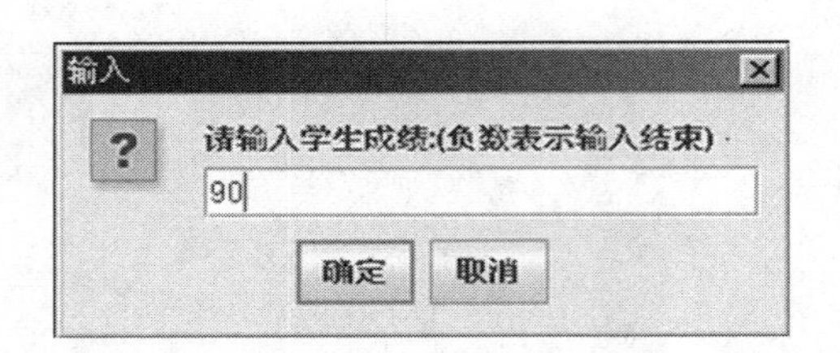

图2-1 输入图形界面示图

图2-2 输出图形界面示图

2.2.8 数组

数组是一种引用类型(即对象类型)，它是由类型相同的若干数据组成的有序集合。数组需经过声明、分配内存及赋值后才能使用。数组的属性 length 用来指明它的长度，与循环结合起来可以访问其全部或部分元素。根据维数的不同，数组可分为一维数组、多维数组。

1. 一维数组

(1)声明：数据类型 [ ] 数组名 或 数据类型 数组名[ ]

(2)定义：new 数据类型[数组的长度]

也可以将声明、定义“合二为一”，即：

数据类型 [ ] 数组名 = new 数据类型[数组的长度]；

或 数据类型 数组名[ ] = new 数据类型[数组的长度]；

(3)初始化：在声明数组的同时，就为数组元素分配空间并赋值

例如，int a[ ] = {1, 6, 8}；

相当于 int a[ ] = new int[3]；和 a[0] =1, a[1] =6, a[2] =8；

(4)数组元素的访问和数组大小的获取

访问数组元素：数组名[index]，数组大小的属性：length 用来指明其长度。

2. 命令行参数

main(String args[]){…}的参数 args 是 String 类型的一维数组，第一个参数为 args[0]，第二个参数为 agrs[1]，以此类推。例如，以运行 Test 应用程序为例，命令格式为：

java Test 参数1，参数2，…

3. 多维数组

Java 是把多维数组当作“数组的数组”来处理的，即把一个多维数组也看作是一个

一维数组，而这个一维数组的元素又是一个降一维的数组。多维数组每一维的大小还可以不同，即不规则的多维数组。现以二维数组为例进行说明。

(1)声明：数据类型 数组名[ ][ ] 或 数据类型[ ][ ] 数组名

例如，int array[ ][ ]； String words[ ][ ]；

(2)创建、赋值

对于规则的数组，先用格式：数组名 = new 数据类型 [行数][列数]；分配内存空间，再赋值；

对于不规则数组，先用格式：数组名 = new 数据类型 [行数][ ] ；为行(即最高维)分配内存空间，再为降维后的各数组元素分配空间，以此类推，最后是赋值。

(3)初始化：数组声明时，为数组分配空间、赋值。例如：

int a[ ][ ] = {{1, 2, 3}, {4, 5}, {6, 7, 8, 9}}。

(4)数组元素的访问和数组大小的获取

数组元素的访问：数组名[行下标][列下标]

数组大小的获取：length 属性。

例2-8 用二维数组存储3名学生3门课程的成绩，要求输出每名学生的各科成绩、总分及平均分。

解题思路：声明、定义3个数组分别存放学生各科成绩、总分及平均分，均为对象成员；再定义3个方法分别输入学生各科成绩、计算总分与平均分、输出学生成绩；期间用到数组的声明、定义、赋值、数组属性、Scanner 类等内容。程序代码如下：

```
import java.util.Scanner;
public class Array_App {
    // 声明、定义 3 个数组分别存放学生各科成绩、总分及平均分,均为对象成员
    int[][] scores = new int[3][3];
    float[] total = new float[3];
    float[] average = new float[3];

    public static void main(String[] args) {
        Array_App app = new Array_App();
        // 调用 input()输入学生各科成绩
        app.input();
        // 调用 calculate()计算学生总分与平均分
        app.calculate();
        // 调用 print()输出学生各科成绩 、总分与平均分
        app.print();
    }

    // 输入每名学生的各科成绩
    public void input() {
        for (int i = 0; i < scores.length; i ++) {
```

```
            Scanner sn = new Scanner(System.in);// 使用 Scanner 类包装 System.in
            System.out.print("第" + (i + 1) + "名学生的成绩为:");
            for (int j = 0; j < scores[i].length; j++) {
                scores[i][j] = sn.nextInt();
            }
        }
    }

    // 计算每名学生的总分与平均分
    public void calculate() {
        for (int i = 0; i < scores.length; i++) {
            total[i] = 0;
            for (int j = 0; j < scores[i].length; j++) {
                total[i] = total[i] + scores[i][j];
            }
            average[i] = total[i] / 3;
        }
    }

    // 输出每名学生的各科成绩、总分及平均分
    public void print() {
        for (int i = 0; i < scores.length; i++) {
            System.out.print("第" + (i + 1) + "名学生的成绩为:");
            for (int j = 0; j < scores[i].length; j++) {
                System.out.print(scores[i][j] + " ");
            }
            System.out.print(", 总分:" + total[i]);
            System.out.print(", 平均分:" + average[i]);
            System.out.println();
        }
    }
}
```

程序的运行结果如下(与输入成绩有关):

```
第1名学生的成绩为:75 92 86
第2名学生的成绩为:62 73 80
第3名学生的成绩为:90 95 93

第1名学生的成绩为:75 92 86 , 总分:253.0, 平均分:84.333336
第2名学生的成绩为:62 73 80 , 总分:215.0, 平均分:71.666664
第3名学生的成绩为:90 95 93 , 总分:278.0, 平均分:92.666664
```

2.3 实验内容

说明：本实验的操作环境为文本编辑器(如写字板、记事本等)、javac 和 java 命令。可先建立一个目录(如 F:\myjava)，再在其中建立 Java 源程序，并编译、运行。

1.(基础题)应用程序若要输出如图 2-3 所示结果，请将程序所缺代码填充完整，并运行。

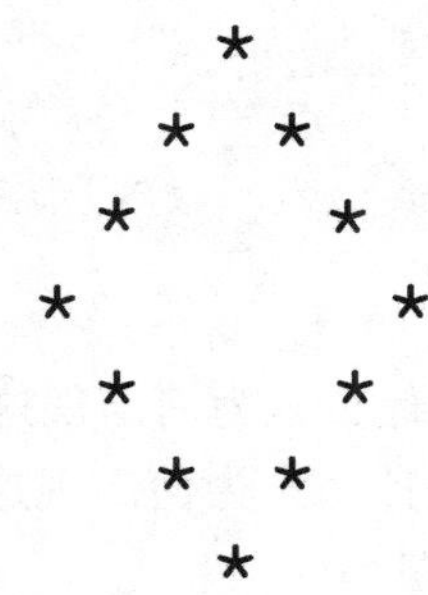

图 2-3　程序运行结果

程序代码：

```
____(1)____ Diamond {
    ____(2)____ main(____(3)____ args[]) {
        System.out.println("   * ");
        System.out.println("  *  * ");
        System.out.println(" *     * ");
        System.out.println("*        * ");
        ____(4)____;
        ____(5)____;
        ____(6)____;
    }
}
```

2.(基础题)请按下列要求，将程序代码填充完整，并运行：

```
public class Test {
    // 初始值为 0 的整型变量 b1
    // 初始值为 10000 的长整型变量 b2
    // 初始值为 3.4 的浮点型变量 b3
    // 初始值为 34.45 的双精度型变量 b4
    // 初始值为'4'的字符型变量 b5
    // 初始值为 true 的布尔型变量 b6
    public static void main(String ____(1)____) {
    // 输出变量 b1—b6 的值
    }
}
```

3.（基础题）输入下列程序内容，运行程序，并回答相关问题：

```
public class DataTypeDemo {
    public static void main(String args[]) {
        byte a1 =126, a2 = (byte) 256, a3 = 'A';
        System.out.println("a1 =" + a1  + "\ta2 =" + a2  + "\ta3 =" + a3);
        int b1 =12345, b2 = (int) 123456789000L, b3 = '0', b4 = 0xff;
        System.out.println("b1 ="+b1 +"\tb2 ="+b2 +"\tb3 =" +b3 +"\tb4 ="+ b4);
        char c1 = 'a', c2 =98, c3 = '\u0043', c4 = '\n';
        System.out.println("c1 =" + c1  + "\tc2 =" + c2  + c4  + "c3 =" + c3);
    }
}
```

问题：

（1）变量 a2、a3 的输出内容是什么，为何出现这一结果？

（2）变量 b2、b3 的输出内容是什么，为何出现这一结果？

（3）'\t'、'\n'各有什么特殊用途？

（4）System. out 的 println( )方法与 print( )方法有什么不同？

（5）如何声明、初始化一个变量？

（6）b4 初始化时，被赋予什么进制的数？

（7）写出声明 ch 为字符型变量、并初始化为'c'的三种不同写法。

4.（基础题）写出下列程序的运行结果，并解释其原因。

```
public class Pass {
    static int j =20;

    public static void main(String args[]) {
        int i =10;
        Pass p = new Pass();
        p.aMethod(i);
        System.out.println("i =" + i);
        System.out.println("j =" + j);
    }

    public void aMethod(int x) {
        x =x * 2;
        j =j * 2;
    }
}
```

5.（基础题）下列程序定义了一个学生类 Student，它包含两个变量：strName（姓名）、intAge（年龄）；除了 main( )方法外还有两个方法：Student（String name，int age）（构造方法）、display( )（显示学生信息，其内部还有一个利用随机方法生成的幸运指数)。分析、运行下列程序，并回答问题。

```
public class Student {
    String strName = ""; // 学生姓名
    int intAge = 0; // 学生年龄

    public Student(String name, int age) { // 构造方法,生成对象自动调用
        strName = name;
        intAge = age;
    }

    void display() { // 显示学生信息
        int intLuck; // 幸运指数
        // 用数学类随机函数生成(1,100)的整数,并赋给 intLuck
        intLuck = (int) (Math.random() * 100 + 1);
        System.out.println("姓名: " + strName);
        System.out.println("年龄: " + intAge);
        System.out.println("幸运指数: " + intLuck);
    }

    public static void main(String args[]) {
        Student zhang = new Student("张一山", 20); // 创建对象 zhang
        zhang.display();

        System.out.print('\n');
        Student yang = new Student("杨紫", 22); // 创建对象 yang
        yang.display();
    }
}
```

问题：

(1)变量 strName、intAge 是什么类型的变量，是否已初始化?

(2)变量 intLuck 是什么类型的变量，是否已初始化?

(3)能否不创建对象 zhang、yang 而直接使用变量 strName、intAge?

(4)语句 System. out. print('\n');的功能是什么?

6.(基础题)本程序用到关系运算符、逻辑运算符。请填充程序所缺代码，使之输出如下结果：

```
public class RelationLogical {
    public static void main(String args[]) {
        boolean a = (35 >= 62);
        boolean b = ('C' < 'z');
```

```
        System.out.println("a = " + a);
        System.out.println("b = " + b);
        System.out.println(    (1)    );
        System.out.println(    (2)    );
        System.out.println(    (3)    );
        System.out.println(    (4)    );
    }
}
```

程序运行结果如图 2-4 所示。

```
a=false
b=true
!a=true
!b=false
a&&b=false
a||b=true
```

图 2-4　程序运行结果

7.(提高题)请参照例题，如图 2-5 至图 2-8 所示，使用输入对话框输入任意 3 个 double 型数据 a、b、c，在消息输出框中输出逻辑表达式 a + b > c && a + c > b && b + c > a 的值(这是构成三角形的条件)。

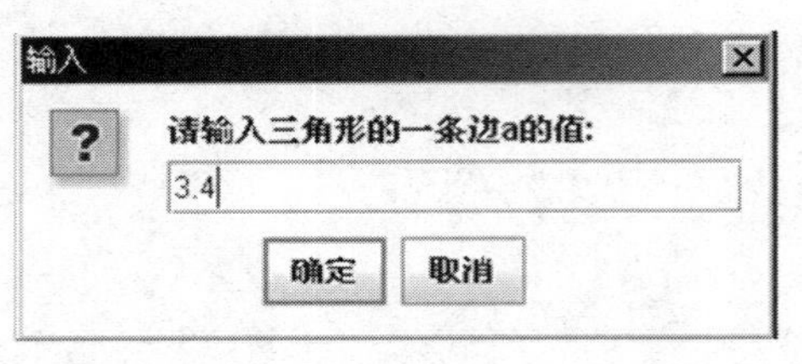

图 2-5　输入第一条边的值

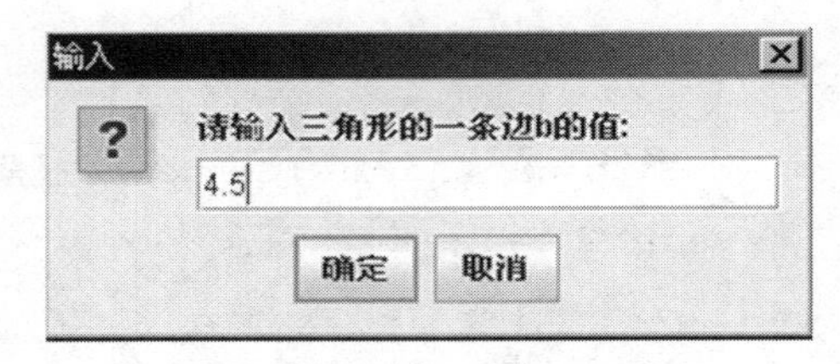

图 2-6　输入第二条边的值

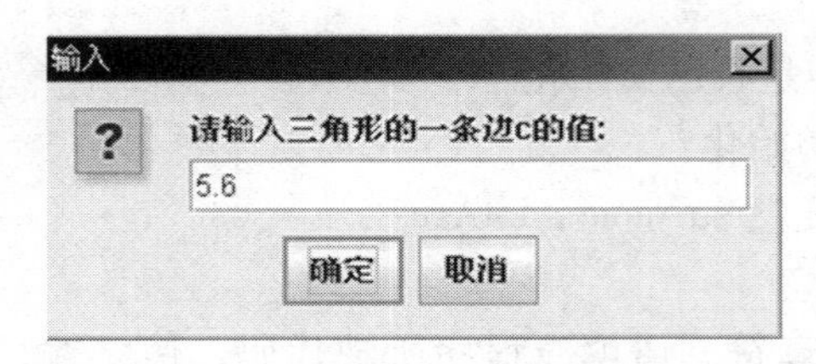

图 2-7　输入第三条边的值

图 2-8　程序输出结果

8.(提高题)请使用 scanner 类，从键盘输入两个整数 n1、n2(范围在 2000～3000 之间)，输出 n1～n2 之间的闰年。

9.(基础题)一维数组的使用：根据注释填充程序所缺代码，然后编译、运行程序，并回答相关问题。

```
//一维数组:声明,创建,初始化,数组元素的引用及数组拷贝
public class ArrayDemo1{
public static void main(String args[ ]){
      ____(1)____ ;  //声明一个名为 week 的 String 类型的一维数组
      ____(2)____ ;  //为 week 数组分配存放 7 个字符串的空间
      for(int i=0;i<week.length;i++)           //输出 week 数组各元素的值
         System.out.println("week["+i+"]="+____(3)____);
     System.out.println();
     String cities[ ]={"北京","上海","广州","深圳"};
     for(int i=0;i<____(4)____;i++)           //输出 Cities 数组各元素的值
        System.out.println("Cities["+i+"]="+cities[i]);
  }
}
```

问题：

(1)一维数组如何声明、创建？如果没有给数组元素赋值，则它们的取值如何？

(2)数组的静态初始化具有什么功能？

(3)要知道数组元素的个数，可用访问数组的什么属性得到？

(4)怎样引用数组的元素？写出它的下标取值范围。

10.(提高题)二维数组的使用：根据注释填充所缺代码，然后编译、运行该程序，并回答相关问题。

```
//二维数组:声明,创建,动态初始化,数组元素的引用
public class ArrayDemo{
   public static void main(String[ ] args){
      //声明一个名为 myArray 的数组,该数组有 2 行,每行列数不等,并为其分配内存空间
      ____(1)____;
      myArray[0]=new int[5];      //第一行有 5 个元素,并为其分配内存空间
      ____(2)____;                //第二行有 10 个元素,并为其分配内存空间
      //用 1—10 之间的随机整数给第一行元素赋值
      for(int j=0;j<myArray[0].length;j++)
         myArray[0][j]=____(3)____;
   //用 100—200 之间的随机整数给第二行元素赋值
   for(int j=0;j<____(4)____;j++)
        myArray[1][j]=(int)(Math.random()*100+100;
      for(int i=0;i<____(5)____;i++){     //输出 myArray 数组各元素的值
         for(int j=0;j<myArray[i].length;j++)
            System.out.print(myArray[i][j]+" ");
         System.out.println();
      }
   }
}
```

问题：

(1)二维数组如何声明、创建，二维数组的列数是否一定要求相同?

(2)二维数组如何动态初始化?

(3)怎样理解“多维数组是数组的数组”? length 作用于不同的数组：myArray. length，myArray[0]. length，myArray[1]. length，结果有什么不同?

(4)怎样引用数组的元素，它们下标的取值范围怎样?

2.4 实验小结

盖房子需要沙、石、水泥、钢筋等原材料，还需要门窗等物件，只有了解这些原材料、物件的特点和属性，才能建成质量上乘的房子。编写程序也是如此，本实验涉及的数据类型、标识符、常量、变量、运算符、表达式、语句、流程控制语句、常用的输入输出语句、数组等都是编程的基本元素，只有熟悉、掌握了这些基础知识，才能得心应手地编写程序。实验中涉及的内容较多，也比较琐碎，而难度不大，只要多看、多用自然就能掌握。C ++ 等高级语言中也有类似的内容，在使用时只要注意它们的不同点即可。

实验3 类与对象

3.1 实验目的

(1)熟悉类的组成，掌握类的声明方法；

(2)理解构造方法的作用，并掌握构造方法的定义；

(3)熟练使用访问器和设置器实现信息隐藏和封装；

(4)熟悉一般方法、构造方法的重载；

(5)能够正确区分静态变量与实例变量、静态方法与实例方法，掌握静态变量和静态方法的使用；

(6)掌握对象的创建、引用和使用，熟悉向方法传递参数的常用方式；

(7)掌握 this 关键字的使用；

(8)掌握 Java 包的创建、包成员的各种访问方式。

3.2 知识要点与应用举例

3.2.1 类与对象的关系

类与对象是面向对象编程语言中两个非常重要的概念，需要熟悉它们的联系与区别。

类是对象的抽象，它代表了同一批对象的共性与特征；对象则是类的具体实例，不同对象之间存在着差异。通常，一个类可以定义多个对象，即是一对多关系。

3.2.2 类的组成

1. 类的定义

Java 类的定义包括类声明和类体定义两部分，其中，类体又包含成员变量声明、成员方法定义两项内容。定义 Java 类的一般格式如下：

```
[修饰符] class 类名 [extends 父类名] [implements 接口名]{
    //类体开始
    成员变量的声明;  //描述属性
    成员方法的定义;  //描述功能
} //类体结束
```

说明：

(1)class 是声明类的关键字，不能省略。

(2)类的修饰符只有两种：public 或无(缺省值，即为包权限)。

(3)用“[ ]”括起来的内容表示可省略，extends、implements 等内容在讲授继承、接口内容时介绍。

(4)在声明类时需要给定类名，如 Student。

命名类时，通常应遵循以下约定：①必须是合法的 Java 标识符。②通常类名用英文标识，且要求首字母大写，如 Computer、Student 等。③类名最好容易识别，见名知意，如创建一个有关动物的类，可使用 Animal 命名类。④当类名由多个单词组成时，每个单词的首字母大写，如 AppletDemo、MyDate 等。

2. 成员变量(又称全局变量)

作用：表示类或对象的属性、状态，在整个类中有效。

类型：可以是基本数据类型(包括 byte、short、long、int、char、double、float、boolean 型)和引用数据类型(如数组和对象等)。

如果成员变量未初始化，则取默认值，相关内容前面已介绍过；引用类型的默认值为 null，意为“空值”。

访问控制符(四种)：

public　限制最小，可以被任何类访问；

private　限制最多，只能被该类自身访问；

protected　可以被该类、该类的子类(不同包下)和同一包下的其它类访问；

缺省的访问权限　可以被该类和同一个包的类访问。

3. 成员方法(又称函数)

成员方法本质上是实现某一功能的程序段，可以改变成员变量的属性和状态。某一类的方法可以直接访问本类的成员变量，至于其它类的成员变量的值能否被改变，则要视访问权限而定。

定义格式：

```
访问控制符 返回类型 方法名([参数类型 参数,…]){
    //方法体
}
```

说明：

(1)返回类型与方法体中的 return 语句的返回值密切相关，无返回值时为 void。

(2)方法的命名规则与变量命名规则相同，通常首字母小写，以后各单词的首字母大写。

(3)圆括号是方法的标志，一定不能省略，即便没有参数，也是如此；参数个数的多少要视具体情况而定，可以是 0 个、1 个或多个。

调用格式：

```
方法名([实参表]);//在同一类的对象方法中调用
对象名.方法名([实参表]);//在main()等静态方法中调用
```

说明：toString()是一个特殊方法，其功能是将对象转换成字符串输出，该方法也可以省略不写，System.out.println("时间:" + t1) 与 System.out.println("时间:" + t1.toString())等效。

4. 构造方法

构造方法(constructor，又称构造器、构造函数)，它是类定义中的一个特殊方法，作用是对创建的新对象进行初始化工作。

要求：

①构造器与类同名(包括大小写)；

②一个类可以有多个构造器，即构造器可以重载；

③构造器可以有0个、1个或多个参数；

④构造器没有返回值，不能写成void；

⑤构造器总是与new运算符一起被调用。

定义格式：

```
[修饰符]  类名([参数1][,参数2]…[,参数n]){
    属性1=参数1;
    属性2=参数2;
    ⋮
    属性n=参数n;
}
```

说明：构造器若无参数，通常给属性赋常量。

5. 访问器与设置器

访问器与设置器都是Java类中的常用方法，有必要掌握。

1)访问器

访问器是以get开头的方法，只是查看对象的状态，并没有改变对象的任何状态。

特点：方法定义部分有返回值类型；此方法不带参数；方法体内有返回语句。格式如下：

```
返回类型 getXxx(){
    return xxx;
}
```

2)设置器

设置器是以set开头，会修改对象某种状态的方法。

特点：方法返回类型为void，即不返回任何数据类型；此方法至少带有一个参数；

方法体内肯定有赋值语句。格式如下：

```
void setXxx(参数){
        属性 xxx = 参数;
}
```

例3－1 时间类定义、调用示例。

解题思路：①定义了名为 Time 的时间类，它有时、分、秒三个属性，分别用 hour、minute、second 表示，且有数值范围的限制；定义了一个无参构造器，属性值均为 0；还定义一个设置器 setTime()，用于设置属性的有效值；toString()方法的作用是以“时：分：秒”格式输出时间值。②TimeTest 是主类，其功能是创建 Time 类对象，并调用其方法以实现相关功能。程序代码如下：

```
//声明时间类
class Time{
    private int hour;           //小时数：0—23
    private int minute;         //分钟数：0—59
    private int second;         //秒钟数：0—59

    public Time(){              //构造方法,又称构造器
        hour = 0;
        minute = 0;
        second = 0;
    }
    public void setTime(int hh, int mm, int ss){//设置时间的方法,又称设置器
        hour = ((hh >=0 && hh < =23)? hh: 0);
        minute = ((mm >=0 && hh < =59)? mm: 0);
        second = ((ss >=0 && ss < =59)? ss: 0);
    }
    public String toString(){                  //输出时间
        return (hour + ":" + minute + ":" + second);
    }
}
//主类: TimeTest 类
public class TimeTest {
    public static void main(String args[]){
        Time t1 = new Time();
        System.out.println("时间: " + t1.toString());
        t1.setTime(19,0,0);
        System.out.println("时间: " + t1);
    }
}
```

程序运行结果：

```
时间：0:0:0
时间：19:0:0
问题：后面语句直接输出 t1，为什么也能显示时间？
```

例3-2 Student类的定义与使用。

解题思路：定义两个类，一个是主类StudentTest，另一个是Student类。学生类有姓名、学号、性别、出生年月、专业、地址等属性，设置了初始值；定义了一个包含姓名、学号的构造器及两个对应的访问器；性别、出生年月、专业、地址等属性均定义了访问器、设置器；toString()功能是返回非空的属性值，将它们连接成一个字符串再返回。程序代码如下：

```
//学生类,包括学生的基本信息
public class StudentTest {

    public static void main(String[] args) {
        Student tom=new Student("Tom", "1840123456");
        tom.setStudentSex("male");
        tom.setStudentAddress("America");
        System.out.println(tom.toString());
    }
}

class Student {
    private String strName=""; // 学生姓名
    private String strNumber=""; // 学号
    private String strSex=""; // 性别
    private String strBirthday=""; // 出生年月
    private String strSpeciality=""; // 专业
    private String strAddress=""; // 地址

    public Student(String name, String number) {
        strName=name;
        strNumber=number;
    }

    public String getStudentName() {
        return strName;
    }

    public String getStudentNumber() {
        return strNumber;
    }

    public void setStudentSex(String sex) {
        strSex=sex;
    }
```

```
    public String getStudentSex() {
        return strSex;
    }

    public String getStudentBirthday() {
        return strBirthday;
    }

    public void setStudentBirthday(String birthday) {
        strBirthday = birthday;
    }

    public String getStudentSpeciality() {
        return strSpeciality;
    }

    public void setStudentSpeciality(String speciality) {
        strSpeciality = speciality;
    }

    public String getStudentAddress() {
        return strAddress;
    }

    public void setStudentAddress(String address) {
        strAddress = address;
    }

    public String toString() {
        String information = "学生姓名 = " + strName + ", 学号 = " + strNumber;
        if (!strSex.equals(""))
            information += ", 性别 = " + strSex;
        if (!strBirthday.equals(""))
            information += ", 出生年月 = " + strBirthday;
        if (!strSpeciality.equals(""))
            information += ", 专业 = " + strSpeciality;
        if (!strAddress.equals(""))
            information += ", 籍贯 = " + strAddress;
        return information;
    }
}
```

程序运行结果：

```
学生姓名=Tom，学号=1840123456，性别=male，籍贯=America
```

说明：当类的属性较多时，要逐一书写访问器、设置器是一件比较烦琐的事情。好在Eclipse等IDE已提供相应方法可自动生成，以减少代码输入工作量；构造器也能自动生成。

3.2.3 对象的创建与使用

1. 对象的创建

格式：**类名 对象名 = new 类名([参数表])；**

或 **类名 对象名；对象名 = new 类名([参数表])；**//将对象声明与创建分开进行

说明：对象名(也称对象句柄)是指向一个对象的标识符，通过它可以操作对象，本质上是一个变量，它分配在栈中；而对象是通过new关键字创建的，在堆中分配存储空间。由此可见，对象名不同于对象，它们之间的联系是把对象的首地址赋给对象名变量，从而实现对对象的控制。(见图3-1)

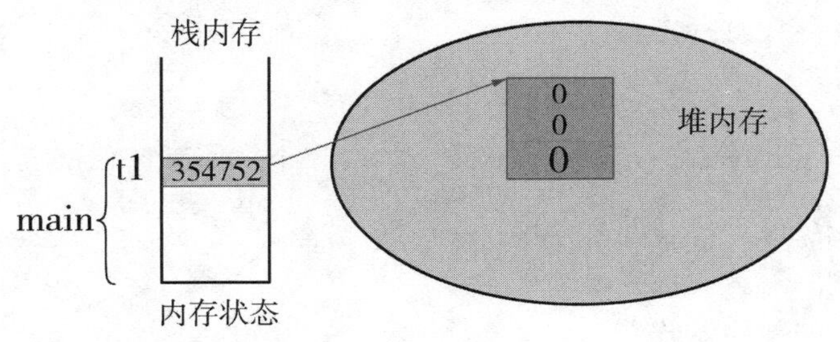

图3-1 对象创建示图

2. 对象的使用

格式：**对象名.成员变量**

对象名.成员方法([参数表])

注意：①要拥有相应的访问权限；②中间点号、括号均为西文格式。

3.2.4 方法重载

方法重载是指多个方法有相同的名字，但这些方法在参数上(包括参数类型、参数个数及参数次序方面)存在着差异，可以相互区分开，实质是多个方法共用一个方法名。

构造器重载：一个类可以拥有多个构造器，从而可以根据需要以不同的方式来初始化对象。例如，学生类中可以有3个不同的构造器：

Student( )、Student(String name)、Student(String name，String number)

构造器重载在Java的类库中是很常见的。

例3-3 方法重载的示例。

解题思路：OverLoad 类定义了4个 display( ) 方法，它们的参数不同，属于重载关系，运行时根据参数匹配来决定调用哪一个方法。程序代码如下：

```
//方法重载的示例
class OverLoad {
    public void display(int a, int b) {// 两个参数,均为 int 型
        System.out.print(a);
        System.out.print(",");
        System.out.println(b);
    }

    public void display(int a, char c) {// 两个参数,一个为 int 型,另一个为 char 型
        System.out.print(a);
        System.out.print(",");
        System.out.println(c);
    }

    public void display(char c, int a) {// 两个参数,一个为 char 型,另一个为 int 型
        System.out.print(c);
        System.out.print(",");
        System.out.println(a);
    }

    public void display(int a, int b, char c) {// 三个参数,两个为 int 型,第三个为 char 型
        System.out.print(a);
        System.out.print(",");
        System.out.print(b);
        System.out.print(",");
        System.out.println(c);
    }
}

public class OverLoadTest {
    public static void main(String args[]) {
        OverLoad ol = new OverLoad();
        ol.display(2018, 5);
        ol.display(2018, 'x');
        ol.display('x', 2018);
        ol.display(2018, 5, 'x');
    }
}
```

程序运行结果：

```
2018,5
2018,x
x,2018
2018,5,x
```

默认构造器是指无参数的构造方法，编程时应注意以下两点：

①在一个类中，如果没有构造器，系统将会自动提供一个空的构造方法，以构造类的对象，但不做任何初始化工作。

②在一个类中，如果已经有了构造器，系统就不再提供一个空的构造方法；假若需要，则应显式声明。

3.2.5 this 关键字

this 关键字表示是“当前对象”，当出现在类的实例方法中时，代表使用该方法的对象；当出现在类的构造方法中时，代表使用该构造方法创建的对象。

默认的格式：**this.成员变量**

在下列三种情况下，必须使用 this 关键字：

(1)方法的形式参数与类的成员变量同名。

例如：

```
class Person{
    String name;
    int age;
    public Person(String name, int age){
        this.name=name;
        this.age=age;
    }
}
```

(2)一个类中的构造器调用同一个类中的另一个构造器。

调用的方法：

this([参数列表])；//构造器的第一条语句

例如：

```
class Person{
    String name;
    int age;
    public Person(String name){
        this.name=name;
    }
    public Person(String name, int age){
        this(name);//构造器的第一条语句
        this.age=age;
    }
}
```

(3)假设有一个容器类和一个组件类，在容器类的某个方法中要创建组件类的实例对象，而组件类的构造方法要接收一个代表其所在容器的参数，此时用 this 来表示。这种模型在事件处理中很常见。

3.2.6 静态成员

1. 什么是静态成员

成员变量、成员方法的前面若加上 static 关键字，表明该变量、该方法是属于类的，则称为类变量(静态成员)或类方法(静态方法)；若无 static 修饰，则是实例变量或实例方法。

格式：**static　成员变量；//类变量**

static　成员方法；//类方法

说明：

①静态成员属于类所有，不属于某一具体对象私有；

②静态成员随类加载时被静态地分配内存空间、方法的入口地址，通常通过**类名.静态成员**方式访问。

2. 类变量(即静态变量)

当一个类中包含静态变量时，在创建该类的多个对象过程中，每个对象不会为该静态变量分配不同空间，而是多个对象共享该静态变量所占有的内存空间，因此，类的任何一个对象访问该静态变量取得值都相同；任何一个对象去修改该静态变量时，都是对同一内存单元进行操作。(见图 3－2)

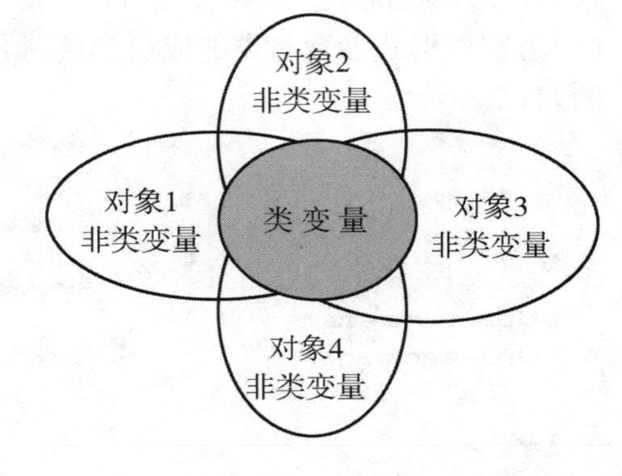

图 3－2　同一类对象共享类变量示图

类变量的访问方式：

类内：直接访问

类外：类名.类变量（前提条件：public 权限）

说明：

①类变量所占的内存空间是在程序退出时才释放；

②静态变量加上 final 关键字后就成了静态常量，如 System.in、System.out、System.err 等。

3. 类方法(即静态方法)

类方法主要是操作类变量，其调用格式如下：

类名.类方法名([实参列表])；　　//推荐使用

对象名.类方法名([实参列表])；　//不推荐使用

使用注意事项：

(1)类方法只能访问该类的类变量和类方法，不能直接访问实例的变量和方法。

(2)同一个类的实例方法可以访问该类的类变量和类方法。

例如：

```
class StaticError {
    String mystring = "hello";
    public static void main(String args[])  {
        System.out.println(mystring);
    }
}
```

编译上述代码时出现如下错误信息：

无法从静态上下文中引用非静态变量 mystring

System.out.println(mystring);

解决这一问题的方法有两种：

(1)将对象变量改成类变量，之后直接使用该变量

```
class NoStaticError {
    static String mystring = "hello";
    public static void main(String args[]) {
        System.out.println(mystring);
    }
}
```

(2)创建一个类的实例，用对象去调用该变量

```
class NoStaticError {
    String mystring = "hello";
    public static void main(String args[])  {
            NoStaticError  noError = new NoStaticError();
            System.out.println(noError.mystring);
    }
}
```

4. main()方法

在书写程序代码时，对 main()要加三个修饰词：public、static、void。这表明 main()是一个静态方法，一个类中最多只能有一个 main()。

main()的执行是在类加载之后进行的，此时不存在任何对象。只有在执行 main()之后才创建所需要的对象；每一个类都可以有一个 main()，这是对类进行单元测试的一个很方便的技巧。

在 Java 中，有些类的对象并不是用 new 关键字生成，而是通过调用一些类的静态方法来创建，这称为工厂方法。例如，java.util.Calendar 本身是一个抽象类，通过其静态方法 getInstance()可获得默认时区和语言环境下的一个日历对象(通过其子类生成)，代码如下：

```
Calendar calendar = Calendar.getInstance();
```

3.2.7 对象的进一步讨论

1. 对象赋值

前面已经述及，对象名是一个栈中变量，对象创建是在堆中进行的，两者所在区域不同，对象名指向对象的首地址，在使用时应注意它们的联系与区别。现在通过一些代码来说明：

Date now;　　//声明对象名，尚未创建对象

now. getTime( ); //错误，调用不存在对象的方法

now = new Date( ); //正确，创建一个以系统当前时间为内容的对象，并由 now 对象名来操作对象

Date then = new Date( ); //正确，创建另一个对象 then，它与 now 的时间值不同

此时，now 与 then 指向不同对象，对象名与对象的对应关系如图 3 –3 所示。

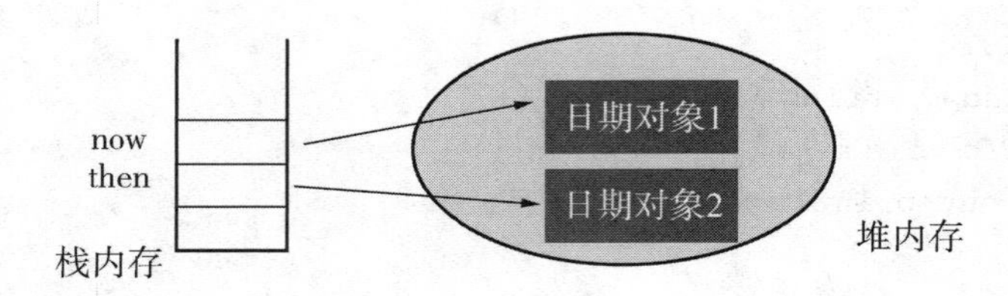

图 3 –3　对象名与对象的对应关系

now = then; //对象赋值，now 和 then 同时指向第二个创建的对象，而第一个对象没有了对象名操作它，就成为垃圾，等待垃圾收集器来回收，如图 3 –4 所示。

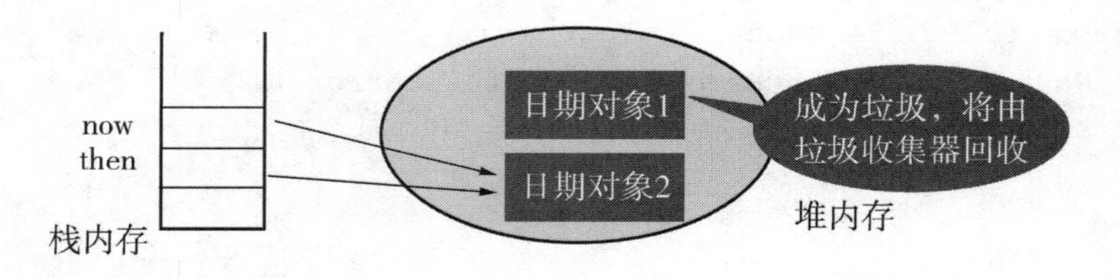

图 3 –4　赋值后的对象名与对象的对应关系

2. 匿名对象

不声明对象名，直接用创建的对象来调用方法。例如，new Date( ). getTime( ) 就使用了匿名对象；匿名对象执行完方法之后就成为垃圾，等待系统来回收。

适用场合：对于一个对象，只需要调用一次方法；将匿名对象作为实参传递给一个方法调用。

3.2.8 包(package)

1. 问题的提出

Java 作为一种面向对象的编程语言提供了十分丰富的类库，用户也可以根据实际情况编写自己的类，如何存放、管理这些类是一个现实问题。

Java 采用“包”的方式来管理接口和类，它将功能相同的接口和类放在一个包中，即使两个接口或类的名字相同，如果它们位于不同的包中，通过前缀附加包信息，这样就能达到相互区分、分门别类管理的目的。例如，java. util. Date 与 java. sql. Date，尽管类名相同，但它们所处的包名不同，仍是两个不相同的类。

2. 什么是包

包(package)就是由相关的类和接口构成的一个集合，可看作是一个容器。

Java 允许用户根据需要构建自己的包，形成类、接口等层次结构；相邻层次的包名之间可以使用点号(.)分隔开，格式如下：

package pack1. pack2. pack3

包名从大到小排列，例如，java. lang。

必须指出的是，包是通过所在系统的文件目录来维护其层次结构的，例如，上例的包层次结构在不同系统的表现形式不同：

Unix 或 Linux 系统：pack1/pack2/pack3

Windows 系统：pack1\pack2\pack3

3. 包在文件系统中的表示

包通常存储在文件系统的目录中，并直接与目录结构有关。现以 Windows 系统下定义类 MyClass 为例进行说明。假定 C 是存放 MyClass. java 源文件的目录，它通过下列语句来指定包名：

package x. y;

public class MyClass { }

类 MyClass 经过编译形成的 MyClass. class 文件，存放在文件系统的 C\x\y 目录中，如图 3 – 5 所示。

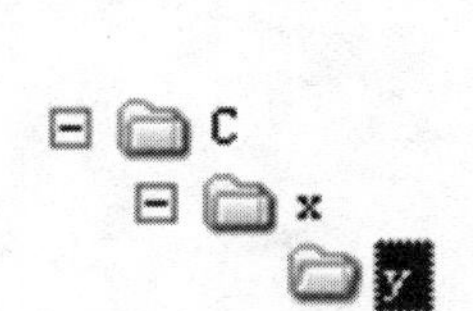

图 3 – 5　包所形成的目录结构

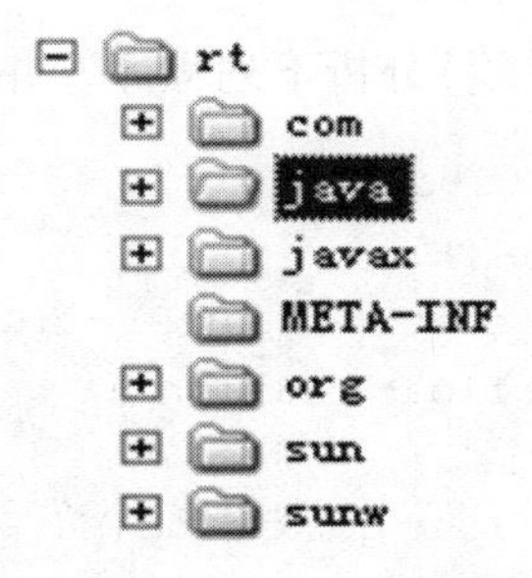

图 3 – 6　rt. jar 所包含的目录结构

事实上，我们经常用到的 jar 也包含着层次结构信息，例如，用压缩软件打开 rt. jar 文件，显示图 3 – 6 所示结构。

4. 创建包

格式：**package 包名**；//应位于第一条语句

例如，

```
package mypackage;
import xxx. yyy. zzz;
```

```
class MyClass {
……
}
```

一个源文件中最多只能有一条 package 语句。

5. import 语句

Java 提供了 import 关键字来引入类的声明。

格式：**import　包名.类名或接口名**；//包名可以由多个子包组成，用点号分开

或 **import　包名.** *；//引入该包下的所有类、接口，会影响编译时间

说明：java.lang 包在虚拟机运行时自动加载，不必显式引入，因此，又称为默认包。

6. jar 文档的生成

前面已经介绍过，类与接口存放在包中，包对应着文件系统的目录结构。事实上，存储和管理这种目录结构是很困难的，存在遗漏、删除的可能。为此，Java 提供了 jar 命令生成 jar 文件来保存这种层次结构。当类加载器加载相关类时，就从 jar 文档中提取目录结构，从而缩短了类的加载时间，减少了内存的占用。具体操作可参考相关文档。

可见，classpath 的作用，就是用来设置类层次结构的“根”（即最高层次），它可以是目录或 jar 文件。

3.3　实验内容

1.（基础题）分析下列程序，并回答相关问题：

```
//定义圆形类 Circle
class Circle {
    private static float PI = 3.1415f;
    private float radius;
    //获取半径
    public float getRadius() {
        return radius;
    }
    //设置半径
    public void setRadius(float radius) {
        this.radius = radius;
    }
    //获取圆周长
    public float getPerimeter(){
        return 2* (PI* radius);
    }
```

```
    //获取圆面积
    public float getArea(){
        return PI* radius* radius;
    }
}
```

问题：

(1)Cirecle 类定义了几个属性，它们的类型、访问权限各是什么？

(2)类中“PI”的值可以在程序的方法中更改吗，为什么？

(3)Cirecle 类定义了几个方法，它们的访问权限如何？

2.(基础题)已知矩形具有宽度和长度两个属性，并且具有获取其周长和面积的行为，现在将该矩形抽象为一个 Rectangle 类，并假设该类具有的成员分别如下：

(1)成员变量：

width //宽度

length //长度

(2) 成员方法：

float getWidth( ) //获取矩形宽度

float getLength( ) //获取矩形长度

float getPerimeter( ) //获取矩形周长

float getArea( ) //获取矩形面积

void setWidth(float w) //设置矩形宽度

void setLength(float l) //设置矩形长度

请根据以上描述的成员，并参照第 1 题代码定义 Rectangle 类，要求将成员变量设置成私有访问权限，成员方法都设置成公有访问权限。

3.(基础题)分析、运行程序，并回答相关问题：

```
//定义圆形类 Circle
class Circle{
    private static final float PI =3.14f;
    private float radius;
    //定义构造方法
    public Circle(float r){
        radius =r;
    }
    //获取半径
    public float getRadius() {
        return radius;
    }
    //设置半径
    public void setRadius(float radius) {
```

```
        this.radius = radius;
    }
    //获取圆周长
    public float getPerimeter(){
        return 2* (PI* radius);
    }
    //获取圆面积
    public float getArea(){
        return PI* radius* radius;
    }
    //返回圆的信息
    public String toString(){
        return ("半径 = " + radius + ",周长 = " + getPerimeter() + ",面积 = " + getArea());
    }
}
public class CircleTest {
    public static void main(String args[]){
        Circle c1 = new Circle();
        System.out.println("圆 1 的信息如下:");
        System.out.println(c1.toString());//调用 toString()方法输出圆的信息
        System.out.println("========================================");
        Circle c2 = new Circle(3.6f);
        System.out.println("圆 2 的信息如下:");
        System.out.println(c2.toString());
    }
}
```

问题:

(1)该程序中定义了几个类，主类是什么？如果将这些类放在一个文件中，源程序文件名应是什么？

(2)Circle 类定义了几个构造器，Circle 类中存在无参构造器吗？如果要使用无参构造器，应如何做？

(3)CircleTest 类中创建了几个 Circle 对象，这些对象是如何创建的？

(4)CircleTest 类中如何调用对象的方法？

4.(基础题)分析、填充、运行下列程序，并回答相关问题：

```
//构造器重载应用
public class OverrideTest1 {
    public static void main(String[] args) {
//使用 Box 类的无参构造方法创建对象 box1
        ______________(1)______________;
```

```
        System.out.println(box1);
//使用 Box 类的带一个参数的构造方法创建对象 box2,参数值为 5.0
        ________________________(2)________________________;
        System.out.println(box2);
//使用带 Box 类带三个参数的构造方法创建对象 box3,其中三个参数长、宽、高分别为 10.1、20.2、30.3
        ________________________(3)________________________;
        System.out.println(box3);
    }
}
//定义 Box 类
class Box {
    private double length;                          //盒子的长度
    private double width;                           //盒子的宽度
    private double height;                          //盒子的高度
    public  Box(){                                  //默认构造器
        length=3.6;
        width=2.3;
        height=1.9;
    }
    public  Box(double  x){                         //带一个参数的构造器
        length=x;
        width=x;
        height=x;
    }
    public  Box(double l,double w, double h){  //带三个参数的构造器
        length=l;
        width=w;
        height=h;
    }
    public String toString(){                       //输出盒子的信息
        return ("盒子的长度:"+length+", 宽度:"+width+", 高度:"+height);
    }
}
```

问题:

(1) Box 类有几个构造器?

(2) 如何定义构造器，构造器有无返回值?

5. (基础题) 请分析、运行程序，掌握 **this** 关键字有关用法，并回答相关问题:

```
public class OverrideTest2 {
    public static void main(String[] args) {
```

```
        //使用Box类的无参构造方法创建对象box1
        Box box1 =new Box();
        System.out.println(box1);
        //使用Box类的带一个参数的构造方法创建对象box2,参数值为5.0
        Box box2 =new Box(5.0);
        System.out.println(box2);
//使用带三个参数的Box类的构造方法创建对象box3,其中三个参数长、宽、高分别为10.1、20.2、30.3
        Box box3 =new Box(10.1,20.2,30.3);
        System.out.println(box3);
    }
}
//定义Box类
class Box {
    private double length;                      //盒子的长度
    private double width;                       //盒子的宽度
    private double height;                      //盒子的高度
    public  Box(){                              //默认构造器
        length =3.6;
        width =2.3;
        height =1.9;
    }
    public  Box(double  x){                     //带一个参数的构造器
        this(x,x,x);
    }
    public Box(double length,double width, double height){  //带三个参数的构造器
        this.length =length;
        this.width =width;
        this.height =height;
    }
    public String toString(){//输出盒子的信息
        return ("盒子的长度:"+length +",宽度:"+width +",高度:"+height);
    }
}
```

问题:

(1) 在语句 **this.length =length**;中的 **this** 代表什么?

(2) **this(x, x, x)**;中的 **this** 是什么含义?

6.(提高题)分析、运行下列程序,并回答相关问题:

```
//静态方法和实例方法的使用
class MethodExample{
```

```
    private int x;                          //声明一个实例变量
    private static int y;                   //声明一个类变量
    void f(){                               //实例方法
        x=20;
        System.out.println("x="+x+",y="+y);
        g(30);
    }
    static void g(int a){                   //类方法
        y=a;
        printY();
    }
    static void printY(){                   //类方法
        System.out.println("y="+y);
    }
}
public class MethodExampleTest {
    String mystring="hello";
    public static void main(String args[])      {
        System.out.println(mystring);
        MethodExample m=new MethodExample() ;
        m.f();
        MethodExample.g(60);
    }
}
```

问题：

(1)实例变量和类变量的含义是什么，如何声明它们?

(2)实例方法和类方法的含义是什么，如何声明它们?

(3) f()方法中可以访问什么类型的变量和方法?

(4) g()方法中可以访问 x 变量吗，可以在其中调用 f()方法吗?

(5)在主类中，应如何调用实例方法和类方法?

(6)运行程序时，出现如下错误：

无法从静态上下文中引用非静态变量 mystring

System.out.println(mystring);

请分别用"类变量、类方法"和"实例变量、实例方法"两种完全不同的方法进行修改，使其能正确运行。

7.(提高题)分析、填充和运行下列程序，并回答相关问题：

```
package lab3.arr.obj;
public class Student {
    private String sno;
```

```
    private String sname;
    private int Chinese,English,Math;
    public Student(String sno,String sname,int Chinese,int English,int Math){
        this.sno = sno;
        this.sname = sname;
        this.Chinese = Chinese;
        this.English = English;
        this.Math = Math;
    }
    public String getSno() {
        return sno;
    }
    public void setSno(String sno) {
        this.sno = sno;
    }
    public String getSname() {
        return sname;
    }
    public void setSname(String sname) {
        this.sname = sname;
    }
    public int getChinese() {
        return Chinese;
    }
    public void setChinese(int chinese) {
        Chinese = chinese;
    }
    public int getEnglish() {
        return English;
    }
    public void setEnglish(int english) {
        English = english;
    }
    public int getMath() {
        return Math;
    }
    public void setMath(int math) {
        Math = math;
    }
}
package lab3;
```

```
//导入 Student 类
___________________(1)___________________;
public class ObjectArrayExample {
    //声明一个长度为 4 的对象数组
    Student1[] student = ______________(2)______________;
    public ObjectArrayExample(){
        //初始化对象数组,每一对象需要提供学号、姓名、中文、英语、数学五个参数
    _________________(3)_________________;
    }
    void printArrayElement(){
    int max=0,j=0;
    int[] sum=new int[4];
    for(int i=0;i<student.length;i++){
        //使用循环语句来求每个学生三门课的总分,并赋给 sum 数组对应元素
        sum[i]=student[i].getChinese()+student[i].getEnglish()+student[i].
getMath();
    }
    for(int i=0;i<sum.length;i++){
        if(max<sum[i]){
            max=sum[i];
            j=i;
        }
    }
    //输出总分最高的学生的姓名、学号、语文成绩、英语成绩、数学成绩和总分
    System.out.println("总分最高的学生姓名:"+__________(4)__________+",
     学号:"+__________(5)__________+",语文成绩:"+__________(6)__________+",
     英语成绩:"+__________(7)__________+",数学成绩:"+__________(8)__________+",
     总分是:"+max);
    }
    public static void main(String args[]){
        ObjectArrayExample objarr=new ObjectArrayExample();
        objarr.printArrayElement();
    }
}
```

问题:

(1)如何定义对象数组?

(2)如何访问对象数组元素的成员变量?

(3)包为 lab3.arr.obj 的类的保存路径是什么?

3.4 实验小结

类通常由成员变量、成员方法、构造器、访问器，设置器组成；成员变量可以是基本类型和引用类型；成员方法是实现某一功能的程序段，可以改变成员变量的属性和状态；构造器是类声明中的一个特殊方法，与类同名，其作用是对创建的新对象进行初始化工作；设置器一般写成 setXxx( )，有参数、无返回值；访问器一般写成 getXxx( )，有返回值、无参数，熟练使用访问器和设置器实现信息隐藏和封装；一般方法的重载是指多个方法有相同的名字，但这些方法在参数上(包括参数类型、参数个数及参数次序方面)存在着差异；构造器重载是指一个类可以拥有多个构造器，可以根据需要以不同的方式来初始化对象，对象的创建过程就是通过构造器的模型到具体实例的产生过程；在成员变量、成员方法的前面加上 static 关键字，就称为类变量(静态成员)或类方法(静态方法)，要正确地区分静态变量与实例变量、静态方法与实例方法的不同，掌握静态变量和静态方法的使用；this 关键字表示是“当前对象”，当出现在类的实例方法中，代表使用该方法的对象；出现在类的构造方法中，代表使用该构造方法创建的对象；包(package)是类的容器，用于分隔类名空间，如果有 package 语句，该语句一定是源文件中的第一条可执行语句，它的前面只能有注释或空行，一个文件中最多只能有一条 package 语句，要掌握 Java 包的创建、包成员的各种访问方式。

实验4 常用类

4.1 实验目的

(1)掌握 String 类的基本构造方法和常用方法的使用；

(2)熟悉 StringBuffer、StringBuilder 类的追加、插入、查找、替换、删除等操作；

(3)熟悉 Math 类常量及常用方法的调用；

(4)能够利用 Scanner 类输入各种类型数据；

(5)熟悉包装类的功能、重要属性、主要构造器和常用方法，熟悉装箱、拆箱的基本内容；

(6) 熟悉 Date 类的主要构造方法和常用方法，明白其不足之处；

(7) 熟悉 GregorianCalendar 类的主要构造方法、常用方法，能够使用 SimpleDateFormat 类格式化输出日期；

(8)了解 StringTokenizer 类的一般使用。

4.2 知识要点与应用举例

Java 类库中提供了许许多多的类，这些类为编写程序提供极大便利。对于它们，我们完全采用“拿来主义”的态度，只管用而不深究它是如何实现的。下面主要介绍字符串类、数学类、扫描类、包装类、日期日历类等常用类，熟悉它们的构造方法、常用方法和基本操作，是阅读代码、编写程序的基本要求。

4.2.1 String 类

1. String 类简介

字符串是由 0 个、1 个或多个字符构成的序列。它是组织字符的基本数据结构，在 Java 中，字符串被当作对象来处理。

String 类代表字符串，Java 中的所有字符串字面值(如"abc")都是该类的实例。String 类位于 java. lang 包中，是一个 final 类，不允许被继承。String 类的对象具有不可更改性，一旦初始化或赋值，它的值和所分配的内存空间就不可改变，否则会产生一个新的字符串。例如：

```
String s1 = "Java";
s1 = s1 + "程序设计"; //s1 会指向了新产生的对象,原先的"Java"成为垃圾
```

2. 字符串对象的创建

字符串常量是使用双引号括住的一串字符，如"Java 程序设计" 。

Java 编译器自动为每一个字符串常量生成一个 String 类的对象，可以用字符串常量直接初始化一个 String 对象，如 String s1 = "Java 程序设计" 。

由于 Java 采用了"对象池"技术，若再声明：String s2 = "Java 程序设计"，则在"对象池"中，s1 和 s2 指向同一字符串，如图 4 – 1 所示。

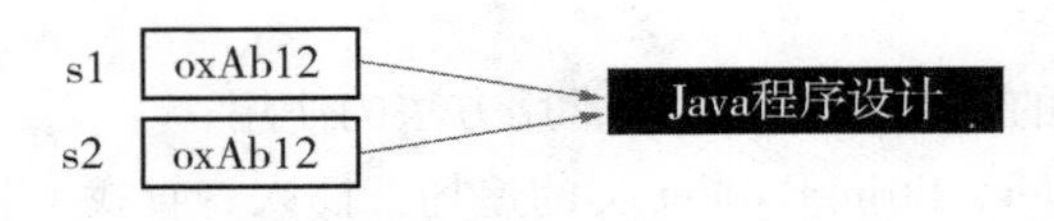

图 4 – 1 "对象池"中字符串常量的指向示图

常用构造方法：

String( ) 初始化一个新串，其内容为空字符序列。

String(String original) 以字符串为参数创建一个新串，即新串是原串的副本。

String(byte[ ] bytes) 使用平台的默认字符集解码指定的 byte 数组，构造一个新串。

String(byte[ ] bytes, Charset charset) 使用指定的 charset 解码指定的 byte 数组，构造一个新串。

String(byte[ ] bytes, int offset, int length) 使用平台的默认字符集解码指定的 byte 子数组，构造一个新串。

String(byte[ ] bytes, int offset, int length, String charsetName) 使用指定的字符集解码指定的 byte 子数组，构造一个新串。

String(char[ ] value) 以字符数组为参数创建一个新串。

String(char[ ] value, int offset, int count) 以字符数组的子数组为参数创建一个新串。

String(StringBuffer buffer) 以字符串缓冲区内容为参数创建一个新串。

String(StringBuilder builder) 以 StringBuilder 内容为参数创建一个新串。

String( ) 的参数可以是空、字符串、字节数组、字符数组、StringBuffer 对象、StringBuilder 对象等。

3. 字符串常用方法

1)获取字符串的长度(即字符个数)：int length( )

2)字符串的比较

(1)判断两个字符串的内容是否相等

boolean equals(Object anObject)：区分大小写。

boolean equalsIgnoreCase(Object anObject)：不区分大小写。

(2)按字典顺序比较两个字符串的大小

int compareTo(String anotherString)：区分大小写。

int compareToIgnoreCase(String anotherString)：不区分大小写。

若当前字符串较小，则返回一个小于0的值，若相等则返回0，否则返回一个大于0的值。

(3)运算符 == 与 equals()的比较

==：比较两个字符串对象是否引用同一个实例对象，即地址是否相同。

equals()：比较两个字符串中对应的每个字符是否相等，即内容是否相同。

例4-1 字符串比较示例。

解题思路：定义了s1～s4四个字符串，其中，s1、s2是字符串字面常量，s3、s4是由String()生成的对象，用运算符"=="比较两个字符串是否为同一实例对象，用equals()、compareTo()比较两个字符串的内容是否相同(注意结果类型有所不同)。程序代码如下：

```
public class StringCompare {
    public static void main(String args[]) {
        String s1 = "abc";
        String s2 = "abc";
        String s3 = new String("abc");
        String s4 = new String("abc");
        System.out.println("s1 = = s2?: " + (s1 == s2));
        System.out.println("s1 == s3?: " + (s1 == s3));
        System.out.println("s3 == s4?: " + (s3 == s4));
        System.out.println("s1.equals(s2)?:" + s1.equals(s2));
        System.out.println("s1.equals(s3)?:" + s1.equals(s3));
        System.out.println("s3.equals(s4)?:" + s3.equals(s4));
        System.out.println("s1.equals(s3)?:" + s1.compareTo(s3));
    }
}
```

程序运行结果：

```
s1 == s2?: true
s1 == s3?: false
s3 == s4?: false
s1.equals(s2)?:true
s1.equals(s3)?:true
s3.equals(s4)?:true
s1.equals(s3)?:0
```

问题：equals()、compareTo()返回结果类型是否相同？

3)字符串的提取

(1)获取一个字符串中指定位置的字符

char charAt (int index) 其中index值的范围：0～长度-1。

(2)将字符串转换为字符数组

void getChars(int srcBegin, int srcEnd, char[] dst, int dstBegin):将源字符串中从开始位置 srcBegin 到结束位置 srcEnd 之前的字符复制到目标字符数组 dst 中,dst 的开始位置是 dstBegin,复制的字符数是 srcEnd - srcBegin。

char[] toCharArray():将字符串对象中的字符转换为一个字符数组,功能与 getChars() 方法类似。

(3)将字符串转换为字节数组

byte[] getBytes():根据系统平台的默认字符编码将字符串的字符转换为字节,并存储到一个字节数组。

(4)将字符串按正则表达式分解字符串数组

String[] split(String regex)

例如,String [] str1 = "boo: and: foo". split(":");

结果为:{"boo", "and", "foo"}

(5)获取字符串的子串

String substring(int beginIndex):从指定位置到最后的子串。

String substring(int beginIndex, int endIndex):从指定位置 beginIndex 到 endIndex 之前的子串。

例如, "substring". substring(3);　　//结果为"string"

　　"substring". substring(3, 6); //结果为"str"

4)字符串的检索

int indexOf(int ch)、int indexOf(int ch, int fromIndex)

int indexOf(String str)、int indexOf(String str, int fromIndex)

功能:从指定位置(0 或 fromIndex)开始,返回第一次出现 ch 或 str 的位置,若未找到则返回 -1。

例如:

```
String s = "Java is a programming language. ";
  s.indexOf('a');       //结果:1
  s.indexOf('a',4);     //结果:8
  s.indexOf("is");      //结果:5
  s.indexOf("prop");    //结果: -1
```

如果是从尾部向前查找,则有类似的四个方法:

int lastIndexOf(int ch)、　int lastIndexOf(int ch, int fromIndex)

int lastIndexOf(String str)、　int lastIndexOf(String str, int fromIndex)

5)字符串的修改

注意:此类操作对源串并无影响,修改后的内容存放到新串中。

①字符串的连接(类似于" + "):String concat(String str)

②串中字符的替换:String replace(char oldChar, char newChar)

③去除字符串中开头与结尾处的空格(不会去除中间的空格):String trim()

④把字符串中的所有字母转换成小写:String toLowerCase()

⑤把字符串中的所有字母转换成大写:String toUpperCase()

6)字符串与基本类型的互换

(1)把基本类型转换成字符串:static String valueOf(基本数据类型)

例如,String s1 = String. valueOf(123); //结果:"123"

String s2 = String. valueOf(false); //结果:"false"

String s3 = String. valueOf(4.5); //结果:"4.5"

(2)把字符串转换成基本类型

需要用到基本类型的"包装类",基本格式:**包装类.parseXxxx(字符串)**,具体如下:

byte parseByte(String s)、short parseShort(String s)、int parseInt(String s)、long parseLong(String s)、float parseFloat(String s)、double parseDouble(String s)

例如:byte bt = Byte. parseByte("23"); //结果:23

int n = Integer. parseInt("234"); //结果:234

double d = Double. parseDouble("234.89"); //结果:234.89

7)String toString():返回此对象的字符串(主要用于非字符串对象的输出)

例4-2 字符串操作示例。

解题思路:对字符串进行创建、计算长度、检索、取子串、连接、转换大小写、替代等操作。程序代码如下:

```
public class StringDemo {
    public static void main(String[] args) {
        char[] value = { 'a', 'b', 'c', 'd' };
        String str1 = new String(value);// 相当于 String str1 = new String("abcd");
        String str2 = new String(value, 1, 2);// 相当于 String str2 = new
                                              // String("bc");
        String str3 = new String("asdfzxc");
        System.out.println(str1 + "," + str2 + "," + str3);

        int len = str3.length(); // len = 7
        char ch = str3.charAt(4);// ch = 'z'
        System.out.println("len = " + len + ", ch = " + ch);

        String str4 = str3.substring(2);// str4 = "dfzxc"
        String str5 = "aa".concat("bb").concat("cc");// 相当于 String
                                                      // str5 = "aa" + "bb" + "cc";
        System.out.println("str4 = " + str4 + "," + "str5 = " + str5);
```

```
        String str6 = "I am a good student";
        int a = str6.indexOf('a');// a = 2
        int b = str6.indexOf("good");// b = 7
        int d = str6.lastIndexOf("a");// d = 5
        System.out.println("a = " + a + ",b = " + b + ",d = " + d);

        String str7 = new String("asDF");
        String str8 = str7.toLowerCase();// str8 = "asdf"
        String str9 = str7.toUpperCase();// str9 = "ASDF"
        System.out.println("str8 = " + str8 + ",str9 = " + str9);

        String str10 = "asdzxcasd";
        String str11 = str10.replace('a', 'g');// str11 = "gsdzxcgsd"
        String str12 = str10.replace("asd", "fgh");// str12 = "fghzxcfgh"
        System.out.println("str11 = " + str11 + "," + "str12 = " + str12);
    }
}
```

程序运行结果：

```
abcd,bc,asdfzxc
len = 7, ch = z
str4 = dfzxc,str5 = aabbcc
a = 2,b = 7,d = 5
str8 = asdf,str9 = ASDF
str11 = gsdzxcgsd,str12 = fghzxcfgh
```

4.2.2 StringBuffer 与 StringBuider 类

1. StringBuffer 类

StringBuffer 也是一个字符序列，类似于 String，但与 String 不同的是，它可以改变其长度和内容，用户可以根据需要，在 StringBuffer 中进行追加、插入、替换、删除等操作，操作结果作用于 StringBuffer 串本身，并无新对象产生，非常适合大型文本的处理。

StringBuffer 还具有线程安全性，由于采用了同步机制，不允许多个线程同时对 StringBuffer 对象进行增加或修改。

1) 常用构造方法

StringBuffer( )：建立一个不包含任何文本的 StringBuffer 对象，可在以后操作时添加其内容；初始容量为 16 字节。

StringBuffer(int capacity)：建立一个容量为 capacity 的 StringBuffer 对象，它不包含任何文本。

StringBuffer (String str)：以参数 str 来创建 StringBuffer 对象。

说明：随着文本的增加，字符串的长度在不断增大；当长度大于 StringBuffer 对象的现有容量时，Java 会自动增加其容量。所以，在进行 StringBuffer 的追加、插入操作时，不必考虑其容量问题。

2)常用方法

int capacity( )：获取缓冲字符串的容量大小，其值 = 字符串长度 +16。

StringBuffer append(某一类型数据)：将括号里的某种数据类型(可以是基本数据类型、对象类型、数组等)的变量插入字符序列中。

StringBuffer insert(int offset，某一类型数据)：将某一类型数据插入此序列的指定位置中。

StringBuffer delete(int start，int end)：删除缓冲字符串中从 start 处开始到 end -1 为止的字符或字符串。

StringBuffer deleteCharAt(int index)：删除缓冲字符串指定位置的字符。

StringBuffer replace(int start，int end，String str)：将缓冲字符串中从 start 处开始到 end -1 为止的字符串用 str 替代。

char charAt(int index)：获取缓冲字符串上指定位置的字符。

void setCharAt(int index，char ch)：设置缓冲字符串上指定位置的字符。

String substring(int beginIndex)：获取缓冲字符串中从 beginIndex 处开始到末尾的子串。

String substring(int beginIndex，int endIndex)：获取缓冲字符串中从 beginIndex 处开始到 endIndex -1 为止的子串。

StringBuffer reverse( )：将缓冲字符串的字符以逆序返回。例如：

```
StringBuffer sb = new StringBuffer("abcdef");
sb.reverse(); //对应字符串:"fedcba"
```

String toString( )：将 StringBuffer 对象转换成 String 对象。

例4-3 缓冲字符串长度、容量操作示例。

解题思路：先以 26 个英文小写字母为参数创建缓冲字符串，再输出该对象对应的字符串、长度、容量，之后修改缓冲字符串对象的长度，再次输出上述内容。程序代码如下：

```
public class StringBufferDemo {
    public static void main(String args[]) {
        StringBuffer sb =new StringBuffer("abcdefghijklmnopqrstuvwxyz");
        System.out.println("字符串的内容为: " + sb.toString());
        System.out.println("sb.length() = " + sb.length());
        System.out.println("sb.capacity() = " + sb.capacity());
        System.out.println();

        System.out.println("设置 sb 的新长度为 20 后");
```

```
        sb.setLength(20);
        System.out.println("字符串的内容为: " + sb.toString());
        System.out.println("sb.length() = " + sb.length());
        System.out.println("sb.capacity() = " + sb.capacity());
    }
}
```

程序运行结果:

```
字符串的内容为: abcdefghijklmnopqrstuvwxyz
sb.length() = 26
sb.capacity() = 42

设置 sb 的新长度为 20 后
字符串的内容为: abcdefghijklmnopqrst
sb.length() = 20
sb.capacity() = 42
```

说明：修改长度之后，缓冲字符串的内容、长度发生变化，但容量不变。

例 4-4 缓冲字符串增删改等操作示例。

解题思路：先创建缓冲字符串对象，再执行追加、插入、替换、删除、逆序操作，并输出相关内容。程序代码如下：

```
public class StringBufferModified {
    public static void main(String args[]) {
        char ch[] = { 'a', 'b', 'c', 'd', 'e' };
        StringBuffer sb = new StringBuffer("12345");
        sb.append("ABCDE"); // sb 包含的字符串为:"12345ABCDE"
        sb.insert(0, ch); // sb 包含的字符串为:"abcde12345ABCDE"
        System.out.println("增加字符串后,sb 包含的字符串为: " + sb.toString());
        sb.replace(5, 10, "00000"); // sb 包含的字符串为:"abcde00000ABCDE"
        System.out.println("替换字符串后,sb 包含的字符串为: " + sb.toString());
        sb.delete(5, 10); // sb 包含的字符串为:"abcdeABCDE"
        System.out.println("删除字符串后,sb 包含的字符串为: " + sb.toString());
        sb.reverse(); // sb 包含的字符串为:"EDCBAedcba"
        System.out.println("逆序后,sb 包含的字符串为: " + sb.toString());
    }
}
```

程序运行结果:

```
增加字符串后,sb 包含的字符串为: abcde12345ABCDE
替换字符串后,sb 包含的字符串为: abcde00000ABCDE
删除字符串后,sb 包含的字符串为: abcdeABCDE
逆序后,sb 包含的字符串为: EDCBAedcba
```

2. StringBuilder 类

因 StringBuffer 类具有线程安全要求，这多少会影响程序运行效率，于是从 JDK 5.0 起新增了一个 StringBuilder 类。该类有着与 StringBuffer 完全相同的 API，但是它不具有线程安全性，同等情况程序执行效率会更高一些。由此可以得出结论，StringBuffer 与 StringBuilder 功能相同，只是在安全性、执行效率上存在一些差异而已。学习时只要掌握其中一个，理解、使用另一个自然不成问题。

4.2.3 StringTokenizer 类

StringTokenizer 是字符串单词分析器类，它具有将字符串分解成可独立使用的单词的功能，这些单词被称为 Token(即为语言符号)。

例如:"We are students"字符串，把空格当作分隔符，该串含有 3 个单词；

又如:"100，60，79，87，95"，把逗号当作分隔符，该字符串含有 5 个单词；

StringTokenizer 类位于 java.util 包中。

1)常用构造方法

StringTokenizer(String str)：为字符串 str 构造一个分析器，使用默认的分隔符，如空格符(多个空格算一个)、回车符、换行符、制表符。

StringTokenizer(String str, String delim)：为字符串构造一个分析器，delim 为指定的分隔符，可由多个字符组成。

2)常用方法

int countTokens()：返回 Token 的数目。

boolean hasMoreTokens()：是否还有下一个 Token。

boolean hasMoreElements()：返回与 hasMoreTokens 方法相同的值。

String nextToken()：返回下一个 Token。

Object nextElement()：返回与 nextToken 方法相同的值，但返回类型是 Object，而不是 String。

例 4－5 StringTokenizer 应用示例。

解题思路：以指定字符串为参数创建 StringTokenizer 对象，分隔符为默认的空格；之后调用 countTokens()输出单词个数，使用循环、hasMoreTokens()和 nextToken()输出各个单词。程序代码如下：

```
import java.util.StringTokenizer;

public class StringTokenizerDemo {
    public static void main(String args[]) {
        StringTokenizer stk = new StringTokenizer("This  is a test");
        System.out.println("字符串中包含" + stk.countTokens() + "个单词,具体如下:");
        while (stk.hasMoreTokens()) {
            System.out.println(stk.nextToken());
        }
    }
}
```

程序运行结果：

```
字符串中包含 4 个单词，具体如下：
This
is
a
test
```

问题：请比较使用StringTokenizer类与调用String类的split()的异同点。

4.2.4 Math 类

Math类位于java.lang包中，它继承了Object类，包含基本的数学计算，如指数、对数、平方根和三角函数，也是final类，不能再被继承。Math类的属性、方法绝大多数是静态(static)的，使用时不必创建对象，直接采用**Math.属性或Math.方法([参数表])**格式调用即可。

静态常量：

E：e的近似值，为double类型。

PI：圆周率 的近似值，为double类型。

Math类的常用方法如表4-1所示。

表4-1 Math类的常用方法

方法	功能
double sin(double numvalue)	计算角 numvalue 的正弦值
double cos(double numvalue)	计算角 numvalue 的余弦值
double pow(double a, double b)	计算 a 的 b 次方
double sqrt(double numvalue)	计算给定值的平方根
int abs(int numvalue)	计算 int 类型值 numvalue 的绝对值，也接受 long、float 和 double 类型的参数
double ceil(double numvalue)	返回大于等于 numvalue 的最小整数值
double floor(double numvalue)	返回小于等于 numvalue 的最大整数值
int max(int a, int b)	返回 int 型值 a 和 b 中的较大值，也接受 long、float 和 double 类型的参数
int min(int a, int b)	返回 a 和 b 中的较小值，也可接受 long、float 和 double 类型的参数

在Math类的众多方法中，随机数生成方法random()的使用比较灵活，利用它可以模拟随机事件的发生。例如，抽奖，发扑克牌等。random()只能生成[0,1)的随机小数，若要生成指定区间的随机整数，需要进行放大、平移、取整等操作，具体如下：

设a、b分别为两个整数(a<b)，由于Math.random()值在[0,1)，那么，(b-a+1)*

Math. random()的值会在[0, b - a + 1)区间内；加上 a 进行平移操作，a + (b - a + 1) * Math. random()的值将在[a, b + 1)中；最后取整，即 int(a + (b - a + 1) * Math. random())可得到[a,b]范围的随机整数。

注：java. util 中 Random 也产生一定范围的随机数，可参阅相关文档进行了解。

例 4 - 6 Math 类应用示例。

解题思路：直接调用 Math 类的静态方法，输出常量值，计算平方、平方根、立方，产生随机数，四舍五入，求绝对值等。程序代码如下：

```
public class MathDemo {
    public static void main(String[] args) {
        System.out.println(Math.E);// 输出 e 值
        System.out.println(Math.PI);// 输出 PI 值
        System.out.println(Math.exp(2));// 输出 e 平方
        System.out.println(Math.random());// 产生 0～1 随机数
        System.out.println(Math.sqrt(10.0));// 求 10 的平方根
        System.out.println(Math.pow(2, 3));// 计算 2 的 3 次方
        System.out.println(Math.round(99.4));// 四舍五入
        System.out.println(Math.abs(-8.88));// 求绝对值
    }
}
```

程序运行结果：

```
2.718281828459045
3.141592653589793
7.38905609893065
0.362744866942866
3.1622776601683795
8.0
99
8.88
```

4.2.5 Scanner 类

Scanner 扫描器类在 java. util 包中，可以获取用户从键盘输入的不同数据，以完成数据的输入操作，同时也可以对输入的数据进行验证。

Scanner 类的常用方法如表 4 - 2 所示。

表 4 - 2 Scanner 类的常用方法

方　法	功　能
Scanner(File source)	构造一个从指定文件进行扫描的 Scanner
Scanner(InputStream source)	构造一个从指定的输入流进行扫描的 Scanner
boolean hasNext(Pattern pattern)	判断输入的数据是否符合指定的正则标准
boolean hasNextInt()	判断输入的是否是整数

续表4－2

方　法	功　能
boolean hasNextFloat()	判断输入的是否是单精度浮点数
String next()	接收键盘输入的内容，并以字符串形式返回
String next(Pattern pattern)	接收键盘输入的内容，并进行正则验证
int nextInt()	接收键盘输入的整数
float nextFloat()	接收键盘输入的单精度浮点数
Scanner useDelimiter(String pattern)	设置读取的分隔符

例4－7　Scanner类应用示例。

解题思路：创建Scanner对象，从键盘接收数据：使用nextInt()、nextFloat()可输入整数、单精度浮点数；使用next()可输入字符串，当包含空格时只接收空格前内容；若要包含输入的空格，可用useDelimiter("\n")设置换行符为分隔符，这样空格将被当作输入内容而不是分隔符来处理。程序代码如下：

```
import java.util.Scanner;

public class ScannerDemo {
    public static void main(String[] args) {
        // 创建Scanner对象,从键盘接收数据
        Scanner sc = new Scanner(System.in);

        System.out.print("请输入一个字符串(不带空格):");
        // 接收字符串
        String s1 = sc.next();
        System.out.println("s1 = " + s1);

        System.out.print("请输入整数:");
        // 接收整数
        int i = sc.nextInt();
        System.out.println("i = " + i);

        System.out.print("请输入浮点数:");
        // 接收浮点数
        float f = sc.nextFloat();
        System.out.println("f = " + f);

        System.out.print("请输入一个字符串(带空格):");
        // 接收字符串,默认情况下只能取出空格之前的数据
        String s2 = sc.next();
```

```
        System.out.println("s2 =" + s2);

        // 设置读取的分隔符为回车
        sc.useDelimiter("\n");
        // 接收上次扫描剩下的空格之后的数据
        String s3 = sc.next();
        System.out.println("s3 =" + s3);
        System.out.print("请输入一个字符串(带空格):");
        String s4 = sc.next();
        System.out.println("s4 =" + s4);
    }
}
```

程序运行结果:

```
请输入一个字符串(不带空格):abcd
s1 =abcd
请输入整数:123
i =123
请输入浮点数:1.2345
f =1.2345
请输入一个字符串(带空格):xyz nba
s2 =xyz
s3 = nba

请输入一个字符串(带空格):good best
s4 =good best
```

4.2.6 基本数据类型的包装类

1. 引入包装类的原因

为保证运算的快速、高效,前面所使用的数据都是基本类型,但它们无法像普通对象一样访问属性、方法。包装类就是为解决这一问题而引入的,使用包装类可将基本类型转换为对应的对象类型。

2. 包装类的种类

8种基本类型都有其对应的包装类型,如表4-3所示。可见,除字符型、整型外,其它类都是将基本数据类型的首字母改为大写后即得到包装类。

表4-3 基本类型与包装类的对应关系

基本数据类型	包装类	基本数据类型	包装类
byte(字节型)	Byte	float(浮点型)	Float
char(字符型)	Character	double(双精度型)	Double
int(整型)	Integer	boolean(布尔型)	Boolean
long(长整型)	Long	short(短整型)	Short

3. 包装类的使用

包装类位于java. lang包中，不需要使用import语句来导入。包装类的成员方法较多，在此采用“先同后异”的方式来介绍，即先介绍包装类的共同特征，再指出个别类的特殊之处。

1)类常量

Bealoon类用TRUE、FALSE两个常量来表示“真”“假”，其它7个类分别用MINX_VALUE、MAX_VALUE来表示对应基本类型的最小值、最大值。

2)构造方法

(1)所有的包装类都可以用其对应的基本类型数据为参数来构造相应对象，格式为：**Xxx(基本数据类型)**。

(2)除Character外，都提供了以String类型数据为参数的构造方法，格式为：**Xxx(String s)**。

注：Xxx表示包装类的类名

3)常用方法

(1)将包装类对象转换成基本数据类型，可调用包装类的相关方法来实现，如intValue()、floatValue()、doubleValue()、byteValue()、shortValue()、longValue()。

(2)包装类对象与字符串的互换：调用包装类的toString()把对象转换为字符串，调用包装类的valueOf(String)实现从字符串到包装类对象的转换。

(3)基本类型数据与字符串的相互转换：调用包装类的String toString(基本类型数据)把基本数据类型转换为字符串，调用包装类的parseXxx(String s)实现从字符串到基本数据类型的转换。

事实上，基本数据类型与字符串的转换最常使用，相关方法如图4-2所示。

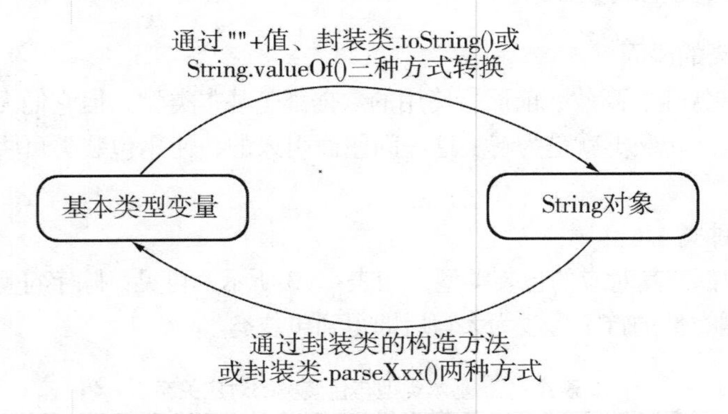

图4-2　基本数据类型与字符串转换示图

从JDK1. 5之后，Java提供了自动装箱、自动拆箱功能，基本类型变量和封装类之间可以直接赋值。例如：

Integer obj = 10;　　int b = obj;

4. Character 类的使用

Character 类对单字符进行包装，该类的一些方法可对字符(作参数)进行相关判断，如表4-4所示。

表4-4 Character 类的常用方法

方 法	功 能
isDigit()	确定字符是否为0～9之间的数字
isLetter()	确定字符是否为字母
isLowerCase()	确定字符是否为小写形式
isUpperCase()	确定字符是否为大写形式
isSpace()	确定字符是否为空格或换行符

例4-8 Character 类应用示例。

解题思路：先将需要判断的字符放入一个字符数组中，然后利用循环，调用 Charcter 类的方法判断是否为数字、字母、大写形式。请注意：需判断的字符是以参数方式出现的。程序代码如下：

```
public class CharacterDemo {
    public static void main(String[] args) {
        int count;
        char[] values = { '* ', '7', 'p', ' ', 'P' };
        for (count =0; count < values.length; count ++) {
            if (Character.isDigit(values[count])) {
                System.out.println(values[count] + "是一个数字");
            }
            if (Character.isLetter(values[count])) {
                System.out.println(values[count] + "是一个字母");
            }
            if (Character.isUpperCase(values[count])) {
                System.out.println(values[count] + "是大写形式");
            }
        }
    }
}
```

程序运行结果：

```
7 是一个数字
p 是一个字母
P 是大写形式
```

4.2.7 装箱与拆箱

基本数据类型与其对应包装类之间能够自动进行转换，其本质是 Java 的自动装箱和拆箱过程。

装箱指将基本类型数据值转换成对应的包装类对象，即将栈中的数据封装成对象存放到堆中的过程，如图 4－3 所示。

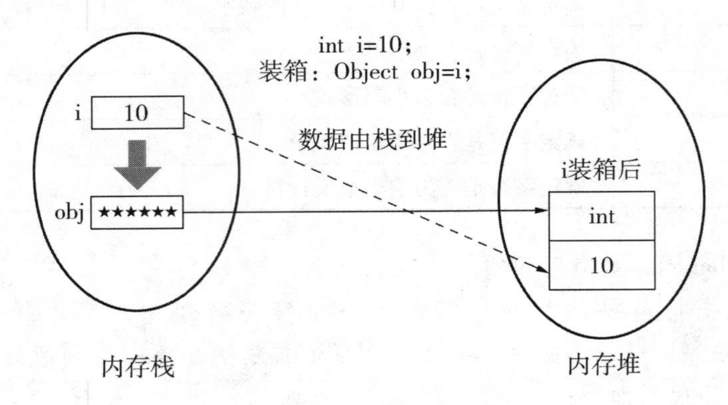

图 4－3　装箱过程

拆箱是装箱的反过程，是将包装类的对象转换成基本类型数据值，即将堆中的数据值存放到栈中的过程，如图 4－4 所示。

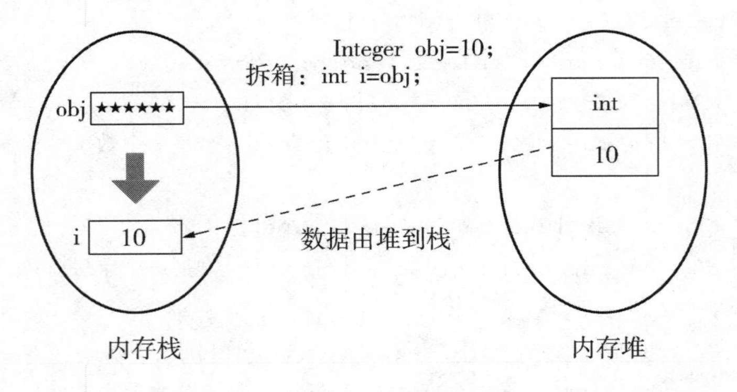

图 4－4　拆箱过程

例 4－9　装箱与拆箱示例。

解题思路：这一程序比较简单，先用基本数据类型直接给包装类对象赋值，实现自动装箱，再输出；然后将包装类对象直接赋值给基本数据类型，实现自动拆箱，并输出。程序代码如下：

```
public class BoxingUnBoxingDemo {
    public static void main(String[] args) {
        int i =10;
        // 自动装箱
```

```
        Integer obj = i + 5;
        Double dobj = 4.5;
        Boolean bobj = false;
        System.out.println("obj = " + obj + ",dobj = " + dobj + ",bobj = " + bobj);
        // 自动拆箱
        int a = obj;
        double d = dobj;
        boolean b = bobj;
        System.out.println("a = " + a + ",d = " + d + ",b = " + b);
    }
}
```

程序运行结果：

```
obj = 15,dobj = 4.5,bobj = false
a = 15,d = 4.5,b = false
```

4.2.8 日期日历类

在编程时，可能需要用到日期时间类，常用的有日期类 Date、日历类 GregorianCalendar、简单日期格式化类 SimpleDateFormat。

1. Date 类

Date 类位于 java.util 包中，它代表的是时间轴上的一个点，用一个 long 型的数据来度量。该数据是 Date 对象代表的时点距离 GMT(格林尼治标准时间)1970 年 1 月 1 日 00 时 00 分 00 秒的时间间隔(单位为毫秒)。

Date 类具有操作时间的基本功能，例如，获取系统当前时间，比较日期大小。由于该类在设计上存在严重缺陷，它的多个方法已过时、废弃，相关功能已转移到其它类中实现。因此，这里只介绍它的基本用法。

1)构造方法

Date()：构造日期对象，代表的是系统当前时间。

Date(long date)：用 long 型参数构造对象。参数 date 是指距离 GMT 1970 年 1 月 1 日 00 时 00 分 00 秒时点的长度，单位为毫秒。

2)常用方法

boolean after(Date when)：判断当前对象代表的时点是否晚于 when 代表的时点。

boolean before(Date when)：判断当前对象代表的时点是否早于 when 代表的时点。

long getTime()：返回当前对象代表的时点距离 GMT 1970 年 1 月 1 日 00 时 00 分 00 秒时点的长度，单位为毫秒。

void setTime(long time)：用参数重新设置时点，新时点距离 GMT 1970 年 1 月 1 日 00 时 00 分 00 秒时点的长度为 time(毫秒)。

例 4 –10 Date 类应用示例。

解题思路：创建了两个Date对象，一个是系统时间，另一个是距离GMT(格林尼治标准时间)1970年1月1日00时00分00秒(以下简称记时起点)100亿秒的时间点，然后比较两个时间的大小(比较规则是：先小后大)，再得到当前系统时间距离记时起点的长度(毫秒)并输出。程序代码如下：

```
import java.util.Date;
public class DateDemo {
    public static void main(String[] args) {
        Date currentDate = new Date();
        System.out.println("当前日期: " + currentDate);
        Date newDate = new Date(10000000000000L); // 距离起点的长度为10 万亿毫秒,即
100 亿秒
        System.out.println("新的日期: " + newDate);
        System.out.println("当前日期早于新日期: " + currentDate.before(newDate));
        System.out.println("当前日期晚于新日期: " + currentDate.after(newDate));
        System.out.println("当前日期距离 GMT 1970.1.1 00:00:00 的长度(毫秒): " +
currentDate.getTime());
    }
}
```

程序运行结果(与运行程序的时间有关)：

```
当前日期: Sun Aug 12 18:47:03 CST 2018
新的日期: Sun Nov 21 01:46:40 CST 2286
当前日期早于新日期: true
当前日期晚于新日期: false
当前日期距离 GMT 1970.1.1 00:00:00 的长度(毫秒): 1534070823746
```

2. GregorianCalendar类

由于Date类在设计上存在缺陷，除了表示系统当前时间和日期格式化外，其它场合的应用并不多。要获取、设置日期时间，更多用到的是Calendar及其子类GregorianCalenda。

Calendar类位于java.util包中，它提供了多个方法来获取、设置、增加日历字段值，具有比Date类更强大的功能。Calendar是抽象类，不能直接用new关键字来创建对象，但它提供了一个静态工厂方法getInstance()来得到其子类对象，例如，Calendar rightNow = Calendar.getInstance();。

1) Calendar类常量

①星期几：SUNDAY、MONDAY、TUESDAY、WEDNESDAY、THURSDAY、FRIDAY、SATURDAY。

②月份：JANUARY、FEBRUARY、MARCH、APRIL、MAY、JUNE、JULY、AUGUST、SEPTEMBER、OCTOBER、NOVEMBER、DECEMBER。

③上午、下午、上午_下午：AM、PM、AM_PM。

④年、月、日、时、分、秒：YEAR、MONTH、DATE、HOUR、MINUTE、SECOND。

⑤一天中的第几个小时(0—23)：HOUR_OF_DAY 。

Calendar 的子类 GregorianCalendar 类在编程中经常使用，它提供了操作日期、时间更具体更高效的方法，该类也位于 java. util 包中。

2) GregorianCalendar 类构造方法

GregorianCalendar( )：使用系统当前时间来构造对象。

GregorianCalendar(int year, int month, int dayOfMonth)：使用年、月、日来构造对象。

GregorianCalendar(int year, int month, int dayOfMonth, int hourOfDay, int minute)：使用年、月、日、时、分来构造对象。

注意：月份是用0—11 表示，即 0 表示 1 月，11 表示 12 月，也可以用日期常量表示。

GregorianCalendar(Locale aLocale)：给定语言环境的默认时区内构造一个基于当前时间的日历。

3) GregorianCalendar 类常用方法

void add(int which , int val)：将 val 加到 which 指定的时间分量上，val 为负时则相减。

void clear( )：所有的时间清零。

int get(int field)：得到指定时间分量的值。

void set(int field, int val)：设置指定时间分量的值。

Date getTime( )：得到相同时间的 Date 对象。

boolean after(Object)：同 Date 的同名方法。

boolean before(Object)：同 Date 的同名方法。

long getTimeInMillis( )：返回从起点至现在所经过的时间(毫秒)(这是从 Calendar 类继承过来的方法)。

例 4-11 GregorianCalendar 类应用示例。

解题思路：以当前时间创建 GregorianCalendar 对象，现转换为 Date 显示系统时间，然后利用 calendar 类的 get( )方法得到指定时间分量的值，调用 set( )方法设置指定时间分量的值。程序代码如下：

```
import java.util.Calendar;
import java.util.Date;
import java.util.GregorianCalendar;

public class GregorianCalendarDemo {
    public static void main(String[] args) {
        Calendar calendar = new GregorianCalendar();// 以当前时间创建对象
        Date now = calendar.getTime();
```

```
        System.out.println("当前时间: " + now);
        // 输出指定字段的值
        System.out.println("YEAR: " + calendar.get(Calendar.YEAR));
        System.out.println("MONTH: " + calendar.get(Calendar.MONTH));
        System.out.println("DATE: " + calendar.get(Calendar.DATE));
        System.out.println("AM_PM: " + calendar.get(Calendar.AM_PM));
        System.out.println("HOUR: " + calendar.get(Calendar.HOUR));
        System.out.println("HOUR_OF_DAY: " + calendar.get(Calendar.HOUR_OF_DAY));
        System.out.println("MINUTE: " + calendar.get(Calendar.MINUTE));
        System.out.println("SECOND: " + calendar.get(Calendar.SECOND));
        System.out.println("重新设置10 小时数后:");
        calendar.set(Calendar.HOUR, 10);
        System.out.println("HOUR: " + calendar.get(Calendar.HOUR));
        System.out.println("HOUR_OF_DAY: " + calendar.get(Calendar.HOUR_OF_DAY));
    }
}
```

程序运行结果(与运行程序的时间有关):

```
当前时间: Sun Aug 12 19:10:07 CST 2018
YEAR: 2018
MONTH: 7
DATE: 12
AM_PM: 1
HOUR: 7
HOUR_OF_DAY: 19
MINUTE: 10
SECOND: 7
重新设置时间后:
HOUR: 10
HOUR_OF_DAY: 22
```

3. SimpleDateFormat 类

尽管使用 calendar 类的 get( )方法可以得到指定时间分量的值，但过于细节化，不够方便。为此，可使用 SimpleDateFormat 类简便输出时间信息。

SimpleDateFormat 类是 DateFormat 的一个具体子类，位于 java.text 包中。该类具有两大转换功能，一是按用户设置的格式来输出日期，实现从日期到文本的转换；二是将文本解析为日期，实现从文本到日期的转换。我们通过设置“输出模式”可控制输出日期的格式，输出模式为字符串形式，由模式字母和固定字符组成，常用模式字母及含义列举如下:

字母	含义	字母	含义
y	年	h	时
M	月	m	分
d	天	s	秒
E	星期	a	Am/pm 标记

注：模式字母通常是重复的，其数量确定其精确表示。

1）常用构造方法

SimpleDateFormat( )：使用系统默认的模式来构造对象。

SimpleDateFormat(String pattern)：使用设定的模式来构造对象。

2）常用方法

void applyPattern(String pattern)：设置输出模式。

String format(Date date)：将日期按指定模式输出，结果为字符串类型。

Date parse(String source)：将日期形式的字符串转换成 Date 类型。

通常，按照如下步骤来使用 SimpleDateFormat 类：

①创建 SimpleDateFormat 对象，此处可以设置输出模式，也可以不设置；

②调用 applyPattern( )方法设置输出模式，这一步也可以跳过；

③调用 format( )方法得到格式化的日期字符串；

④输出日期字符串。

例 4－12 SimpleDateFormat 类应用示例。

解题思路：本程序有两大功能，一是利用 SimpleDateFormat 类显示系统当前时间，二是实现倒计时显示。前一功能是先通过 GregorianCalendar( )利用系统当前时间来创建日历对象，并获取对应的 Date 对象，然后使用 SimpleDateFormat 类来得到指定格式的系统时间并显示；后一功能是先创建一个以目标时间(如 2021 年 7 月 1 日 0 时 0 分 0 秒) 为参数的日历对象(注意：月份参数的取值)，然后计算两个日历对象相隔的时间长度(单位为毫秒)，再将这一时间长度分解为天、小时、分钟、秒，并显示输出。程序代码如下：

```
import java.util.*;
import java.text.*;

public class SimpleDateFormatDemo {
    public static void main(String[] args) {
        Calendar now = new GregorianCalendar();// 以系统当前时间来创建日历对象
        // 创建 SimpleDateFormat 对象
        SimpleDateFormat formatter = new SimpleDateFormat();
        formatter.applyPattern("现在时间: yyyy 年 MM 月 dd 日 HH 时 mm 分 ss 秒");// 设
置输出模式
        String str = formatter.format(now.getTime());// 转换成 Date 类型,并输出
        System.out.println(str);
```

```
        //以2021年7月1日0时0分0秒为参数,创建另一个日历对象
        Calendar newTime = new GregorianCalendar(2021, 6, 1, 0, 0, 0);
        // 得到这两个时点之间相差的时间(毫秒)
        long distance = newTime.getTimeInMillis() - now.getTimeInMillis();
        int days = (int) (distance / (24 * 60 * 60 * 1000)); // 转换为天
        // 剩余的毫秒转换为"总秒",再依次得到时、分、秒
        long seconds = (distance % (24 * 60 * 60 * 1000)) / 1000;
        int hh = (int) (seconds / (60 * 60)); // 得到小时
        int mm = (int) ((seconds % (60 * 60)) / 60); // 得到分钟
        int ss = (int) ((seconds % (60 * 60)) % 60); // 得到秒
        System.out.println("距离2021年7月1日还有:" + days + "天" + hh + "时" +
mm + "分" + ss + "秒");
    }
}
```

程序运行结果(与运行程序的时间有关):

```
现在时间: 2018年08月12日19时38分36秒
距离2021年7月1日还有:1053天4时21分23秒
```

4.3 实验内容

1.(基础题)运行下列程序，并回答问题:

```
//字符串的比较
public class StringCompare {
    public static void main(String args[]) {
        String s1 = "xyz";
        String s2 = "xyz";
        String s3 = new String("XYZ");
        String s4 = new String("XYZ");
        System.out.println("s1 == s2?: " + (s1 == s2));
        System.out.println("s1 == s3?: " + (s1 == s3));
        System.out.println("s3 == s4?: " + (s3 == s4));
        System.out.println("s1.equals(s2)?:" + s1.equals(s2));
        System.out.println("s1.equals(s3)?:" + s1.equalsIgnoreCase(s3));
        System.out.println("s3.equals(s4)?:" + s3.compareTo(s4));
        System.out.println("s2.equals(s3)?:" + s2.compareToIgnoreCase(s3));
    }
}
```

问题:

(1)对于String对象来说，“ == ”运算符与equals( )方法的功能有什么不同?

(2)s1和s2是否指向同一对象？为什么?

(3)s3 和 s4 是否指向同一对象？为什么？

(4)s1 == s3 是否成立？为什么？

(5)s1、s2、s3、s4 的内容是否相同？

(6)compareTo( )方法的功能是什么？当比较结果分别为负数、正数、0 时，各代表什么含义？

(7)equalsIgnoreCase( )、compareToIgnoreCase( )分别实现什么功能？

2.(基础题)根据程序注释，将所缺代码补充完整，然后运行程序：

```
//String 类的使用
public class StringTest {
    public static void main(String args[]) {
        //以"zhangsan@126.com"为参数创建一个 String 对象
        String str = ____(1)____;
        System.out.println("字符串的长度：" + ____(2)____); // 输出字符串的长度
        System.out.println("字符串的首字符：" + ____(3)____);// 输出字符串的首字符
        // 输出字符串的最后一个字符
        System.out.println("字符串的最后一个字符：" + str.charAt(str.length() - 1));
        // 输出字符'@'的索引号(即下标)
        System.out.println("字符\'@\'的索引号(即下标)：" + ____(4)____);
        // 输出最后一个点号(.)的索引号(即下标)
        System.out.println("最后一个点号(.)的索引号(即下标)：" + str.lastIndexOf('.'));
        //输出该邮箱的用户名(即第一个单词)
        System.out.println("该邮箱的用户名(即第一个单词)："
                + str.substring(0, str.indexOf('@')));
        //输出该邮箱的顶级域名(即最后一个单词)
        System.out.println("该邮箱的顶级域名(即最后一个单词)：" + ____(5)____);
        // 字符串全部以大写方式输出
        System.out.println("字符串全部以大写方式输出为：" + ____(6)____);
        // 字符串全部以小写方式输出
        System.out.println("字符串全部以小写方式输出为：" + str.toLowerCase());
    }
}
```

(小技巧：如果某一行的内容不会填写，可用//将该行内容注释掉，从而不影响整个程序的运行)

3.(基础题)根据程序注释，将所缺代码补充完整，运行程序，并回答问题：

```
//StringBuffer 的增加、删除和修改
public class StringBufferTest {
    public static void main(String args[]) {
        char ch[] = {'2','0','2','2','年'};
        // 创建一个以"北京冬季奥运会举行时间:"为参数的 StringBuffer 对象
```

```
        StringBuffer sb = ____(1)____;
        ____(2)____;  // 在 sb 尾部追加"02 月 04 日 -20 日"字符串
        sb.insert(____(3)____, ____(4)____);  // 在 sb 头部插入字符数组 ch 的内容
        System.out.println("字符串内容为: " + sb.toString());

        int n = sb.indexOf("北京");
        sb.replace(n, ____(5)____, "第 24 届");  // 将字符串中"北京"替换为"第 24 届"
        System.out.println("替换后,得到的字符串内容为: " + sb.toString());

        System.out.println("字符串的长度为: " + ____(6)____);// 输出字符串的长度
        sb.delete(____(7)____,12);// 删除字符串中从第 10 个字符开始到第 12 个字符为止的内容
        System.out.println("删除字符串后,得到的字符串内容为: " + sb.toString());
    }
}
```

问题:

(1)StringBuilder 与 StringBuffer 相比有什么优势?

(2)在这一程序中,能否用 StringBuilder 替代 StringBuffer?

4.(基础题)运行下列程序,从中体会基本类型与包装类的转换过程(装箱与拆箱):

```
public class BoxingUnBoxingDemo {
    public static void main(String[] args) {
        short i =10;
        // 自动装箱
        Short sobj = i + 5;
        Float fobj = 4.5f;
        Boolean bobj = true;
        System.out.println("sobj = " + sobj + ",fobj = " + fobj + ",bobj = " + bobj);
        // 自动拆箱
        short s = sobj;
        float f = fobj;
        boolean b = bobj;
        System.out.println("s = " + s + ",f = " + f + ",b = " + b);
    }
}
```

5.(基础题)分析、填充、运行下列程序,并回答相关问题:

```
//Date 类的使用
import java.util.Date;
public class DateTest {
    public static void main(String[] args){
        ________(1)________;  // 创建一个日期对象 now,以记录系统当前时间
        System.out.println("当前日期: " + ____(2)____);// 输出 now 对象的内容
        Date newDate = new Date(5000000); // 距离 GMT 1970.1.1 0:0:0 的间隔为 5000 秒
        System.out.println("新的日期: " + newDate);
        System.out.println("当前日期早于新日期: " + now.before(newDate));
```

```
        System.out.println("当前日期晚于新日期: " + now.after(newDate));
        System.out.println("当前时间距离 GMT 1970.1.1 00:00:00 的时间(毫秒): "
+ ____(3)____);
    }
}
```

问题:

(1) Date 类中的时间间隔是以什么为单位来计算的?

(2) Date 类的 getTime( )方法的功能是什么?

(3) 解释程序中新日期 newDate 的输出结果。

6. (提高题)分析、运行下列程序,从中体会格式化输出日期的用法,并回答相关问题:

```
//SimpleDateFormatTest 类的使用
import java.util.*;
import java.text.*;
public class SimpleDateFormatTest {
    public static void main(String[] args) {
        Calendar now = new GregorianCalendar();
        SimpleDateFormat formatter = new SimpleDateFormat();
        formatter.applyPattern("现在时间: yyyy 年 MM 月 dd 日 HH 时 mm 分 ss 秒 E");
        String str = formatter.format(now.getTime());
        System.out.println(str);

        //2022 年 2 月 4 日 20 时
        Calendar Beijing2022 = new GregorianCalendar(2022, 1, 4, 20, 0, 0);
        // 得到两个时间间隔(毫秒)
        long distance = Beijing2022.getTimeInMillis() - now.getTimeInMillis();
        int days = (int) (distance / (24 * 60 * 60 * 1000)); // 转换为天
        // 剩余的转换为"总秒",并考虑"四舍五入"
        long totalSeconds = Math
                .round((distance % (24 * 60 * 60 * 1000)) / 1000.0 + 0.5);
        int hh = (int) (totalSeconds / (60 * 60)); // 转换成小时
        int mm = (int) ((totalSeconds % (60 * 60)) / 60); // 转换成分钟
        int ss = (int) ((totalSeconds % (60 * 60)) % 60); // 转换成秒
        System.out.println("距离 2022 年北京冬季奥运会开幕还有:" + days + "天" + hh
+ "时" + mm + "分" + ss + "秒");
    }
}
```

问题:

(1) SimpleDateFormat 类的功能是什么?

(2)SimpleDateFormat 类的主要字符串模式有哪些?

(3)用 SimpleDateFormat 类格式化输出日期的步骤是什么?

(4)如何计算两个日期相隔的时间长度?

7.(提高题)某单位现有 100 名员工，他们的工号从 0001—0100。在年末晚会上要组织抽奖活动，根据工号随机抽出 20 名幸运奖、10 名三等奖、7 名二等奖、2 名一等奖、1 名特等奖。抽奖规则是：先抽级别低的奖项，后抽级别高的奖项，依次进行；已获得奖项的不再参加后续奖项的抽取。请使用 Math 类随机方法编程模拟抽奖过程，分 5 次输出不同级别的获奖工号。

8.(提高题)编写一个 Java 程序，具备如下功能：

①利用 Scanner 一次性输入多名学生的成绩(为整数)，成绩间用空格或逗号隔开；

②计算学生的平均成绩，通过消息框输出。

(提示：利用 StringTokenizer 类将字符串中的成绩分离出来，之后将它们存放到字符串数组中，再转化成 int 型数值，计算平均成绩并输出结果。)

4.4 实验小结

本实验主要涉及 String 类、StringBuffer 类、StringBuilder 类、StringTokenizer 类、Math 类、Scanner 类、包装类、装箱与拆箱、Date 类、GregorianCalendar 类、SimpleDateFormat 类等内容。可用分类别分层次方法来熟悉、掌握相关内容。

(1)String 和 STringBuffer 是两个需要重点掌握的字符串类，首先要理解字符串的概念及字面常量构建，掌握其构造方法和常用方法(包括长度、比较、提取、检索、修改、toString()、与对应的基本数据类型的转换等)；StringBuffer 类主要掌握其构造方法和追加、插入、删除、替换等常用操作方法；对于 stringBuilder 类，只要知悉它与 StringBuffer 类的区别即可，其用法与 StringBuffer 几乎相同；对于 StringTokenizer 类，只要熟悉其构造方法，并能利用循环方式获取各个单词亦可。

(2)Math、Scanner 是两个常用类，应熟悉 Math 类的常用属性、方法的使用，能够利用 Scanner 类从键盘输入不同类型数据(包括数值型、字符串)；了解包装类引入的原因，熟悉不同数据类型间的转换(包括包装类对象与基本类型数据的转换、包装类对象与字符串的转换、基本类型数据与字符串转换等)方法，理解自动装箱、拆箱的基本内容。

(3)熟悉 Date 类基本用法，明白其不足之处；熟悉 GregorianCalendar 类的主要构造方法、常用方法，能够使用 SimpleDateFormat 类格式化输出日期。

对于常用类，基本要求是理解相关概念，熟悉基本用法，不必死记硬背，编程时可参阅 API 文档。

实验5　类与类的关系

5.1　实验目的

(1)理解继承的概念，掌握子类的创建方法；
(2)熟悉成员变量的隐藏和方法覆盖；
(3)掌握使用 super 访问被隐藏、覆盖的基类变量与方法；
(4)理解继承的层次结构，熟悉构造方法的执行顺序；
(5)理解访问修饰符的作用，熟悉访问修饰符对子类继承性的影响；
(6)熟悉子类对象向上转型的实现方法和 Object 类的基本用法；
(7)理解多态种类、意义、实现条件及基本应用；
(8)理解内部类的作用、种类、实现方法及注意事项；
(9)理解类与类之间的关系，了解单例模式的实现机理。

5.2　知识要点与应用举例

5.2.1　类的继承

1. 什么是继承

继承是指在已存在类的基础上扩展产生新的类。

已存在的类称为基类(或父类、超类)，新产生的类称为子类(或派生类)。

子类继承了基类，它拥有基类的所有特性(除构造方法外)，当然也可以向子类添加新的属性、方法，或改写基类原有的属性与方法，这些新变化的内容仅仅属于子类所有。

意义：继承是面向对象程序设计最重要的特征之一，是实现代码重用、扩展软件功能的重要手段。

通常，我们会先创建具有一般特性的通用类，然后根据需要在通用类的基础上扩展新特性、增加新功能以创建新类。子类较基类具有更强大的功能。例如，前面用到的 GregorianCalendar 就是这样的类，它继承了抽象类 Calendar，新增自己的属性与功能。

类的继承格式：

class 子类名 extends 基类名{

```
//新增属性、方法，或改写基类原有方法
}
```

例如：
```
class Student extends Person {
    ……
}
```

说明：①如果没有用 extends 指明基类，则默认基类是 Object 根类，Object 类是所有类的直接基类或间接基类，有关 Object 类的内容稍后介绍；②Java 只支持单一继承，不支持多重继承(但可通过接口方式间接实现)。

2. 变量隐藏与方法覆盖

子类继承了基类的所有成员(除构造方法外的变量和方法)。由于访问权限的限制，并不意味着基类的所有变量、方法都可以在子类中直接使用；当然，子类也可以根据需要，增加自己的变量和方法。

除此之外，子类还可以对基类已有变量、方法进行隐藏、覆盖：

Java 允许在子类定义与基类同名(权限、数据类型可以不同)的变量，当在子类中直接使用这一变量名时，访问的是子类自己定义的变量，而基类中同名的变量则被隐藏起来，这称为变量隐藏。

Java 还允许在子类中对基类原有的方法进行重写，以实现新的功能，这称为方法覆盖。当子类对象调用同名方法时，调用的是子类改写过的方法，而基类中的原有方法被覆盖起来。

注意：静态方法不能被覆盖。

3. super 关键字

若要访问被隐藏、覆盖的基类变量、方法，则使用 super 关键字。super 可引用基类的成分，它有两种主要用法：

(1)引用基类的成员(需要相应的访问权限)

格式：**super.变量** 或 **super.方法([参数列])**

(2)在子类构造方法中调用基类的构造方法

格式：**super([…])**；(这与 this 用法类似，也应放在构造方法的第一行位置上)

4. 子类的构造顺序

子类构造器的作用：用于对该类中的所有变量(即属性)进行初始化工作，子类中的变量包含从基类继承下来的变量和子类自己新增的变量。各类只负责对本类中新增变量进行初始化，分工明确，不可助“类”为乐，也就是说，基类构造器负责基类中定义变量的初始化工作，子类构造器只负责子类中新增变量的初始化工作，不得越位。

对象的构造顺序：先执行基类构造器，再执行子类构造器；在多层继承关系中，编译器会一直上溯到最初类，再从“上”到“下”依次构造。

例 5－1 隐藏变量与覆盖方法访问示例。

解题思路：SuperClass 是基类，SubClass 是子类。①SuperClass 定义一个 private 权限的变量 a，其构造方法为 a 赋值并输出信息，show()方法输出基类信息；②SubClass 定义两个变量 a、b，其中 a 与基类变量名相同，将会在子类中隐藏基类的 a 变量，

SubClass 类的构造方法为 a、b 赋值并输出相关信息，show( )方法调用了基类同名方法，增加了子类信息。程序代码如下：

```
class SuperClass {// 基类
    private int a;
    public SuperClass () {
        a =10;
        System.out.println("调用基类构造方法...");
    }
    public void show () {// 输出基类信息
        System.out.println("基类:a =" + a);
    }
}

public class SubClass extends SuperClass {// 子类
    int a;//与基类同名变量
    int b;
    public SubClass () {
        a =100;
        b =20;
        System.out.println("调用子类构造方法...");
    }
    public void show () {//同名方法覆盖
        super.show();//调用基类方法
        System.out.println("子类:a =" + a + ",b =" + b);
    }
    public static void main(String[] args) {
        // 实例化一个子类对象
        SubClass obj =new SubClass();
        // 调用子类方法
        obj.show();
    }
}
```

程序运行结果：

```
调用基类构造方法...
调用子类构造方法...
基类:a =10
子类:a =100,b =20
```

说明：虽然在主类 SubClass 类的 main( )中只定义了一个子类对象 obj，因该类继承了 SuperClass，故先调用基类构造方法，对基类的变量进行初始化后，再执行子类构造方法，对子类新增变量进行初始化。

上述两个类的组成及其继承关系可用图5－1所示的UML类图来表示。

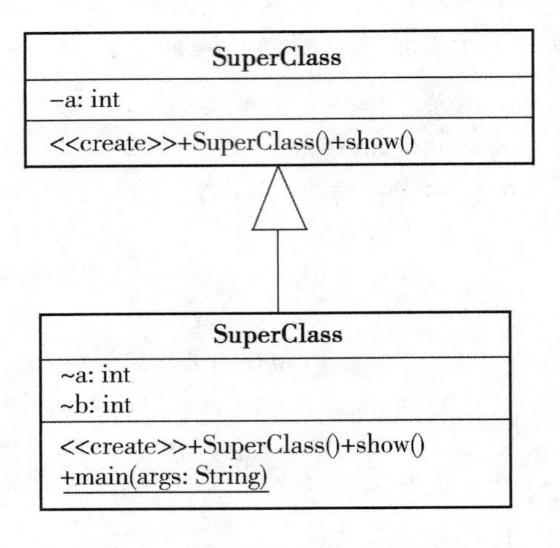

图5－1　继承关系用UML图来表示

UML是统一建模语言(unified modeling language)的简称。它不依赖于编程语言，能清晰表示类的组成及继承等关系，包括类图、对象图、时序图等9种类型。其中图类最为常用，一般用矩形表示，由三行构成，最上行居中为类名，中间行写属性，最下行列出方法，符号＋、－、#、～分别表示公有、私有、受保护、包权限，两个矩形中间的带箭头线条表示继承关系，由子类指向基类。

5. final关键字

final关键字有3种用法，分别与变量、方法和类在一起使用：

①当final与变量一起使用时，可声明常量。此时，变量的值不能再改变。

②当final与方法一起使用时，可阻止方法的重写。

③当final与类一起使用时，它可以阻止类的继承(所有方法都是final)。

6. 访问权限

在类的变量和方法前面，通常都有权限修饰符，以限定变量与方法的使用范围；对于从基类继承的变量、方法也是如此，并不意味着子类可以直接调用基类的变量、方法，这要受到访问权限的限制。

例5－2　试图访问基类的私有成员示例。

解题思路：基类Person定义了name、age两个私有成员，子类Student继承了基类，其toString()方法试图直接访问基类的私有成员。程序代码如下：

```
class Person {
    private String name = ""; // 私有访问权限
    private int age = 0;// 私有访问权限
    public Person (String name, int age) {
        this.name = name;
        this.age = age;
    }
    public String getName () {
        return name;
    }
    public int getAge () {
        return age;
```

```
    }
}

class Student extends Person {
    public Student(String name, int age) {
        super(name, age);
    }

    public String toString() {
        String str = "";
        str = str + "姓名:" + name; // 试图访问基类私有成员 name
        str = str + ", 年龄:" + age; // 试图访问基类私有成员 age
        return str;
    }
}

public class VisitClass {
    public static void main(String args[]) {
        Student wang = new Student("王小萌", 20);
        System.out.println(wang.toString());
    }
}
```

程序编译时出现错误:

```
Exception in thread "main" java.lang.Error: Unresolved compilation problems:
    The field Person.name is not visible
    The field Person.age is not visible
```

原因是访问了不可见的基类私有成员 name、age。

事实上，Java 中变量、方法的访问权限有 4 种：

①public：公有权限，这是访问限制最宽的修饰符，所修饰的成员可被所有类访问，实现跨类、跨包访问功能，类的成员方法通常都设置为 public 权限。

②private：私有权限，这是访问限制最严的修饰符，所修饰的成员只能在同一类中访问。不允许被其它任何类(包括其子类)访问。类的成员变量一般都设置为 private 权限。

③protected：受保护权限，这是一种权限介于 public、private 之间的修饰符。它允许所修饰的成员被同一包中的类或该类的子类(可位于不同包中)访问。不要误认为这一权限的保护很严格，实际上，完全可以通过子类来达到访问基类成员的目的，较少使用。

④包权限：如果不加任何权限修饰符，就认为是包权限，也称为默认(缺省)或友

好权限。它允许被同一包中的类访问，但不允许被其它包的类访问。

根据是否在同一类、是否为子类以及是否在同一个包中，可以划分为5种情况，4种权限下对应的可见性如表5-1所示。

表5-1 4种权限在5种情况下的可见性

情　况	public	protected	包权限	private
同一类中是否可见	是	是	是	是
对同一包中的子类是否可见	是	是	是	否
对同一包中的非子类是否可见	是	是	是	否
对不同包中的子类是否可见	是	是	否	否
对不同包中的非子类是否可见	是	否	否	否

4种访问权限从高到低依次排序是：public、protected、包(即默认的)、private。

例5-3 改进版本。

解决方法：子类Student的toString()方法不直接访问基类的私有成员，而是调用基类的公有方法getName()、getAge()间接访问得到name、age的值。修改代码如下：

```
public String toString() {
    String str = "";
    str = str + "姓名:" + getName(); // 通过公有成员方法得到私有变量值
    str = str + ", 年龄:" + getAge(); // 通过公有成员方法得到私有变量值
return str;
}
```

程序运行结果：

```
姓名:王小萌, 年龄:20
```

public、private权限使用较为简单，不再举例说明。下面举例说明受保护、包权限使用。

例5-4 受保护权限使用示例。

解题思路：在protected_mypackage1包下创建Animal类，它有两个受保护成员weight、eat()；在另一包protected_mypackage2下创建Cat类，它继承了Animal类，接收了基类的两个受保护成员，可以在main()直接访问，但是创建的Animal类对象animal，在包外是无法访问受保护的包外成员，详见代码注释。程序代码如下：

```
package protected_mypackage1;
public class Animal {
    protected float weight;
    protected void eat() {
        System.out.println("不同动物喜好的食物各不相同");
    }
}
```

```
package protected_mypackage2;
import protected_mypackage1.Animal;
public class Cat extends Animal {
    public static void main(String[] args) {
        Animal animal=new Animal();
        Cat tom=new Cat();
        animal.weight=3f; //非法,在包外使用基类对象访问受保护的包外成员变量
        animal.eat(); //非法, 在包外使用基类对象访问受保护的包外成员方法
        tom.weight=2.5f; //合法, 子类对象通过继承访问受保护的包外成员变量
        tom.eat(); //合法, 子类对象通过继承访问受保护的包外成员方法
    }
}
```

例5-5 包权限使用示例。

解题思路：在 default_mypackage1 包下创建 Cat 类，它有 3 个受保护成员 weight、legs、eat( )；在另一包 default_mypackage2 下创建 Dog 类，它的成员方法 g( ) 创建了另一包中 Cat 类的对象，但是无法访问另一包类对象的包权限成员，详见代码注释。程序代码如下：

```
package default_mypackage1;
public class Cat {
    float weight;
    static int legs;
    void eat() {
        System.out.println("我喜欢吃鱼");
    }
}

package default_mypackage2;
import default_mypackage1.Cat;
class Dog {
    void g() {
        Cat tom=new Cat();
        tom.weight=23f; // 非法,weight 是 Cat 类的包权限变量,而 Cat 类和 Dog 类不在同
一个包中
        Cat.legs=4; // 非法,理由同上
        tom.eat(); // 非法,理由同上
    }
}
```

7. 对象的类型转换

对象类型的转换与基本数据类型的转换相似，有两种方式：

1）子类转换成基类

子类转换成基类称为向上转型，即：**基类对象名 = 子类对象；**

这种转换是允许的，且自动进行。这容易理解，由于子类和基类是“is - a”关系，也就是说，子类是基类中的一种。

由于 Object 类是所有类的直接或间接基类，故有：**Object 对象名 = 任何类的对象；**

可以这样理解向上转型，即子类将其新增部分删除，只保留了基类部分原有内容，如图 5 - 2 所示。

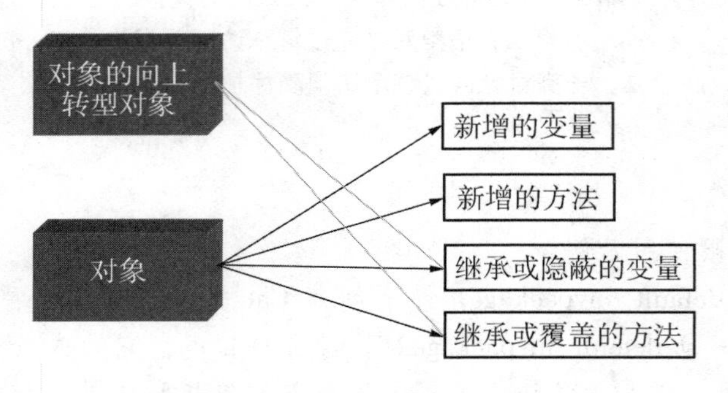

图 5 - 2　对象向上转型示图

说明：向上转型对象本质上属于基类，所以，对于子类新增的成员变量、成员方法均不得访问。

2）基类转换成子类

即：子类对象名 = 基类对象；

上述写法是**错误的**，因为这种转换不会自动进行。如果一定要将基类转换成子类，那么需要强制转换，即：

子类对象句柄 = （子类名）基类对象；

当然这种转换要有意义，不能仅仅是为了“骗过”编译器，而实际读写内容时出错。

在实际应用中，为判断某一对象所属的类或接口，可使用 instanceof 运算符。

功能：用于判断一个类是否实现接口，也可用来判断一个对象是否属于一个类。

格式：**对象 instanceof 类或接口**

结果：true 或 false

5.2.2　Object 类

在 Java 中，所有类都默认继承自 java.lang.Object 类，编程人员创建的任何类都是 Object 类的直接或间接子类。Object 类提供了一些对所有类均可用的方法，其中 equals（）、hashCode（）、toString（）3 个方法较常使用。

equals（）　用于比较两个对象是否指向同一块内存区域，相当于 == 运算符。注意：在 String 类中，已将该方法改写为比较字符串内容是否相同。

hashCode（）　返回该对象的 hashcode（整数），用于标识一个对象，如果两个对象相等，则 hashcode 值一定相同。

toString( ) 返回值是 String 类型，描述当前对象的有关信息。当对象与 String 型数据的连接时，自动调用其 toString( )方法。

5.2.3 多态性

多态性是面向对象程序设计的另一个重要特征，其基本含义是“拥有多种形态”，具体指在程序中使用相同的名称来表示不同的含义。例如，调用同一方法名实现不同的操作。

多态性有静态、动态两种类型。

(1)静态多态性。包括变量的隐藏、方法的重载。

(2)动态多态性。在编译时不能确定调用方法，只有在运行时才能确定调用方法，又称为运行时的多态性。

因在前面章节中已对静态多态性的内容进行过介绍，以下主要介绍动态多态性。

例5-6 多态性应用示例。

解题思路：Animal 是基类，它有一个成员方法 roar( )，子类 Cat、Dog 继承了 Animal，分别重写了 roar( )方法，主类 AnimalTest 定义了一个 Animal 类的对象 am，先用 am 调用 roar( )方法，之后分别用子类 Cat、Dog 的对象给 am 赋值，依次执行 am. roar( )语句，输出相关信息。程序代码如下：

```
class Animal {
    public void roar() {
        System.out.println("动物:...");
    }
}

class Cat extends Animal {
    public void roar() {
        System.out.println("猫:喵,喵,喵,...");
    }
}

class Dog extends Animal {
    public void roar() {
        System.out.println("狗:汪,汪,汪,...");
    }
}

public class AnimalTest {
    public static void main(String args[]) {
        Animal am = new Animal();
        am.roar();
```

```
        am = new Dog ();
        am. roar ();
        am = new Cat ();
        am. roar ();
    }
}
```

程序运行结果：

```
动物:...
狗:汪,汪,汪,...
猫:喵,喵,喵,...
```

说明：从形式上看都执行了 am. roar( ) 语句，但因 am 指向了不同对象，而基类、子类的 roar( ) 方法内容不同，故得到的结果也不同，即是“形式一样，结果不同”，这就是多态。

上述基类、子类的关系可用 UML 图表示，如图 5－3所示。

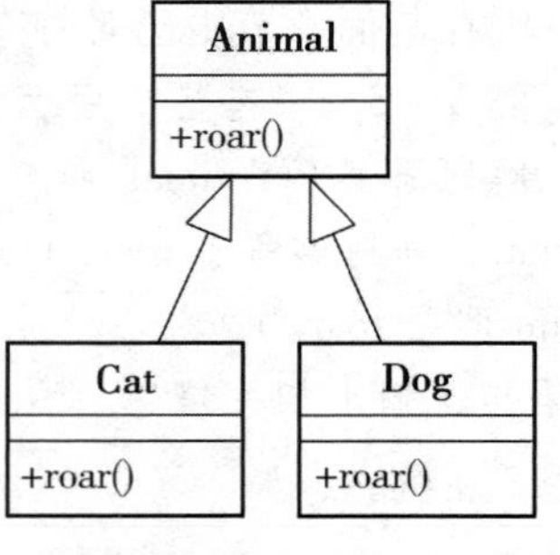

图 5－3　基类、子类关系图

通过上一示例可知，实现运行时多态的条件如下：

①类之间有一个继承的层次关系。

②在子类中重写了基类的方法。

③通过基类的对象名对重写的同名方法进行调用。

为什么要使用多态呢？

使用多态技术有明显优势，尽管子类的对象千差万别，引进多态之后，但都可以采用**基类对象名．方法名**([参数])统一方式来调用，在程序运行时能根据子对象的指向不同得到不同的结果。这种“以不变应万变”的形式可以规范、简化程序设计，符合软件工程的“一个接口，多种方法”思想，在编程中经常使用。

5.2.4　内部类

1. 什么是内部类

在一个类的类体之内再定义另外的类，这种情况下，外面的类称为“外部类”，里面的类称为“内部类”。

内部类有 4 类，包括成员内部类、局部内部类、静态内部类、匿名内部类。

引进内部类的原因：

①内部类能够隐藏起来，不为同一包的其它类访问。

②内部类可以访问其所在的外部类的所有属性。

③在回调方法处理中，匿名内部类尤为便捷，特别是事件处理经常使用。

2. 成员内部类

成员内部类即在“外部类”的内部定义另一个类。

例5-7 成员内部类使用示例。

解题思路：定义了一个外部类Cow，它有一个成员变量weight，构造器对weight进行初始化；在Cow中定义了一个内部类CowLeg，它有两个成员变量length和color，构造器对这两个成员进行初始化，并定义一个内部类的成员方法info()，直接访问本类和外部类的变量；在外部类还定义了一个成员方法test()，其功能是创建一个内部类对象，并调用其info()方法。在外部类的main()中创建一个对象，并调用test()方法。程序代码如下：

```
public class Cow {
    private double weight;
    // 外部类的构造器
    public Cow(double weight) {
        this.weight = weight;
    }

    // 定义一个成员内部类
    private class CowLeg {
        // 成员内部类的两个实例变量
    private double length;
    private String color;
    // 成员内部类的构造方法
    public CowLeg(double length, String color) {
        this.length = length;
        this.color = color;
    }
    // 成员内部类的方法
    public void info() {
        System.out.println("当前牛腿颜色是:" + color + ", 高:" + length);
        // 直接访问外部类的private修饰的成员变量
        System.out.println("本牛腿所在奶牛重:" + weight);
    }
}

    public void test() {
        CowLeg cl = new CowLeg(1.12, "黑白相间");
        cl.info();
    }

    public static void main(String[] args) {
        Cow cow = new Cow(378.9);
        cow.test();
    }
}
```

程序运行结果:

```
当前牛腿颜色是:黑白相间, 高:1.12
本牛腿所在奶牛重:378.9
```

说明：①程序中的内部类是作为外部类的一个组成部分，故称为成员内部类，它的最方便之处是可以直接访问外部类的成员，不需考虑访问权限问题；②编译之后得到类文件有 Cow. class、Cow $ CowLeg. class。由此可知，内部类的 class 文件命名方式为：**外部类名 $ 内部类名 . class**，它依赖于外部类，不能单独存在。

3. 局部内部类

局部内部类即在某一方法中定义的内部类。

局部内部类有一些规定，现列举如下：

①局部内部类不能用 public 或 private 访问修饰符进行声明。

②局部内部类作用域被限定在声明该类的方法块中。

③局部内部类的优势在于它可以对外界完全隐藏起来，除了所在的方法之外，对其它方法而言是不透明的。

④局部内部类不仅可以访问包含它的外部类的成员，还可以访问方法中局部变量，但这些局部变量必须被声明为 final。

在实际开发中很少使用局部内部类，这是因为它的作用域很小，只能在当前方法中使用。

例 5-8 局部内部类使用示例。

解题思路：定义了一个外部类 LocalInnerClass，在它的 main( )方法中定义了一个局部内部类 InnerBase，它有一个成员变量 a，还定义局部内部类的子类 InnerSub，该类新增一个成员变量 b。在外部类的 main( )方法中创建 InnerSub 类的一个对象，然后给它的成员 a、b 赋值，并输出它们的值。程序代码如下：

```
public class LocalInnerClass {
    public static void main(String[] args) {
        // 定义局部内部类
        class InnerBase {
            int a;
        }
        // 定义局部内部类的子类
        class InnerSub extends InnerBase {
            int b;
        }
        // 创建局部内部类的对象
        InnerSub is = new InnerSub();
        is.a = 5;
        is.b = 8;
        System.out.println("InnerSub 对象的 a 和 b 实例变量是:" + is.a + "," + is.b);
    }
}
```

程序运行结果：

```
InnerSub 对象的 a 和 b 实例变量是:5,8
```

说明：编译之后得到类文件有：LocalInnerClass. class、LocalInnerClass $ 1InnerBase. class、LocalInnerClass $ 1InnerSub. class。由此可知，局部内部类的 class 文件格式是：**外部类名 $ n 内部类名 . class**，n 是从 1 开始的数字编号。

4. 静态内部类

使用 static 关键字修饰的内部类。

注意：静态内部类属于外部类的本身，而不属于外部类的某个对象所有。

5. 匿名内部类

匿名内部类即是没有名字的内部类。

说明：

①匿名内部类适合只需要使用一次的类，当创建一个匿名类时会立即创建该类的一个实例，该类的定义会立即消失，不能重复使用。

②匿名内部类不能有构造方法。

③匿名内部类可以定义非静态的方法、属性、内部类，但不能定义任何静态的成员、方法和类。

④一个匿名内部类一定跟在 new 的后面，创建其实现的接口或基类的对象，即将定义类、创建对象“合二为一”。

⑤在事件处理中，经常使用匿名内部类。

例 5 –9 匿名内部类使用示例。

解题思路：在主类的 main( ) 方法的输出语句中定义了一个匿名内部类，它继承了 Object 类，重写了 toString( ) 方法。程序代码如下：

```
public class AnonymousClassDemo {
    public static void main(String[] args) {
        System.out.println(new Object() {
            public String toString() {
                return "匿名类对象";
            }
        });
    }
}
```

程序运行结果：

```
匿名类对象
```

说明：在事件处理中会经常使用匿名内部类，那时可进一步熟悉匿名内部类的相关用法。

5.2.5* 类与类之间的关系

类与类之间存在6种关系：

(1)继承。在一个已有类的基础上，添加特有功能，产生新类。继承也称为泛化，表现的是一种共性与特性的关系。这一内容前面已介绍过，不再复述。对应的UML如图5-4所示。

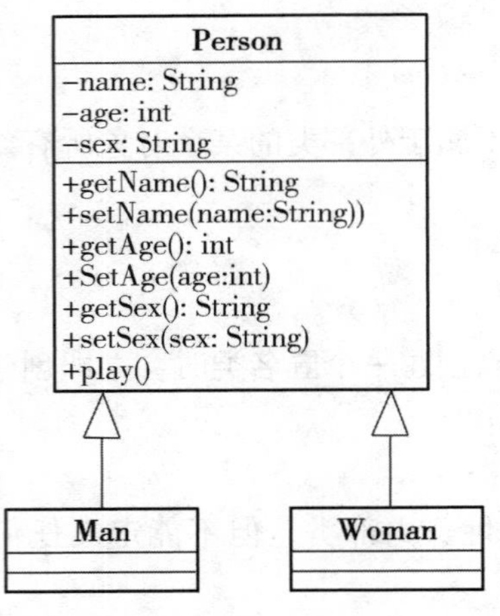

图5-4 继承关系UML图

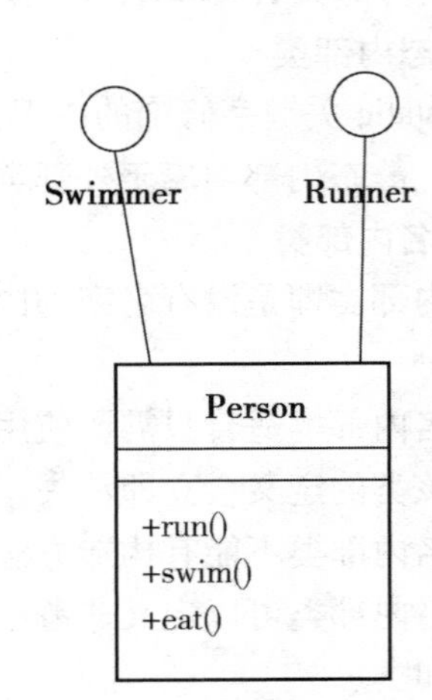

图5-5 实现关系UML图

(2)实现。一个类实现接口中声明的方法，其中接口对方法进行声明，而类完成方法的定义，即实现具体功能。实现是类与接口之间常用的关系，一个类可以实现一个或多个接口中的方法。这一内容将在下一实验中介绍。对应的UML如图5-5所示。

(3)依赖。最常见的一种类间关系，如果在一个类的方法中操作另外一个类的对象，则称其依赖于第二个类。对应的UML如图5-6所示。

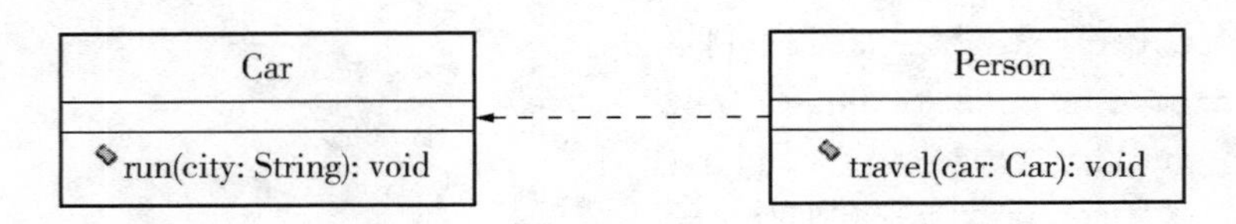

图5-6 依赖关系UML图

(4)关联。比依赖关系更紧密，通常体现为一个类中使用另一个类的对象作为该类的成员变量。对应的UML如图5-7所示。

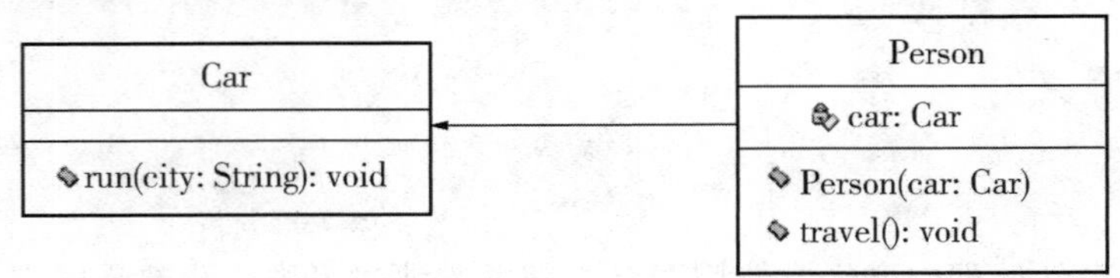

图5-7 关联关系UML图

(5)聚合。体现的是整体与部分的关系，通常表现为一个类(整体)由多个其它类的对象(部分)作为该类的成员变量，此时整体与部分之间是可以分离的，整体和部分都可以具有各自的生命周期。例如，一个部门由多个员工组成，部门和员工是整体与部分的关系，即聚合关系。对应的UML如图5-8所示。

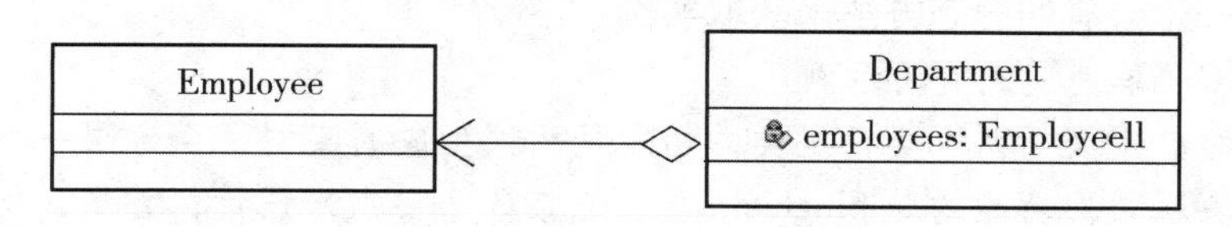

图5-8　聚合关系UML图

(6)组合。是比聚合关系要求更高的一种关联关系，体现的也是整体与部分的关系，但组成关系中的整体与部分是不可分离的，整体的生命周期结束后，部分的生命周期也随之结束。例如，汽车是由发动机、底盘、车身和电路设备等组成的，是整体与部分的关系，如果汽车消亡后，这些设备也将不复存在，因此属于一种组成关系。对应的UML如图5-9所示。

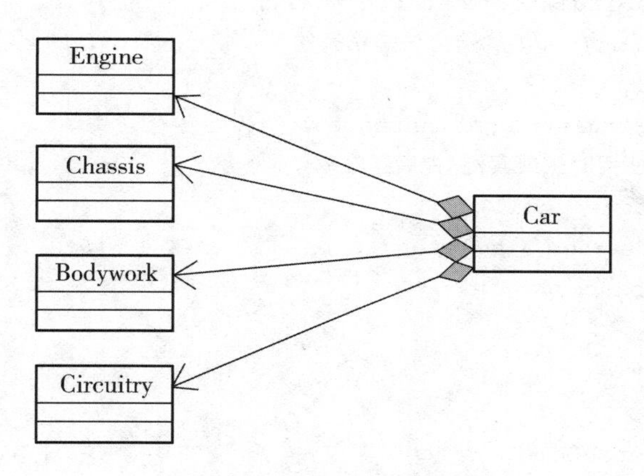

图5-9　组合关系UML图

5.2.6　单例模式

1. 什么是设计模式

设计模式(design pattern)是软件开发人员在软件开发过程中面临的一般问题的解决方案，是一套被反复使用的、多数人知晓的、经过分类编目的、代码设计经验的总结。这些方案、模式是众多软件开发人员经过相当长的一段时间的试验总结出来的。

设计模式是软件工程的基石，如同大厦的一块块砖石。项目中合理地运用设计模式可以完美地解决很多问题，每种模式在现实中都有相应的原理来与之对应，每种模式都描述了一个在我们周围不断重复发生的问题，以及该问题的核心解决方案。设计模式是我们学习编程语言之后应该掌握的基本技能之一。

单例模式是最简单的设计模式。

2. 单例模式

顾名思义，单例模式就是保证一个类只有一个实例，其实现方法包含3个要点。

①构造方法是私有的。

②用一个私有的静态变量引用实例。

③提供一个公有的静态方法来获取实例。

例5－10 单例模式使用示例。

解题思路：定义了两个类，主类的功能是测试生成的实例是否为同一个，即是否真正为单例。实现单例功能的是Singleton类。它按3个要点来设计，首先，构造方法是私有的(假设为其它权限，则同一包下的其它类就能new该类的多个对象，无法保证唯一性)；既然实例是唯一的，当然可以将变量设置为static类型，且为private权限(这样做能保证该实例不被直接获得)；成员方法getInstance( )是外界获取对象的唯一途径，应设置为public权限，当变量值为null时先创建实例，否则返回现有实例，因它操作的变量是static类型，故该方法也是静态的。程序代码如下：

```
class Singleton {
    private static Singleton instance = null;
    private Singleton () {// 构造方法是私有的
    }
    public static Singleton getInstance () {
        // 在第一次使用时生成实例,提高了效率!
        if (instance == null)
            instance = new Singleton ();
        return instance;
    }
}

public class SingletonDemo {
    public static void main (String[] args) {
        Singleton s1 = Singleton.getInstance ();
        Singleton s2 = Singleton.getInstance ();
        if (s1 == s2) {
            System.out.println ("s1 和 s2 是同一个对象");
        }
    }
}
```

程序运行结果：

```
s1 和 s2 是同一个对象
```

说明：该类确实只有一个实例。

本例的两个类对应的UML图如图5－10所示。

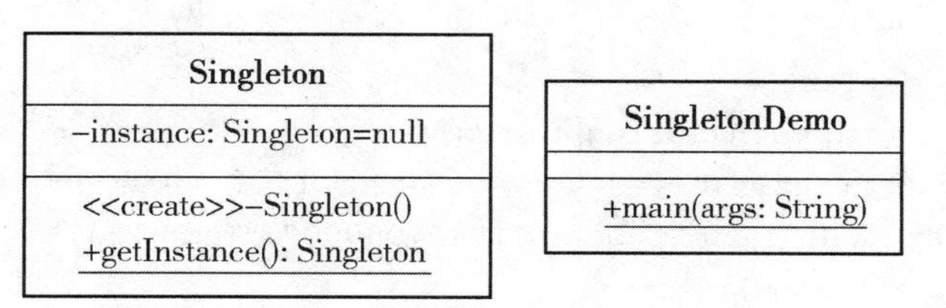

图 5-10 单例模式 UML 图

5.3 实验内容

1.（基础题）根据题意及注释补充所缺少代码，然后运行程序，并回答相关问题。

```
class Student{
    private String sname;
    private String sno;
    private int age;
    /*
    无参构造器
    带三个参数的构造器
    三个参数的设置器、访问器
    * /
    public void printMsg(){
        System.out.println("学号:"+sno+",姓名:"+sname+",年龄:"+age);
    }
}
//定义 CollegeStudent 类继承 Student 类
____(1)____{
    private String major;
    public String getMajor() {
        return major;
    }
    public void setMajor(String major) {
        this.major=major;
    }
    public void printMsg(){
        //输出学号、姓名、年龄和专业
        System.out.println("学号:"+____(2)____+",姓名:"+____(3)____+",年龄:
"+____(4)____+",专业:"+____(5)____);
    }
```

```
}
public class StudentTest {
    public static void main(String[] args){
        System.out.println("===========学生信息==========");
        Student student=new Student("1840700000","Tom",22);
        student.printMsg();
        ____(6)____;      //修改学生年龄为26
        ____(7)____;      //修改学生姓名为"Jack"
        student.printMsg();
        System.out.println("===========大学生信息=========");
        CollegeStudent cstudent=new CollegeStudent();
        ____(8)____;      //设置大学生的姓名为"Jerry"
        ____(9)____;      //设置大学生的学号为"1840700101"
        ____(10)____;     //设置大学生的年龄为23
        ____(11)____;     //设置大学生的专业为"物联网工程"
        cstudent.printMsg();
    }
}
```

问题:

(1)程序中有多少个类，哪个是主类，哪个是基类，哪个是子类?

(2)程序中子类继承了基类哪些成员，基类对象如何给成员赋初值，子类对象又是如何给成员赋值的?

(3)是否可以不定义 Student 类的无参构造器?

2.(基础题)分析、运行以下程序，并回答相关问题。

```
package mypackage;
class Parent {
    private String name;
    public Parent(){
        name="ABC";
    }
}
public class Child extends Parent {
    private String department;
     public Child() {}
     public String getValue(){
        return name;
    }
    public static void main(String arg[]) {
        Child c=new Child();
    }
}
```

问题：

(1)分析程序，找出有问题的代码，分析出错的原因。

(2)修改程序中的错误。

3.(基础题)阅读、分析以下程序，并回答相关问题。

```
package mypackage;
public class ConstructMethodCallTest {
    public static void main(String[] args){
        Dog dog = new Dog();
    }
}

class Animal{
    public Animal(){
        System.out.println("构造动物类对象");
    }
}

class Chordate extends Animal{
    public Chordate(){
        System.out.println("构造脊索动物类对象");
    }
}

class Vertebrate extends Chordate{
    public Vertebrate(){
        System.out.println("构造脊椎动物类对象");
    }
}

class Mammal extends Vertebrate{
    public Mammal(){
        System.out.println("构造哺乳动物类对象");
    }
}

class Dog extends Mammal{
    public Dog(){
        System.out.println("构造狗类对象");
    }
}
```

要求：

先不运行程序，思考程序运行后的结果是什么；然后运行程序，检验自己思考的结果是否正确。

问题：

(1)程序中存在多少个类，这些类之间是什么关系？

(2)在继承的多层结构中，构造器是按怎样顺序来执行的？

4.(基础题)请按下列要求操作程序，并回答相关问题：

```
//多态性应用
package amimalworld;
class Animal{
    void cry(){
        System.out.println("动物叫...");
    }
}
class Dog extends Animal{
    int leg;
    void cry(){
        System.out.println("狗叫:汪,汪,汪...");
    }
    void eat(){
        System.out.println("喜欢啃骨头");
    }
}
public class PolymorephismTest {
    public static void main(String[] args){
            Animal animal =new Animal();     //animal 为 Animal 对象
            animal.cry();
            animal = ____(1)____ ; //创建 Dog 对象的向上转型对象
            ______(2)______ ;   //使用 Dog 对象的向上转型对象调用 Dog 对象中的 cry()
            animal.leg =4;
            animal.eat();
            Dog dog = ____(3)____ ;//把向上转型对象强制转换为子类的对象
            dog.leg =4;
            dog.eat();
    }
}
```

要求：

(1)根据题意和注释填充程序所缺代码。

(2)仔细阅读分析程序，指出并修正程序中的错误。

(3)首先思考程序的运行结果，然后上机验证自己的思考。

问题：

(1)多态的含义是什么，什么是向上转型对象？

(2)Java 中的多态包括哪几种类型，什么是运行时的多态，它实现的条件是什么？

(3)向上转型对象可以访问哪些成员？

5.(提高题)请先创建包 pack1 和 pack2，然后根据下列程序代码在相应包中创建如下程序文件：

```
MyClass.java、DerivedSamePackage.java、UnrelatedSamePackage.java、
DerivedDifferentPackage.java、UnrelatedDifferentPackage.java、MainPack1.java

//MyClass.java
package pack1;
public class MyClass {
    int pack_v =10; // package(包)权限的变量
    private int priv_v =20; // private(私有)权限的变量
    protected int prot_v =30; // protected(受保护)权限的变量
    public int pub_v =40; // public(公有)权限的变量
    public MyClass () { // 默认构造方法
        System.out.println();
        System.out.println("在 Myclass 类的构造方法中:");
        System.out.println("pack_v =" + pack_v);
        System.out.println("priv_v =" + priv_v);
        System.out.println("prot_v =" + prot_v);
        System.out.println("pub_v =" + pub_v);
    }
}

//DerivedSamePackage.java (同一个包中的子类)
package pack1;
public class DerivedSamePackage extends MyClass { // 同一个包中的子类
    public DerivedSamePackage () { // 同一包中子类默认构造方法
        System.out.println("在 DerivedSamePackage 同一包中子类的构造方法中:");
        System.out.println("pack_v =" + pack_v);
        /*
        * 私有变量只在同一类的内部才是可访问的
        System.out.println("priv_v ="+priv_v);
         */
        System.out.println("prot_v =" + prot_v);
        System.out.println("pub_v =" + pub_v);
    }
```

```
}

//UnrelatedSamePackage.java (同一个包中的无关类)
package pack1;
public class UnrelatedSamePackage { // 同一个包中的无关类
    public UnrelatedSamePackage () { // 同一包中无关类默认构造方法
        MyClass mc = new MyClass (); // 创建 Myclass 的对象
        System.out.println ("在 UnrelatedSamePackage 同一包中无关类的构造方法中:");
        System.out.println ("pack_v = " + mc.pack_v);
        /*
         * 私有变量只在同一类的内部才是可访问的
        System.out.println ("priv_v = "+mc.priv_v);
         * /
        System.out.println ("prot_v = " + mc.prot_v);
        System.out.println ("pub_v = " + mc.pub_v);
    }
}

//DerivedDifferentPackage.java (不同包中的子类)
package pack2;
import pack1.* ;
public class DerivedDifferentPackage extends MyClass { // 不同包中的子类
    public DerivedDifferentPackage () { // 子类默认构造方法
        System.out.println ("在 DerivedDifferentPackage 不同包子类的构造方法中:");
        /*
         * 包变量只在同一个类或同一个包的内部才是可访问的
        System.out.println ("pack_v = "+pack_v);
         * 私有变量只在同一类的内部才是可访问的
        System.out.println ("priv_v = "+priv_v);
         * /
        System.out.println ("prot_v = " + prot_v);
        System.out.println ("pub_v = " + pub_v);
    }
}

//UnrelatedDifferentPackage.java (不同包中的无关类)
package pack2;
import pack1.* ;
public class UnrelatedDifferentPackage {// 不同包的无关类
    public UnrelatedDifferentPackage () { // 不同包的无关类默认构造方法
        MyClass mc = new MyClass (); // 创建 Myclass 的对象
```

```
        System.out.println("在 UnrelatedDifferentPackage 不同包的无关类的构造方法中:");
        /*
         * 包变量只在同一个类或同一个包的内部才是可访问的
        System.out.println("pack_v = " + mc.pack_v);
         * 私有变量只在同一类的内部才是可访问的
         System.out.println("priv_v = " + mc.priv_v);
         * 受保护变量只在同一个类或基类的子类或同一个包中才是可访问的
         * System.out.println("prot_v = " + mc.prot_v);
         * /
        System.out.println("pub_v = " + mc.pub_v);
    }
}

// MainPack1.java
package pack1;
public class MainPack1 {
    public static void main(String args[]) {
        MyClass mc = new MyClass();
        DerivedSamePackage dsp = new DerivedSamePackage();
        UnrelatedSamePackage usp = new UnrelatedSamePackage();
    }
}
```

要求：分析以上各程序，运行 MainPack1.java，回答下列问题：

(1)运行结果说明了什么？

(2)为什么有些语句不能执行？

6.(提高题)先根据程序代码生成对应的 Java 文件，然后分析、运行程序，回答相关问题：

```
//Person.java
public class Person {
    public static final Person person = new Person();
    private String name;
    public String getName() {
        return name;
    }
    public void setName(String name) {
        this.name = name;
    }
    // 构造函数私有化
```

```
    private Person () {
    }
    // 提供一个全局的静态方法
    public static Person getPerson () {
        return person;
    }
}

//Person2.java
public class Person2 {
    private String name;
    private static Person2 person;
    public String getName () {
        return name;
    }
    public void setName (String name) {
        this.name = name;
    }
    // 构造函数私有化
    private Person2 () {
    }
    // 提供一个全局的静态方法
    public static Person2 getPerson () {
        if (person == null) {
            person = new Person2 ();
        }
        return person;
    }
}

//MainClass.java
public class MainClass {
    public static void main (String[] args) {
        Person per1 = Person.getPerson ();
        Person per2 = Person.getPerson ();
        per1.setName ("zhangsan");
        per2.setName ("lisi");

        System.out.println (per1.getName ());
        System.out.println (per2.getName ());
    }
}
```

问题：

(1)从程序运行结果来看，per1、per2 是否为同一对象？

(2)请将 MainClass 类的 Person per2 = Person. getPerson( )；语句改为

Person2 per2 = Person2. getPerson( )；，再次运行程序；从结果判断，per1、per2 是否为同一对象？

(3)请说明单例模式的实现机理。

5.4 实验小结

本实验包含继承、Object、多态、内部类、单例模式等知识点，这些都是 Java 语言的重要内容。

继承是面向对象程序设计的一个主要特征，是实现代码重用、扩展软件功能的重要手段；子类继承基类的基本属性和功能，又增加了新属性、新功能，可实现更复杂的应用；通过继承，类与类之间可以形成层次结构，子类的构造顺序是先构造基类部分，再构造自己新加部分；使用 super 可访问被隐藏、覆盖的基类变量与方法；Java 成员的访问权限有 4 种，应熟悉不同权限修饰符对子类继承性的影响，特别是受保护、包权限；Object 类是所有类的直接或间接基类，应熟悉其基本方法的使用。

多态在程序设计中有重要地位，应理解 Java 中多态的种类、意义、实现条件及基本应用；顾名思义，内部类就是在一个类或方法内部定义的类，它有 4 种基本类型，内部类的最大好处是可直接访问外部类的成员，不必考虑访问权限的限制，匿名内部类在事件处理中较常使用，后面实验将涉及这一内容；为了让大家对面向对象编程有更深理解，增加了 UML、类与类关系、设计模式等相关内容，请大家尽量掌握，这对于编程能力的提高很有帮助；单例模式是最简单的设计模式，在编程中经常使用，也请掌握。

实验6 抽象类与接口

6.1 实验目的

(1)理解抽象类、抽象方法的概念，熟悉它们的声明和使用；

(2) 理解接口的概念，熟悉其声明、实现方法，熟悉接口间接实现多重继承的用法，清楚标记接口的作用；

(3)理解简单工厂模式的实现机理和作用。

6.2 知识要点与应用举例

6.2.1 抽象类

1. 什么是抽象

抽象是面向对象的一种重要方法，通过抽象能够在更高一个层次认识、把握事物的本质特征。例如，从许许多多学生中，抽象“学生”的概念；从学生、工人、农民等抽象出“人”的概念。

类的抽象问题：假定圆 Circle 类有周长和面积两个属性，还有计算周长和面积两项功能；矩形 Rect 类也有周长和面积两个属性，也能计算周长和面积；现将它们共同的属性和行为抽象出来，就能得到一种更通用、更一般的类——Shape 类，如图 6 - 1 所示。

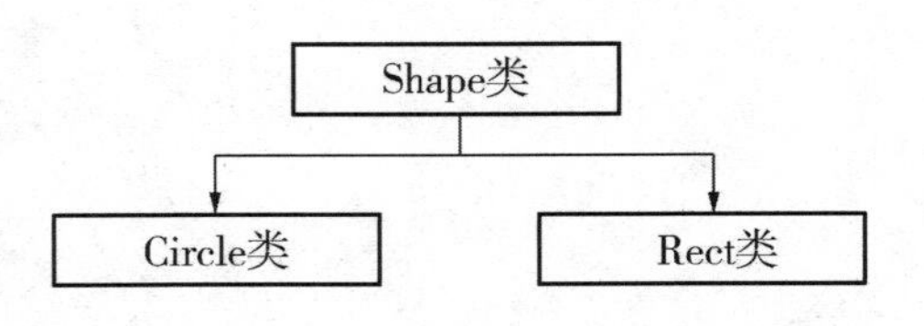

图 6 - 1 类的抽象过程示图

不过，Shape 类是假想出来的类，因为在现实中并不存在叫“形状”的东西，这种类就称为抽象类，它与普通类不同的是一些功能暂时不能实现。

2. 抽象方法和抽象类的定义

关键字 abstract 可用来修饰方法和类，表示“尚未实现”的含义。

(1)如果方法的声明中使用了 abstract 修饰符，那么该方法就成为抽象方法。这表示不提供该方法的具体实现，即不定义方法体。格式如下：

访问权限 abstract 返回类型 方法名([参数表])； //无方法体

例如，将前面 Shape 类的两个方法声明为抽象方法：

```
public abstract double getArea();
public abstract double getPerimeter();
```

注意：无方法体与方法体为空是两个不同的概念。

(2) 如果一个类的声明中有 abstract 修饰符，那么该类就成为抽象类。格式如下：

[访问修饰符] <abstract> class <类名>{
  [成员变量声明]
  [方法定义]
}

例如，上面提到的 Shape 类的定义现如下：

```
abstract class Shape {  //抽象类
    public abstract double getArea();              //获取形状的面积
    public abstract double getPerimeter();         //获取形状的周长
}
```

说明：

①抽象类不能进行实例化，否则会出现编译错误。

②通常，一个抽象类至少定义一个抽象方法，但并不是说非要这样定义，即使类体没有一个抽象方法也是允许的。

③当一个类中包含有抽象方法时，该类一定要声明为抽象类。

④当子类继承一个抽象类时，必须实现该抽象类中定义的全部抽象方法，否则，子类也是抽象类，必须加以声明。

⑤当一个类实现了某一接口，但并没有实现该接口的所有方法时，该类必须声明为抽象类，否则出错。

⑥抽象方法不能被 private 或 static 修饰。理由是：若抽象方法为 private 权限，则外部无法访问，方法重写无从谈起；若声明为 static，即使不创建对象也能通过**类名.方法名()**格式访问，此时要求方法体要有具体内容，但这与抽象方法的定义相矛盾。

为了让大家更好地理解抽象类，现将它与普通类进行比较，如表 6-1 所示。

表 6-1　抽象类与普通类的比较

抽　象　类	普　通　类
定义了事物的一般特性	用于表示真实世界的对象
不能实例化	可以实例化
定义了未提供方法体的抽象方法	没有抽象方法
可为部分方法提供实现	已为所有方法提供实现

3. 抽象类的引用

虽然不能实例化抽象类，但可以创建它的引用。Java 支持多态性，允许通过基类引用来引用派生类的对象。

例6-1 抽象类引用使用示例。

解题思路：基类A是抽象类，它的m1()是抽象方法；B类继承A类，实现了m1()，并增加m2()。在主类中定义了B类对象，并赋值给A类引用，再用该引用调用m1()方法输出相关信息。程序代码如下：

```
abstract class A { // 抽象类
    abstract void m1(); // 抽象方法
}
class B extends A {
    void m1() {
        System.out.println("m1() in B.");// 实现了 m1()方法
    }
    void m2() {
        System.out.println("m2() in B");
    }
}

public class AbstractRef {
    public static void main(String args[]) {
        B b=new B();
        A a=b; // 基类引用
        a.m1();
    }
}
```

程序运行结果：

```
m1() in B.
```

例6-2 抽象类使用示例。

解题思路：基类Animal是抽象类，它的breathe()是抽象方法；Fish、Monkey两个类继承了Animal类，实现了breathe()，并增加其它方法。在主类中定义了Fish、Monkey两个类的对象，并调用各自方法输出相关信息。程序代码如下：

```
abstract class Animal {// 抽象类
    abstract void breathe();// 抽象方法
}

class Fish extends Animal {// 子类
    public void breathe() {// 实现方法
        System.out.println("用鳔呼吸");
    }
```

```
    public void swim() {
        System.out.println("游泳需要借助尾巴的摆动");
    }
}

class Monkey extends Animal {// 子类
    public void breathe() {// 实现方法
        System.out.println("用肺呼吸");
    }

    public void cry() {
        System.out.println("叫声:吱吱吱...");
    }
}

public class AbstractApp {
    public static void main(String args[]) {
        Fish fish=new Fish();
        System.out.println("鱼儿:");
        fish.breathe();
        fish.swim();
        System.out.println();

        Monkey monkey=new Monkey();
        System.out.println("猴子:");
        monkey.breathe();
        monkey.cry();
    }
}
```

程序运行结果:

```
鱼儿:
用鳔呼吸
游泳需要借助尾巴的摆动

猴子:
用肺呼吸
叫声:吱吱吱...
```

上述三个类之间的关系用 UML 表示，如图 6－2 所示（抽象类与抽象方法要用斜体字表示）。

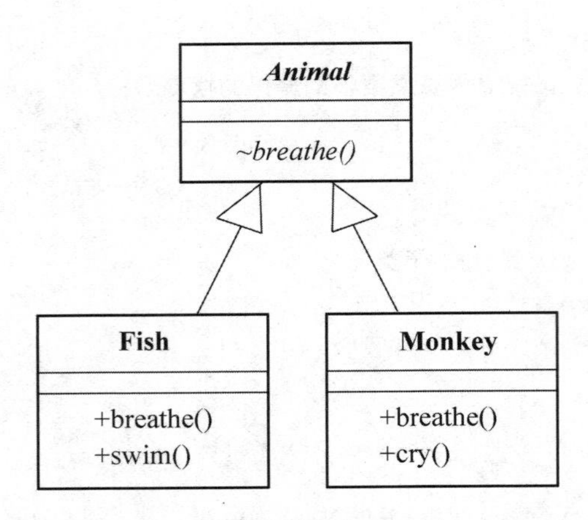

图6－2　抽象类及其子类的UML示图

6.2.2　接口

如果一个抽象类中的所有方法都是抽象的，可以采用另一种方式——“接口”来定义。

1. 接口的概念与声明方法

接口是抽象方法和常量值定义的集合。从本质上说，接口是一种特殊的抽象类，这种抽象类中只包含常量和方法的声明，而没有方法的实现。

从语法上看，接口是一种与“类”很相似的结构，只是接口中的所有方法都是抽象的，只有声明，没有方法体。

接口声明的关键字是interface，声明格式如下：

[权限修饰符]　interface 接口名 [extends 父接口列表]{

　　//抽象方法和静态常量

}

例如，

```
public interface Runner
  int id=1;
  public void start();
  public void run();
  public void stop();
}
```

说明：

①接口的修饰符可以是public、private、protected、缺省。

②接口中的方法都是抽象的(abstract)和公有的(public)，仅有方法说明，没有方法体。

③接口中的变量都是最终(final)、静态(static)、公共(public)的，即是公有的静态

常量。

④接口中定义常量和方法的相关修饰符可以省略，但在实现接口时这些修饰符是不能省略的。

⑤接口关心的是“做什么”，不关心“怎样做”，即是声明一种规范，而不是实现。

⑥接口中不包含实例变量，也不能由接口来创建对象。

2. 接口的实现

接口只规定了类的“原型”，具体的定义由实现该接口的类来完成，格式如下：

[修饰符] class 类名[extends 基类][implements 接口1，接口2，…]

{

…… //包含对接口中所有方法的实现

}

例如，Person类实现前面定义的接口：

```
public class Person implements Runner
    public void start() {
        // 准备工作：弯腰、蹬腿、咬牙、瞪眼
        // 开跑
    }
    public void run() {
        // 摆动手臂
        // 维持直线方向
    }
    public void stop() {
        // 减速直至停止、喝水.
    }
}
```

说明：

①一个类可以实现多个接口，从而达到多重继承的目的。

②多个无关的类可以实现同一个接口。

③一个具体类实现接口时，必须实现接口中的所有方法；当一个类未实现接口中的所有方法时，应声明为抽象类。

④类在实现某个接口的抽象方法时，必须使用完全相同的方法头。例如，接口定义中通常省略public修饰符，但在实现抽象方法时必须显式使用public修饰符。

⑤通过接口可以实现不相关类的相同行为，而不需要考虑这些类之间的层次关系。

⑥通过接口可以指明多个类需要实现的方法。

⑦与继承关系类似，接口与实现类之间存在多态性。

通过接口可以实现不相关类的相同行为，如图6－3所示。

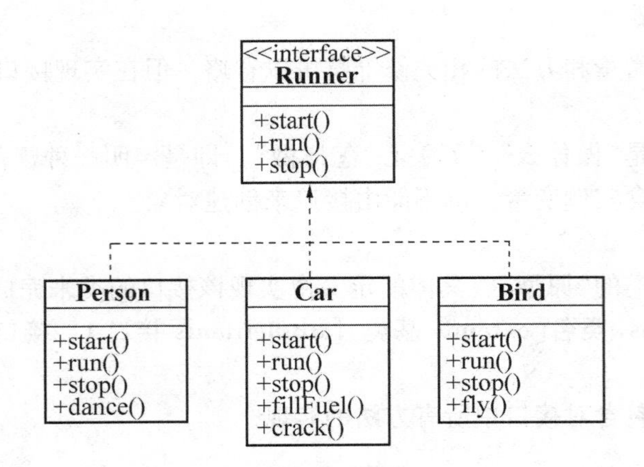

图6－3　用接口实现不同类的相同行为

很显然，Person、Car、Bird不属于同一个类，用继承无法实现，但它们具有相同行为，可用接口统一起来。

后面将介绍集合相关内容，Java的类库中定义了一大批接口，如Collection、Set、List、Map、Iterator等。

3. 接口的使用

可以通过定义接口变量、实现接口回调、接口变量作参数等形式来使用接口。

1)接口变量

定义格式：**接口 变量名**(又称为引用)

2)接口回调

可以把实现某一接口的类创建的对象引用赋给该接口声明的接口变量中，那么该接口变量就可以调用被类实现的接口中的方法。实际上，当接口变量调用被类所实现的接口中的方法时，就是通知相应的对象调用接口的方法。即：

接口变量=实现该接口的类所创建的对象；

接口变量.接口方法([参数列表])；

3)接口变量作参数

如果一个方法的参数是接口类型，就可以将任何实现该接口的类的实例的引用传递给接口参数，那么接口参数就可以回调类实现的接口方法。

例6－3　接口使用示例。

解题思路：Runner、Swimmer是两个接口，各声明了一个方法；基类Animal是抽象类，它的eat()是抽象方法；Person类继承了Animal类，实现了Runner、Swimmer两个接口，定义了三个方法的具体内容。在主类中定义了三个以接口变量或抽象类引用为参数的方法，它们实现了接口回调及抽象类回调的功能；在main()中创建主类对象t及Person对象p分别调用m1()～m3()。程序代码如下：

```
interface Runner { // 接口1
    public void run();
```

```
}

interface Swimmer { // 接口2
    public void swim();
}

abstract class Animal { // 抽象类
    public abstract void eat();
}

class Person extends Animal implements Runner, Swimmer { // 子类,实现接口
    public void run() {
        System.out.println("我是飞毛腿,跑步速度极快!");
    }
    public void swim() {
        System.out.println("我游泳技术很好,会蛙泳、自由泳、仰泳、蝶泳...");
    }
    public void eat() {
        System.out.println("我牙好胃口好,吃啥都香!");
    }
}

public class InterfaceTest {
    public static void main(String args[]) {
        InterfaceTest t = new InterfaceTest();
        Person p = new Person();
        t.m1(p); // 接口回调,下同
        t.m2(p);
        t.m3(p);//抽象类引用回调
    }
    public void m1(Runner f) {// 接口作参数,下同
        f.run();
    }
    public void m2(Swimmer s) {
        s.swim();
    }
    public void m3(Animal a) {
        a.eat();
    }
}
```

程序运行结果：

```
我是飞毛腿,跑步速度极快!
我游泳技术很好,会蛙泳、自由泳、仰泳、蝶泳...
我牙好胃口好,吃啥都香!
```

上述两个接口、三个类之间的关系用UML表示，如图6－4所示。

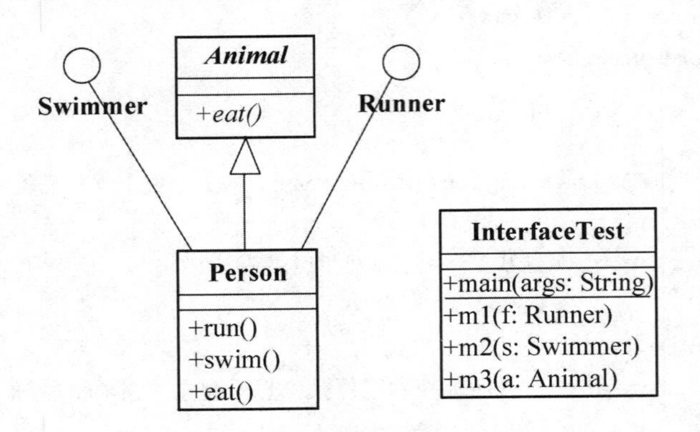

图6－4　接口、抽象类及其子类的UML示图

4. 接口的继承

Java允许一个接口用extends继承另一个接口，格式如下：

接口名 extends 父接口1，父接口2，…{

……　//新增的抽象方法或静态常量

}

说明：

①与类继承不同，一个接口可以继承多个父接口。

②一个public接口只能定义在同名的.java文件中。

5. 接口的意义

接口规定了类"做什么"，而不关心"怎样做"，这种机制既规范了类的行为，又给予实现接口的类很大自由度和灵活性，以适应不断发展变化的客观现实，接口在Java中大量使用。

因此，接口不仅是一种规范，而且是Java编程思想的体现，务必掌握其用法。

6. 使用接口实现多重继承

虽然Java不支持多重继承，但可以以通过接口方式间接实现多重继承。

例6－4　使用接口实现多重继承示例。

解题思路：为了不与前面的类发生冲突，本程序存放在mypackage包下。Climbable、Sleepable是两个接口，各声明了一个方法，Climbable还定义了一个静态常量；基类Animal是抽象类，它的breathe()是抽象方法；Monkey类继承了Animal类、实现了Climbable、Sleepable两个接口，定义了三个方法的具体内容。在主类中定义了Monkey类对象，分别调用接口或抽象类方法，输出相关信息。程序代码如下：

```java
package mypackage;

interface Climbable {
    final int SPEED = 100;
    void climb();
}

interface Sleepable {
    void sleep();
}

abstract class Animal {
    abstract void breathe();
}

class Monkey extends Animal implements Climbable, Sleepable {
    void breathe() {// 实现抽象类中的抽象方法
        System.out.println("猴子使用肺呼吸");
    }

    public void climb() {// 实现接口 Climbable 中的方法
        System.out.println("猴子是爬树高手,最快速度可达" + SPEED);
    }

    public void sleep() {// 实现接口 Sleepable 中的方法
        System.out.println("猴子睡觉时会打呼噜");
    }
}

public class InterfaceDemo {
    public static void main(String[] args) {
        Monkey monkey = new Monkey();
        monkey.breathe();
        monkey.climb();
        monkey.sleep();
    }
}
```

程序运行结果：

```
猴子使用肺呼吸
猴子是爬树高手,最快速度可达100
猴子睡觉时会打呼噜
```

Monkey 类分别实现两个接口、一个抽象类的方法，达到了多重继承的效果。上述两个接口、两个类之间的关系用 UML 表示，如图 6－5 所示。

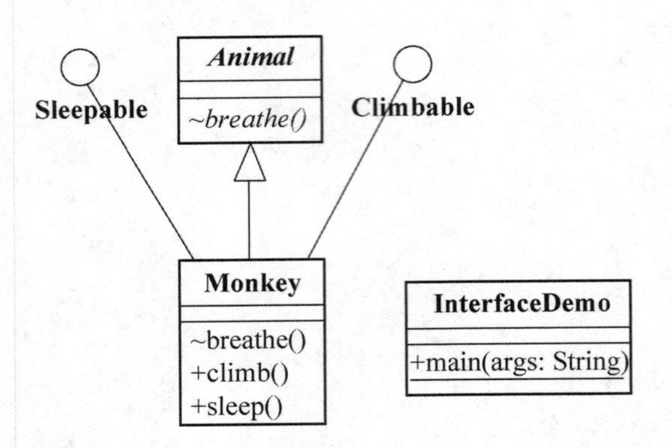

图 6－5　接口、抽象类及其子类的 UML 示图

7. 标记接口

标记接口是指不带任何常量声明和方法定义的空接口。

说明：实现标记接口的类不需要实现接口的任何方法，类定义中只需要使用 implements 关键字后接标记接口名称来声明即可；声明了实现标记接口的类将拥有该接口所定义的功能。

例如，Serializable 和 Cloneable 是两个常用的标记接口，当一个类实现了 Serializable 接口，则可以对其对象进行序列化和反序列化；而当一个类实现了 Cloneable 接口，则可以创建该类的克隆。

前面学习过的 java. util. Calendar 是一个抽象类，它也实现几个标记接口，如图 6－6、图 6－7 所示。

```
public abstract class Calendar
extends Object
implements Serializable, Cloneable, Comparable<Calendar>
```

图 6－6　Calendar 类示图

protected abstract void	computeFields() 将当前毫秒时间值 time 转换为 fields[] 中的日历字段值。
protected abstract void	computeTime() 将 fields[] 中的当前日历字段值转换为毫秒时间值 time。

图 6－7　Calendar 类的抽象方法示图

6.2.3　面向接口编程

1. 面向接口编程的概念

接口体现的是一种规范和实现分离的设计哲学，充分利用接口能够降低程序各模块之间的耦合，从而提高系统的可扩展性以及可维护性。基于这种原则，许多软件设计架构都倡导“面向接口”编程，而不是面向实现类编程，以便通过面向接口编程来降低程序之间的耦合。

简单工厂模式是面向接口编程的范例，下面予以介绍。

2. 简单工厂模式

问题提出：一个工厂 Factory 能够生产一种产品 ProductA，有一天客户要求生产 ProductB，如果之前 Factory 直接使用 ProductA 进行生产，则系统需要使用 ProductB 代替 ProductA 进行重构；如果系统只有一处使用了 ProductA 还比较好修改，但如果系统有多处使用了 ProductA，意味着每个都需要修改，这给系统后期的维护和扩展带来巨大的工作量。

解决办法：使用简单工厂模式，如图 6－8 所示。

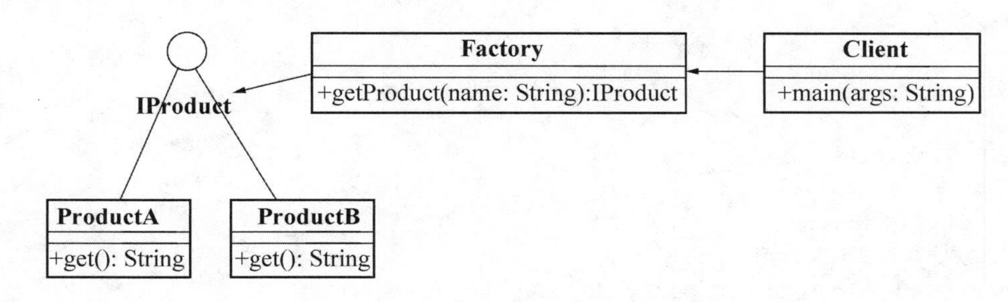

图 6－8　简单工厂模式示图

例 6－5　简单工厂模式示例。

解题思路：为了保证程序的清晰性，本例所有的文件均建立在 simplefactory 包中。IProduct 是产品的抽象接口，它有一个 String get( ) 方法获得产品信息；ProductA、ProductB 两个类实现了 IProduct 接口，分别生产产品 A、产品 B；工厂类 Factory 的静态方法 getProduct(String name)，它根据参数的不同分别调用 ProductA 或 ProductB 的构造方法得到不同产品；主类 Client 的功能是进行测试，使用不同参数去调用 Factory 类静态方法来获取产品，然后输出相关信息进行验证。程序代码如下：

```
// IProduct.java
package simplefactory;
public interface IProduct {//产品的抽象接口
    // 获取产品信息
    String get();
}


//ProductA.java
package simplefactory;
//ProductA 实现 IProduct 接口
public class ProductA implements IProduct {
```

```
    // 实现接口中的抽象方法
    public String get() {
        return "ProductA 生产完毕!";
    }
}

//ProductB.java
package simplefactory;
//ProductB 实现 IProduct 接口
public class ProductB implements IProduct {
    // 实现接口中的抽象方法
    public String get() {
        return "ProductB 生产完毕!";
    }
}

//Factory.java
package simplefactory;
//工厂类
public class Factory {
    // 根据客户要求生产产品
    public static IProduct getProduct(String name) {
        IProduct p=null;
        if (name.equals("ProductA")) {
            p=new ProductA();
        } else if (name.equals("ProductB")) {
            p=new ProductB();
        }
        return p;
    }
}

//Client.java
package simplefactory;
//客户测试类
public class Client {
    public static void main(String[] args) {
        // 客户要求生产 ProductA
        IProduct p=Factory.getProduct("ProductA");
        System.out.println(p.get());
        // 客户要求生产 ProductB
        p=Factory.getProduct("ProductB");
        System.out.println(p.get());
    }
}
```

程序运行结果：

```
ProductA 生产完毕!
ProductB 生产完毕!
```

6.3 实验内容

1.（基础题）分析程序，写出程序运行结果；然后编译、运行程序，检验自己的分析结果是否正确：

```
package mypackage;
//抽象类多态的应用示例
abstract class Shape {                              //抽象类
    public abstract String getArea();               //抽象方法
    public abstract String getPerimeter();          //抽象方法
}

class Circle extends Shape {//Circle 类继承了 Shape 抽象类
    private double radius;
    public Circle(double r){
        radius=r;
    }
    //实现抽象方法 getArea()
    public String getArea(){
        return "Circle 的面积:"+Math.PI*radius*radius;
    }
    //实现抽象方法 getPerimeter()
    public String getPerimeter(){
        return "Circle 的周长:"+2*Math.PI*radius;
    }
}

class Rect extends Shape {  //子类 Rect 类继承了 Shape 抽象类
    private double length;
    private double width;
    public Rect(double l, double w){
        length=l;
        width=w;
    }
    public String getArea(){
```

```
        return "Rectangle的面积:"+length* width;
    }
    public String getPerimeter(){
        return "Rectangle的周长:"+2* (length + width);
    }
}

public class Calculate {
    public static void main(String args[]){
        Circle c=new Circle(10);
        Rect r=new Rect(3,4);
        calc(c);
        calc(r);
    }
    static void calc(Shape s){//用抽象类的引用作方法参数
        System.out.print(s.getPerimeter()+",");
        System.out.print(s.getArea());
        System.out.println();
    }
}
```

2.（基础题）分析、运行程序，并回答相关问题。

```
package mypackage;
interface Runner {                              //接口
    public void run();
}

interface Swimmer {                             //接口
    public void swim();
}

abstract class Animal   //抽象类
    public abstract void eat();
}

//继承Animal抽象类,实现Runner和Swimmer接口
class Person extends Animal implements Runner,Swimmer {
    public void run() {
        System.out.println("我是飞毛腿,跑步速度快极了!");
    }
```

```
    public void swim(){
        System.out.println("我游泳技术很好,会蛙泳、自由泳、仰泳、蝶泳...");
    }
    public void eat(){
        System.out.println("我牙好胃好,吃啥都香!");
    }
}

public class InterfaceTest{
    public static void main(String args[]){
        Person p=new Person();
        p.run();
        p.swim();
        p.eat();
        System.out.println("\n以下是使用接口变量、抽象类引用调用方法的结果:\n");
        Runner r =p;
        r.run();
        Swimmer s=p;
        s.swim();
        Animal a =p;
        a.eat();
    }
}
```

问题：

(1)声明接口的关键字是什么?

(2)接口中的方法有无方法体?如果省略不写，接口的方法、变量分别默认包含哪些关键字?

(3)接口能否实例化一个对象，可否定义一个接口变量?

(4)类是如何实现接口的，怎样利用接口实现多重继承?

(5)怎样使用接口引用?

3.(基础题)分析、运行下列程序，并回答相关问题：

```
interface X{
    void m1();
    void m2();
}

interface Y{
    void m3();
}
```

```
interface Z extends X,Y{
    void m4();
}

class XYZ implements Z{
    public void m1(){
        System.out.println("实现m1()方法");
    }
    public void m2(){
        System.out.println("实现m2()方法");
    }
    public void m3(){
        System.out.println("实现m3()方法");
    }
    public void m4(){
        System.out.println("实现m4()方法");
    }
    public static void main(String args[]){
        XYZ xyz=new XYZ();
        xyz.m1();
        xyz.m2();
        xyz.m3();
        xyz.m4();
    }
}
```

问题：

(1)上述程序中定义了几个接口，各接口之间存在什么关系？

(2)接口可以实现多重继承吗，类可以实现多重继承吗？

4.(提高题)以下是SimpleFactory项目代码，分析、运行程序，并回答相关问题：

```
package simplefactory;
interface Human {
    public void say();
}

class Man implements Human {
    public void say() {
        System.out.println("男人");
    }
}
```

```java
class Woman implements Human {
    public void say() {
        System.out.println("女人");
    }
}

class SimpleFactory {
    public static Human makeHuman(String type) {
        if (type.equals("man")) {
            Human man = new Man();
            return man;
        } else if (type.equals("woman")) {
            Human woman = new Woman();
            return woman;
        } else {
            System.out.println("生产不出来");
            return null;
        }
    }
}

public class Client {
    public static void main(String[] args) {
        Human h = SimpleFactory.makeHuman("man");
        h.say();

        h = SimpleFactory.makeHuman("woman");
        h.say();

        h = SimpleFactory.makeHuman("abc");
    }
}
```

问题：

(1)简单工厂模式的角色有哪几类？

(2)简单工厂模式有什么优缺点？

6.4 实验小结

本实验主要涉及抽象类、接口、面向接口编程等内容。

用关键字 abstract 修饰的方法和类，称为抽象方法、抽象类；抽象方法无方法体，表示暂不实现，具体实现交由后续的子类去完成；抽象类通常是指至少包含一个抽象方法的类，抽象类不能进行实例化，但可以定义其引用，用于指向抽象类的子类对象；注意，在 UML 图中，抽象类与抽象方法要用斜体字表示。

接口是一种与“类”很相似的结构，它只包含抽象方法和常量值定义，接口声明的关键字是 interface；接口关心的是“做什么”，不关心“怎样做”，是声明一种规范，而不是实现；接口所定义方法的实现交由实现该接口的类来完成，实现接口定义的方法时通常需要显式使用 public 修饰符；一个类可以实现多个接口，从而达到多重继承的目的；多个无关的类也可以实现同一个接口；通过定义接口变量、接口回调、接口变量作参数等方式，可实现接口的多方面应用；标记接口是指不带任何常量定义和方法声明的空接口，常用的有 Serializable 和 Cloneable，实现标记接口的类不需要实现接口的任何方法，主要是标识所具备的某一类功能。简单工厂模式是面向接口编程的范例，要掌握其实现机理和作用。

实验7　异常处理、log4j及反射

7.1　实验目的

(1)理解异常的概念，熟悉异常的分类、Exception类、Java的异常处理机制及声明抛出异常、自定义异常的方法；

(2)熟悉log4j的基本用法；

(3)理解反射的概念，熟悉反射中常用类的基本用法。

7.2　知识要点与应用举例

7.2.1　异常处理

1. 什么是异常

异常(exception)是程序执行过程中遇到特殊条件时发生的不正常事件，它会中断程序指令的正常流程。

例7-1　引发异常事件的例子。

解题思路：定义了一个包含三个元素的数组array，数组元素下标为0、1、2。现用循环去访问数组元素，下标取值为0、1、2、3。程序代码如下：

```
public class A {
    public static void main(String[] args) {
        int array[] = { 10, 20, 30 };
        int i;
        for (i = 0; i < = 3; i ++)
            System.out.println(array[i]);
        System.out.println("程序运行完毕!");
    }
}
```

程序运行结果：

```
10
20
30
```

```
Exception in thread "main" java.lang.ArrayIndexOutOfBoundsException: 3
  at A.main(A.java:6)
```

说明：因数组下标越界导致异常事件，程序中途退出。

从上一例子可知，异常事件会导致程序中止执行。

提高程序的健壮性是程序设计的一大目标，Java 是高级编程语言，它内置了异常处理功能，可以帮助我们增加程序的健壮性，遇到一般问题时也能及时处置，避免出现程序中止运行的结果。

Java 的一个重要观点：一切皆对象。对异常的处理也不例外，定义了异常类，并通过异常类的实例来表示异常事件。

Java 的异常类位于 java.lang 包，以下是一些常见异常对应的类：

ArithmeticException：除数为 0 时的算术异常；

NullPointerException：没有给对象分配内存空间，而又去访问对象的空指针异常；

FileNotFoundException：找不到文件的异常；

ArrayIndexOutOfBoundsException：数组元素下标越界异常；

NegativeArraySizeException：数组长度为负数异常；

NumberFormatException：数据格式不正确异常；

ClassNotFoundException：找不到相应类的异常。

问题：异常类命名有什么规律？

2. 异常分类

所有的异常类都是 Throwable 的子类。Throwable 把异常分成两个不同分支的子类，一个是 Error 类（指内部系统错误，很少出现，一旦出现错误只能终止程序）；另一个是 Exception 类（指编程错误或偶然的外在因素导致的一般性问题，通常可以捕获、处理），如图 7－1 所示。

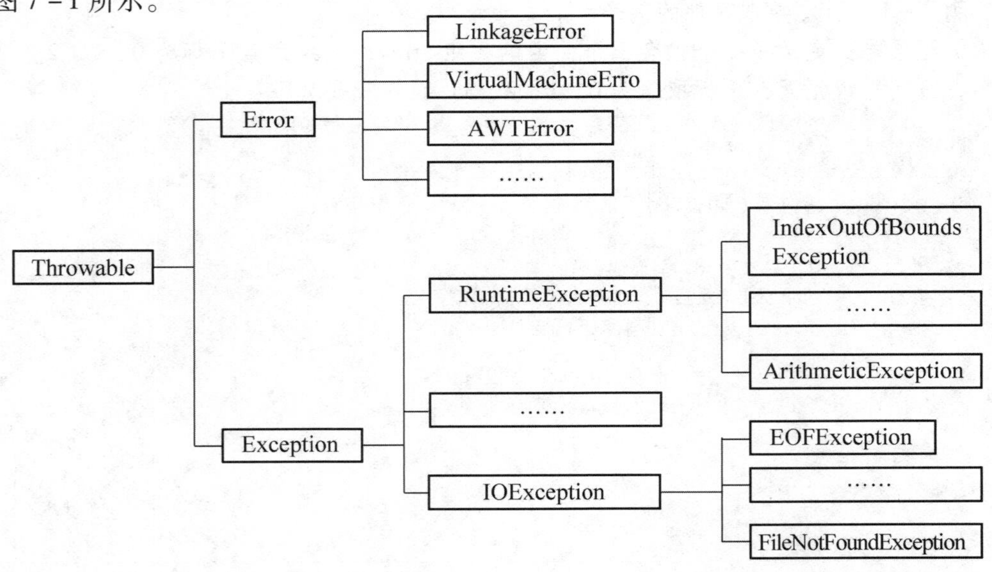

图 7－1　Java 的异常分类

如果从异常是否必须处理这一标准来划分，Java 的异常又可分为两类：

(1)受检(checked)异常。指编译器要求必须处置的异常，即程序在运行时由于外界因素造成的一般性异常。例如，在进行 IO 操作时，就必须捕获 java. io. IOException 异常；在操作数据库时，则需要捕获 java. sql. SQLException 异常。

(2)非受检(unchecked)异常。指编译器不要求强制处置的异常，一般指因设计或实现方式不当导致的问题。例如：

错误的类型转换异常　java. lang. ClassCastException；

组下标越界异常　java. lang. ArrayIndexOutOfBoundsException；

空指针访问异常　java. lang. NullPointerException；

除零溢出异常　java. lang. ArithmeticException。

3. Exception 类

Exception 类是 Throwable 的子类，是异常类的基类，要掌握其基本用法。

1)常用构造方法

Exception( )：构造新异常，内容为空；

Exception(String message)：构造带指定详细消息的新异常。

2)常用方法

public String toString( )：返回当前异常对象信息的描述；

public String getMessage( )：返回当前异常对象信息的详细描述；

public void printStackTrace( )：用来跟踪异常事件发生时执行堆栈的内容。

4. Java 的异常处理机制

Java 提供的异常处理机制有两种：

(1)使用 try…catch 捕获异常。将可能产生异常的代码放在 try 块中进行隔离，如果遇到异常，程序会停止执行 try 块的代码，跳到 catch 块中进行处理。

(2)使用 throws 声明抛出异常。

Java 异常处理机制的优点：

(1)将异常处理代码和正常的业务代码分离，提高了程序的可读性，简化了程序的结构，保证了程序的健壮性。

(2)将不同类型的异常进行分类，不同情况的异常对应不同的异常类，充分发挥类的可扩展性和可重用性的优势。

(3)可以对程序产生的异常进行灵活处理，若当前方法有能力处理异常，则使用 try…catch 捕获并处理；否则使用 throws 声明要抛出的异常，由该方法的上一级调用者来处理异常。

例 7-1 的改进版本

解决方法：采用 try…catch 语句来捕获异常，将可能引发异常的语句放在 try 块中，捕获数组下标越界异常 ArrayIndexOutOfBoundsException，在 catch 块中输出异常的相关信息。程序代码如下：

```
public class A {
    public static void main(String[] args) {
```

```
        int array[] = { 10, 20, 30 };
        int i;
        try {
            for (i = 0; i < = 3; i ++)
                System.out.println(array[i]);
        } catch (ArrayIndexOutOfBoundsException e) {
            System.out.println("异常简要说明: " + e.toString());
            System.out.println("异常详细说明: " + e.getMessage());
            System.out.println("发生异常位置: ");
            e.printStackTrace();
        }
        System.out.println("程序运行完毕!");
    }
}
```

程序运行结果：

```
10
20
30
异常简要说明: java.lang.ArrayIndexOutOfBoundsException: 3
异常详细说明: 3
发生异常位置:
程序运行完毕!
```

说明：尽管发生了异常，但对异常进行了捕获、处理，程序执行完毕，并没有中止执行。

5. try…catch…finally 语句

1)格式

```
try{
    ...  //可能产生异常的代码
}catch( 异常类 1   e1 ){
    ...  //当产生异常类 1 型异常时的处理语句
}catch(异常类 2 e2 ){
    ...  //当产生异常类 2 型异常时的处理语句
}[finally{
    ... //无论是否抛出异常都会执行的语句，即使在 catch 块中有 return 语句，一般用来做收尾工作，如关闭文件
}]
```

注：语句中的{ }内容被称为块或子句；一条语句中的 try 块只有一个，但 catch 块可以有多个，而 finally 块可有可无，视具体情况而定。

2)执行流程

try…catch…finally 语句执行流程如图 7 -2 所示。

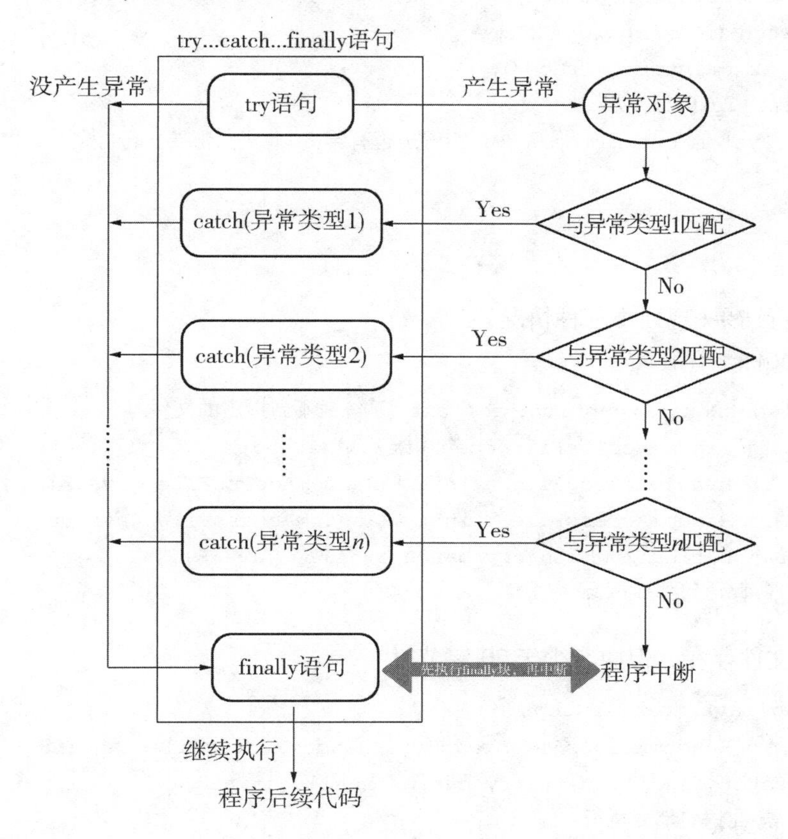

图 7 -2 try…catch…finally 语句执行流程

例 7 -2 try…catch…finally 应用示例。

解题思路：采用 try…catch…finally 语句来捕获异常，在 try 块中要读取指定文件的前 20 个字符内容并输出，在两个 catch 块中分别捕获“文件找不到”和“IO 操作”异常，输出异常事件发生时执行堆栈的内容信息，在 finally 块中输出提示信息。程序代码如下：

```
import java.io.*;
public class TryCatchFinallyTest {
    public static void main(String[] args) {
        RandomAccessFile file; // 随机存取文件对象
        try {
            file = new RandomAccessFile("f:\\abc.txt", "r");
            for (int i = 0; i < 20; i ++)
                System.out.print((char) file.readByte());// 读取 1 个字节并输出
            file.close();
```

```
        } catch (FileNotFoundException e1) {
            e1.printStackTrace();
        } catch (IOException e2) {
            e2.printStackTrace();
        } finally {
            System.out.println("\n 不管是否有异常,此语句都要执行");
        }
    }
}
```

程序运行结果(现列举三种情况):

①指定文件不存在时

```
java.io.FileNotFoundException: abc.txt (系统找不到指定的文件.)
    at java.io.RandomAccessFile.open(Native Method)
    at java.io.RandomAccessFile.<init>(RandomAccessFile.java:212)
    at java.io.RandomAccessFile.<init>(RandomAccessFile.java:98)
    at try_catch_finally.main(try_catch_finally.java:6)
不管是否有异常,此语句都要执行
```

②指定文件存在，但内容少于20字节时

```
Good morning!java.io.EOFException
    at java.io.RandomAccessFile.readByte(RandomAccessFile.java:591)
    at try_catch_finally.main(try_catch_finally.java:8)
不管是否有异常,此语句都要执行
```

③指定文件存在，内容不少于20字节时

```
abcdefghijk123456789(文件前20个字符)
不管是否有异常,此语句都要执行
```

说明：无论是否发生异常或发生哪一种异常，finally块语句都要被执行。

注意：当有多个catch块时，首先捕获最具体的异常，然后捕获较一般性异常，直到捕获所有异常。以下写法是**错误的**(捕获的异常范围从大到小)：

```
try {
    …
}catch (Exception e) {
    …
}catch (ArrayIndexOutOfBoundsException e) {
    …
}
```

正确的形式如下(捕获的异常顺序从小到大):

```
try {
    …
catch (ArrayIndexOutOfBoundsException e) {
    …
}catch (Exception e) {
    …
}
```

6. 高版本 JDK 中 try…catch 语句新增功能

从 Java 7 开始,对 try 语句的功能进行增强,主要有:

1)自动关闭资源的 try 语句

允许在 try 关键字后紧跟一对小括号,在小括号中可以声明、初始化一个或多个资源,当 try 语句执行结束时会自动关闭这些资源。

格式:

try (//声明、初始化资源代码){

　　　//业务实现代码(可能发生异常)

}

这相当于包含了隐式的 finally 块,用于关闭前面所访问的资源。因此,自动关闭资源的 try 语句后面,可以没有 catch 块,也可以没有 finally 块。

例 7-3 自动关闭资源的 try 语句示例。

解题思路:在 try 后面加上需要打开的文件,用 catch 块来捕获异常;当 try 语句执行结束时会自动关闭打开的资源。程序代码如下:

```
import java.io.FileInputStream;
import java.io.IOException;
public class AutoCloseTryDemo {
    public static void main(String[] args) {
        // 自动关闭资源的 try 语句,JDK 7.0 以上才支持
        try (FileInputStream fis = new FileInputStream("zkl.txt")) {
            // 对文件的操作...
        } catch (IOException ioe) {
            System.out.println("捕获异常:" + ioe.getMessage());
        }
        // 包含了隐式的 finally 块,fis.close()关闭资源
        System.out.println("继续执行程序!");
    }
}
```

程序运行结果:

```
捕获异常:zkl.txt (系统找不到指定的文件.)
继续执行程序!
```

2)多异常捕获

多异常捕获即在一个 catch 块中可以捕获多种类型的异常，以减少 catch 块的数目。

格式：

try {

//业务实现代码(可能发生异常)

} **catch (异常类1 [| 异常类2 ... | 异常类n] 异常对象)** {

//多异常捕获处理代码

}

说明：①捕获多种类型的异常时，多种异常类型之间使用竖杠“|”进行间隔；②多异常捕获时，异常变量默认是常量，因此，程序不能对该异常变量重新赋值。

7. 抛出异常

可以使用 throw 或 throws 关键字。

1) throw 关键字

使用 throw 声明抛出一个异常类对象，由相应 catch 块来捕获。

格式：**throw 异常类对象**

例7-4 throw 用法示例。

解题思路：通过键盘来输入年龄值，当年龄小于0或大于80时抛出异常，可被 catch 块捕获，输出相关信息。程序代码如下：

```
import java.util.Scanner;
public class ThrowDemo {
    public static void main(String[] args) {
        Scanner scanner = new Scanner(System.in);
        try {
            System.out.println("请输入年龄:");
            // 从键盘获取一个整数
            int age = scanner.nextInt();
            if (age < 0 || age > 80) {
            // 抛出一个异常对象
            throw new Exception("请输入一个合法的年龄,年龄必须在0～80之间");
            }
        } catch (Exception ex) {
            ex.printStackTrace();
        }
        System.out.println("程序结束!");
    }
}
```

程序运行结果：

```
请输入年龄:
100
java.lang.Exception: 请输入一个合法的年龄,年龄必须在 0 ～ 80 之间
程序结束!
    at ThrowDemo.main(ThrowDemo.java:12)
```

说明：当年龄不在指定范围内时，抛出一个自定义 Exception 对象，被 catch 块捕获并处理。

2）throws 关键字

使用 throws 声明抛出一个异常类序列，由上一级调用者进行处理。

格式：

[访问符] <返回类型> 方法名([参数列表]) throws 异常类 1 [，异常类 2...，异常类 n]{

//方法体

}

例 7-5 throws 用法示例。

解题思路：定义了一个方法 myThrowsFunction()用 throws 来声明抛出异常，异常类型依次为 NumberFormatException、ArithmeticException 和 Exception。该方法本身不处理异常，交由它的调用者 main()来处理。程序代码如下：

```
import java.util.Scanner;
public class ThrowsDemo {
    // 定义一个方法,该方法使用 throws 声明抛出异常
    public static void myThrowsFunction () throws NumberFormatException,
ArithmeticException, Exception {
        Scanner scanner = new Scanner(System.in);
        System.out.println("请输入第 1 个数:");
        // 从键盘获取一个字符串
        String str = scanner.next();
        // 将不是整数数字的字符串转换成整数,会引发 NumberFormatException
        int n1 = Integer.parseInt(str);
        System.out.println("请输入第 2 个数:");
        // 从键盘获取一个整数
        int n2 = scanner.nextInt();
        System.out.println("您输入的两个数相除的结果是:" + n1 / n2);
    }

    public static void main(String[] args) {
        try {
```

```
            // 调用带抛出异常序列的方法
            myThrowsFunction();
        } catch (NumberFormatException e) {
            e.printStackTrace();
        } catch (ArithmeticException e) {
            e.printStackTrace();
        } catch (Exception e) {
            e.printStackTrace();
        }
    }
}
```

程序运行结果(现列举两种情况):

①输入第1个数时,包含了非数字字符

```
请输入第1个数:
12.34xyz
java.lang.NumberFormatException: For input string: "12.34"
    at java.lang.NumberFormatException.forInputString(NumberFormatException.java:65)
    at java.lang.Integer.parseInt(Integer.java:580)
    at java.lang.Integer.parseInt(Integer.java:615)
    at ThrowsDemo.myThrowsFunction(ThrowsDemo.java:11)
    at ThrowsDemo.main(ThrowsDemo.java:21)
```

②输入第2个数为0值时

```
请输入第1个数:
1234
请输入第2个数:
0
java.lang.ArithmeticException: / by zero
    at ThrowsDemo.myThrowsFunction(ThrowsDemo.java:15)
    at ThrowsDemo.main(ThrowsDemo.java:21)
```

注意:throws与throw有明显区别:throws是在方法声明时,指出可能抛出的异常;而方法中的throw则是抛出一个异常类对象,构成一条语句。

8. 自定义异常

除了使用Java类库提供的标准异常外,还可以通过继承Exception类等定义自己的异常类。

例7-6 自定义异常示例。

解题思路:本程序由三个类组成:①MotorException是自定义类,它继承了Exception类;②Car类定义了最大速度MAX_V = 200,当速度超过该值时,用throw语句抛出 MotorException 类对象；③主类 Pilot 定义了一个 Car 对象，使用循环不断加速，最终会超过 MAX_V 而抛出异常，由 catch 块捕获，输出相关信息。程序代码如下：

```
class MotorException extends Exception {// 自定义异常
    public MotorException() {
        super();
    }
    public MotorException(String s) {
        super(s);
    }
}

class Car {
    private float speed = 0;
    private float MAX_V = 200;
    public void accelerate(float inc) throws MotorException {
        if (speed + inc > MAX_V) {
            throw new MotorException("the engine is broken");// 抛出异常
        } else {
            speed += inc;
        }
    }
}

public class Pilot {
    public static Car car;
    public static void main(String args[]) {
        car = new Car();
        try {
            for (;;)
                car.accelerate(0.4f);
        } catch (MotorException me) {
            System.out.println("Mechanical problem: " + me);
        }
    }
}
```

程序运行结果：

```
Mechanical problem: MotorException: the engine is broken
```

7.2.2 开源日志记录工具log4j

1. 什么是log4j

日志(log)主要用来记录系统运行中一些重要操作信息，以便于监视系统运行情况，帮助用户提前发现和避开可能出现的问题。

log4j(log for java的简称)是一个非常优秀的日志记录工具，它是Apache的一个开源项目，主要功能有：①控制日志的输出级别；②控制日志信息输送的目的地是控制台、文件等；③控制每一条日志的输出格式。

从http：//logging. apache. org/log4j/2. x可下载log4j 2. x版本. jar文件。

2. log4j的属性配置文件

要使用log4j，需要熟悉它的属性配置文件，通过该文件可灵活配置属性，不需要修改应用的代码。属性配置文件的命名为log4j. properties，其内容如下所示：

```
log4j. rootLogger =DEBUG, A1, F1
#DEBUG, INFO, WARN, ERROR, FATAL
log4j. appender. A1 =org. apache. log4j. ConsoleAppender
log4j. appender. A1. layout =org. apache. log4j. PatternLayout
log4j. appender. A1. layout. ConversionPattern =% -d{MM -dd HH: mm: ss}
[%c]-[%p] %m%n
log4j. appender. F1 =org. apache. log4j. DailyRollingFileAppender
log4j. appender. F1. File =c: /logs/sep
log4j. appender. F1. DatePattern ='-'yyyy -MM -dd'. log'
log4j. appender. F1. layout =org. apache. log4j. PatternLayout
log4j. appender. F1. layout. ConversionPattern =% -d{MM -dd HH: mm: ss}
[%c]-[%p] %m%n
```

要读懂该文件的含义，需要熟悉配置文件的三大组件：日志记录器(Loggers)、输出端(Appenders)和日志格式化器(Layout)。

1)Logger：日志记录器

格式：**log4j. rootLogger =[level], appenderName, appenderName, …**

说明：level是日志记录的优先级。日志级别分为五级，即FATAL、ERROR、WARN、INFO、DEBUG，从高到低排列。如果设置了某一级别，则级别高于等于的事件都会被记录，低于的事件则不记录。例如，

log4j. rootLogger = DEBUG，A1，A2

优先级为：DEBUG，高于等于此级别的事件都要记录；记录器有两个：A1、A2。

2）Appender：日志输出目的地

格式：**log4j. appender. appenderName =属性值**

常用的属性值：

org. apache. log4j. ConsoleAppender：将日志信息输出到控制台；

org. apache. log4j. FileAppender：将日志信息输出到一个文件；

org. apache. log4j. DailyRollingFileAppender：将日志信息输出到一个日志文件，并且每天输出到一个新的日志文件；

org. apache. log4j. RollingFileAppender：将日志信息输出到一个日志文件，并且指定文件的大小，当文件大小达到指定要求时，会自动把文件改名，同时产生一个新的文件；

org. apache. log4j. WriteAppender：将日志信息以流格式发送到任意指定地方；

org. apache. log4j. jdbc. JDBCAppender：通过 JDBC 把日志信息输出到数据库中。

还可以为 Appender 设置一些可选项，如 File、DatePattern、MaxFileSize 等。

3）Layout：日志格式化器

格式：**log4j. appender. appenderName. layout =属性值**

常用的属性值：

org. apache. log4j. HTMLLayout：以 HTML 表格形式布局；

org. apache. log4j. PatternLayout：可以灵活地指定布局模式；

org. apache. log4j. SimpleLayout：包含日志信息的级别和信息字符串；

org. apache. log4j. TTCCLayout：包含日志产生的时间、线程、类别等信息。

可选项：log4j. appender. appenderName. layout. option = value

下面说明 ConversionPattern 对应的格式符及其含义(格式符用“%”引导)：

%p：输出日志信息优先级，即 DEBUG、INFO、WARN、ERROR、FATAL；

%d：输出日志时间点的日期或时间，默认格式为 ISO8601，也可以在其后指定格式，例如，%d{yyy MMM dd HH:mm:ss,SSS}，输出类似 2018 年 10 月 18 日 22：10：28，921；

%c：输出日志信息所属的类目，通常就是所在类的全名；

%t：输出产生该日志事件的线程名；

%l：输出日志事件的发生位置，相当于%C.%M(%F:%L)的组合，包括类目名、发生的线程，以及在代码中的行数，例如，Testlog4. main(TestLog4. java：10)；

%%：输出一个“%”字符；

%F：输出日志消息产生时所在的文件名称；

%L：输出代码中的行号；

%m：输出代码中指定的消息，产生的日志具体信息；

%n：输出一个回车换行符，Windows 平台为"\r\n"，Unix 平台为"\n"输出日志信息换行。

这些格式符不必记忆，需要时查阅即可。

3. 如何使用 log4j 记录日志

基本步骤：

(1)下载 log4j 所使用的 . jar 文件，在项目中加入；

(2)在 src 目录中创建 log4j. properties 文件；

(3)编写 log4j. properties 文件，配置日志信息；

(4)在程序中使用 log4j 记录日志信息。

前三步并不难，下面主要对第(4)步的关键点进行介绍，关键点有：

①获取 Logger 对象

Logger logger =Logger. getLogger(AClass. class)； //参数为被记录类的 class 文件

②调用 Logger 中的方法，具体如下：

public void debug(Object   message)；

public void info(Object   message)；

public void warn(Object   message)；

public void error(Object   message)；

说明：参数 message 为输出信息。

例 7 -7　Log4j 应用示例。

解题思路：按基本步骤的要求进行操作，先下载 log4j 所使用的 . jar 文件，在项目中导入；然后建立属性配置文件，优先级为 debug，输出目的地有 stdout、log、errorlog 三处，分别设置了相关选项和格式符；在主类中编写实现代码，程序主要功能是输入两个整数进行除法运算，并进行日志记录，设置了不同情况下 logger 的调用方法。配置文件和源文件内容如下：

log4j. properties 内容如下：

```
log4j. rootLogger =debug, stdout, log, errorlog
log4j. Logger =search,Test

###Console ###
log4j. appender. stdout =org. apache. log4j. ConsoleAppender
log4j. appender. stdout. Target =System. out
log4j. appender. stdout. layout =org. apache. log4j. PatternLayout
log4j. appender. stdout. layout. ConversionPattern =% d{ABSOLUTE} [% t] [% p]:% L - % m% n

### Log ###
log4j. appender. log =org. apache. log4j. DailyRollingFileAppender
log4j. appender. log. File =log/log. log
log4j. appender. log. Append =true
log4j. appender. log. Threshold =INFO
log4j. appender. log. DatePattern ='. 'yyyy -MM -dd
log4j. appender. log. layout =org. apache. log4j. PatternLayout
log4j. appender. log. layout. ConversionPattern =%-d{yyyy -MM -dd HH:mm:ss} [ % t ] % m% n

### Error ###
log4j. appender. errorlog =org. apache. log4j. DailyRollingFileAppender
```

```
log4j.appender.errorlog.File=log/errorlog.log
log4j.appender.errorlog.Append=true
log4j.appender.errorlog.Threshold=ERROR
log4j.appender.errorlog.DatePattern='.'yyyy-MM-dd
log4j.appender.errorlog.layout=org.apache.log4j.PatternLayout
log4j.appender.errorlog.layout.ConversionPattern=%-d{yyyy-MM-dd HH:mm:ss}[%t]
%m%n
```

Log4JDemo.java 代码如下：

```
import org.apache.log4j.Logger;
import java.util.*;

public class Log4JDemo {
    public static void main(String[] args) {
        Logger logger=Logger.getLogger(Log4JDemo.class);
        try {
            Scanner in=new Scanner(System.in);
            System.out.print("请输入被除数:");
            int num1=in.nextInt();
            logger.debug("输入被除数:" + num1);
            System.out.print("请输入除数:");
            int num2=in.nextInt();
            logger.debug("输入除数:" + num2);
            System.out.println(String.format("%d /%d=%d",num1,num2,num1/num2));
            logger.debug("输出运算结果:" + String.format("%d/%d=%d",num1,
num2,num1/num2));
        } catch (InputMismatchException e) {
            logger.error("被除数和除数必须是整数", e);
        } catch (ArithmeticException e) {
            logger.error(e.getMessage());
        } catch (Exception e) {
            logger.error(e.getMessage());
        } finally {
            System.out.println("欢迎使用本程序!");
        }
        logger.info("test log4j...");
        Integer.parseInt("123");
    }
}
```

程序运行结果(现列举两种情况):

1)正常运行时

控制台输出信息:

```
请输入被除数:20
17:27:04,086 [ main ] [ DEBUG ]:12 - 输入被除数:20
请输入除数:4
17:27:08,512 [ main ] [ DEBUG ]:15 - 输入除数:4
20 / 4 =5
17:27:08,519 [ main ] [ DEBUG ]:17 - 输出运算结果:20 / 4 =5
欢迎使用本程序!
17:27:08,520 [ main ] [ INFO ]:28 - test log4j20...
```

log/log. log 新增内容:

```
2018 -08 -17 17:27:08 [ main ] test log4j20...
```

2)输入的第2个数(即除数)为0时,引发异常

控制台输出信息:

```
请输入被除数:20
17:30:04,699 [ main ] [ DEBUG ]:12 - 输入被除数:20
请输入除数:0
17:30:09,171 [ main ] [ DEBUG ]:15 - 输入除数:0
17:30:09,172 [ main ] [ ERROR ]:21 - / by zero
欢迎使用本程序!
17:30:09,175 [ main ] [ INFO ]:28 - test log4j20...
```

log/log. log 新增内容:

```
2018 -08 -17 17:30:09 [ main ] / by zero
2018 -08 -17 17:30:09 [ main ] test log4j20...
```

7.2.3 反射

1. 什么是反射

反射(reflection)就是将Java类中的各种成分(如成员变量、方法、构造方法、包等信息)映射成一个个Java对象,通过这些对象可实现动态获取类的信息以及动态调用对象的方法等功能。

Java反射的主要功能:

①在运行时判断任意一个对象所属的类;

②获取类的信息,如类的方法、构造方法、基类、修饰符、成员变量、常量;

③在运行时构造任意一个类的对象;

④在运行时判断任意一个类所具有的成员变量和方法；

⑤在运行时调用任意一个对象的方法；

⑥生成动态代理。

2. 反射类概述

反射 API 的基本原理：Java 类和运行时对象知道关于它们自己的信息，通常用于开发复杂的应用程序，如 JavaBean、可视化开发环境、分布式调试器等。

Java 反射的类主要位于 java. lang. reflect 包中，相关包、类的结构如图 7－3 所示。

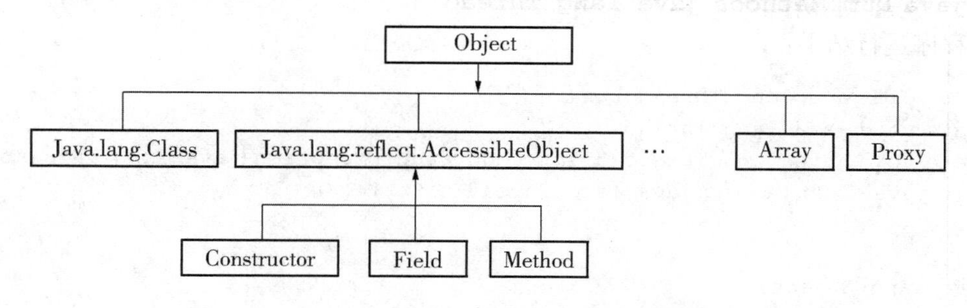

图 7－3　Java 反射相关类、包的结构图

主要类及功能列举如下：

Object 类：反射类和 Java 类的基类，该类定义的 getClass( )方法在运行时获取 Class 类的对象，这个对象提供必需的反射信息；

Class 类：代表一个运行时的类；

Field 类：类的成员变量；

Method 类：类的方法；

Constructor 类：类的构造方法；

Array 类：提供动态创建数组及访问数组元素的静态方法。

例 7－8　反射应用举例。

解题思路：通过命令行参数输入某一包下的类名，以此来构建 Class 对象，再通过循环来得到指定类的所有方法，并输出一个一维数组、一个三维数组对应 Class 的名字。程序代码如下：

```
import java.lang.reflect.* ;

public class DumpMethods {
    public static void main(String[] args) throws Exception {
        // 加载并初始化命令行参数指定的类
        Class classType = Class.forName(args[0]);
        // 获取类的所有方法
        Method method[] = classType.getDeclaredMethods();
        for (int i = 0; i < method.length; i ++) {
            System.out.println(method[i].toString());
        }
```

```
        System.out.println("\n");
        System.out.println((new Object[3]).getClass().getName());
        System.out.println((new int[3][4][5]).getClass().getName());
    }
}
```

在命令行下执行：

java DumpMethods java.lang.Thread

程序运行结果：

```
public void java.lang.Thread.run()
private void java.lang.Thread.exit()
private void java.lang.Thread.dispatchUncaughtException(java.lang.Throwable)
public java.lang.String java.lang.Thread.toString()
……

[Ljava.lang.Object;
[[[I
```

注："……"表示省略部分内容；最后两行表示数组对应 Class 的名字。

3. Class 类

因 Class 类在反射中有重要地位，现予以专门介绍。

作用：此类的对象表示当前正在 JVM 中执行的类和接口。

1) Class 类对象

Class 类是 Object 类的子类，实现了 Serializable 接口。它没有构造方法，现介绍几种获得 Class 对象的方法。假定已创建 Student 类的一个对象 stud，则：

①创建 Class 类对象：**Class c = stud.getClass();**

②获取 Student 的基类：**Class superClass = c.getSuperclass();**

③如果编译时知道类名，获取 Class 对象：**Class c = Student.class;**

④假若编程时不知道具体类名，需要由参数指定，获取 Class 对象：

Class c = Class.forName(类名参数);

在数据库操作时，经常使用这一方式加载数据库驱动程序。

⑤Java 的基本类型(8 种)和 void 关键字也可以用 Class 类的形式来表示。

例如，**String.class.getName()**：返回 java.lang.String

byte.class.getName()：返回 byte

⑥数组也可以反射为 Class 对象。

例如，**(new Object[3]).getClass().getName()**：返回[Ljava.lang.Object

(new int[3][4][5]).getClass().getName()：返回 [[[class = Class.forName(strName);

2) Class 类的常用方法

static Class <?> forName(String className)：返回与带有给定字符串名的类或接口

相关联的 Class 对象;

Class <?>[] getClasses():返回一个包含某些 Class 对象的数组，这些对象表示属于此 Class 对象所表示的类的成员的所有公共类和接口;

boolean isInterface():判定指定的 Class 对象是否表示一个接口类型;

Field[] getFields():获得类的 public 类型的属性;

Method[] getMethods():获得类的 public 类型的方法;

Field[] getDeclaredFields():获得类的所有属性;

Method[] getDeclaredMethods():获得类的所有方法;

Method getMethod(String name, Class[] parameterTypes):获得类的特定方法，name 参数指定方法的名字，parameterTypes 参数指定方法的参数类型;

int getModifiers():获取修饰符信息。

例 7-9 Class 类应用示例。

解题思路：先定义一个 MyClass 类，然后在主类中创建 MyClass 的一个对象，再用该对象得到一个 Class 对象，通过它得到所属类名。程序代码如下:

```
class MyClass {
}

public class FindClassNameDemo {
    public static void main(String[] args) {
        // 创建 MyClass 的一个实例
        MyClass myObject = new MyClass();
        // 查找运行时的类对象
        Class c = myObject.getClass();
        // 显示类名称
        System.out.println("Class Name is:" + c.getName());
    }
}
```

程序运行结果:

```
Class Name is:MyClass
```

7.3 实验内容

1.(基础题)图 7-4 是一程序运行的结果，请根据注释填写所缺代码，并回答相关问题:

结果:

```
void putData(intint);
void getData(intfloatjava.lang.String);
void wait();
void wait(longint);
void wait(long);
int hashCode();
java.lang.Class getClass();
boolean equals(java.lang.Object);
java.lang.String toString();
void notify();
void notifyAll();
```

图 7-4 程序运行结果

程序代码:

```
//打印该类公有方法的返回类型、名称和参数列表
import java.lang.____(1)____;
class MyClass6{
    public void getData(int a, float b, String s){
    }
    public void putData(int a, int b){
    }
}
public class ClassMethodExample {
    public static void main(String[] args) {
        MyClass6 myObj = new MyClass6();
        displayMethods(myObj);
    }
    static void displayMethods(Object obj){
        int count = 0;
        Class c1 = obj.____(2)____;
        Method[] stringMethods = c1.____(3)____;
        while(count < stringMethods.length){
            String methodName = stringMethods[count].____(4)____;
            String returnType = stringMethods[count].____(5)____;
            System.out.print(returnType + " " + methodName + "(");

            Class[] parameterTypes = stringMethods[count].____(6)____;
            for(int i = 0; i < parameterTypes.____(7)____; i ++){
                String parameterName = ____(8)____.getName();
                System.out.print("" + parameterName);
```

```
            }
            System.out.println(");");
            ____(9)____;
        }
    }
}
```

问题：

(1)该程序的功能是什么？

(2)运行结果的前三行各代表什么含义？

2.(基础题)根据catch块处理异常所输出的信息的提示，请在下面程序(1)、(2)、(3)处填入适当的代码：

```
public class Lab7_2 {
    public static void main(String args[]){
        try{
            int x = 68;
            int y = Integer.parseInt(args[0]);
            int z = x/y;
            System.out.println("x/y 的值是" + z);
        }catch(____(1)____){
            System.out.println("缺少命令行参数." + e);
        }catch(____(2)____){
            System.out.println("参数类型不正确." + e);
        }catch(____(3)____){
            System.out.println("算术运算错误." + e);
        }finally{
            System.out.println("程序执行完!");
        }
    }
}
```

提示：

①ArithmeticException：除数为0时的算术异常；

②NullPointerException：没有给对象分配内存空间，而又去访问对象的空指针异常；

③FileNotFoundException：找不到文件的异常；

④ArrayIndexOutOfBoundsException：数组元素下标越界异常；

⑤NumberFormatException：数据格式不正确异常。

请模仿不同异常情况运行程序。

3.(基础题)下面是一个自定义异常类应用程序，请根据程序上下文填充所缺代码，并运行程序。

```
//自定义异常类 MotorException,它继承了 Exception 类
class MotorException extends ____(1)____{
    public MotorException(){super();}
    public MotorException(String s){super(s);}
}

class Car{
    private float speed = 0;
    private float MAX_V =300;
    //说明调用该方法可能抛出 MotorException 异常
    public void accelerate(float inc) ____(2)____ {
        if(speed + inc  > MAX_V){
            //抛出 MotorException 异常实例,提示"发动机将被毁坏!"
            ____(3)____;
        }else{
            speed += inc;
        }
    }
}

public class Lab7_3 {
    public static Car car;
    public static void main(String args[]){
        car = new Car();
        ____(4)____{  //可能引发异常的块
            for(;;)
                car.accelerate(0.5f);
        }____(5)____ (MotorException me){  //捕获、处理异常
            System.out.println("Mechanical problem: " +me);
        }
    }
}
```

4.(基础题)先加载 log4j 的 jar 包，再分析、运行下列程序，体会 log4j 的基本用法，并回答相关问题。

```
public class Test {
    private static Logger logger = Logger.getLogger(Test.class.getName());
    public static void main(String[] args) {
        try {
            Scanner in = new Scanner(System.in);
            System.out.print("请输入被除数:");
            int num1 = in.nextInt();
            logger.debug("输入被除数:" + num1);
            System.out.print("请输入除数:");
            int num2 = in.nextInt();
            logger.debug("输入除数:" + num2);
            System.out.println(String.format("%d / %d = %d",
```

```
                num1, num2, num1/ num2));
        logger.debug("输出运算结果:" + String.format("%d / %d = %d",
                num1, num2, num1 / num2));
    } catch (InputMismatchException e) {
        logger.error("被除数和除数必须是整数", e);
    } catch (ArithmeticException e) {
        logger.error(e.getMessage());
    } catch (Exception e) {
        logger.error(e.getMessage());
    } finally {
        System.out.println("欢迎使用本程序!");
    }
  }
}
```

问题：

(1)log4j 的优先级有哪几个级别?

(2)怎样设置才能将错误信息在屏幕上显示?

(3)怎样设置才能将错误信息在文件中输出?

5.(提高题)模拟银行 ATM 完成以下功能：

①查询余额；②取款；③存款；④退出。

在控制台上模拟上述菜单，系统根据用户所选择的数字实现相应功能。如果输入内容不是 1—4 之间数字则通知重新输入；当用户取款的金额超出账户余额时抛出自定义异常，通知重新输入金额；当用户选择 4 时退出系统。

程序运行效果如下所示：

```
1)显示余额 2)取款 3)存款 4)退出
Press No.: 1
账户余额为: 1000.0
1)显示余额 2)取款 3)存款 4)退出
Press No.: 2
请输入取款金额 100
1)显示余额 2)取款 3)存款 4)退出
Press No.: 1
账户余额为: 900.0
1)显示余额 2)取款 3)存款 4)退出
Press No.: 2
请输入取款金额 1200
余额不足
1)显示余额 2)取款 3)存款 4)退出
Press No.: 4
系统退出!
```

请认真阅读程序代码，并回答相关问题：

```
import java.io.*;
//主程序:
public class MyException {
    public static void main(String[] args) {
        Bank my=new Bank(1000.0);
        // 菜单
        while (true) {
            Bank.menu(my);
        }
    }
}
//定义自定义异常类. 抛出该异常条件:取款金额超出账户余额
class BankException extends Exception {
    void disp() {
        System.out.println("余额不足");
    }
}
class Bank {
    double account;// 余额
    Bank(double dl) {
        account=dl;
    }

    static void menu(Bank obj) {
        System.out.println("1)显示余额  2)取款  3)存款  4)退出");
        System.out.print("Press No.:");
        switch (getChoice()) {
        case 1:
            obj.disp();// 余额显示
            break;
        case 2:
            try {
                obj.deposit();// 取款
            } catch (BankException e) {
                e.disp();
            } catch (IOException e) {
                e.printStackTrace();
            }
            break;
        case 3:
            obj.saving();// 存款
            break;
        case 4:
            System.out.println("系统退出!");
            System.exit(0);
        default:
            System.out.println("重新选择!");
```

```
        }
    }
    static int getChoice () {// 选择功能数字
        int choice =0;
        try {
            BufferedReader br = new BufferedReader(new InputStreamReader(
                    System.in));
            choice = Integer.parseInt(br.readLine());
        } catch (IOException e) {
            e.printStackTrace();
        }
        return choice;
    }
    // 存款
    void saving() {
        double trans_account;
        // 输入存款金额
        System.out.print("请输入存款金额");
        try {
            BufferedReader br = new BufferedReader(new InputStreamReader(
                    System.in));
            trans_account = Double.parseDouble(br.readLine());
            account += trans_account;
        } catch (IOException e) {
            e.printStackTrace();
        }
    }
    // 取款
    void deposit() throws BankException, IOException {
        double trans_account;
        System.out.print("请输入取款金额");
        try {
            BufferedReader  br  =  new  BufferedReader  (new  InputStreamReader
(System.in));
            trans_account = Double.parseDouble(br.readLine());
            // 判断余额
            if (account > trans_account) {
                account -= trans_account;
            } else
                throw new BankException();// 抛出异常
        } catch (IOException e) {
```

```
            e.printStackTrace();
        }
    }
    // 打印余额
    void disp() {
        System.out.println("账户余额为:" + account);
    }
}
```

问题：

(1)自定义异常类 BankException 继承了什么类，能不能换成其它类，为什么？

(2)类 Bank 的 menu()方法的功能是什么，menu()方法里调用了哪些方法？

(3)在取款方法 deposit()里声明了哪些异常，当余额不足时又重新抛出了哪个异常？

7.4 实验小结

本实验主要涉及 Java 异常处理、log4j 及反射的相关知识点。

异常是指程序执行过程中遇到特殊条件时发生的不正常事件，异常会中止程序的正常执行，影响健壮性：Java 语言提供了异常处理机制，它采用面向对象方式来实现，定义了 Exception 等一系列异常类，应熟悉常见异常对应的类，当然也可根据需要自定义异常类；Java 的异常可分为受检和非受检两大类，受检异常是必须处置的异常，如进行 IO 操作时必须处理 IOException 异常；Java 最基本的异常处理方式是使用 try…catch…finally 语句，try 块包含可能发生异常的程序代码，catch 块用来捕获、处理指定异常，一条语句中可以包含多个 catch 块，它们的捕获顺序应遵循“从具体到一般”的原则，finally 块主要用于释放被占用的相关资源，不管是否发生异常，该块中的语句都会被执行；throw 是抛出异常，而 throws 则是在定义方法时声明要抛出的异常，方法本身不处理异常，而交由它的调用者来处理，请注意 throw 与 throws 用法的差异；高版本 JDK 对 try…catch 语句功能进行了扩充，允许自动关闭资源和多异常捕获等。

log4j 是一个非常优秀的开源日志记录工具，可用来记录系统运行中一些重要操作信息。使用 log4j 基本步骤是：首先要下载对应的 .jar 文件，接着编写好属性配置文件，为此应熟悉日志记录器(Loggers)、输出端(Appenders)和日志格式化器(Layout)三大组件的基本用法，了解常用选项、格式符功能(不必死记硬背)，最后是在程序中获取 Logger 对象，并根据需要设置不同的调用方法。

Java 语言的反射是通过运行时对象动态获取类的信息及动态调用对象的方法的一种机制，在一些框架程序中经常使用，应熟悉其基本用法，理解反射中常用类特别是 Class 类的典型用法。

实验 8　泛型与集合

8.1　实验目的

(1)理解泛型的概念，熟悉泛型类、泛型接口、泛型方法的基本使用；
(2)掌握集合接口及其实现类的基本用法：
　　Set 接口及 HashSet、TreeSet 类
　　List 接口及 ArrayList、Vector 类
　　Queue、Deque 接口及 LinkedList 类
　　Map 接口及 HashMap、Hashtable、Properties 类
(3)熟悉 Iteraltor、ListIterator 的常用方法，掌握集合元素的遍历方法；
(4)熟悉集合转换与集合工具类(Collections、Arrays 类)的基本用法。

8.2　知识要点与应用举例

8.2.1　泛型

1. 什么是泛型

泛型(Generics)是 Java SE 5.0 的新特性，是将原本确定不变的数据类型参数化，即将操作数的数据类型指定为一个参数，以达到代码复用、提高软件开发效率的目的。这种数据类型参数化的机制可以用在类、接口和方法中，分别称为泛型类、泛型接口和泛型方法。

优点：泛型程序在编译的时候会进行类型安全检查，且所有的强制转换都是自动和隐式的，以提高代码的重用率。

限制：泛型的类型参数只能是对象类型(包括自定义类)，不能是基本数据类型。

2. 泛型类

1)定义泛型类

格式：[**访问权限**]　**class 类名 <类型参数列表>** {
　　//类体
　}

说明：类型参数只是占位符，一般用大写字符如"T""U""V"等表示，多于一个时

用逗号分开；外围的一对尖括号“〈〉”不能省略。例如，

```
class Node <T > {
  private T data;
  public Node <T > next;
  //...
}
```

2)创建泛型类对象

格式：

类名 <类型参数列表 > 对象 =new 类名 <类型参数列表 > ([构造方法参数列表]);

即在实例化泛型类时需要指定参数的具体类型，如 Integer、String 或自定义类等。例如，

```
Node <String > myNode = new Node <String > ();
```

从 Java 7 开始，实例化泛型类时在右边只需给出一对尖括号“< >”即可：

类名 <类型参数列表 > 对象 =new 类名 < > ([构造方法参数列表]);

例如，Node <String > myNode = new Node < > ();

例 8 -1 泛型应用示例。

解题思路：先创建一个泛型类 Generic，类型参数为 T，该类有两个构造方法，有设置器、访问器及显示数据类型的方法 showDataType()。在主类中分别以 String、Double、Integer 为参数创建三个对象，调用带参数的构造方法或调用 set 方法来设置成员变量 data 的值，再调用 showDataType()来输出数据类型信息。程序代码如下：

```
//Generic.java
public class Generic <T > {//泛型类
    private T data;
    public Generic() {
    }
    public Generic(T data) {
        this.data = data;
    }
    public T getData() {
        return data;
    }
    public void setData(T data) {
        this.data = data;
    }
    public void showDataType() {
        System.out.println("数据的类型是: " + data.getClass().getName());
    }
}
```

```java
//GenericDemo.java
public class GenericDemo {
    public static void main(String[] args) {
        // 定义泛型类的一个 String 版本
        // 使用带参数的泛型构造方法
        Generic<String> strObj = new Generic<String>("欢迎使用泛型类!");
        strObj.showDataType();
        System.out.println(strObj.getData());
        System.out.println("-----------------------------------");
        // 定义泛型类的一个 Double 版本
        // 使用 Java 7"菱形"语法实例化泛型
        Generic<Double> dObj = new Generic<>(3.1415);
        dObj.showDataType();
        System.out.println(dObj.getData());
        System.out.println("-----------------------------------");
        // 定义泛型类的一个 Integer 版本
        // 使用不带参数的泛型构造方法
        Generic<Integer> intObj = new Generic<>();
        intObj.setData(123);
        intObj.showDataType();
        System.out.println(intObj.getData());
    }
}
```

程序运行结果：

```
数据的类型是：java.lang.String
欢迎使用泛型类!
-----------------------------------
数据的类型是：java.lang.Double
3.1415
-----------------------------------
数据的类型是：java.lang.Integer
123
```

说明：泛型类在定义时未限定参数的数据类型，在实例化对象时根据需要设置，这种方式较为灵活，包容性更大。

3)类型通配符

问题的提出：当使用一个泛型类时(包括声明泛型变量和创建泛型实例对象两种情况)，都应该为此泛型类传入一个实参，否则编译器会提出泛型警告。假设现在定义一个方法，该方法的参数需要使用泛型，但类型参数是不确定的，此时如果考虑使用 Object 类型来解决，编译时则会出现错误。

例 8-2 方法参数为泛型例子。

解题思路：定义 WildcardDemo 类，它有一个静态方法 myMethod()，该方法的参数为泛型类 Generic(例 8-1 创建)，现欲调用其 showDataType()显示数据类型信息。因类型参数不能确定，试图用 Object 来替代。程序代码如下：

```
public class WildcardDemo {
    // 泛型类 Generic 的类型参数使用 Object
    public static void myMethod(Generic<Object> g) {
        g.showDataType();
    }

    public static void main(String[] args) {
        // 参数类型是 Object
        Generic<Object> gobj = new Generic<Object>("Object");
        myMethod(gobj);
        // 参数类型是 Integer,这里会产生错误
        Generic<Integer> gint = new Generic<Integer>(12);
        myMethod(gint);
        // 参数类型是 Double,这里会产生错误
        Generic<Double> gdbl = new Generic<Double>(3.1415);
        myMethod(gdbl);
    }
}
```

程序编译时出错，显示：

```
Exception in thread "main" java.lang.Error: Unresolved compilation problems:
    The method myMethod(Generic<Object>) in the type WildcardDemo is not
applicable for the arguments (Generic<Integer>)
    The method myMethod(Generic<Object>) in the type WildcardDemo is not
applicable for the arguments (Generic<Double>)
    at WildcardDemo.main(WildcardDemo.java:15)
```

说明：Generic <Object>并不是 Generic <Integer>、Generic <Double>的基类。

解决方法：使用通配符"?"作为方法中的类型参数值，可解决参数类型被限制、不能根据实例需要动态确定的问题。

例 8-2 的改进版本

解决办法：用通配符"?"作为静态方法 myMethod()的类型参数值，即：

```
// 泛型类 Generic 的类型参数使用?
public static void myMethod(Generic<?> g) {
    g.showDataType();
}
```

程序运行结果：

```
数据的类型是：java.lang.String
数据的类型是：java.lang.Integer
数据的类型是：java.lang.Double
```

说明：程序正常运行，显示结果。

4)有界类型

(1)设置通配符的上限

使用 extends 关键字可设置泛型通配符的上限。

格式：**<? extends A >**

说明：此处的通配符"?"表示一个受限制的通配符，意为它是 A 类及其子类作为泛型参数，而不是任意类型参数。

(2)设置通配符的下限

使用 super 关键字设置泛型通配符的下限。

格式：**<? super A >**

说明：此处的通配符"?"表示一个受限制的通配符，意为它是 A 类或其基类作为泛型参数，而不是任意类型参数，较少使用。

3. 泛型方法

如果将方法操作数的数据类型也参数化，则这样的方法称为泛型方法。

定义格式：

```
[访问权限] <T, S, …> 返回类型 方法名(形参列表){
    //方法体
}
```

例8-3 泛型方法使用示例。

解题思路：定义类 Method，它定义了 fun()方法，该方法的参数为泛型类 T，直接返回参数 t 的值；在主类中创建 Method 对象 d，通过它分别以字符串、整型为参数调用 fun()方法，输出返回值。程序代码如下：

```
class Method {
    public <T> T fun(T t) { // 可以接收任意类型的数据
        return t; // 直接把参数返回
    }
}

public class MethodTest {
    public static void main(String args[]) {
        Method d = new Method();
        String str = d.fun("TOM");
        int i = d.fun(30); // 传递数字,自动装箱
        System.out.println(str);
        System.out.println(i);
    }
}
```

程序运行结果：

```
TOM
30
```

4. 泛型接口

定义格式：

```
interface 接口名<声明自定义泛型>{
    //定义静态常量或声明方法
}
```

例如，public interface GenericInterface<T>{//定义泛型接口
    public T genericMethod();
}

稍后在介绍集合及其实现类时将介绍 java.util 包中一些泛型接口，如 Collection、Set、List、Iterator、ListIterator、Map 等。

8.2.2 集合接口

1. Java 集合框架简介

我们在“数据结构与算法”课程中学习过一些数据结构和基本算法，如队列、栈、链表、线性表、树、图、排序、查找等。可喜的是，Java 已提供专门的接口及实现类来表示这些数据结构，并封装了相应算法，为用户提供了较大便利。

在 Java 中，集合包含一系列的接口、类，称为集合框架，它们位于 java.util 包中，其中 Collection 是根接口，是诸多子接口及其实现类的基础，如图 8-1 所示。

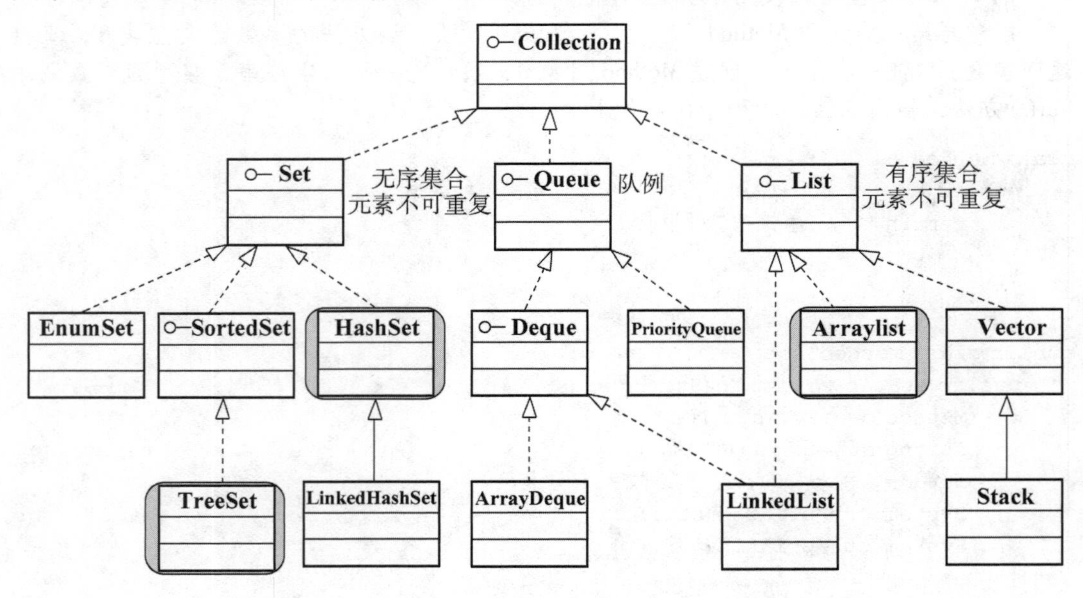

图 8-1 Collection 集合体系

2. Collection 接口

集合(Collection)可视为一种数据结构，其中 Collection 是集合层次结构的根接口，子接口及实现类实现、扩展了其功能，它们形成一个体系。注意：Collection 及其子接口的实现类都是泛型类(又称容器)，数据类型未限定，因此，创建集合对象时应指明对应的数据类型。

集合中的对象称为元素；不同的集合性质不同，一些 Collection 允许元素重复，而另一些则不允许；有的集合是排序的，而另一些则是无序的。

Collection 接口可用于在方法间传递对象集合，并在需要高度概括时处理它们；集合实现有一个接受 Collection 作为参数的构造函数，用于根据其它集合的元素初始化新集合。

Collection 是集合的根接口，由它派生了多个接口，这些接口又有不少实现类，因此，熟悉 Collection 接口的基本操作非常重要，这有利于加深对其实现类的认识。

Collection 接口的常用方法：

1)基本操作

int size()：返回集合元素的个数；

boolean isEmpty()：判断集合是否为空；

boolean contains(Object element)：判断集合是否包含某一元素；

boolean add(Object element)：向集合添加某一元素是否成功；

boolean remove(Object element)：集合删除某一元素是否成功；

Iterator iterator()：返回迭代器(可遍历集合)。

2)批量操作

boolean containsAll(Collection c)：判断是否包含某一集合；

boolean addAll(Collection c)：添加某一集合是否成功；

boolean removeAll(Collection c)：删除某一集合是否成功；

boolean retainAll(Collection c)：仅保留指定集合中的元素；

void clear()：清空集合中的所有元素。

3)数组操作

Object[] toArray()：将集合中所有元素转换为数组；

T[] toArray(T a[])：将集合中所有元素转换为数组，类型为 T。

例 8-4 Collection 接口的应用示例。

解题思路：Vector 类实现了 List 接口，而 List 接口又是 Collection 的子接口，用 String 作为数据类型创建 Vector 对象并赋值给接口变量 c，之后给 c 增加两个字符串；再得到 c 的迭代器，通过迭代器使用循环方式遍历集合元素并输出。程序代码如下：

```
import java.util.*;

public class CollectionDemo {
    public static void main(String[] args) {
        Collection<String> c=new Vector<String>();// 创建 Vector 对象
```

```
        c.add("Hello");
        c.add("World");
        // 使用一个迭代器遍历整个列表
        Iterator<String> i=c.iterator();
        while (i.hasNext()) {
            System.out.println(i.next());
        }
    }
}
```

程序运行结果:

```
Hello
World
```

从这一例子可知，要访问集合中的元素，可通过迭代器(Iterator)使用循环方式来实现。

Iterator 是一个接口，其功能是依次遍历一个集合的元素。

主要方法:

boolean hasNext()：是否有下一元素;

Object next()：返回下一元素;

void remove()：删除元素。

下面将逐一介绍 Collection 主要子接口 Set、List、Queue 及其实现类的基本用法。

8.2.3 Set 接口及其实现类

1. Set 接口

Set 表示无重复元素的集合(简称集)，继承自 Collection 接口，仅有从 Collection 接口继承而来的方法，没有新增内容；HashSet、SortedSet 是 Set 接口的实现类。如果元素在 Set 中已存在，则调用 add()方法继续添加将不成功，返回 false，并且集不发生任何更改；假若两个集包含的元素相同，则认为它们相等。

Set 主要特征：集合中的对象未排序，且无重复的元素。

例 8－5 Set 接口的应用示例。

解题思路：用 String 作为类型参数创建 HashSet 对象并赋值给 Set 接口变量 set，之后给 set 多次有重复地插入由英文元音字母单独组成的字符串；再得到 set 的迭代器，通过迭代器使用循环方式遍历集合元素并输出。程序代码如下:

```
import java.util.*;

public class SetDemo {
    public static void main(String[] args) {
        Set<String> set=new HashSet<String>();
        set.add("a");
        set.add("e");
```

```
        set.add("i");
        set.add("a");
        set.add("e");
        set.add("o");
        set.add("i");
        set.add("u");
        set.add("u");
        Iterator<String> i = set.iterator();
        while (i.hasNext()) {
            System.out.println(i.next());
        }
    }
}
```

程序运行结果：

```
a
e
u
i
o
```

说明：从输出结果来看，集合中的元素并不重复，且未排序。

2. HashSet 类

HashSet 是 Set 接口的典型实现类，大多数使用 Set 集合时都使用该实现类。HashSet 使用 Hash 算法来存储集合中的元素，具有良好的存、取、查找性能。

HashSet 及其子类都是采用 Hash 算法来决定集合中元素的存储位置，并通过 Hash 算法来控制集合的大小。Hash 表中可以存储元素的位置称为“桶”(bucket)，在通常情况下，单个桶只存储一个元素，此时性能最佳，Hash 算法可以根据 HashCode 值计算出桶的位置，并从桶中取出元素。但当发生 Hash 冲突时，单个桶会存储多个元素，这些元素以链表的形式存储，如图 8－2 所示。

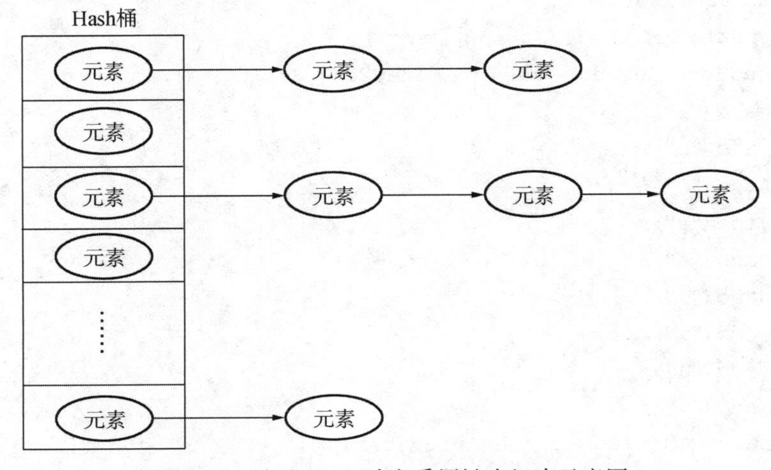

图 8－2　发生 Hash 冲突采用链表解决示意图

例 8-5 已用到 HashSet 类，不再单独举例。

3. SortedSet 接口

SortedSet 继承了 Set 接口，允许在元素间建立有序关系，以弥补 Set 中数据不排序的不足，又称为有序集；SortedSet 默认为升序排列，排序依据是其自然值或实例化期间提供的比较器。

因 SortedSet 是有序集，故可以通过 compareTo ( )方法比较大小。

TreeSet 是 SortedSet 的实现类。

SortedSet 接口提供了范围视图、端点操作、比较器访问三类操作。SortedSet 接口的新增方法有：

(1)范围视图操作

SortedSet subSet(Object fromElement, Object toElement)：返回指定范围的子集；

SortedSet headSet(Object toElement)：返回头集(从开始到指定元素)；

SortedSet tailSet(Object fromElement)：返回尾集(从指定元素到末尾)。

(2)端点操作

Object first( )：返回头元素；

Object last( )：返回尾元素。

(3)比较器操作

int compare(Object o1, Object o2)：两个元素比较大小，返回结果为 int 型；

boolean equals(Object obj)：判断与指定是否相等，返回结果为 boolean 型。

例 8-6 SortedSet 接口应用示例。

解题思路：这是例 8-5 的增强版本。用 SortedSet 的实现类 TreeSet 替代 HashSet 类，集合中的元素进行了排序；调用 SortedSet 的 subSet( )得到指定范围的子类，并输出。程序代码如下：

```
//SortedSet 是有序集:不允许含有重复的元素,且排序
import java.util.*;

public class SortedSetDemo {
    public static void main(String[] args) {
        SortedSet<String> set = new TreeSet<String>();
        set.add("a");
        set.add("e");
        set.add("i");
        set.add("a");
        set.add("e");
        set.add("o");
        set.add("i");
        set.add("u");
        set.add("u");
        Iterator<String> i = set.iterator();
```

```
        while (i.hasNext()) {
            System.out.print(i.next() + " ");
        }

        // 返回 SortedSet 的部分视图
        System.out.print("\nSortedSet 的部分视图:");
        SortedSet<String> subset = set.subSet("c", "q");
        Iterator i2 = subset.iterator();
        while (i2.hasNext()) {
            System.out.print(i2.next() + " ");
        }
    }
}
```

程序运行结果:

```
a e i o u
SortedSet 的部分视图:e i o
```

8.2.4 List 接口及其实现类

1. List 接口

列表(List)是一种有序集合，也称为序列。列表具有元素的索引，表示元素在列表中的位置，用户可以精确地控制新元素在列表中的插入位置。列表允许存在重复的元素，除了从 Collection 接口继承而来的操作，List 接口中新增了一些操作，包括位置访问、搜索、列表迭代、范围视图等。

常用方法:

(1)位置访问

Object get(int index)：返回某一位置的对象；

Object set(int index, Object element)：设置某一位置的对象；

void add(int index, Object element)：添加对象到某一位置；

Object remove(int index)：删除某一位置的对象；

boolean addAll(int index, Collection c)：在指定位置添加集合。

(2)搜索

int indexOf(Object o)：查找对象的索引号；

int lastIndexOf(Object o)：从后往前查找对象的索引号。

(3)迭代

ListIterator listIterator()：可以从两个方向进行迭代；

ListIterator listIterator(int index)：功能同上，但要从指定位置开始迭代。

(4)范围查看操作

List subList(int from, int to)：返回指定范围的子串。

说明：ListIterator 是 Iterator 的子接口，它可以从正反两个方向遍历一个集合的所有元素；其新增的反向访问方法有：

boolean hasPrevious()：从当前位置的反向访问，是否有下一元素；

Object previous()：从当前位置的反向访问，返回下一元素；

int previousIndex()：从当前位置的反向访问，返回下一个元素的索引。

例 8-7 List 接口的应用示例。

解题思路：Vector 是 List 的实现类，用 String 作为数据类型创建 Vector 对象并赋值给 List 接口变量，然后用循环给它增加"1"～"20"字符串；再获取 ListIterator 迭代器，通过迭代器从正向访问列表，对数值为奇数的字符串先删除、再插入"."，然后反序输出列表中元素。程序代码如下：

```
import java.util.*;

public class ListDemo {
    public static void main(String[] args) {
        List<String> list = new Vector<>();
        for (int i = 1; i <= 20; i++)
            list.add(i + "");
        ListIterator<String> i = list.listIterator();

        // 双向访问
        while (i.hasNext())
            // 正向访问
            if (Integer.parseInt(i.next() + "") % 2 != 0) {
                i.remove();
                i.add(".");
            }
        while (i.hasPrevious())
            // 反向访问
            System.out.print(i.previous() + " ");
    }
}
```

程序运行结果：

```
20 . 18 . 16 . 14 . 12 . 10 . 8 . 6 . 4 . 2 .
```

说明：List 可通过下标精确操作对应元素。

2. Vector 类

数组的基本要求是：大小固定，元素类型相同。这些要求比较高，不够灵活。Vector 可改进上述不足。

Vector又称向量，它是List接口的实现类。其特点是，大小不固定，可以随着元素数目的增多而自动扩充，元素类型只要是对象类型即可，并不要求类型相同。通常，网络编程时用的“购物车”可以用Vector创建。

Vector类中的方法都是同步的。

例8-8 Vector应用示例。

解题思路：先创建一个Vector对象，然后为其添加一个Student对象、一个字符串、一个Integer对象，再输出。以此测试Vector是可以添加不同类型元素的。程序代码如下：

```
import java.util.Vector;

public class VectorDemo {
    public static void main(String[] args) {
        Vector vec = new Vector();

        Student tom = new Student("Tom", "20020410");
        String str = new String("Java 程序设计 II");
        Integer number = new Integer(100);

        vec.add(tom);
        vec.add(str);
        vec.add(number);
        for (int i = 0; i < vec.size(); i ++) {
            System.out.println(vec.get(i));
        }
    }
}

// 学生类
class Student {
    private String strName = "";// 学生姓名
    private String strNumber = "";// 学号
    private String strSex = "";// 性别
    private String strBirthday = "";// 出生年月
    private String strSpeciality = "";// 专业
    private String strAddress = "";// 地址

    public Student(String name, String number) {
        strName = name;
        strNumber = number;
    }
```

```
public String getStudentName() {
    return strName;
}

public String getStudentNumber() {
    return strNumber;
}

public void setStudentSex(String sex) {
    strSex = sex;
}

public String getStudentSex() {
    return strSex;
}

public String getStudentBirthday() {
    return strBirthday;
}

public void setStudentBirthday(String birthday) {
    strBirthday = birthday;
}

public String getStudentSpeciality() {
    return strSpeciality;
}

public void setStudentSpeciality(String speciality) {
    strSpeciality = speciality;
}

public String getStudentAddress() {
    return strAddress;
}

public void setStudentAddress(String address) {
    strAddress = address;
}

public String toString() {
```

```
        String information = "学生姓名 = " + strName + ", 学号 = " + strNumber;
        if (!strSex.equals(""))
            information += ", 性别 = " + strSex;
        if (!strBirthday.equals(""))
            information += ", 出生年月 = " + strBirthday;
        if (!strSpeciality.equals(""))
            information += ", 专业 = " + strSpeciality;
        if (!strAddress.equals(""))
            information += ", 籍贯 = " + strAddress;

        return information;
    }
}
```

程序运行结果：

```
学生姓名 =Tom, 学号 =20020410
Java 程序设计 II
100
```

3. ArrayList 类

ArrayList 又称数组列表，也是 List 接口的实现类。它的功能与 Vector 非常相似，即大小可动态增加，元素的类型并不要求为相同类型，也可用作"购物车"容器；唯一不同点是其方法不同步，但效率更高。

例 8 –9 ArrayList 应用示例。

解题思路：本程序比较简单，创建一个 ArrayList 对象，然后向其添加四个 Student 对象，再输出。程序代码如下：

```
import java.util.ArrayList;

public class ArrayListDemo {
    public static void main(String[] args) {
        ArrayList list = new ArrayList();
        list.add(new Student("Tom", "20020410"));
        list.add(new Student("Jack", "20020411"));
        list.add(new Student("Rose", "20020412"));
        list.add(new Student("Tom", "20020410"));

        for (int i = 0; i < list.size(); i ++) {
            System.out.println((Student) list.get(i));
        }
    }
}
```

程序运行结果：

```
学生姓名=Tom，学号=20020410
学生姓名=Jack，学号=20020411
学生姓名=Rose，学号=20020412
学生姓名=Tom，学号=20020410
```

4. ArrayList 类与 Vector 类比较

ArrayList 类与 Vector 类在用法上几乎完全相同，但由于 Vector 从 JDK 1.0 开始就有了，因此 Vector 中提供了一些方法名很长的方法。例如，addElement( )方法，该方法跟 add( )方法没有任何区别。

两者在本质上还是存在区别的：

(1) ArrayList 是非线程安全的，当多个线程访问同一个 ArrayList 集合时，如果多个线程同时修改 ArrayList 集合中的元素，则程序必须手动保证该集合的同步性。

(2) Vector 是线程安全的，程序无需手动保证该集合的同步性，但性能上更低。在实际应用中，即使要保证线程安全，也不推荐使用 Vector，因为可以使用 Collections 工具类将一个 ArrayList 变成线程安全的。

5. Stack 类

Stack 是堆栈类，它具有"后进先出(LIFO)"的特性，即最后入栈的元素最先出栈，它是 Vector 的子类。

Stack 类常用方法如表 8－1 所示。

表 8－1　Stack 类的常用方法

方　法	功　能
E peek( )	查看栈顶元素，但并不将该元素从栈中移除
E pop( )	出栈，即移除栈顶元素，并将该元素返回
E push(E item)	入栈，即将指定的 item 元素压入栈顶
boolean empty( )	判断堆栈是否为空
int search(Object o)	返回对象在堆栈中的位置，以 1 为基数

8.2.5　Queue 接口及其实现类

1. Queue 接口

Queue 接口又称队列，其数据存取特点是"先进先出(FIFO)"。该接口继承了 Collection 接口，新增了队列的插入、提取和检查等操作，且每个操作都存在两种形式：一种操作失败时抛出异常；另一种操作失败时返回一个特殊值(null 或 false)。

Queue 接口声明的方法如表 8－2 所示。

表 8－2　Queue 接口声明的方法

方法	功能
E element( )	获取队头元素，但不移除此队列的头
boolean offer(E e)	将指定元素插入此队列，当队列有容量限制时，该方法通常要优于 add( )方法，后者可能无法插入元素，而只是抛出一个异常
E peek( )	查看队头元素，但不移除此队列的头，如果此队列为空，则返回 null
E poll( )	获取并移除此队列的头，如果此队列为空，则返回 null
E remove( )	获取并移除此队列的头

2. Deque 接口

Deque 接口又称双向队列，它是 Queue 的子接口，支持在队列的两端插入和移除元素。Deque 接口中定义在队列两端插入、移除和检查元素的方法。其常用方法如表 8－3 所示。

表 8－3　Deque 接口声明的方法

方法	功能
void addFirst(E e)	将指定元素插入此双端队列的开头，插入失败将抛出异常
void addLast(E e)	将指定元素插入此双端队列的末尾，插入失败将抛出异常
E getFirst( )	获取但不移除此双端队列的第一个元素
E getLast( )	获取但不移除此双端队列的最后一个元素
boolean offerFirst(E e)	将指定的元素插入此双端队列的开头
boolean offerLast(E e)	将指定的元素插入此双端队列的末尾
E peekFirst( )	获取但不移除此双端队列的第一个元素，如果此双端队列为空，则返回 null
E peekLast( )	获取但不移除此双端队列的最后一个元素，如果此双端队列为空，则返回 null
E pollFirst( )	获取并移除此双端队列的第一个元素，如果此双端队列为空，则返回 null
E pollLast( )	获取并移除此双端队列的最后一个元素，如果此双端队列为空，则返回 null
E removeFirst( )	获取并移除此双端队列的第一个元素

链接列表 LinkedList 是 Deque 和 List 两个接口的实现类，兼具队列和列表两种特性，是最常使用的集合类之一。LinkedList 不是基于线程安全的。

例 8－10　LinkedList 应用示例。

解题思路：以 String 为类型参数创建一个 LinkedList 对象，它兼有队列和列表两种特性，可按这两种数据结构的方法操作对象。先分别在队头、队尾添加四个字符串，之后按直接输出集合对象、foreach遍历、按索引访问遍历、访问和删除栈顶与队尾元素、剩余元素迭代器遍历等方式输出数据。程序代码如下：

```
import java.util.Iterator;
import java.util.LinkedList;

public class LinkedListDemo {
    public static void main(String[] args) {
        // 使用泛型 LinkedList 集合
        LinkedList<String> books = new LinkedList<>();
        // 在队尾添加元素
        books.offer("Java 程序设计");
        // 在队头添加元素
        books.push("Java EE 企业应用开发");
        // 在队头添加元素
        books.offerFirst("C 语言程序设计");
        // 在队尾添加元素
        books.offerLast("C++程序设计");

        // 直接输出 LinkedList 集合对象
        System.out.println(books);
        System.out.println("------------------");

        System.out.println("foreach 遍历:");
        // 使用 foreach 循环遍历
        for (String str : books) {
            System.out.println(str);
        }
        System.out.println("------------------");

        System.out.println("按索引访问遍历:");
        // 以 List 的方式(按索引访问的方式)来遍历集合元素
        for (int i = 0; i < books.size(); i++) {
            System.out.println(books.get(i));
        }
        System.out.println("------------------");

        // 访问、并不删除栈顶的元素
        System.out.println("peekFirst: " + books.peekFirst());
        // 访问、并不删除队列的最后一个元素
        System.out.println("peekLast: " + books.peekLast());
        // 将栈顶的元素弹出"栈"
        System.out.println("pop: " + books.pop());
        // 访问、并删除队列的最后一个元素
        System.out.println("pollLast: " + books.pollLast());
        System.out.println("------------------");
```

```
        System.out.println("删除后剩下的数据:");
        // 获取 LinkedList 的迭代器
        Iterator<String> iterator = books.iterator();
        // 使用迭代器遍历
        while (iterator.hasNext()) {
            System.out.println(iterator.next());
        }
    }
}
```

程序运行结果:

```
[C 语言程序设计, Java EE 企业应用开发, Java 程序设计, C++程序设计]
------------------
foreach 遍历:
C 语言程序设计
Java EE 企业应用开发
Java 程序设计
C++程序设计
------------------
按索引访问遍历:
C 语言程序设计
Java EE 企业应用开发
Java 程序设计
C++程序设计
------------------
peekFirst:C 语言程序设计
peekLast:C++程序设计
pop:C 语言程序设计
pollLast:C++程序设计
------------------
删除后剩下的数据:
Java EE 企业应用开发
Java 程序设计
```

8.2.6 Map 接口及其实现类

1. Map 接口

Map 接口又称映射。与集合(如 Set、List 等)不同，映射的元素是有某种关联的键/值对。我们有时需要填写一些表格，例如个人信息表，姓名：张三，性别：女，年龄：18，……这里的姓名、性别、年龄等是“键(key)”，张三、女、18 等是“值(value)”，表格就是“键/值”对组成的信息集合。Map 也是由类似“键/值”对构成的集合，如图 8-3所示。

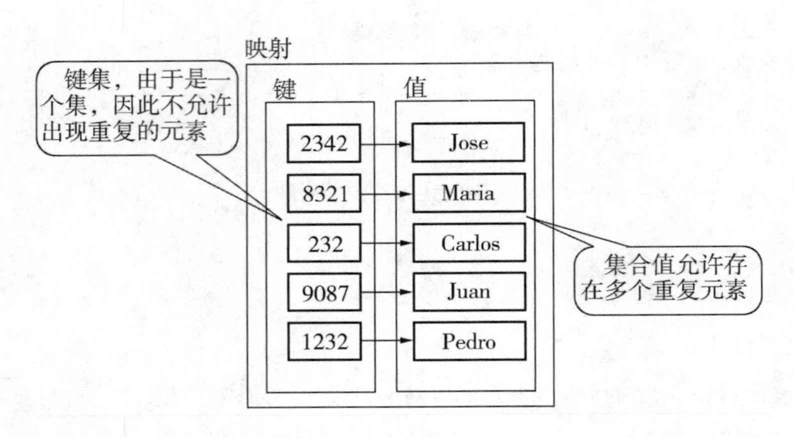

图 8－3　Map 组成示意图

因为 Map 的键值要唯一标识元素，所以，其键值不允许重复，而映射值则可以重复，通常用 Map〈K, V〉来表示映射。

注意：Map 不是 Collection 的子接口，它们之间没有多少联系，不能将 Collection 的方法直接搬到 Map 中去使用，犯张冠李戴的错误。Map 有一系列子接口及实现类，它们形成一个体系，也可称为 Map 集合体系，如图 8－4 所示。

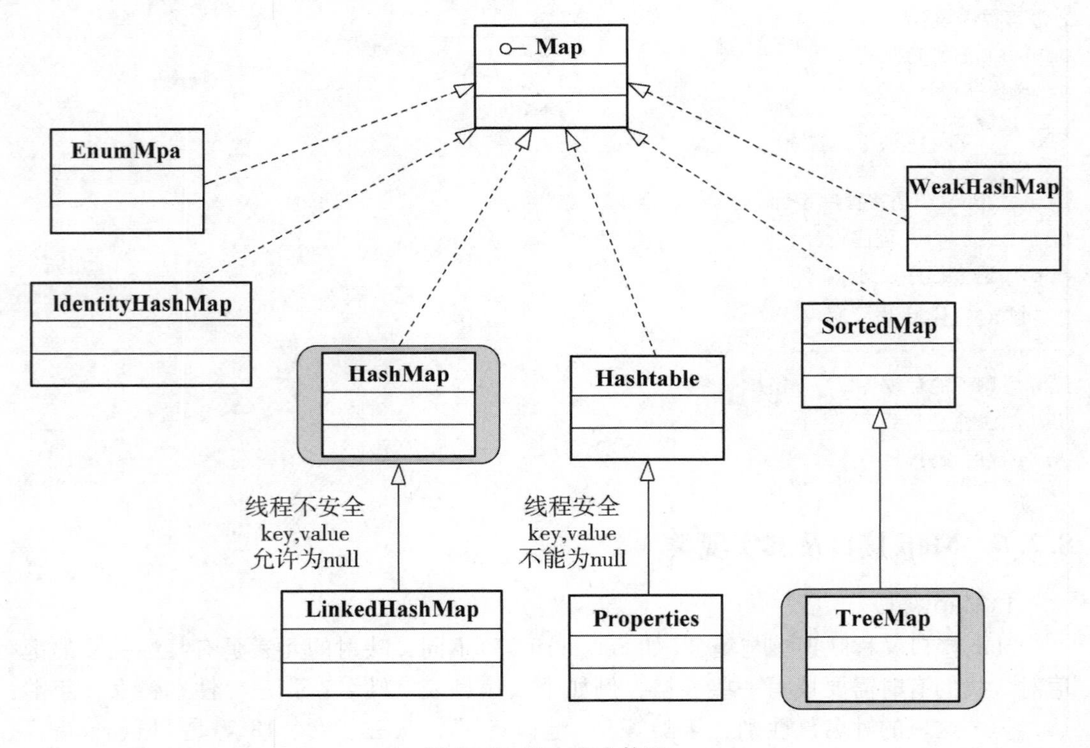

图 8－4　Map 集合体系

Map 的常用方法：

（1）基本操作

Object put(Object key, Object value)：向 Map 添加元素；

Object get(Object key)：得到指定“键”所对应的“值”；

Object remove(Object key)：删除指定“键”对应的元素；

boolean containsKey(Object key)：判断 Map 是否包含指定的“键”；

boolean containsValue(Object value)：判断 Map 是否包含指定的“值”。

（2）批量操作

int size( )：返回 Map 大小；

boolean isEmpty( )：判断 Map 是否为空；

void putAll(Map t)：添加某一映射；

void clear( )：清除 Map 内容；

Set keySet( )：得到 Map 的“键”集；

Collection values( )：得到 Map“值”集；

Set entrySet( )：得到包含映射关系的 Set 视图。

2. HashMap 类

此类实现 Map 接口，它允许使用 null 值和 null 键，其方法是非同步的。

例 8－11 HahpMap 应用示例。

解题思路：建立一个 HashMap 类对象，之后通过键盘输入一年四季的英文单词，再以序号为键、输入单词为值添加到 HashMap 中，最后直接输出 HashMap 对象。程序代码如下：

```
import java.util.*;

public class HashMapDemo {
    public static void main(String args[]) {
        Map map = new HashMap();
        Scanner sn = new Scanner(System.in);
        String word = null;
        System.out.println("请输入一年四季的英文单词:");
        for (int i = 0; i < 4; i ++) {
            System.out.print("请输入第" + (i + 1) + "个单词:");
            word = sn.next();
            map.put(new Integer(i), word);
        }
        System.out.println("HashMap 的容量:" + map.size());
        System.out.println(map);
    }
}
```

程序运行结果：

```
请输入一年四季的英文单词:
请输入第 1 个单词: Spring
请输入第 2 个单词: Summer
请输入第 3 个单词: Autumn
请输入第 4 个单词: Winter
HashMap 的容量:4
{0 = Spring, 1 = Summer, 2 = Autumn, 3 = Winter}
```

说明：从输出结果可以看出，HashMap 中元素是成双出现的。

3. Hashtable 类

Hashtable 类继承了 Dictionary <K, V>，从 JDK 1.2 起，此类就被改进实现了 Map 接口。Hashtable 实现了一个 Hash 表，任何非 null 对象都可以用作键或值，但作为键的对象必须实现 hashCode( )和 equals( )方法，这样才能成功存储和检索对象；其方法是同步的。

Hashtable 的主要特点：数据查找速度快。

例 8－12　Hashtable 应用示例。

解题思路：创建一个 Hashtable 对象和 LinkedList 对象，然后分别插入、查找 10 万个整数，计算、输出它们在写入、查找过程中的用时，以比较它们的性能。程序代码如下：

```
import java.util.Hashtable;
import java.util.LinkedList;

public class HashtableDemo {
    public static void main(String args[]) {
        long totalTime = 0;
        long callTime = 0;
        Hashtable table = new Hashtable();
        LinkedList list = new LinkedList();
        System.out.println("写入/读取 100000 个数据所用时间比较(单位:毫秒):\n");
        callTime = System.currentTimeMillis();// 计时开始时间
        for (int i = 0; i < 100000; i ++) {
            table.put("" + i, new Integer(i));
        }
        totalTime = System.currentTimeMillis() - callTime;
        System.out.println("Hashtable 写入时所用时间: " + totalTime);
        callTime = System.currentTimeMillis();// 计时开始时间
        for (int i = 0; i < 100000; i ++) {
            list.addLast(new Integer(i));
```

```
        }
        totalTime = System.currentTimeMillis() - callTime;
        System.out.println("LinkedList 写入时所用时间: " + totalTime);

        callTime = System.currentTimeMillis();// 计时开始时间
        for (int i =0; i < 100000; i ++) {
            table.get("" + i);
        }
        totalTime = System.currentTimeMillis() - callTime;
        System.out.println("\nHashtable 读取时所用时间: " + totalTime);
        callTime = System.currentTimeMillis();// 计时开始时间
        for (int i =0; i < 100000; i ++) {
            list.get(i);
        }
        totalTime = System.currentTimeMillis() - callTime;
        System.out.println("LinkedList 读取时所用时间: " + totalTime);
    }
}
```

程序运行结果(与系统性能有关):

```
写入/读取 100000 个数据所用时间比较(单位:毫秒):

Hashtable 写入时所用时间: 51
LinkedList 写入时所用时间: 4

Hashtable 读取时所用时间: 210
LinkedList 读取时所用时间: 5359
```

说明：从输出结果可以看出，LinkedList 在插入数据时速度较快，但 Hashtable 的主要优势是查找速度快。

4. Properties 属性类

Properties 又称属性类或属性集。它是一种特殊类型的映射结构，继承了 Hashtable 子类，有着非常广泛的应用。它有三个特点：

①键和都是字符串类型。

②属性集可以用文件保存，也可以从文件中装入。

③有两个属性列表——主属性列表和缺省属性列表。

java.lang 包中的 System 类有关 properties 的方法列举如下：

static Properties getProperties()：确定当前的系统属性；

static String getProperty(String key)：获得指定键指示的系统属性。

Properties 类的常用方法：

void list(PrintStream out)：将属性列表输出到指定的字节输出流；

void list(PrintWriter out)：将属性列表输出到指定的字符输出流；

void load(InputStream inStream)：从输入流中读取属性列表(键和元素对)；

Enumeration propertyNames()：得到所有属性值的枚举；

void store(OutputStream out, String comments)：将此 Properties 表中的属性列表(键和值对)写入输出流。

例 8－13 使用 Properties 获取系统属性。

解题思路：利用 System 类获取系统属性，然后得到属性名称集(枚举类型)，再利用循环通过键名获得取值。程序代码如下：

```
import java.util.Properties;
import java.util.Enumeration;

public class SystemPropertiesDemo {
    public static void main(String[] args) {
        Properties systemProperties = System.getProperties();
        Enumeration enum1 = systemProperties.propertyNames();

        while (enum1.hasMoreElements()) {
            String key = (String) enum1.nextElement();
            String pro = systemProperties.getProperty(key);
            System.out.println(key + "=" + pro);
        }
    }
}
```

程序运行结果(与系统设置有关)：

```
java.runtime.name=Java(TM) SE Runtime Environment
sun.boot.library.path=C:\Program Files\java\jdk1.8\jre\bin
java.vm.version=25.121-b13
java.vm.vendor=Oracle Corporation
java.vendor.url=http://java.oracle.com/
path.separator=;
......
sun.io.unicode.encoding=UnicodeLittle
sun.desktop=windows
sun.cpu.isalist=amd64
注:......表示省略内容。
```

在数据库连接时，要先获取 driver、url、user、password 等基本信息，通常不采用“硬编码”方式，即不在程序中直接写定变量的值，而是将属性值集中写在一个属性配置文件中，通过编程方法读取属性文件内容、得到各变量取值，再进行后续操作，这样有利于程序的修改、维护。现假定数据库配置文件名为 driver. properties，位于当前目录。假若各属性取值如下：

drivers = com. microsoft. jdbc. sqlserver. SQLServerDriver

url = jdbc: microsoft: sqlserver: //localhost: 1433; DatabaseName = computerDept

user = sa

password = javase123

例 8 - 14 读取数据库属性配置文件内容并输出。

解题思路：先创建属性集对象，然后从数据库属性文件加载内容，再利用循环通过名称获取属性值，这里只输出显示，表示能获取属性文件内容，并不连接数据库。程序代码如下：

```
import java.io.FileInputStream;
import java.io.IOException;
import java.util.Properties;

public class DBProperties {
    public static void main(String[] args) {
        getProperties();
    }

    public static void getProperties() {
        Properties prop = new Properties();
        try {
            FileInputStream in = new FileInputStream("driver.properties");
            prop.load(in);

            String driver = prop.getProperty("drivers");
            if (driver != null)
                System.setProperty("jdbc.drivers", driver);
            String url = prop.getProperty("url");
            String userName = prop.getProperty("user");
            String password = prop.getProperty("password");
            System.out.println("驱动程序:" + driver);
            System.out.println("URL:" + url);
            System.out.println("用户名:" + userName);
            System.out.println("密码:" + password);
        } catch (IOException e) {
            e.printStackTrace();
        }
    }
}
```

程序运行结果(与系统设置有关):

```
drivers=com.microsoft.jdbc.sqlserver.SQLServerDriver
url=jdbc:microsoft:sqlserver://localhost:1433;DatabaseName=computerDept
user=sa
password=javase123
```

8.2.7 集合转换

从前面内容可知，Java集合框架有两大体系，即Collection和Map，两者虽然从本质上是不同的，各自具有自身的特性，但可以将Map集合转换为Collection集合。

将Map集合转换为Collection集合有三个方法：

Set<Map.Entry<K,V> entrySet()：返回一个包含了Map中元素的集合，每个元素都包括“键/值”对；

Set<K> keySet()：返回Map中所有键的集合；

Collection<V> values()：返回Map中所有值的集合。

例8-15 Map转换为Collection示例。

解题思路：先创建HashMap对象，然后向它增加5个“键/值”对，再分别使用entrySet()方法获取Entry“键/值”对集合、使用keySet()方法获取所有键的集合、使用values()方法获取所有值的集合，再输出。程序代码如下：

```
import java.util.Collection;
import java.util.HashMap;
import java.util.Map.Entry;
import java.util.Set;

public class Map2CollectionDemo {
    public static void main(String[] args) {
        // 使用泛型HashMap集合
        HashMap<Integer, String> hm = new HashMap<>();
        // 添加数据,key-value"键/值"对形式
        hm.put(1, "zhangsan");
        hm.put(2, "lisi");
        hm.put(3, "wangwu");
        hm.put(4, "maliu");
        hm.put(null, null);
        // 使用entrySet()方法获取Entry"键/值"对集合
        Set<Entry<Integer, String>> set = hm.entrySet();
        System.out.println("所有Entry:");
        // 遍历所有元素
        for (Entry<Integer, String> entry : set) {
```

```
            System.out.println(entry.getKey() + " : " + entry.getValue());
        }
        System.out.println("------------------------");
        // 使用 keySet()方法获取所有键的集合
        Set<Integer> keySet = hm.keySet();
        System.out.println("所有 key: ");
        for (Integer key : keySet) {
            System.out.println(key);
        }
        System.out.println("------------------------");
        // 使用 values()方法获取所有值的集合
        Collection<String> valueSet = hm.values();
        System.out.println("所有 value: ");
        for (String value : valueSet) {
            System.out.println(value);
        }
    }
}
```

程序运行结果(与系统设置有关):

```
所有 Entry:
null : null
1 : zhangsan
2 : lisi
3 : wangwu
4 : maliu
------------------------
所有 key:
null
1
2
3
4
------------------------
所有 value:
null
zhangsan
lisi
wangwu
maliu
```

8.2.8 集合工具类

下面主要介绍 Collections、Arrays 两个集合工具类的基本用法。

1. Collections 类

Collections 是一个类，名字上比 Collection 多了一个“s”，位于 java. util 包中。此类完全由在 collection 上进行操作或返回 collection 的静态方法组成；它们基本上是与数据结构相关联的算法，这些方法包括排序、搜索、查找给定集合中的最大值、移动、反转集合等。

简单地说，Collections 包含集合操作的一系列算法。

2. Arrays 类

Arrays 也是一个类，名字上比 Array 多了一个“s”，位于 java. util 包中。此类包含用来操作数组(比如排序和搜索)的各种方法，此类还包含一个允许将数组作为列表来查看的静态工厂。

简单地说，Arrays 包含数组操作的一系列算法。

例 8－16 Collections 应用示例。

解题思路：先创建 List 对象，然后向它添加 26 个大写字母，再用 Collections 对象分别调用 shuffle( ) 打乱顺序、调用 sort( ) 重新排序，输出各阶段集合的内容，最后调用 binarySearch( ) 进行二分查找。程序代码如下：

```
import java.util.*;

public class CollectionsDemo {
    public static void main(String[] args) {
        List<String> l = new Vector<>();
        for (int i = 65; i < 91; i++)
            l.add((char) i + "");
        System.out.print("刚创建的集合: ");
        System.out.println(l);// 按原有顺序输出向量内容

        Collections.shuffle(l);// 按随机序列输出向量内容
        System.out.print("打乱后的集合: ");
        System.out.println(l);

        System.out.print("排序后的集合: ");
        Collections.sort(l);// 按排序后的顺序输出向量内容
        System.out.println(l);

        int pos = Collections.binarySearch(l, "P");
        System.out.println("找到字符'p'的位置:" + pos);
    }
}
```

程序运行结果：

```
刚创建的集合:[A, B, C, D, E, F, G, H, I, J, K, L, M, N, O, P, Q, R, S, T, U, V, W, X, Y, Z]
打乱后的集合:[A, S, Z, K, H, P, D, I, X, L, C, U, F, N, R, E, G, V, J, O, Y, Q, M, W, T, B]
排序后的集合:[A, B, C, D, E, F, G, H, I, J, K, L, M, N, O, P, Q, R, S, T, U, V, W, X, Y, Z]
找到字符'p'的位置:15
```

8.3　实验内容

1. （基础题）分析、编译、运行以下程序，体会 Java 泛型类的基本用法：

```
class Foo<T> {
    private T information;
    public Foo() {
    }
    public Foo(T info) {
        this.information = info;
    }
    public void setInfo(T info) {
        this.information = info;
    }
    public T getInfo() {
        return this.information;
    }
}

public class Lab8_1 {
    public static void main(String[] args) {
        Foo<String> f1 = new Foo<String>("Apple");
        System.out.println(f1.getInfo());
        Foo<Integer> f2 = new Foo<Integer>(new Integer(100));
        System.out.println(f2.getInfo());
        Foo<Double> f3 = new Foo<Double>(new Double(22.58));
        System.out.println(f3.getInfo());
    }
}
```

2. （基础题）分析、编译、运行以下程序，体会 Java 泛型方法的基本用法：

```
interface IFoo {
        public <T> T view(T str);
```

```
}

class Bar implements IFoo {
        public <T> T view(T s) {
            System.out.println(s);
            return s;
        }
}

public class Lab8_2 {
        public static void main(String[] args) {
            Bar b = new Bar();
            b.view("Hello world!");
            b.view(new Integer(100));
            b.view(new Double(200.55));
            b.view(new Lab8_2().toString());
        }
}
```

3.(基础题)请根据要求，填充程序所缺代码，编译、运行程序：

```
import java.util.*;
// 学生类
class Student
{
    private String strName = "";//学生姓名
    private String strNumber = "";//学号
    private String strSex = "";//性别
    private String strBirthday = "";//出生年月
    private String strSpeciality = "";//专业
    private String strAddress = "";//地址
    public Student(String name, String number)
    {
        strName = name;
        strNumber = number;
    }

    public String getStudentName(){
        return strName;
    }
    public String getStudentNumber(){
```

```
        return strNumber;
    }
    public void setStudentSex(String sex){
        strSex = sex;
    }
    public String getStudentSex(){
        return strSex;
    }
    public String getStudentBirthday(){
        return strBirthday;
    }
    public void setStudentBirthday(String birthday){
        strBirthday = birthday;
    }
    public String getStudentSpeciality(){
        return strSpeciality;
    }
    public void setStudentSpeciality(String speciality){
        strSpeciality = speciality;
    }
    public String getStudentAddress(){
        return strAddress;
    }
    public void setStudentAddress(String address){
        strAddress = address;
    }
    public String toString(){
        String information = "学生姓名 = " + strName + ", 学号 = " + strNumber;
        if( !strSex.equals("") )
            information += ", 性别 = " + strSex;
        if( !strBirthday.equals(""))
            information += ", 出生年月 = " + strBirthday;
        if( !strSpeciality.equals("") )
            information += ", 专业 = " + strSpeciality;
        if( !strAddress.equals("") )
            information += ", 籍贯 = " + strAddress;
        return information;
    }
}
```

```
//通过程序,测试 Vector 的添加不同类型的元素
public class VectorTest{
    public static void main(String[] args){
        Vector vec = new ________(1)________();
        Student tom = new Student("Tom","201840701001");
        String str = new String("Java 程序设计");
        Integer number = new Integer(100);

        vec.add(tom);
        vec.add(str);
        vec.________(2)________(number);
        for(int i = 0; i < vec.________(3)________; i ++){
            System.out.println(vec.________(4)________(i));
        }
    }
}
```

4.(基础题)阅读、运行下列程序，比较 Set、List、Map 三大接口的异同点，并回答相关问题：

```
import java.util.* ;
class MyColection {
    public static void main(String[] ss) {
        Set hs = new HashSet();
        hs.add("Hello");
        hs.add("world");
        hs.add("世界");
        hs.add("你好");
        System.out.println(hs);
        Iterator it = hs.iterator();
        while (it.hasNext()) {
            System.out.println(it.next());
    }

        ArrayList al = new ArrayList();
        al.add("Hello");
        al.add("World");
        al.add("世界,你好!");
        System.out.println(al);
        Iterator it2 = al.iterator();
        while (it2.hasNext()) {
```

```
            System.out.println(it2.next());
        }
        Map hm = new HashMap();
        hm.put(1, "Hello");
        hm.put(5, "World");
        hm.put(3, "世界,你好!");
        System.out.println(hm);
        System.out.println(hm.get(5));
    }
}
```

问题：如何为程序中的集合指定类型？

5.(基础题)下面程序所实现的功能是：Hashtable、LinkedList 写入或读取时间的比较：

```
//通过这个程序,测试从链表及 Hash 表中写入、取出相同的元素,比较所花费的时间
import ________(1)________;

public class SaveTime_GetTime
{
    public static void main(String[] args)
    {
        long totalTime = 0;
        long callTime = 0;
        Hashtable table = new Hashtable();
        LinkedList list = new LinkedList();

        System.out.println("写入/读取 100000 个数据所用时间比较(单位:毫秒):\n");
        callTime = System.currentTimeMillis();
        for(int i = 0; i < 100000; i ++){
            table.________(2)________(""+i, new Integer(i));
        }
        totalTime = System.currentTimeMillis() - callTime;
        System.out.println("Hashtable 写入时所用时间: " + totalTime);

        callTime = System.currentTimeMillis();
        for(int i = 0; i < 100000; i ++){
            table.________(3)________(""+i);
        }
        totalTime = System.currentTimeMillis() - callTime;
        System.out.println("Hashtable 读取时所用时间: " + totalTime);
```

```
        callTime = System.currentTimeMillis();
        for(int i =0; i < 100000; i ++){
            list.  ______(4)______ (new Integer(i));
        }
        totalTime = System.currentTimeMillis() - callTime;
        System.out.println("\nLinkedList 写入时所用时间: " + totalTime);

        callTime = ______(5)______
        for(int i =0; i < 100000; i ++){
            list.  ______(6)______ (i);
        }
        totalTime = System.currentTimeMillis() - callTime;
        System.out.println("LinkedList 读取时所用时间: " + totalTime);
    }
}
```

填充程序所缺代码，编译并运行该程序，并回答下列问题：

(1)该程序实现的功能是什么？

(2)在读取数据时，Hashtable 与 LinkedList 相比，哪个效率更高？

6.(基础题)本程序的功能是：获取系统的系统属性值并输出，请参考样例，填充所缺少代码，并运行程序：

```
import java.util.Properties;
import java.util.Enumeration;
public class SystemPropertiesTest{
    public static void main(String[] args){
        Properties systemProperties = System.  ______(1)______ ();
        Enumeration enum1 = systemProperties.  ______(2)______ ();
        while(enum1.  ______(3)______ ()){
            String key = (String)enum1.nextElement();
            String pro = systemProperties.  ______(4)______ (key);
            System.out.println(key + "=" + pro);
        }
    }
}
```

8.4 实验小结

本实验主要涉及泛型、集合、Map、集合转换、集合工具类等内容。

泛型是 Java SE 5.0 的新特性，将原本确定不变的数据类型参数化；泛型包括泛型类、泛型接口和泛型方法等类型，重点掌握类与方法的定义、对象创建等；熟悉类型通配符的基本用法。

集合包括 Collection 和 Map 两大类。Collection 是 Set、Queue、List 的根接口，声明了该类型集合的基本方法；Set 表示无重复元素的集合，其元素未排序；HashSet 是 Set 接口的典型实现类，根据 HashCode 值来安排元素的存储位置；SortedSet 继承了 Set 接口，其中的元素都排过序：List 是一种有序集合，其元素有索引，根据索引可访问对应的元素；Vector 和 ArrayList 都是 List 的实现类，它们的方法大同小异，两者的区别是，Vector 类中的方法都是同步的，而 ArrayList 则是非同步的，但效率更高；堆栈类 Stack 是 Vector 的子类，具有“后进先出(LIFO)”存取数据的特性；Queue 是队列接口，具有“先进先出(FIFO)”特性；Deque 是双向队列接口，允许在队头、队尾两端存取数据；链接列表 LinkedList 是 Deque 和 List 两个接口的实现类，兼具队列和列表两种特性。在集合中遍历元素采用的是 Iterator 接口，ListIterator 是其子接口，可从正、反两个方向进行遍历。

Map 是另一种类型的集合，其元素都是“键/值”对，因此，常用 Map〈k,V〉来表示，它也声明了该类型集合的基本方法；HashMap 和 Hashtable 都是 Map 的典型实现类，两者有一定区别，Hashtable 因为查找数据速度快，在存储信息方面应用较多；Properties 属性集的键与值都是字符串，可获取系统或属性配置文件相关信息，在系统开发中经常使用。

Java 的 Collection 和 Map 尽管分属于不同的集合体系，但它们可以相互转换。Collections 类还提供了一系列静态方法实现排序、搜索等算法；Arrays 类则包含了数组操作的一系列算法。

本实验涉及的知识点较多、较细，需要不断学习、实践才能真正理解、掌握。

实验9　文件与输入输出流(1)

9.1　实验目的

(1)能够使用 File 类表示文件或目录，获取相关信息，并进行文件、目录操作；

(2)能够使用 InputStream 和 OutputStream 的子类进行字节读、写操作，明白其优点及不足；

(3)能够使用 FileInputStream 和 FileOutputStream 进行文件读写的操作；

(4)理解“逐层封装”思想，能够使用“数据流”(DataInputStream 和 DataOutputStream)封装字节流，方便各类数据的读写；

(5)能够使用“缓冲字节流”(BufferedInputStream 和 BufferedOutputStream)封装字节流，提高数据的读写效率；

(6)熟知 System. in 是 InputString 对象，而 System. out 是 PrintStream 的对象。

9.2　知识要点与应用举例

9.2.1　File 类

File 类主要用来操作文件和目录，其构造方法有：File(String pathname)、File(String parent, String child)等，常用方法有：getName()、getAbsolutePath()、exists()、isDirectory()、isFile()、length()、list()、createNewFile()、mkdir()、renameTo(File dest)、delete()等，File 对象通过调用这些方法，可获取文件、目录有关信息，进行相关操作；使用递归方法还可以进一步操作子目录。

例 9－1　显示指定文件的有关信息。

解题思路：指定文件可用 File 类对象来表示，这样可调用相应的方法获取相关信息或进行操作。如果指定文件存在，就输出文件的信息(如文件名、绝对路径、父目录、文件大小等)，否则，就创建一个以此命名的文件。

需要注意的是：①Windows 操作系统下的“根目录”和“分隔符”是反斜杠“\”，而高级语言(如 C、C ++、Java 等)中的“\转义字符”(如“\t”“\n”等)实现特定功能。为避免产生歧义，可采用“\\”来表示“根目录”和“分隔符”，当然也可以使用正斜杠“/”来表示“根目录”和“分隔符”。②创建文件操作未必成功，需要进行异常处理，这是受检异常，不可缺少。程序代码如下：

```
import java.io.File;
import java.io.IOException;

public class FileDemo {
    public static void main(String args[]) {
//根目录及文件分隔符用"/"或"\\"表示
        File myfile = new File("d:\\test.txt");
        if (myfile.exists()) {
            System.out.println("文 件 名:" + myfile.getName());
            System.out.println("绝对路径:" + myfile.getAbsolutePath());
            System.out.println("父 目 录:" + myfile.getParent());
            System.out.println("文件长度:" + myfile.length() + "字节");
        } else {
            try {
                System.out.println("对不起,指定的文件未找到。");
                myfile.createNewFile();// 创建一个新文件
                System.out.println("已创建一个新文件!");
            } catch (IOException e) {
                System.out.println("出错信息:" + e);
            }
        }
    }
}
```

程序第一次运行结果：

```
对不起,指定的文件未找到。
已创建一个新文件!
```

程序第二次运行结果：

```
文 件 名:test.txt
绝对路径:d:\test.txt
父 目 录:d:\
文件长度:0 字节
```

例9-2 显示当前目录的子目录及文件信息。

解题思路：目录也可以用File类对象来表示，当前目录是指正在工作的目录，亦即程序文件所在目录，可用“.”来表示；File对象的list()和listFiles()可返回指定目录中的文件或子目录，返回类型是字符串或File数组，之后可用isFile()或isDirectory()判断是否为文件或目录，再调用相应方法显示名称、文件大小等信息。程序代码如下：

```
import java.io.*;

public class DirTree {
    public static void main(String args[]) {
        File dir = new File(".");
        System.out.println("当前目录:" + dir.getAbsolutePath());
// 返回指定目录的所有文件或目录，返回 File 类型有利于后续操作
        File mylist[] = dir.listFiles();
        for (int i = 0; i < mylist.length; i++) {
            if (mylist[i].isDirectory()) {
                System.out.println("\t 子目录: " + mylist[i].getName());
            }else{
                System.out.println("\t 文件名: " + mylist[i].getName() + ", 大小: "
+ mylist[i].length() + "字节");
            }
        }
    }
}
```

程序运行结果与当前目录的内容有关，以下是一运行结果（……表示后续结果不一一列出）：

```
当前目录：F:\Java 程序设计基础\大课课件\第 9 讲 文件与输入输出流(1)\code\.
    文件名：.classpath, 大小：229 字节
    文件名：.project, 大小：384 字节
    文件名：20170424.txt, 大小：123 字节
    子目录：bin
    文件名：CopyFile.java, 大小：826 字节
    ……
```

有时，我们需要对某一目录下的文件进行过滤（只显示某一类或几类文件）、排序（按某一标准递增或递减）输出文件名，如图 9－1 所示。

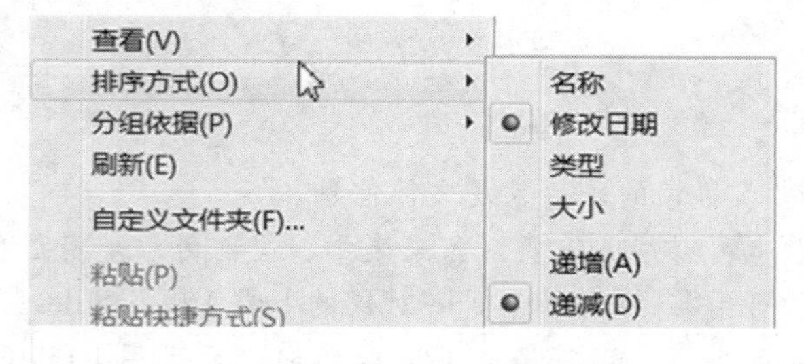

图 9－1　文件名排序选择图示

例 9－3[*] 对指定目录下的文件进行过滤，并按修改日期逆序显示文件信息（加＊表示有一定难度，可作为自学内容）。

解题思路：①调用 File 类对象的 list(FilenameFilter filter)方法，可对文件名进行过滤，只有满足条件的才能显示，需要实现 FilenameFilter 接口中的 boolean accept(File dir, String name)（其中，参数 dir 是被找到的文件所在的目录，name 是文件的名称，因该对象只使用一次，故可使用匿名内部类）。②输出内容包含文件名和修改日期，可选择一个 HashMap 对象来存放（文件名为 key、文件修改时间为 value），因需要对修改日期按逆序显示，可将 Map 集合转换成 List 集合，参数类型为 Entry <String, Long>，并自定义 int compare()方法作为排序依据，然后调用 Collections. sort()对 List 集合进行排序。③为了使输出内容更整齐，可调用 SimpleDateFormat 类来格式化输出日期，还可调用 System. out. printf()来输出定长字符串、控制对齐方式。程序代码如下：

```
import java.io.*;
import java.util.*;
import java.text.*;
import java.util.Map.Entry;

public class FilenameFilterAndSorted {
    public static void main(String[] args) {
        // 根据路径名称创建 File 对象
        File dir = new File(".");
        // 得到文件名列表
        if (dir.exists() && dir.isDirectory()) {
            // 创建 FileNameFilter 类型的匿名类,并作为参数传入到 list()方法中
            String[] filterFileNames = dir.list(new FilenameFilter() {
                public boolean accept(File dir, String name) {
                    // 对文件名进行过滤,文件名的后缀为.java 或.txt
                    return (name.endsWith(".java") || name.endsWith(".txt"));
                }
            });
            // 声明一个 HashMap 对象,它以文件名为 key、以文件修改时间为 value
            Map<String, Long> map = new HashMap<String, Long>();
            for (String filename : filterFileNames) {
                map.put(filename, new File(dir, filename).lastModified());
            }
            // 将 Map 集合转换成 List 集合中,而 List 使用 ArrayList 来实现
            List<Entry<String, Long>> list = new ArrayList<Entry<String,
Long>>(map.entrySet());
            // 最后通过 Collections.sort(List l, Comparator c)方法来进行排序
            Collections.sort(list, new Comparator<Map.Entry<String, Long>>() {
                public int compare(Map.Entry<String, Long> o1, Map.Entry<
String, Long> o2) {
```

```
// long 数据的范围比较大,直接转换为 int 型时有可能溢出.
//好在 compare 的值只要是正、0、负即可,可不直接用差,改用 1 或 -1
                long result = o2.getValue() - o1.getValue();
                if (result >= 1)
                    return 1;
                else if (result <= -1)
                    return -1;
                else
                    return 0;
            }
            });
            System.out.printf("%40s%50s", "文件名", "修改时间");
            System.out.println();
            // 为了更友好地显示日期,现使用 SimpleDateFormat 对象来输出文件修改时间
            SimpleDateFormat formatter = new SimpleDateFormat("yyyy/MM/dd HH:mm");
            for (Map.Entry<String, Long> mapping : list) {
                System.out.printf("%-30s%-20s", mapping.getKey(), formatter.
format(new Date(mapping.getValue())));
                System.out.println();
            }
        } else {
            System.out.println("在指定目录中找不到对应文件");
        }
    }
}
```

程序运行结果与当前目录的内容有关，以下是一运行结果：

```
          文件名                         修改时间
FilenameFilterAndSorted.java         2018/05/02 22:19
DirTree.java                         2018/05/01 21:56
FileDemo.java                        2018/04/30 21:57
test.txt                             2017/09/01 17:29
```

9.2.2 字节流

字节流操作的基本单位是“字节”，如果站在内存(即应用程序)的角度以数据流动的方向来划分，可分成字节输入流、字节输出流两大类。通常从文件、网络读取内容应定义为输入流；保存内容、向网络发送数据应定义为输出流。从类名称比较容易判断 Java 字节流的所属类型，XxxxInputStream 是字节输入流，XxxxOutputStream 是字节输出流，其中，Xxxx 是子类名前缀。输入流只能进行“读”操作，输出流只能进行“写”操作。

9.2.3 字节流类

字节流中涉及的类较多，现选择几个有代表性的较实用的类进行介绍。它们的继承关系如图9-2、图9-3所示。

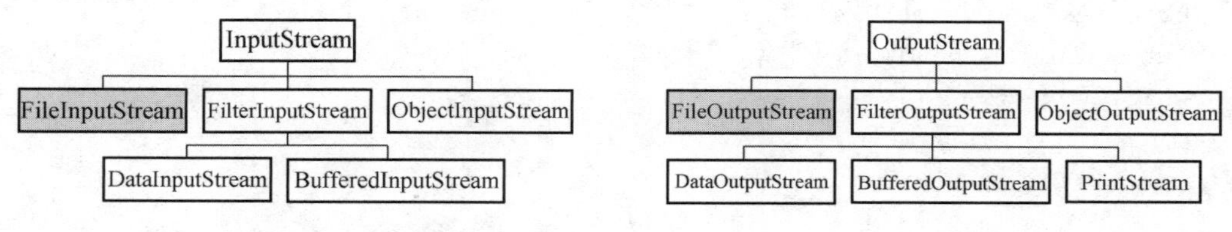

图9-2 字节输入流代表类继承关系　　图9-3 字节输出流代表类继承关系

9.2.4 字节流的“读”“写”方法

字节流的“读”操作有三个基本方法：int read()、int read(byte[]b)、int read(byte[]b, int off, int len)。第一个方法是“逐字节”方式读取数据，返回值是读取的字节内容；后两个方法是以“字节数组”方式读取数据，即将读取内容存放到字节数组中，返回值是读取的字节个数。三者都是以返回-1来作为读取结束标志，使用循环语句读取内容时，通常用它作为循环结束的条件。

“写”操作也有三个基本方法：void write(int b)、void write(byte[] b)、void write(byte[] b, int off, int len)。第一个方法一次写入一个字节，后两个方法一次写入多个字节(字节数组或字节数组前一部分内容)，它们均无返回值。如果写入的是字符串，则需要先调用getBytes()等方法将字符串编译成字节数组，再调用第三个方法来写入。

9.2.5 文件字节流

FileInputStream和FileOutputStream都是文件字节流，它们分别实现文件读、写功能，相关方法前面已经说明。通常读取文件内容是以如下方式进行的：

```
//"逐字节"方式读取文件内容
FileInputStream fis =new
FileInputStream("myfile.txt");
try {
    int i =infile.read();
    while (i != -1) {
        …….
        i =fis.read();
    }
} catch (IOException e) {
    ……
}finally{
    fis.close();
}
```

```
//"字节数组"方式读取文件内容
FileInputStream fis = new
FileInputStream("myfile.txt");
try {
    byte[] b = new byte[1024];
    int i = infile.read(b);
    while (i != -1) {
              ......
        i = fis.read(b);
    }
} catch (IOException e) {
    ......
}finally{
    fis.close();
}
```

由于字节流的操作单位是“字节”，读写字符串时要进行转换：读取时，应将读取得到的字节数组用 String 构造方法转换成字符串后再输出；写入时，先调用 getBytes( ) 等方法将字符串转换成字节数组，再写入。操作 int、double 等数据类型也存在着诸多不便，这些问题可以借助于“过滤流”来解决。

例 9－4 假定 readme. txt 的内容为：Java 语言于 1995 年 5 月 23 日诞生。现用 FileInputStream 对象以“逐字节”方式读取、显示文本文件内容。

解题思路：先用 FileInputStream 对象打开 readme. txt 文件，然后调用 read( ) 方法按字节逐一读取文件内容并输出，直至结束，最后关闭 FileInputStream 对象。程序代码如下：

```
import java.io.*;

class FileDisplay1 {
    public static void main(String args[]) throws IOException {
        FileInputStream infile = new FileInputStream("d:\\mydir\\readme.txt");
        try {
            int i = infile.read();// 先读取一个字节
            while (i != -1) {// 读指针到达输出流尾部时结束
                System.out.print((char) i);// 将一个字节强制转换为一个字符,并输出
                i = infile.read();// 读取下一个字节
            }
        } catch (IOException e) {
            System.out.println(e.getMessage());
        } finally {
            infile.close();// 关闭输入流
        }
    }
}
```

程序运行结果：

```
Java??????1995?ê5??23?????ú??
```

不难看出，英文字母、数字、标点符号能够顺利读取，但汉字出现乱码。出现这一结果的原因是：一个汉字包含两个字节，是一个整体；而 FileInputStream 对象读取时将它们拆成两个字节分开处理，每一字节强行转换成一个字符来输出。这种处理方法有些"粗暴"。改进方法如下：

例9-5 用"字节数组"方式读取文本文件内容，然后利用 String(byte[]bytes)或 String(byte[]bytes, int offset, int length) 构造新字符串来输出。

解题思路：先用一个较大的字节数组读取文本文件内容，与前面不同的是，不是将一个汉字的两个字节拆分成两个字符，而是将调用 String 类构造方法将它们组合成有意义的汉字，注意，应以实际读取的字节数来构造字符串。程序代码如下：

```
import java.io.*;

class FileDisplay2 {
    public static void main(String args[]) throws IOException {
        FileInputStream infile = new FileInputStream("d:\\mydir\\readme.txt");
        try {
            byte[] b = new byte[128];// 定义一个字节数组
            int i = infile.read(b);// 读取数据存放到字节数组中
            while (i != -1) {// 读指针到达输出流尾部时结束
                System.out.print(new String(b, 0, i));//将字节数组内容转换为字符
串,并输出
                i = infile.read(b);// 读取后续数据存放到字节数组中
            }
        } catch (IOException e) {
            System.out.println(e.getMessage());
        } finally {
            infile.close();// 关闭输入流
        }
    }
}
```

程序运行结果：

```
Java 语言于1995 年5 月23 日诞生。输出我们希望的结果。
```

例9-6 利用 FileOutputStream 来创建文件并写入内容。

解题思路：为考察 FileOutputStream 的效果，可写入不同类型的数据：通过写入 ASCII 来输入英文字母，将汉字字符串拆分成字节数组一次性写入，还可写入制表位、换行符等。程序代码如下：

```
import java.io.*;

class FileWrite {
    public static void main(String args[]) throws IOException {
        File f = new File("mytext.txt");
        FileOutputStream outfile = new FileOutputStream(f,true);
        try {
            for (int i = 'A'; i <= 'Z'; i ++)
                outfile.write(i);// 写入 int 型数据
            outfile.write('\t');// 写入制表位
            byte buf[] = "Java 程序设计".getBytes();// 将字符串转换字节数组
            outfile.write(buf);// 写入字节数组数据
            outfile.write('\n');// 写入换行符
            System.out.println("文件内容写入完毕!");
        } catch (IOException e) {
            System.out.println(e.getMessage());
        } finally {
            outfile.close();// 关闭输出流
        }
    }
}
```

程序运行结果：

```
文件内容写入完毕!
```

用“记事本”打开生成的文本文件，显示结果如图 9－4 所示。

图 9－4 记事本显示文本文件内容

思考题：第 1 次运行，文件大小为 41B，反复运行程序，文件不断增大。为什么？

例 9－7 利用 FileInputStream、FileOutputStream 复制文件。

解题思路：①复制即是从“源文件”读取字节，写入到“目标文件”中，完成一次读写操作后，再执行下一次；为提高文件读写效率，读写操作采用“字节数组”而非“逐字节”方式。②“源文件”“目标文件”从命令行中得到，即格式为：**java CopyFile 源文件 目标文件**。程序代码如下：

```
import java.io.*;

class CopyFile {
    public static void main(String args[]) throws IOException {
        long len = 0L;
        byte[] b = new byte[1024];// 定义字节数组
        FileInputStream fin = new FileInputStream(args[0]);// 创建输入流
        FileOutputStream fout = new FileOutputStream(args[1]);// 创建输出流
        try {
            int i = fin.read(b);// 读取字节到数组 b
            while (i != -1) {
                fout.write(b, 0, i);// 写入实际读取的字节数
                len += i;// 累加复制字节数
                i = fin.read(b);// 读取后续字节到数组 b
            }
            System.out.println("从源文件复制了" + len + "字节到目标文件,文件复制
完毕!");
        } catch (IOException e) {
            System.out.println(e.getMessage());
        } finally {
            fin.close();// 关闭输入流
            fout.close();// 关闭输出流
        }
    }
}
```

程序运行结果:

```
从源文件复制了 xxx 字节到目标文件,文件复制完毕!(注:xxx 表示复制文件的字节数,与操作文件有
关)
```

从以上可知，这一程序可复制文本文件。

9.2.6 过滤流

过滤流体现了“逐层封装”思想，在一个字节流的基础上创建另一个字节流，封装的目的是，方便各类数据的读写，提高数据的读写效率。“数据流”(DataInputStream、DataOutputStream)和“缓冲字节流”(BufferedInputStream、BufferedOutputStream)就是这方面的典型代表。“数据流”分别实现了 DataInput、DataOutput 接口，除了基本的 read()、write()方法外，还提供了形如 readXxx()、wrtieXxx()的多种方法，能够对基本数据类型和字符串进行读写操作；“缓冲字节流”由于使用缓冲区，可以大大加快读写速度，提高存取效率。

例9-8 利用DataOutputStream、DataInputStream过滤流来封装文件字节流生成员工文件，提高数据读写的便利性。

解题思路：①先构造FileOutputStream对象，再用DataOutputStream进行封装，这样就可以直接对字符串、int、float等类型数据进行“写”操作。②构造FileInputStream对象，再用DataInputStream进行封装，这样就可以直接对字符串、int、float等数据进行“读”操作。以此体会过滤流的功能。程序代码如下：

```
import java.io.*;

class DataStreamDemo {
    public static void main(String args[]) {
        File f=new File("employee.txt");// 数据存放文件
        try {// 创建文件,添加内容,为字节输出流
            FileOutputStream out=new FileOutputStream(f);
            DataOutputStream dos=new DataOutputStream(out);
            dos.writeUTF("张小山");
            dos.writeInt(22);
            dos.writeFloat(2345.67f);
            dos.close();
        } catch (IOException e) {
            System.out.println(e.getMessage());
        }

        try {// 打开文件,显示内容,为字节输入流
            FileInputStream in=new FileInputStream(f);
            DataInputStream dis=new DataInputStream(in);
            String name=dis.readUTF();
            int age=dis.readInt();
            float salary=dis.readFloat();
            dis.close();
            System.out.println("姓名:" + name);
            System.out.println("年龄:" + age);
            System.out.println("月薪:" + salary);
        } catch (IOException e) {
            System.out.println(e.getMessage());
        }
    }
}
```

程序运行结果：

```
姓名:张小山
年龄:22
月薪:2345.67
```

例9-9 使用缓冲字节流提高数据读写效率。

解题思路：为了检验缓冲字节流的功效，我们采用“数据流”封装“字节流”方法向数据文件中写入1000000个整数。使用两种不同方法进行：一种不使用缓冲字节流，另一种使用缓冲字节流，然后比较它们的所用时间。程序代码如下：

```
import java.io.*;

public class BufferedStreamDemo {
    public static void main(String args[]) throws IOException {
        long time1 = 0L;// 开始时间
        long time2 = 0L;// 结束时间
        System.out.println("使用数据流向数据文件写入1000000个整数:");
        // 不使用字节缓冲流
        time1 = System.currentTimeMillis();
        FileOutputStream f1 = new FileOutputStream("data1.dat");
        DataOutputStream out1 = new DataOutputStream(f1);
        for (int i = 1; i <= 1000000; i++)
            out1.writeInt(i);
        out1.close();
        time2 = System.currentTimeMillis();
        System.out.println("不使用字节缓冲流,所用时间: " + (time2 - time1) + "毫
秒");

        // 使用字节缓冲流
        time1 = System.currentTimeMillis();
        FileOutputStream f2 = new FileOutputStream("data2.dat");
        BufferedOutputStream buf = new BufferedOutputStream(f2, 2048);
        DataOutputStream out2 = new DataOutputStream(buf);
        for (int i = 1; i <= 1000000; i++)
            out2.writeInt(i);
        out2.close();
        time2 = System.currentTimeMillis();
        System.out.println("  使用字节缓冲流,所用时间: " + (time2 - time1) + "毫
秒");
    }
}
```

程序运行结果：

```
使用数据流向数据文件写入1000000个整数:
不使用字节缓冲流，所用时间：33058毫秒
使用字节缓冲流，所用时间：52毫秒
```

上述结果证明了使用字节缓冲流可大大提高文件读写速度。

9.2.7 PrintStream 类

PrintStream 类是 FilterOutputStream 的一个子类，属于字节过滤流，它具有强大的输出功能(常用方法是 print()和 println())及不抛出 IOException 等特点，且构造灵活、方便，在实践中得到广泛应用。

9.3 实验内容

1.(基础题)现有 FileTest.java 文件，其内容如下：

```
//程序功能: 显示文件或目录的信息
import ____(1)____;//导入 java.io 包中的所有类

public class FileTest {
    public static void main(String args[]) {
        File file = new ____(2)____ (args[0]);// 用命令行第一个参数作为文件或目录名
        if (file.____(3)____) {// 如果是文件,则显示其有关信息
            System.out.println("绝对路径: " + file.____(4)____);
            System.out.println("文件长度: " + file.____(5)____ + " 字节");
        } else {// 若为目录,则列出该目录下的所有文件或子目录名
            System.out.println("目录: " + file + ", 该目录下的文件或子目录有:");
            String lists[] = file.____(6)____;// 返回指定目录的所有文件或目录
            for (int i = 0; i < lists.____(7)____;i ++) {
                System.out.println("\t" + lists[i]);
            }
        }
    }
}
```

要求：

(1)根据题意和注释填充程序所缺代码。

(2)程序的运行需要用到一个命令行参数，请分别用一个文件、目录为参数运行程序，看一看结果有什么不同。

2.(基础题)根据上一题的内容，创建 FileTest2.java 程序，使之具备输出指定目录下所有子目录中包含文件的绝对路径、大小等功能，输出结果如下：

```
子目录: C:\jdk1.8.0\sample

子目录: C:\jdk1.8.0\sample\webservices

子目录: C:\jdk1.8.0\sample\webservices\EbayServer
文件: C:\jdk1.8.0\sample\webservices\EbayServer\build.properties,大小: 512 字节
文件: C:\jdk1.8.0\sample\webservices\EbayServer\build.xml,大小: 3168 字节
……
```

（提示：创建一个类，构造一个以“文件名”为参数的静态方法来实现前述功能。该方法先判断“文件名”所对应的对象是文件还是目录。如果是文件，则输出其绝对路径和大小；如果是目录，则先显示它的绝对路径，再列出该目录下的所有子目录和文件信息，通过循环和递归方法处理后续内容）

3.（基础题）文件 FileOutputStreamTest. java 的功能是，使用 FileOutputStream 类向 myfile. txt 文件写入'0'~'9'和字符串“文件和输入输出流”内容，请填充程序所缺代码，并运行程序。然后打开 myfile. txt 文件，查看其内容是否与要求相符。

```
//使用 FileOutputStream 类创建文件,并写入内容
import java.io.*;

class FileOutputStreamTest {
    public static void main(String args[]) throws IOException {
        File f = new File("myfile.txt");
        FileOutputStream outfile = new FileOutputStream(f);
        try {

            //填充程序所缺代码
            System.out.println("文件内容写入完毕!");
        } catch (IOException e) {
            System.out.println(e.getMessage());
        } finally {
            outfile.close();// 关闭输出流
        }
    }
}
```

4.（基础题）文件 FileInputStreamTest1. java 的功能是，使用 FileInputStream 类以“逐字节”方式读取上一题生成的 myfile. txt 文件内容，并输出。请填充程序所缺代码，并运行程序。

```
//使用 FileInputStream 类对象,以"逐字节"方式去读取、显示文本文件内容
import java.io.*;

class FileInputStreamTest1 {
    public static void main(String args[]) throws IOException {
        FileInputStream infile = new FileInputStream("myfile.txt");
        try {

        //填充程序所缺代码
        } catch (IOException e) {
            System.out.println(e.getMessage());
        }finally{
            infile.close();//关闭输入流
        }
    }
}
```

思考题：为什么程序输出的内容是乱码？

5.（基础题）参考 FileInputStreamTest1. java 程序，编写程序 FileInputStreamTest2. java，使用 FileInputStream 类以“字节数组”方式读取 myfile. txt 文件内容，输出结果正确，无乱码问题。

思考题：乱码问题是怎样解决的？

6.（基础题）若要将信息“机器学习”（书名）、“周志华”（作者）、61. 6（价格）等信息，分别以 UTF、double 类型数据保存到文件 books. txt 中，请用“数据流”类编程实现。（提示：可用数据流封装文件字节流方法实现）

7.（基础题）分析、运行下列程序，体会 PrintStream 类强大功能和灵活应用：

```
import java.io.*;
import java.awt.*;
public class PrintStreamDemo {
    public static void main(String args[]) {
        try {
            PrintStream ps = new PrintStream("test.txt");
            Button bt = new Button("按钮");// 创建一个按钮对象
            ps.println(123);//输出整数
            ps.println(3.1415926);//输出 double 型数据
            ps.println("123" + 456);//输出字符串
            ps.println(123 == 123.0);//输出 boolean 型数据
            ps.println(bt); // 打印对象时,调用对象的 toString()方法
            ps.close();
            System.out.println("数据写入完毕!");
        } catch (Exception e) {
        }
    }
}
```

回答下列问题：

（1）创建 PrintStream 类对象时，参数可以是哪些类型数据？

（2）通常操作 java. io 包中的类需要捕获异常，PrintStream 也同样需要吗？

（3）PrintStream 的 print( )或 println( )方法可以输出哪些类型的数据？

8.（提高题）Keyboard. java 文件的功能是，从键盘中输入文本并存入文件中，其代码如下：

```
import java.io.*;

public class Keyboard {
    public static void main(String[] args) throws ____(1)____ {//抛出 IOException 异常
        //创建输入流:从字节流 --> 字符流 --> 缓冲流
        ____(2)____ isr = new InputStreamReader(____(3)____);
//以 InputStreamReader 对象为参数创建 BufferedReader 对象
        ____(4)____ br = new BufferedReader(____(5)____);

        //创建输出流:从字节流 --> 字符流 --> 缓冲流
//以"myfile.txt"为参数创建 FileOutputStream 对象
        FileOutputStream fos = new ____(6)____ ("____(7)____");
//以 FileOutputStream 对象为参数创建 OutputStreamWriter 对象
        ____(8)____ osw = new OutputStreamWriter(____(9)____);
//以 OutputStreamWriter 对象为参数创建 BufferedWriter 对象
        BufferedWriter bw = new ____(10)____ (____(11)____);
        System.out.println("请输入字符串(按 Ctrl + Z 结束):");
        String str = null;
        while ((str = br.____(12)____ ()) != ____(13)____){//从输入流 bw 中读取一行文本
            bw.____(14)____ (str);//向输出流中写入已读取的文本
            bw.____(15)____ ();//向输出流中写入换行符
        }
        br.close();
        bw.____(16)____ ();//关闭流
        System.out.println("文件创建完毕!");
    }
}
```

要求：

(1)据题意和注释填充程序所缺代码。

(2)编译、运行程序，并输入以下内容：

abcdefghijk

1234567890

Java 面向对象编程

^Z

(3)查看 myfile.txt 的内容。

思考题：字符流操作包括哪些步骤，常用到哪些方法?

9.(提高题)对指定的某一目录，请列出该目录及其所有子目录中的.doc 或.docx 文件，编程完成这一任务。

9.4 实验小结

本实验主要涉及 File 类、输入输出流、字节流操作等内容。File 类主要用于文件、目录的表示、操作，有丰富 API 实现多种功能(如文件、目录的信息查看、改名、创建、删除等)，并不涉及文件内容；Java 中引入“流”来操作文件、网络信息，按数据流动的方向，可分为输入流(输入设备→内存)和输出流(内存→输出设备)，按数据的操作方式不同，分为字节流和字符流。字节流操作是实验的重点和难点，首先应理解输入字节流、输出字节流代表类的继承关系，通过字节文件读写操作来熟悉 read()、write()方法的使用，进而引出“封装类”，理解“逐层封装”思想，进而熟悉“数据流”(DataInputStream、DataOutputStream)和“缓冲字节流”(BufferedInputStream、BufferedOutputStream)的功能与应用；熟悉 PrintStream 类的强大输出功能和特点，通过实验体现其灵活、方便用法。

实验10 文件与输入输出流(2)

10.1 实验目的

(1)熟悉字符流的适用范围，掌握其读写操作方法；

(2)能够使用 FileReader、FileWriter 创建文件字符流，还能利用 InputStreamReader、OutputStreamWriter 实现字节流与字符流的转换；

(3)能够使用 BufferedReader、BufferedWriter 封装字符流，方便读写，提高效率；

(4)熟悉 PrintWriter 类的功能、基本用法；

(5)理解对象序列化/反序列化的含义，熟悉对象序列化/反序列化的操作流程；

(6)熟悉 RandomAccessFile 类功能，掌握文件读写的方法；

(7)能够利用第三方组件读写 Excel 文件内容。

10.2 知识要点与应用举例

10.2.1 字符流

为克服使用“字节流”处理字符的不便，从 JDK1.1 起引入了字符流。字符流以“字符”为数据操作单位(Java 中一个字符占 2 字节，即 16 位，中英文相同)，适用于字符串、文本的操作；进行字符处理时，涉及不同字符编码转换问题，如图 10－1 所示。

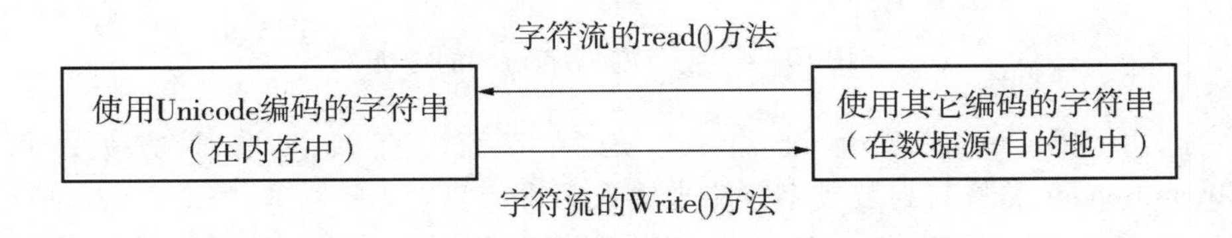

图 10－1　字符输入/输出时涉及字符编码问题

与字节流类似，字符流也提供三种“读”的基本方法：int read()、int read(char[] cbuf)、int read(char[] cbuf, int off, int len)，分别读取单个字符、多个字符到数组或数组指定位置，返回值为字符内容或字符个数。这三种方法，如果读指针到达输入流尾部，将返回 -1，这可以作为判断“读”操作是否结束的标志。

“写”操作有五种方法：void write(int c)、void write(char[] cbuf)、void write(char[] cbuf, int off, int len)、void write(String str)、void write(String str, int off, int len)，第一种方法一次写入一个字符，后四种方法一次写入多个字符(字符数组、字符串或是它们的一部分内容)，均无返回值。注意：可调用 flush()方法将缓冲区中的数据强制进行写操作；写操作完成后，应调用 close()关闭输出流。

10.2.2 字符流类

字符流也分为输入流、输出流，对应的类是 XxxxReader、XxxxWriter，其中，Xxxx 是子类名前缀。现选择几个有代表性较实用的类进行介绍，它们的继承关系如图 10－2、图 10－3 所示。

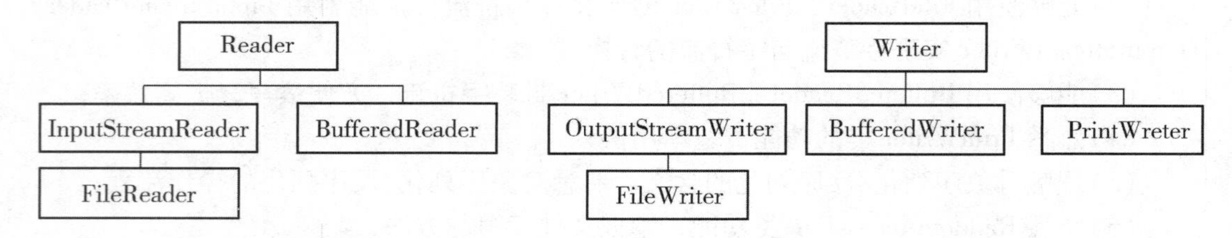

图 10－2 字符输入流代表类继承关系　　图 10－3 字符输出流代表类继承关系

重点掌握以下三组子类的用法：

(1) InputStreamReader/OutputStreamWriter：实现字节流/字符流的转换，如图 10－4 所示。

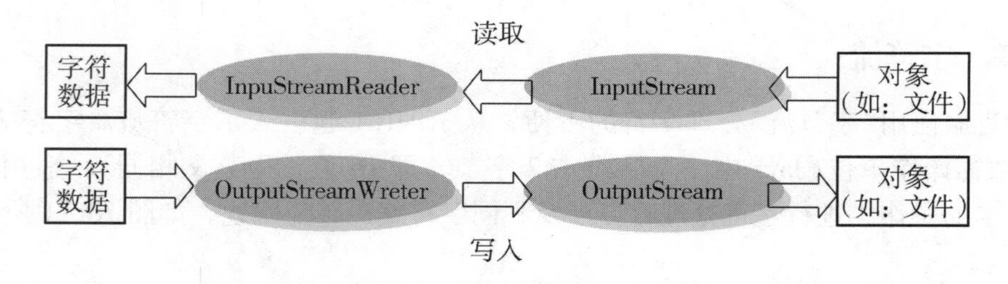

图 10－4 字节流/字符流间的转换

例如，System.in 代表标准输入，是字节流，直接读取不方便，可利用 InputStreamReader 类将其封装成字符流来输入字符。

(2) BufferedReader/BufferedWriter：以“行”为读写单位，可提高文本读写效率。

读写文件时为提高效率，通常都要封装成 BufferedReader/BufferedWriter 来操作，BufferedReader 类提供了 readLine()方法，可以“整行”读取字符；BufferedWriter 提供了 newLine()，可根据不同操作系统写入“换行符”。使用“缓冲字符流”读取文本文件的方式通常如下：

```
//"缓冲字符流"读取文件内容
FileReader fr = new FileReader("myfile.txt");
BufferedReader br = new BufferedReader(fr);
String str = null;
try {
    str = br.readLine();
    while (str != null) {//结束标志是null,而非 -1
              ……
        str = br.readLine();
}
} catch (IOException e) {
    ……
}finally{
    br.close();
    fr.close();
}
```

（3）FileReader/FileWriter：以字符流方式直接操作文件。这与使用InputStreamReader或OutputStreamWriter封装字节流后得到字符流的效果等同。

这两个类允许以File和String类型的文件名作参数，FileWriter还允许有第二个参数boolean append，以指明新增内容是否追加到原文件末尾。

例10-1 InputStreamReader/OutputStreamWriter类应用示例。

解题思路：①先创建文件字节输出流对象，再封装成字符流，演示以字符、字符数组、字符等几种格式输出。②将前面生成的文件来创建输入流对象，再封装成字符流，演示读取字符、字符数组并显示。程序代码如下：

```
import java.io.*;

public class InputStreamReader_OutputStreamWriterDemo {
    public static void main(String[] args) throws Exception {
        String str1 = "大学";
        char cbuf[] = new char[str1.length()];
        // 将字符串 str1 内容存放到字符数组 cbuf
        str1.getChars(0, str1.length(), cbuf, 0);
        String str2 = "华软软件学院";

        // 先创建文件字节输出流,再创建字符输出流
        FileOutputStream fos = new FileOutputStream("char1.txt");
        OutputStreamWriter osw = new OutputStreamWriter(fos);
        // 以多种方式写入字符数据
        osw.write('广');// 写入一个字符
```

```
        osw.write('州');// 写入一个字符
        osw.write(cbuf);// 写入字符数组内容
        osw.write(str2);// 写入字符串内容
        osw.close();

        // 先创建文件字节输入流,再创建字符输入流
        FileInputStream fis = new FileInputStream("char1.txt");
        InputStreamReader isr = new InputStreamReader(fis);
        // 定义一个能存放 str1 和 str2 的字符数组
        char mychars[] = new char[str1.length() + str2.length()];
        System.out.print((char) isr.read());// 以字符方式读取第 1 个字符,并输出
        System.out.print((char) isr.read());// 以字符方式读取第 2 个字符,并输出
        // 以字符数组方式读取剩余字符
        int len = isr.read(mychars, 0, str1.length() + str2.length());
        // 将字符数组内容以系统默认字符集生成字符串,并输出
        System.out.print(new String(mychars, 0, len));
        isr.close();
    }
}
```

生成的 char1.txt 文件内容如图 10－5 所示。

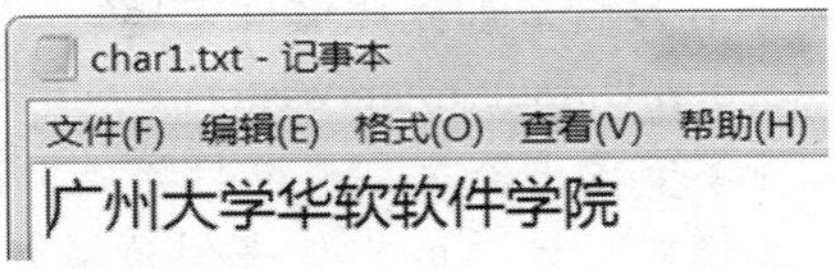

图 10－5　char1.txt 文件内容

程序运行结果：

```
广州大学华软软件学院
```

这说明文件的字符读写操作正确。注意：程序中使用了几种字符不同形式的读写操作，这是演示性的，不是必需的。实际使用时，选择一种最简便方式即可。

例 10－2　用缓冲字符流操作文件字节流，实现写文件、读文件功能。

解题思路：采用文件字节流来打开文件；为操作字符方便，需先封装成字符流；为实现“整行”操作功能，再封装成缓冲流。写入三个字符串及换行符到文件中，然后输出。程序代码如下：

```
import java.io.*;

public class BufferedReader_BufferedWriterDemo {
    public static void main(String[] args) throws Exception {
```

```
        // 文件字节输出流 --> 字符输出流 --> 缓冲输出流
        FileOutputStream fos = new FileOutputStream("char2.txt");
        OutputStreamWriter osw = new OutputStreamWriter(fos);
        BufferedWriter bw = new BufferedWriter(osw);
        bw.write("您好!");// 写入字符串,下同
        bw.newLine();// 插入"换行符",下同
        bw.write("谢谢!");
        bw.newLine();
        bw.write("再见!");
        bw.newLine();
        bw.close();

        // 文件字节输入流 --> 字符输入流 --> 缓冲字符输入流
        FileInputStream fis = new FileInputStream("char2.txt");
        InputStreamReader isr = new InputStreamReader(fis);
        BufferedReader br = new BufferedReader(isr);
        String s;
        // 用循环逐行读取字符串,直至遇到 null 为止
        while ((s = br.readLine()) != null)
            System.out.println(s);
        br.close();
    }
}
```

程序运行结果：

```
您好!
谢谢!
再见!
```

生成的 char2.txt 文件大小为 21B，内容如图 10－6 所示。

这一程序能够以“行”为单位直接读取、写入字符串，操作比较方便；但是，从“文件字节流”→“字符流”→“缓冲流”，要创建三种不同的对象，有些麻烦；而使用 FileReader/FileWriter 类可直接生成文件字符流对象。

char2.txt - 记事本
文件(F) 编辑(E) 格式(O) 查看(V) 帮助(H)
您好!
谢谢!
再见!

图 10－6　char2.txt 文件内容

例 10－3　FileWriter 的应用示例。

解题思路：使用 FileWriter 直接生成文件字符输出流对象；为实现“整行”写入、“换行”功能等，再封装成缓冲流。程序代码如下：

```
import java.io.*;

class FileWriterDemo {
    public static void main(String[] args) throws IOException {
        FileWriter fw = new FileWriter("myfile1.txt");
        BufferedWriter bw = new BufferedWriter(fw);
        bw.write("C++程序设计");
        bw.newLine();
        bw.write("Java程序设计");
        bw.newLine();
        bw.close();
        System.out.println("文件内容写入完毕");
    }
}
```

生成的 myfile1.txt 文件内容如图 10－7 所示。

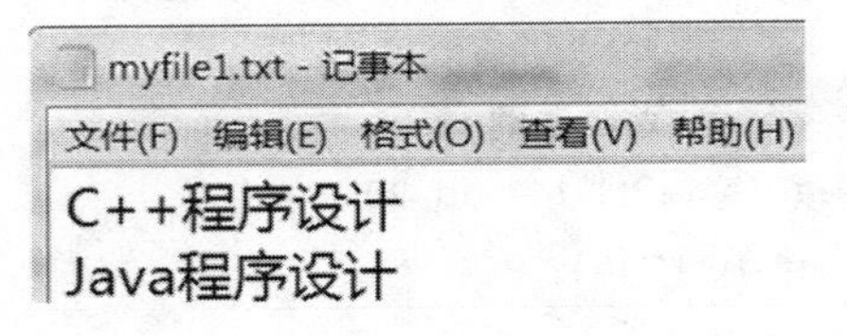

图 10－7　myfile1.txt 文件内容

例 10－4　FileReader 的应用示例。

解题思路：使用 FileReader 对上一程序生成 myfile1.txt 创建文件字符输入流对象；再封装成缓冲流，利用循环可逐行输出文本文件内容。程序代码如下：

```
import java.io.*;

class FileReaderDemo {
    public static void main(String[] args) throws IOException {
        FileReader fr = new FileReader("myfile1.txt");
        BufferedReader br = new BufferedReader(fr);
        String s;
        // 用循环逐行读取字符串,直至遇到 null 为止
        while ((s = br.readLine()) != null)
            System.out.println(s);
        br.close();
    }
}
```

程序运行结果：

```
C++程序设计
Java程序设计
```

例 10－5 文件的输入输出操作，采用逐层封装（字节流→字符流→缓冲流）方法来实现。

解题思路：文件的内容通过键盘来输入，而 System. in 是字节流对象，为操作字符方便，先封装成字符流；为实现“整行”操作、“换行”等功能，再封装成缓冲流。同样道理，输出时先创建文件字符流，再封装成缓冲流。程序代码如下：

```
import java.io.*;

public class KeyboardDemo {
    public static void main(String[] args) throws IOException {
        // 读取:键盘是字节输入流,先转换成字符输入流,再封装成缓冲字符输入流
        InputStreamReader isr = new InputStreamReader(System.in);
        BufferedReader br = new BufferedReader(isr);
        // 写入:先得到文件字符输出流,再封装成缓冲字符输出流
        FileWriter fw = new FileWriter("myfile2.txt");
        BufferedWriter bw = new BufferedWriter(fw);
        System.out.println("请输入字符串(按Ctrl+Z结束):");
        String data;
        // 逐行读取、写入
        while ((data = br.readLine()) != null) {
            bw.write(data);
            bw.newLine();
        }
        br.close();
        bw.close();
        System.out.println("文件创建完毕!");
    }
}
```

程序运行后，依次输入以下内容，最后按 ctrl + z。

```
Hello
How are you?
```

生成的 myfile2. txt 文件内容如图 10－8 所示。

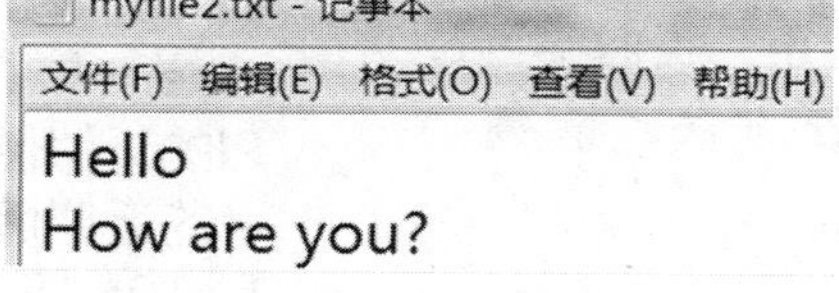

myfile2.txt - 记事本
文件(F) 编辑(E) 格式(O) 查看(V) 帮助(H)
Hello
How are you?

图 10－8 myfile2. txt 文件内容

10.2.3 PrintWriter 类

从 JDK 5.0 起，PrintWriter 类的功能得到了显著加强，除 write()、writeXxxx()外，还提供了 print()、println()方法来输出各种类型数据，也不抛出 IOException 异常；特别是能以 File、String、字节流、字符流为参数创建字符输出流，并带有缓冲区，几乎可以实现前面介绍的字节输出流、字符输出流的所有功能；且增加了一些新方法。例如，format(String format, Object... args)实现类似于 C 语言的格式输出。正因如此，在 Java Web 中就是生成 printWriter 对象来输出页面内容。

例 10－6 PrintWriter 的应用示例。

解题思路：直接以文件名为参数创建文件字符流对象，既不需要封装成缓冲流，也不需要捕获异常，其 println()可输出各种类型数据，还具有格式化功能。程序代码如下：

```
import java.io.*;

class PrintWriterDemo {
    public static void main(String args[]) throws IOException {
        // 利用文件输出流创建 PrintWriter 对象
        PrintWriter pw = new PrintWriter("output.txt");
        // 写入几个数据
        pw.println("hello");
        pw.println(18.97);
        pw.println(true);
        // 格式化输出数据
        pw.format("PI 的近似值为%1$10.6f", Math.PI);
        pw.println();
        pw.format("e 的近似值为%1$10.6f", Math.E);
        pw.println();
        int a = 5, b = 10;
        pw.format("%1$d + %2$d = %3$d", a, b, a + b);
        pw.close();
        System.out.println("数据写入完毕!");
    }
}
```

程序运行之后，生成的 output.txt 文件内容如图 10－9 所示。

通过此例，体会 PrintWriter 的简便用法、强大功能。这是迄今为止，我们学习过的创建文本文件的最简便方法，请务必掌握。

output.txt - 记事本
文件(F) 编辑(E) 格式(O) 查看(V) 帮助(H)

```
hello
18.97
true
PI的近似值为  3.141593
e 的近似值为  2.718282
5+10=15
```

图 10－9 output.txt 文件内容

10.2.4 对象序列化

对象序列化是把对象“整体”存放到文件或网络上，对象反序列化则是从文件或网络“整体”读取、还原为对象，对象要具备序列化的功能，所对应的类必须实现 Serializable 接口，该接口是一个空接口，不包含任何方法，又称标记接口。对象序列化/反序列化如图 10－10 所示。

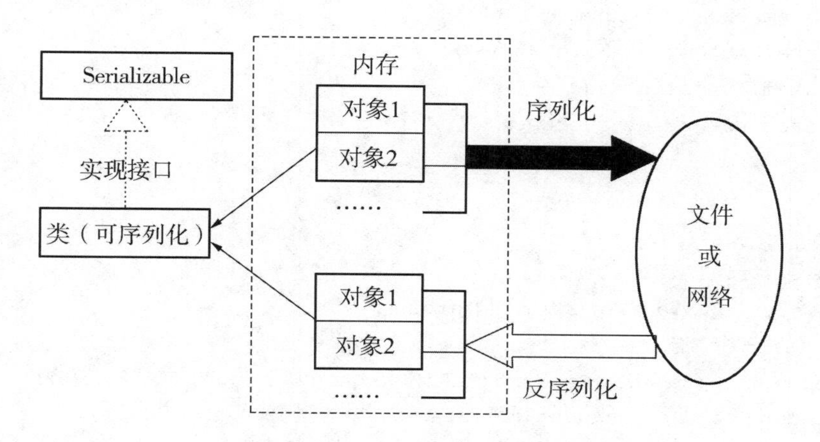

图 10－10 对象序列化/反序列化示图

写入、读取对象的类分别是 ObjectOutputStream、ObjectInputStream，分别调用 writeObject(Object obj)、readObject()方法来实现。

例 10－7 对象序列化/反序列化的应用示例。

解题思路：①学生类 Student 是需要被序列化的类，它有四个属性、两个方法，需要实现 Serializable 接口；②在主类中生成三个对象，然后创建一个字节文件流对象，再封装成 ObjectOutputStream 对象，将这三个对象写入；③然后将生成的字节文件作为输入流，再封装成 ObjectInputStream 对象，读取、还原 Student 对象(需要强制转换)，再调用 display()方法输出相应信息。程序代码如下：

```
import java.io.*;

//学生类(可序列化),实现 Serializabler 接口
class Student implements Serializable {
    String num;// 学号
    String name; // 姓名
    int age;// 年龄
    float average;// 平均成绩;

    Student(String s_id, String s_name, int s_age, float s_average){// 构造方法
        num=s_id;
```

```
        name = s_name;
        age = s_age;
        average = s_average;
    }

    public void displsy() {
        System.out.print(num + "\t");
        System.out.print(name + "\t");
        System.out.print(age + "\t");
        System.out.print(average + "\n");
    }
}

public class SerializableDemo {
    public static void main(String[] args) {
        // 创建三个对象
        Student zhang = new Student("0712345601", "张小三", 19, 87.6f);
        Student li = new Student("0712345602", "李阿四", 21, 90.3f);
        Student wang = new Student("0712345603", "王连五", 20, 77.2f);

        // 以下为序列化操作
        try {
            // 创建文件字节输出流,并以此生成对象输出流
            FileOutputStream file_out = new FileOutputStream("students.dat");
            ObjectOutputStream object_out = new ObjectOutputStream(file_out);
            // 向对象输出流写入数据
            object_out.writeObject(zhang);
            object_out.writeObject(li);
            object_out.writeObject(wang);
            object_out.close();
        } catch (IOException e) {
            System.out.println(e);
        }

        // 以下为反序列化操作
        try {
            // 创建文件字节输入流,并以此生成对象输入流
            FileInputStream file_in = new FileInputStream("students.dat");
            ObjectInputStream object_in = new ObjectInputStream(file_in);
            Student st = null;
            int i;
```

```
            System.out.println("学号\t\t 姓名\t 年龄\t 平均成绩");
            for (i =0; i < 3; i ++) {
                st = (Student) object_in.readObject();
                st.displsy();
            }
                object_in.close();
            } catch (ClassNotFoundException e) {
                System.out.println("不能读出对象!");
            } catch (IOException e) {
                System.out.println(e);
            }
    }
}
```

程序运行结果:

```
学号            姓名     年龄   平均成绩
0712345601      张小三    19     87.6
0712345602      李阿四    21     90.3
0712345603      王连五    20     77.2
```

由于生成的 students.dat 是二进制文件，不宜用“记事本”打开，会出现乱码。

10.2.5 文件随机存取——RandomAccessFile 类

RandomAccessFile 类能够随机读写文件，它本身不是输入流、输出流，但具备这两者的功能，既可以读，也可以写。读、写方法有多种形式，每一次读写之后，指针都会往后移动；该类还提供了 getFilePointer()、skipBytes(int n)、seek(long pos)、setLength(long newLength)等方法来查看、移动指针位置及重新设置文件长度等功能，操作单位为字节；灵活使用这些方法，可实现强大功能。例如，网络上传输大文件时，通常需要拆分成若干小文件分开传输，到目标位置后这些小文件的合并就可以使用 RandomAccessFile 类。

例 10-8 RandomAccessFile 类的应用示例。

解题思路：用指定的数据文件名创建具有“读写”功能的 RandomAccessFile 对象，然后调用该对象的 writeInt()方法依次将 0～9 的平方写入文件中，再定位到处于偶数位置数据的起始点上调用 readInt()读取整数并输出。程序代码如下：

```
import java.io.* ;

public class RandomAccessFileDemo {
    public static void main(String arg[]) {
        try {
```

```
            //根据指定的数据文件名创建具有"读写"功能的 RandomAccessFile 对象
            RandomAccessFile raf = new RandomAccessFile("numbers.dat", "rw");
            //将 0,1,..,9 的平方写入数据文件中
            for (int i = 0; i < 10; i ++)
                raf.writeInt(i * i);

            // 读取数据文件中处于偶数位置的数据
            System.out.println("处于偶数位置的序列: ");
            long length = raf.length();// 得到文件的总字节数
            for (int i = 4; i < length; i += 2 * 4) {// 一个整数占 4 字节
                raf.seek(i);// 定位偶数位置数据的字节位置
                System.out.print(raf.readInt() + "  ");
            }
            raf.close();// 关闭文件
        } catch (Exception e) {
            System.out.println(e);
        }
    }
}
```

程序运行结果:

```
处于偶数位置的序列:
1  9  25  49  81
```

10.2.6* Excel 文件的读写

Excel 文件经常使用，可利用第三方组件来读写 Excel 文件内容，JExcel 就是其中一个。要使用 JExcel，先要下载 jxl.jar，并正确安装；若要进一步熟悉其用法，还要下载、安装 API 文档，并认真阅读。Excel 文件操作的基本元素是"工作簿""工作表""单元格"，使用 JExcel 时基本上是按照这些元素来操作的，单元格是按"先列后行"顺序来标识的。注意：读取操作与写入操作所用到的类、接口有很大差异，要加以区分。

例 10-9 Excel 文件读取的应用示例。假定现有 myexcel.xls 文件，其内容如图 10-11 所示。

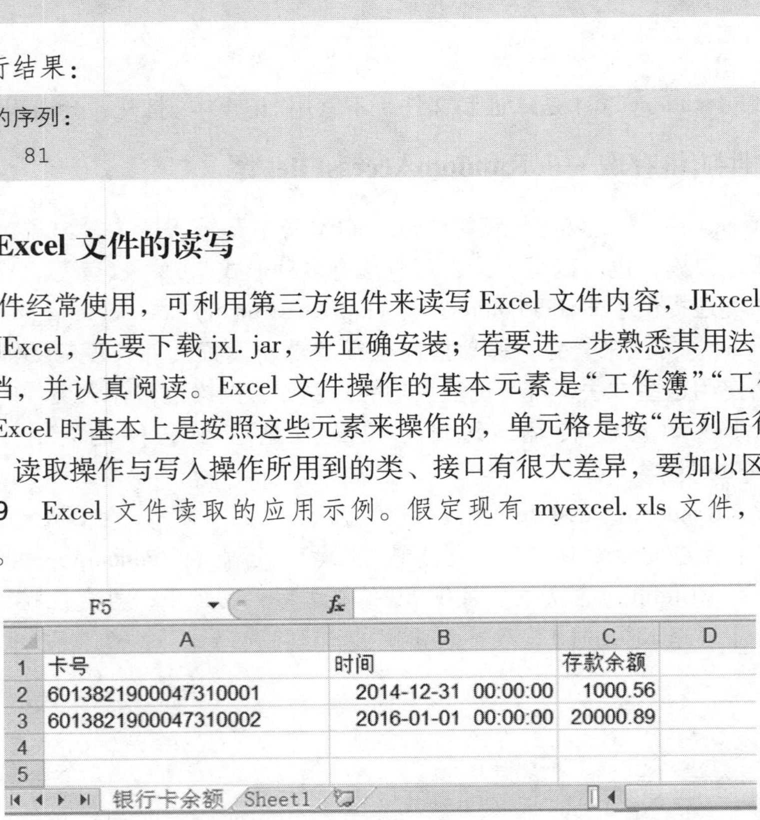

	A	B	C	D
1	卡号	时间	存款余额	
2	6013821900047310001	2014-12-31 00:00:00	1000.56	
3	6013821900047310002	2016-01-01 00:00:00	20000.89	
4				
5				

F5　银行卡余额　Sheet1

图 10-11　myexcel.xls 文件内容

现要求借助第三方组件输出 Excel 文件内容。

解题思路：①先定义读取单元格字符串的方法 read(Sheet sheet, int col, int row)，再调用该方法得到读取一行单元格内容方法 readLine(Sheet sheet, int row)；②在 main() 方法中生成"工作簿"对象，再调用 getSheet(0) 方法得到第一个 sheet，然后用循环反复调用 readLine() 读取指定工作表的多行单元格内容并输出。程序代码如下：

```
import java.io.*;
import jxl.*;

public class ExcelReadDemo {
    // 读取 excel 的指定单元格数据
    public String read(Sheet sheet, int col, int row) {
        try {
            Cell cell = sheet.getCell(col, row);
            String rest = cell.getContents();// 得到单元格中内容
            return rest;
        } catch (Exception e) {
            System.out.println("read err:" + e);
            return null;
        }
    }

    // 读取 excel 文件一行数据
    public String[] readLine(Sheet sheet, int row) {
        try {
            // 获取数据表列数
            int colnum = sheet.getColumns();
            String[] rest = new String[colnum];
            for (int i = 0; i < colnum; i++) {
                String sTemp = read(sheet, i, row);
                if (sTemp != null)
                    rest[i] = sTemp;
            }
            return rest;
        } catch (Exception e) {
            System.out.println("readLine err:" + e);
            return null;
        }
    }

    public static void main(String[] arges) {
```

```
        ExcelReadDemo excelread = new ExcelReadDemo();
        // 声明工作簿、工作表
        Workbook wb = null;
        Sheet mysheet;
        try {
            File file = new File("myexcel.xls");
            // 打开一个 excel 文件,并得到"工作簿"对象
            wb = Workbook.getWorkbook(file);
            // 得到第一个工作表,下标为 0
            mysheet = wb.getSheet(0);

            // 用循环读取 3 行数据,并逐一显示出来
            for (int i = 0; i < 3; i ++) {
                String[] ssTemp = excelread.readLine(mysheet, i);
                for (int j = 0; j < ssTemp.length; j ++) {
                    System.out.printf("%1$21s", ssTemp[j]);//格式化输出,便于对齐
                }
                System.out.println();
            }
        } catch (Exception e) {
            System.out.println(e);
        } finally {
            wb.close();// 关闭工作簿
        }
    }
}
```

程序运行结果:

```
        卡号                              时间                  存款余额
6013821900047310001 2009-12-31  12:00:00            1000.56
6013821900047310002 2010-01-01  12:00:00           20000.89
```

例 10-10 Excel 文件写入的应用示例，目标是生成 myexcel.xls 文件。

解题思路：①创建一个可写入的 excel 文件，并得到"工作簿"对象，然后使用第一张"工作表"(下标为0)，将其命名为“银行卡余额”。②向第一行的单元格添加数据用来设置表头(卡号、时间、存款余额)，单元格以(列，行)方式指定，下标均从0开始；依次向第二、三行单元格写入数据，注意：普通字符不需要设置格式，日期、数字需要格式化。程序代码如下：

```
import java.io.*;
import java.util.*;
```

```
import jxl. * ;
import jxl. write. * ;

public class ExcelWriteDemo {
    public static void main(String[] arges) {
        try {
            File file = new File("myexcel. xls");
            // 创建一个可写入的 excel 文件,并得到"工作簿"对象
            WritableWorkbook w_workbook = Workbook. createWorkbook(file);
            // 使用第一张"工作表"(下标为 0),将其命名为"银行卡余额"
            WritableSheet w_sheet = w_workbook. createSheet("银行卡余额", 0);

            //向第一行单元格添加数据用来设置表头,单元格以(列,行)方式指定,下标均从 0 开始
            Label label0 = new Label(0, 0, "卡号");
            w_sheet. addCell(label0);
            Label label1 = new Label(1, 0, "时间");
            w_sheet. addCell(label1);
            Label label2 = new Label(2, 0, "存款余额");
            w_sheet. addCell(label2);

            //普通字符,不需要设置格式. 日期、数字需要格式化
            DateFormat df = new DateFormat("yyyy - MM - dd  hh:mm:ss");
            WritableCellFormat wcfDF = new WritableCellFormat(df);
            NumberFormat nf = new NumberFormat("#. ##");
            WritableCellFormat wcfN = new WritableCellFormat(nf);

            // 使用上述日期、数字格式,添加第二行数据,下同
            Label cardID = new Label(0, 1, "6013821900047310001");
            w_sheet. addCell(cardID);
            DateTime datetime = new DateTime(1, 1, new GregorianCalendar(2014,
11, 31). getTime(), wcfDF);
            w_sheet. addCell(datetime);
            jxl. write. Number balance = new jxl. write. Number(2, 1, 1000. 56, wcfN);
            w_sheet. addCell(balance);

            // 添加第三行数据
            cardID = new Label(0, 2, "6013821900047310002");
            w_sheet. addCell(cardID);
            datetime = new DateTime(1, 2, new GregorianCalendar(2016, 0, 1)
. getTime(), wcfDF);
```

```
            w_sheet.addCell(datetime);
            balance = new jxl.write.Number(2, 2, 20000.89, wcfN);
            w_sheet.addCell(balance);

            // 关闭对象,释放资源
            w_workbook.write();
            w_workbook.close();
            System.out.println("数据写入完毕!");
        } catch (Exception e) {
            System.out.println(e);
        }
    }
}
```

程序运行后得到 myexcel. xls 文件，内容如图 10 - 11 所示。

10.3 实验内容

1.（基础题）Keyboard. java 文件的功能是：从键盘中输入文本并存入文件中，其代码如下：

```
import java.io.* ;

public class Keyboard {
    public static void main (String[] args) throws ________[1]________ {//抛出
IOException 异常
        //创建输入流:从字节流 --> 字符流 --> 缓冲流
        ______[2]______ isr = new InputStreamReader(______[3]______);
        //以 InputStreamReader 对象为参数创建 BufferedReader 对象
        ______[4]______ br = new BufferedReader(______[5]______);

        //创建输出流:从字节流 --> 字符流 --> 缓冲流
        //以"myfile.txt"为参数创建 FileOutputStream 对象
        FileOutputStream fos = new ______[6]______ ("______[7]______");
        //以 FileOutputStream 对象为参数创建 OutputStreamWriter 对象
        _____[8]_____ osw = new OutputStreamWriter(_____[9]_____);
        //以 OutputStreamWriter 对象为参数创建 BufferedWriter 对象
        BufferedWriter bw = new ______[10]______ (______[11]______);
        System.out.println("请输入字符串(按 Ctrl + Z 结束):");
        String str = null;
```

```
        while ((str=br. ________[12]________ ())! = ________[13]________ ){//从输入流
bw 中读取一行文本
            bw. ________[14]________ (str);//向输出流中写入已读取的文本
            bw. ________[15]________ ();//向输出流中写入换行符
        }
        br.close();
        bw. ________[16]________ ();//关闭流
        System.out.println("文件创建完毕!");
    }
}
```

要求:

(1)根据题意和注释填充程序所缺代码。

(2)编译、运行程序,并输入以下内容:

```
abcdefghijk
1234567890
Java 面向对象编程
^Z
```

(3)查看 myfile. txt 的内容。

思考题:字符流操作包括哪些步骤,常用到哪些方法?

2. (基础题)文件 TextFileCopy. java 的功能是:进行文本文件的复制。其代码如下:

```
//文本文件的复制
import java.io.*;

public class TextFileCopy {
    public static void main(String[] args) {
        try {
            // 创建输入流:从字符流 --> 缓冲流
            ________________[1]________________//以命令行的第一个参数作为源文件名
            ________________[2]________________// 创建带缓冲区的输入流

            // 创建输出流:从字符流 --> 缓冲流
            ________________[3]________________// 以命令行的第二个参数作为目标件名
            ________________[4]________________// 创建带缓冲区的输出流
            …
            while (______[5]______) {
                ……
            }
            …
```

```
        } catch (IOException e) {
            e.printStackTrace();
        }
        System.out.println("文件复制完毕!");
    }
}
```

要求:

(1)填充程序所缺代码。

(2)程序的运行需要提供两个命令行参数,才能进行文本文件的复制。例如,

源文件:myfile. txt(或 TextFileCopy. java)

目标文件:myfile2. txt(或 TextFileCopy2. java)

问题:查看源文件和目标文件的内容是否相同?

(3)如果源文件不是以"回车换行"结束,则目标文件将会多出两个字节。请解释其中的原因。

思考题:如何解决这一问题?

3.(基础题)参考例 10-6 代码,请使用 PrintWriter 类创建一个文本文件 result. txt,并向该文件写入字符串、double、boolean 类型数据,还能进行文本格式化输出,如下所示:

```
d1 =12.3456
d2 =78.8731
12.35 + 78.87 = 91.22

false
```

请根据上述要求,编程实现。

4.(基础题)SerializableTest. java 文件的功能是,进行对象序列化/反序列化。其代码如下:

```
import java.io.* ;

//课程类(可序列化),实现 Serializabler 接口
class Course implements ______________[1]______________ {
    String courseID;// 课程编号
    String courseName;// 课程名称
    int credit;// 学分
    double average;// 平均成绩;

    Course(String id, String name, int n, double aver) {// 构造方法
        courseID = id;
        courseName = name;
```

```
        credit = n;
        average = aver;
    }

    public void displsy() {
        System.out.println(courseID + "\t" + courseName + "\t" + credit + "\t"
                + average);
    }
}

public class SerializableTest {
    public static void main(String[] args) {
        // 创建三个对象
        Course c1 = new Course("计算机科学导论", "SS1015", 3, 78.2);
        Course c2 = new Course("C ++程序设计", "SS1016", 4, 71.5);
        Course c3 = new Course("Java 程序设计基础", "O2002", 4, 65.1);

        // 以下为序列化操作
        try {
            // 创建文件字节输出流,并以此生成对象输出流
            FileOutputStream file_out = new FileOutputStream("courses.dat");
            ____________________【2】____________________
            // 向对象输出流写入 c1、c2、c3 三个对象
            ____________________【3】____________________
            ____________________【4】____________________
            ____________________【5】____________________
            object_out.close();
        } catch (IOException e) {
            System.out.println(e);
        }

        // 以下为反序列化操作
        try {
            // 创建文件字节输入流,并以此生成对象输入流
            ____________________【6】____________________
            ____________________【7】____________________
            Course st = null;
            int i;
            System.out.println("课程名称\t\t 课程编号\t 学分\t 平均成绩");
            for (i = 0; i < 3; i ++) {
            ____________________【8】____________________
                st.displsy();
```

```
            }
            object_in.close();
        } catch (ClassNotFoundException e) {
            System.out.println("不能读出对象!");
        } catch (IOException e) {
            System.out.println(e);
        }
    }
}
```

要求：

(1)填充程序所缺代码。

(2)编译程序、运行程序，并思考下列问题：

① 什么是对象的序列化、反序列化？

② 对象要序列化，需要实现什么接口？

③ 实现对象序列化，要用到什么类？调用什么方法？

④ 实现对象的反序列化，要用到什么类？调用什么方法？

⑤ 生成的 courses.dat 文件是否为文本文件？

⑥ 假若不想让对象的“平均成绩”属性序列化，该如何操作？请通过程序加以检验。

5.(基础题)RandomAccessFileTest.java 文件的功能是，进行文件的随机读写操作。代码如下：

```
import java.io.*;

public class RandomAccessFileTest {
    public static void main(String args[]) {
        int data[] = { 1, 1, 2, 3, 5, 8, 13, 21, 34, 55 };// 裴波那契数列
        try {
            // 创建 RandomAccessFile 对象,打开方式为"读写"
            RandomAccessFile randf = new ___[1]___("Fibonacci.dat", "___[2]___");
            for (int i = 0; i < data.length; i ++)
                randf.________[3]________(data[i]);

            System.out.println("以反序方式输出裴波那契数列:");
            for (int i = data.length - 1; i >= 0; i - - ) {
                randf.seek(____[4]____); // 移动读写指针(int 数据占 4 个字节)
                System.out.print(randf.____[5]____() + "\t");// 读取整数
            }
            randf.________[6]________();//关闭文件
        } catch (IOException e) {
            System.out.println("文件存取错误!" + e);
        }
    }
}
```

要求：

(1) 填充程序所缺代码，编译、运行程序。

(2) 查看程序运行后生成的 Fibonacci. dat 文件，它是否为文本文件？为什么？

6. (提高题)“学生选课记录 . xls”的内容如图 10 – 12 所示。

	A	B	C	D
1	课程代码	课程名称	学号	姓名
2	CC1004	C语言程序设计I	1740700001	张三
3	CC1004	C语言程序设计I	1740700002	李四
4	CC1004	C语言程序设计I	1740700003	王五
5	CC1004	C语言程序设计I	1740700004	赵六
6	CC1004	C语言程序设计I	1740700005	孙七

图 10 – 12 学生选课记录 . xls 文件内容

请编写程序，将工作表 Sheet1 的内容输出。

7. (提高题)已知 sc170101. txt 的内容如下：

课程代码，课程名称，学号，姓名

CO2002，Java 程序设计基础，1740700001，张小山

CO2002，Java 程序设计基础，1740700002，李大四

CO2002，Java 程序设计基础，1740700003，王小双

CO2002，Java 程序设计基础，1740700004，赵六六

CO2002，Java 程序设计基础，1740700005，孙小二

CO2002，Java 程序设计基础，1740700006，喜羊羊

CO2002，Java 程序设计基础，1740700007，灰太狼

CO2002，Java 程序设计基础，1740700008，钱多多

请借助 JExcel 组件将上述内容写入 Excel 文件中，所有数据均为字符串，不必设置单元格格式。

8. (提高题)假定已将大文件 data. dat 拆分成 data1. dat—data10. dat 十个小文件进行传输，到达目标位置后欲将这十个文件按序号从小到大重新组合成 data. dat，请用 RandomAccessFile 类完成这一任务。

10.4 实验小结

本实验主要涉及字符流、字符流类、对象序列化、RandomAccessFile 类、Excel 文件的读写等内容。字符流以“字符”为数据操作单位，适用于字符串、文本的操作，Reader/Writer 两个基类提供了几种“读”/“写”的基本方法，请熟悉这些方法；实际操作时，重点掌握 InputStreamReader/OutputStreamWriter、BufferedReader/BufferedWriter、FileReader/FileWriter 三组子类的用法，熟悉“逐层封装”的思想及文本“整行”读写的方法；PrintWriter 类具有强大功能，它除了 write( )、writeXxxx( ) 外，还提供了 print( )、println( ) 方法来输出各种类型数据，也不抛出 IOException 异常，特别是能以 File、

String、字节流、字符流为参数创建字符输出流，并带有缓冲区，几乎可以实现前面介绍的字节输出流、字符输出流的所有功能，并增加了一些格式化方法，这是迄今为止我们学习过的创建文本文件的最简便方法，请务必掌握。对象序列化是把对象“整体”存放到文件或网络上，反序列化则是从文件或网络“整体”读取、还原为对象，这为对象的保存/生成提供了新方法。对象序列化后的是二进制文件，需用专门的类及方法来读写；RandomAccessFile 类是文件操作的“另类”，它不是前面介绍字节流、字符流的子类，但它具备输入流、输出流的功能，既可以读，也可以写，体现随机性，读、写方法多样，灵活使用该类，可实现强大功能；平时我们经常使用 Excel 文件，可利用第三方组件 JExcel 读写 Excel 文件内容；使用前，需先要下载 jxl. jar，并正确安装，然后可参照 API 文体操作 Excel 文件，操作时涉及的基本元素是“工作簿”“工作表”“单元格”。因这部分内容有一定难度，暂不作要求，可供自学之用。

实验 11　数据库连接(JDBC)

11.1　实验目的

(1)熟悉创建数据库连接的主要步骤;
(2)熟悉 Connection、Statement、ResultSet 对象的功能及常用方法;
(3)掌握数据库的查询、增删改操作;掌握预处理语句的用法;
(4)理解什么是 SQL 注入;
(5)能将数据库操作封装成类,熟悉元数据获取方法;
(6)熟悉 MySQL 数据库的连接、操作;
(7)熟悉事务的基本特点和提交、回滚操作。

11.2　知识要点与应用举例

11.2.1　JDBC

JDBC 是 Java DataBase Connectivity(Java 数据连接)技术的简称,是一种可用于执行 SQL 语句的 Java API,它为管理不同数据库产品、开发人员操作数据库提供了“标准接口”,即尽管数据库产品种类多、操作复杂,但厂家只要实现 Driver 接口,JDBC 便能将其管理起来,开发人员就可以在 Java 程序中使用标准的操作去使用数据库,如图 11-1 所示。

JDBC 常用的类或接口如下,位于 java. sql 或 javax. sql 包中:

(1)Driver:驱动程序接口,各数据库产品必须实现该接口,方能统一管理。

(2)DriverManager:驱动程序管理类,编程时调用其方法来创建连接 Connection。

(3)Connection:连接接口,编程时使用该接口对象来创建 Statement 对象或 PreparedStatement 对象等。

(4)Statement:语句接口,编程时使用该接口对象可执行 SQL 语句。

(5)PreparedStatement:预处理语句接口,使用该接口对象可执行带“?”号的 SQL 预处理语句。

(6)ResultSet:结果集接口,返回查询结果集。

(7)ResultSetMetaData:结果集的元数据接口,可获取数据表、字段等信息。

(8) DatabaseMetaData：数据库的元数据接口，可获取数据库相关信息。

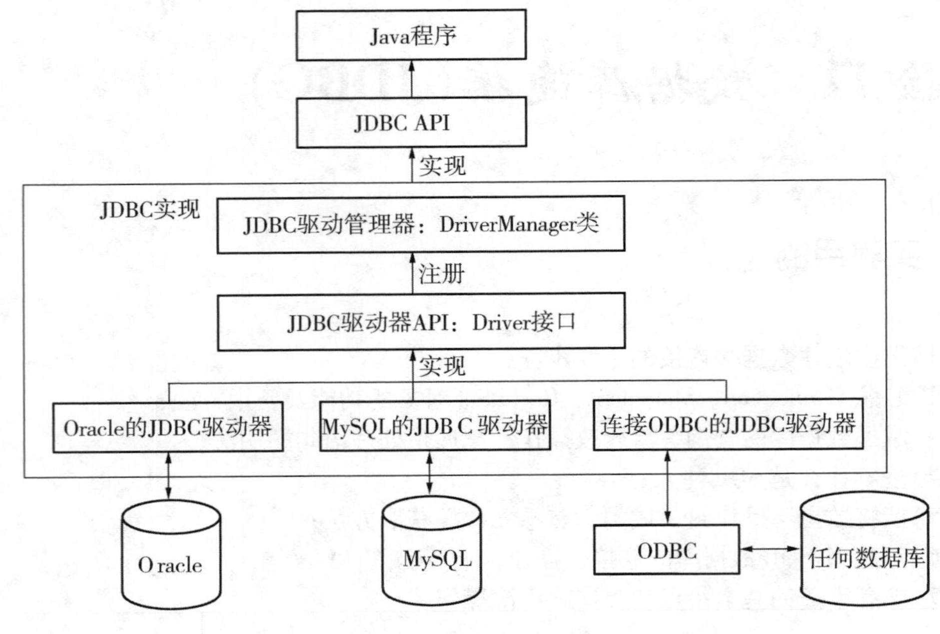

图 11－1　JDBC 原理示图

11.2.2　数据库连接、操作步骤

1. 加载驱动程序

格式：**Class. forName("驱动程序名称")**。不同数据库的驱动程序不同，例如：

①SQL server 2005/2008 的驱动程序为"com. microsoft. sqlserver. jdbc. SQLServerDriver"；

②MySQL 的驱动程序是"com. mysql. jdbc. Driver"；

③Oracle 的驱动程序为"oracle. jdab. driver. OracleDriver"。

说明：应先下载对应数据库系统的 JDBC 驱动程序，并安装在正确的位置上。例如，在 Eclipse 中通过菜单 Build Path/Configure Build Path…/Libraries/Add Jars…加载 JDBC 驱动程序 jar 包文件。

2. 创建连接 Connection 对象

格式：**Connection con = DriverManager. getConnection (url, "用户名", "密码")**；其中，url 由三部分构成，即协议:子协议:数据源名称。例如：

①SQL Server 2005/2008 为："jdbc:sqlserver://数据库服务器 IP:端口号;DatabaseName = 数据库名"，默认端口号为 1433；

②MySQL 为"jdbc:mysql://数据库服务器 IP:端口号/数据库名称"，默认端口号为 3306；

③Oracle 为"jdbc:oracle:thin:@数据库服务器 IP:端口号:"，默认端口号为 1521；

3. 利用 Connection 对象生成 Statement 对象

格式：**Statement stmt = conn. createStatement( );**

4. 利用 Statement 对象执行 SQL 语句

如果是查询操作，格式：**ResultSet rs = stmt. executeQuery ("Select 语句")；**得到结果集，并跳至①处理；若是更新、插入、删除等，格式：**int n = stmt. executeUpdate (" update、insert、delete 语句等")；n 为受影响的记录数**；之后跳至②。

①若是执行查询语句，还需要从 ResultSet 中读取数据，利用结果集的 next( )方法得到符合条件的某一记录，再用 getXxx(序号或列名)；逐一得到记录的各字段值，不同数据类型调用的方法不同；这一过程可使用循环语句反复执行，直至符合条件记录遍历完为止。

②调用 close( )方法，按打开的相反顺序依次关闭 ResultSet、Statement、Connection 等对象。

11. 2. 3 SQL Server 数据库的连接与操作

1. 准备工作

假定在本机(127. 0. 0. 1)上安装好 SQL Server 2008 数据库，并已启动相关服务。在该服务器上创建数据库 computer_dept，并建立两个数据表。

(1)表：students。包含字段有：学号(num)，姓名(name)，性别(gender)，出生日期(birthday)，年龄(age)，专业(major)，宿舍(dorm)，详见图 11 – 2。

列名	数据类型	允许 Null 值
num	varchar(12)	☐
name	varchar(10)	☐
gender	varchar(2)	☐
birthday	varchar(8)	☐
age	int	☐
major	varchar(50)	☐
dorm	varchar(40)	☑

图 11 – 2　students 表结构示图

(2)表：users。包含字段有：学号(num)，姓名(name)，密码(password)，班级(pclass)，手机(mobile)，邮箱(email)，详见图 11 – 3。

列名	数据类型	允许 Null 值
num	nchar(10)	☐
name	varchar(50)	☐
password	varchar(50)	☐
pclass	nvarchar(10)	☐
mobile	nvarchar(15)	☑
email	varchar(50)	☑

图 11 – 3　users 表结构示图

在访问数据库前，需要设置系统的登录名与密码、访问数据库的用户名、密码及访问权限等操作，分别如图 11－4 至图 11－7 所示。

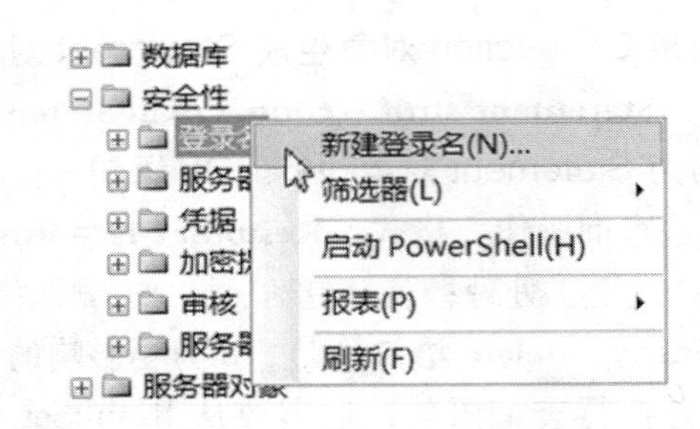

图 11－4　创建系统登录名

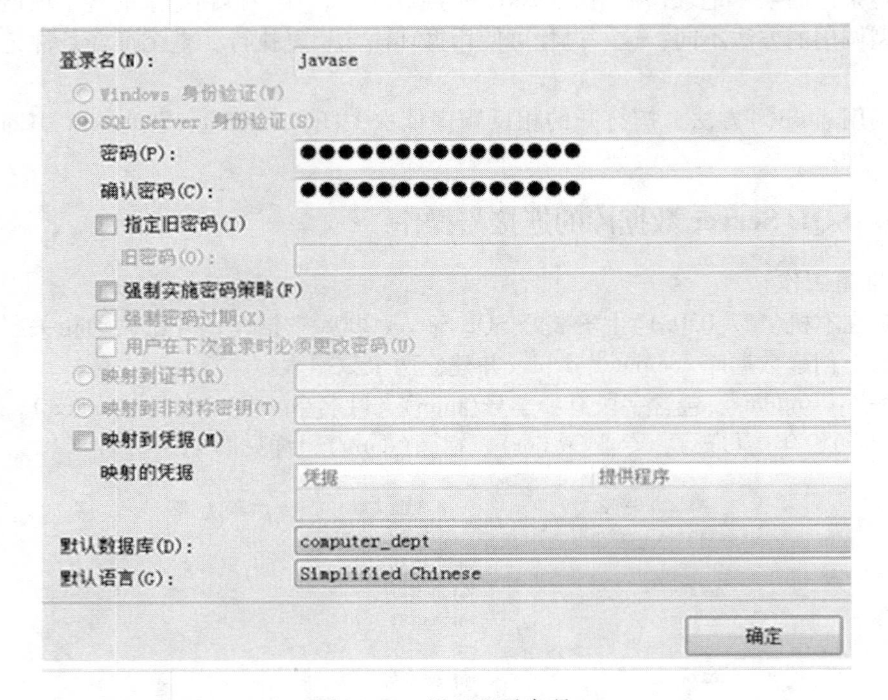

图 11－5　设置登录密码

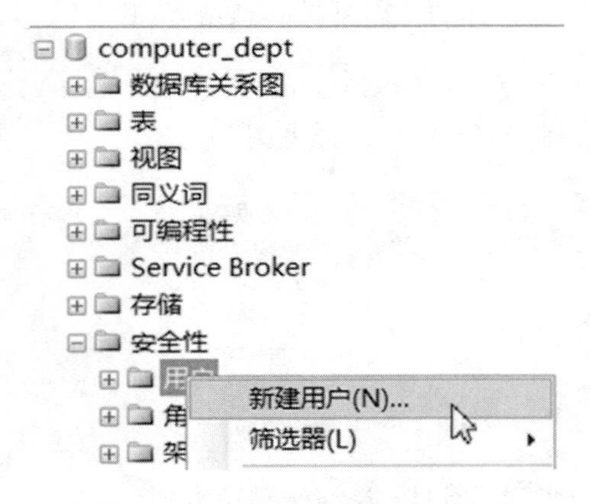

图 11－6　创建数据库的用户名

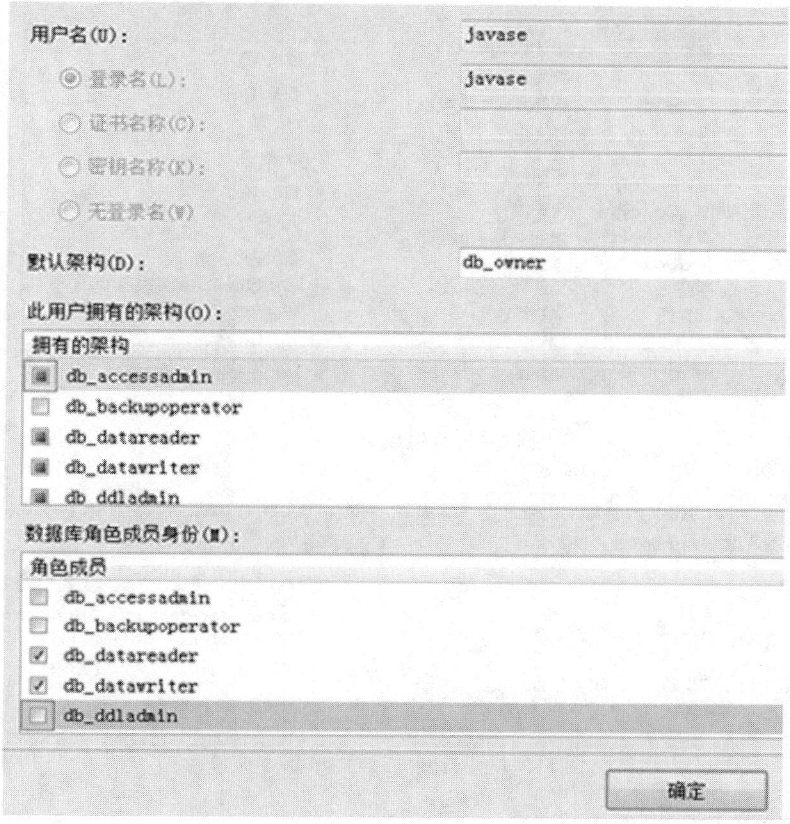

用户名(U):
javase
登录名(L):
javase
证书名称(C):
密钥名称(K):
无登录名(W)
默认架构(D):
db_owner
此用户拥有的架构(O):
拥有的架构
db_accessadmin
db_backupoperator
db_datareader
db_datawriter
db_ddladmin
数据库角色成员身份(M):
角色成员
db_accessadmin
db_backupoperator
db_datareader
db_datawriter
db_ddladmin
确定

图 11－7　设置用户名对应的登录名及访问权限

另外，除了自建数据库与表外，还可以选择以下两种方式将数据库从一台电脑快速迁移到另一台电脑。

(1)附加数据库文件。(图 11－8、图 11－9)

新建数据库(N)...
附加(A)...
还原数据库(R)...
还原文件和文件组(E)...
启动 PowerShell(H)
报表(P)
刷新(F)

要附加的数据库(D):
MDF 文件位置
数据库名称
附加为
所有者
状态
添加(A)...
数据库详细信息(T):

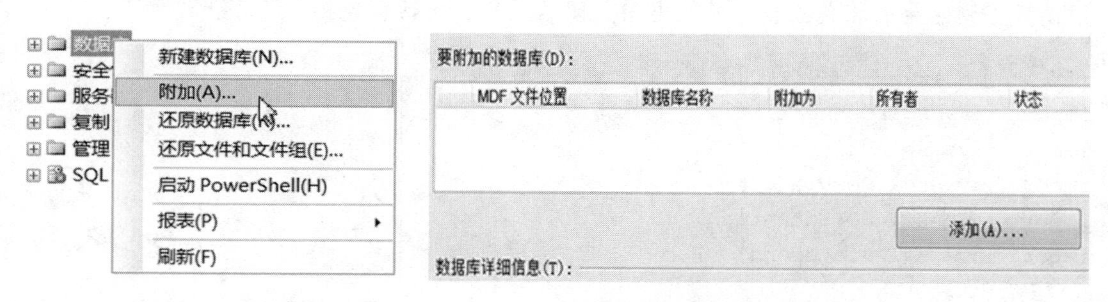

图 11－8　附加数据库文件　　　　图 11－9　选择添加的数据库文件

(2)先生成 sql 脚本文件，再运行。(图 11－10、图 11－11)

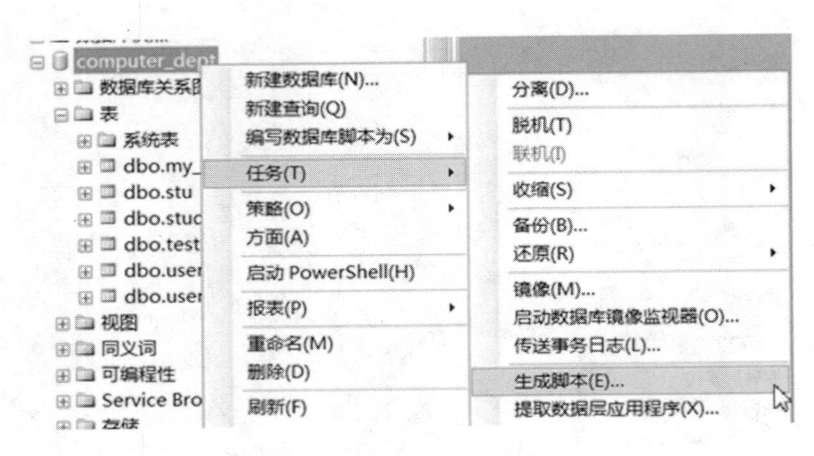

图 11－10　生成 sql 脚本文件

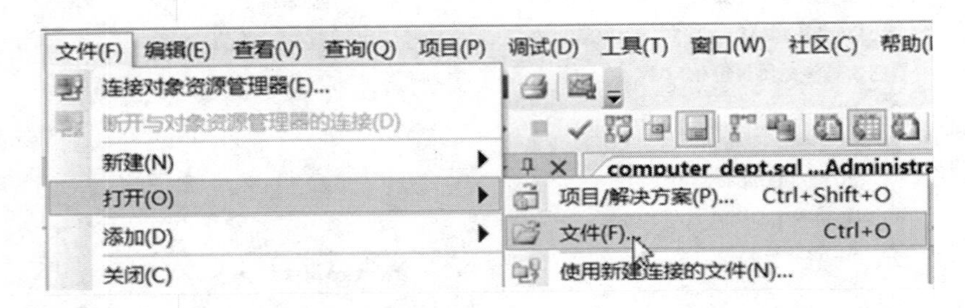

图 11－11　打开、运行 sql 脚本文件

2. 数据库连接、操作示例

例 11－1　查询符合条件(如：计算机科学与技术专业)的学生信息、统计对应的学生人数。

解题思路：按照 JDBC 连接、操作的步骤进行，操作步骤如下：

加载驱动程序→创建连接→得到 Statement 对象→执行查询语句，得到结果集→运用循环得到学生的相关数据，并输出→关闭结果集、会话、连接。程序代码如下：

```
//查询 SQL Server 2008 数据库实例
import java.sql.Connection;
import java.sql.DriverManager;
import java.sql.ResultSet;
import java.sql.SQLException;
import java.sql.Statement;

public class QueryDemo {
    private Connection con;// 连接对象

    public Connection getConnection(String dbname) {// 以数据库名为参数创建连接对象
```

```
        String drivername = "com.microsoft.sqlserver.jdbc.SQLServerDriver";
        // 数据库 URL
        String url = "jdbc:sqlserver://127.0.0.1:1433;" + "DatabaseName = " +
dbname;
        String userName = "javase";// 登录数据库用户名
        String password = "javase";// 用户密码

        try {
            // 加载 SQL Server 2008 驱动程序,得到 Connection 对象
            Class.forName(drivername);
            con = DriverManager.getConnection(url, userName, password);
        } catch (SQLException e) {
            e.printStackTrace();
        } catch (Exception e) {
            e.printStackTrace();
        }
        return con;
    }

    public void getStudent(String dbname, String sql) {// 查询学生信息
        try {
            con = getConnection(dbname);
            Statement st = con.createStatement();
            ResultSet rs = st.executeQuery(sql);

            System.out.println("学号" + "\t\t 姓名" + "\t 性别" + "\t 出生日期" + "\
t\t 年龄" + "\t 专业" + "\t\t\t 宿舍");

            while (rs.next()) {
                String id = rs.getString("num");
                String name = rs.getString("name");
                String sex = rs.getString("gender");
                String birthday = rs.getString("birthday");
                int age = rs.getInt("age");
                String major = rs.getString("major");
                String dorm = rs.getString("dorm");

                System.out.println(id + "\t" + name + "\t" + sex + "\t" +
birthday + "\t" + age + "\t" + major + "\t" + dorm);
            }

            rs.close();
            st.close();
```

```
            con.close();
        } catch (SQLException e) {
            e.printStackTrace();
        }
    }

    public void getRowCount(String dbname, String sql) {// 查询符合条件的记录数
        try {
            con = getConnection(dbname);
            Statement st = con.createStatement();
            ResultSet rs = st.executeQuery(sql);
            if (rs.next()) {
                System.out.println("符合条件的记录数有:" + rs.getInt(1) + "条");
            } else {
                System.out.println("没有符合条件的记录");
            }

            rs.close();
            st.close();
            con.close();
        } catch (SQLException e) {
            e.printStackTrace();
        }
    }

    public static void main(String[] args) {
        QueryDemo myjdbc = new QueryDemo();
        String dbname = "computer_dept";
        String sql1 = "select *  from students where major = '计算机科学与技术'";
        String sql2 = "select count(* ) from students where major = '计算机科学与技术
'";
        myjdbc.getStudent(dbname, sql1);// 查询符合条件的学生
        myjdbc.getRowCount(dbname, sql2);// 统计符合条件的记录数
    }
}
```

程序运行结果如图11－12所示(与数据库表的信息有关)。

```
学号            姓名     性别    出生日期        年龄    专业              宿舍
1640706101     林苏伟    男     19971124       20     计算机科学与技术   青枫阁1 M1501
1640706102     韩明奇    男     19970927       20     计算机科学与技术   青枫阁1 M1501
1640706103     曹先毅    男     19960710       21     计算机科学与技术   青枫阁1 M1501
1640706104     许博林    男     19980304       19     计算机科学与技术   青枫阁1 M1501
符合条件的记录数有:140条
```

图11－12　程序运行结果示图

说明：数据库查询主要是调用 Statement 对象的 executeQuery(sql)方法来实现，其参数为 select 语句，查询结果为 ResultSet；需要调用其 next()方法移动指针得到数据行，调用 getXXX(列序号或列名)得到对应字段的值，当结果为多行时，需要用循环来遍历读取多条记录内容。

例 11-2 执行数据库的增删改操作。

解题思路：先增加两条记录，然后修改其中的年龄，再删除这两条记录，最后查询所增记录是否存在。数据库连接、查询方法与上例相同，只需增加修改方法，当然 main()中的执行语句也不相同。

部分程序代码如下：

```
public void updateRecords(String dbname, String sql) {// 修改记录
    try {
        con = getConnection(dbname);
        Statement st = con.createStatement();
        int n = 0;
        n = st.executeUpdate(sql);// 得到受影响的记录数
        if (n > 0) {
            System.out.println("\nsql 语句:\n" + sql);
            System.out.println("修改操作,受影响的记录数有:" + n + "条");
            } else {
                System.out.println("修改操作不成功!");
            }
            st.close();
            con.close();
        } catch (SQLException e) {
            e.printStackTrace();
        }
    }

    public static void main(String[] args) {
        UpdateDemo myjdbc = new UpdateDemo();
        String dbname = "computer_dept";
        // 插入两条记录
        String ins_str1 = "insert into students values('1640111101','张小山',
'男','19970201',20,'网络工程','绿杨楼1')";
        String ins_str2 = "insert into students(num,name,gender,birthday,age,
major) values('1640111102','李大鹏','男','19960501',21,'网络工程')";
        myjdbc.updateRecords(dbname, ins_str1);
        myjdbc.updateRecords(dbname, ins_str2);
        // 显示有关信息,下同
```

```
        String query_str1 = "select *  from students where major like '网络工程'";
        String query_str2 = "select count(* ) from students where major like '网络工程'";
        myjdbc.getStudent(dbname, query_str1);// 查询符合条件的学生
        myjdbc.getRowCount(dbname, query_str2);// 统计符合条件的记录数
        // 更新数据,并显示
        String update_str = "update students set age = age + 1 where major = '网络工程'";
        myjdbc.updateRecords(dbname, update_str);
        myjdbc.getStudent(dbname, query_str1);
        myjdbc.getRowCount(dbname, query_str2);
        // 删除数据,并显示
        String delete_str = "delete from students where major = '网络工程'";
        myjdbc.updateRecords(dbname, delete_str);
        myjdbc.getStudent(dbname, query_str1);
        myjdbc.getRowCount(dbname, query_str2);
    }
```

程序运行结果:

```
sql 语句:
insert into students values('1640111101','张小山','男','19970201',20,'网络工程','绿杨楼 1')
修改操作,受影响的记录数有:1 条

sql 语句:
insert into students(num,name,gender,birthday,age,major) values('1640111102','李大鹏','男','19960501',21,'网络工程')
修改操作,受影响的记录数有:1 条
学号        姓名   性别  出生日期   年龄  专业     宿舍
1640111101  张小山  男   19970201   20   网络工程  绿杨楼 1
1640111102  李大鹏  男   19960501   21   网络工程  null
符合条件的记录数有:2 条

sql 语句:
update students set age = age + 1 where major = '网络工程'
修改操作,受影响的记录数有:2 条
学号        姓名   性别  出生日期   年龄  专业     宿舍
1640111101  张小山  男   19970201   21   网络工程  绿杨楼 1
1640111102  李大鹏  男   19960501   22   网络工程  null
符合条件的记录数有:2 条
```

```
sql 语句:
delete from students  where major = '网络工程'
修改操作,受影响的记录数有:2 条
学号            姓名  性别  出生日期  年龄    专业    宿舍
符合条件的记录数有:0 条
```

说明：数据库修改主要是调用 Statement 对象的 executeUpdate(sql)，参数为 insert、update、delete 语句，返回结果是受影响的记录数。

例 11-3 用户身份验证操作(输入用户名和密码，在数据库 users 表中查找是否存在这样的记录，以此来判定是否为合法用户)。

解题思路：MyDB 类的构造方法实现数据库连接，其 boolean query(String id, String password)方法以用户名、密码为参数，构造一条查询语句来判定在数据库表中是否存在这样的用户。在主类 SQL2008DB 中创建 MyDB 对象，通过图形界面输入用户名、密码，根据 query()返回值来判定是否为合法用户。程序代码如下：

```
//连接 SQL Server 2008 数据库,进行身份验证
import java.sql.Connection;
import java.sql.DriverManager;
import java.sql.ResultSet;
import java.sql.SQLException;
import java.sql.Statement;

//导入 javax.swing 包中的类
import javax.swing.JOptionPane;
import javax.swing.JPasswordField;

class MyDB {
    private Connection con = null;
    private Statement stmt = null;
    private static final String drivername =
"com.microsoft.sqlserver.jdbc.SQLServerDriver";
    private static final String url = "jdbc:sqlserver://127.0.0.1:1433;
DatabaseName = computer_dept;user = javase;password = javase";

    public MyDB() {
        // 连接数据库
        try {
            Class.forName(drivername);
            con = DriverManager.getConnection(url);
            stmt = con.createStatement();
```

```
        } catch (Exception e) {
            e.printStackTrace();
        }
    }

    public boolean query(String id, String password) {// 查询指定的学生是否存在
        boolean result = false;
        try {
            String sql = "select *  from users where num = '" + id + "' and password
= '" + password + "'";
            System.out.println("sql:" + sql);
            ResultSet rs = stmt.executeQuery(sql);
            if (!rs.next()) {
                result = false;
            } else {
                result = true;
            }
            rs.close();
        } catch (SQLException e) {
            e.printStackTrace();
        }
        System.out.println("result:" + result);
        return result;
    }
}

// 主类
public class SQL2008DB {
    public static void main(String[] args) {
        MyDB mydb = new MyDB();
        boolean result = false;

        String id, pwd;
        id = JOptionPane.showInputDialog("请输入账号:");
        JPasswordField pwd_field = new JPasswordField();
        JOptionPane.showConfirmDialog (null, pwd_field, "请输入密码",
JOptionPane.OK_CANCEL_OPTION,
                JOptionPane.QUESTION_MESSAGE);// 设置包含密码框的确认框
        pwd = new String(pwd_field.getPassword());

        result = mydb.query(id, pwd);// 通过验证是否为合法用户
```

```
        if (!result) {
            JOptionPane.showMessageDialog(null, "你不是合法用户!");
        } else {
            JOptionPane.showMessageDialog(null, "你是合法用户!");
        }
        System.out.println("程序运行完毕!");
    }
}
```

程序运行结果：(假定在 users 表中存在用户名、密码均为“1640707103”的记录，不存在用户名、密码为“123456”的记录。见图 11－13—图 11－18)

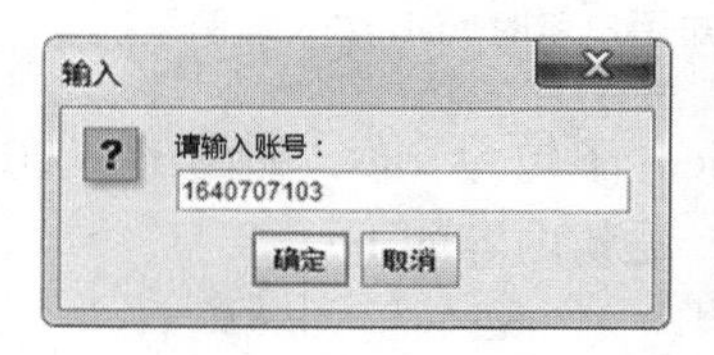

图 11－13　输入存在用户名

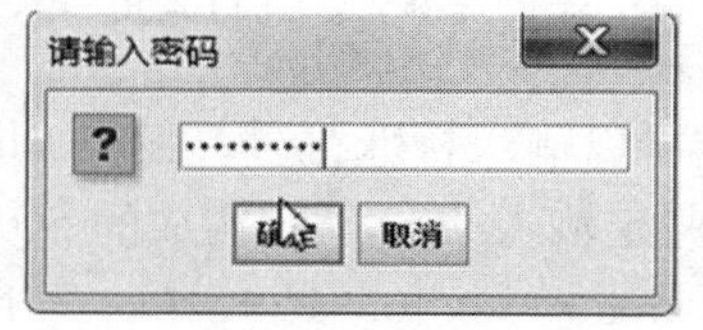

图 11－14　输入存在的密码

图 11－15　程序运行结果

```
控制台输出信息:
sql:select *  from users where num = '1640707103' and password = '1640707103'
result:true
```

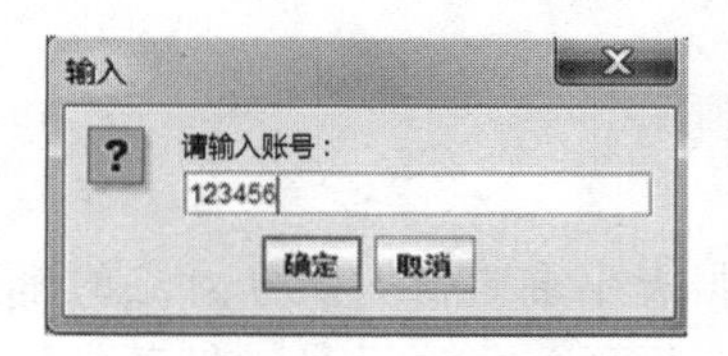

图 11－16　输入不存在的用户名

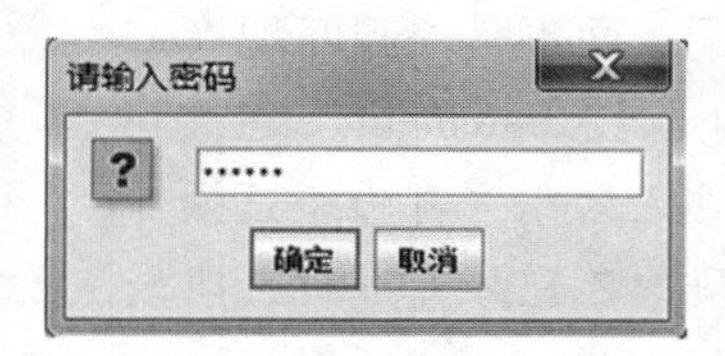

图 11－17　输入不存在的密码

图 11－18　程序运行结果

```
控制台输出信息:
sql:select *  from users where num = '123456' and password = '123456'
result:false
```

说明：上述代码段采用输入内容来构造查询语句，存在着 SQL 注入隐患。稍后将介绍这方面内容。

11.2.4　防范 SQL 注入问题

1. 什么是 SQL 注入

前面例子中的 SQL 语句是由几部分拼装起来，包含着输入用户名和密码：

sql = "select * from users where num = '" + id + "'and password = '" + password + "'";

如果在其中加入了一些特殊代码，保证所构成的 SQL 语句的 where 子句结果为

true，就可能引发用户“非法闯入”危险，这就是“SQL注入”问题。例如，若已知用户名，如图11－19输入，则此时不管输入什么密码(假定输入xxx)，所构成的SQL语句内容如下：

select * from users where num='1640707103' or '1'='1' and password='xxx'

查询结果为true，判定为“合法用户”；这显然不正确。

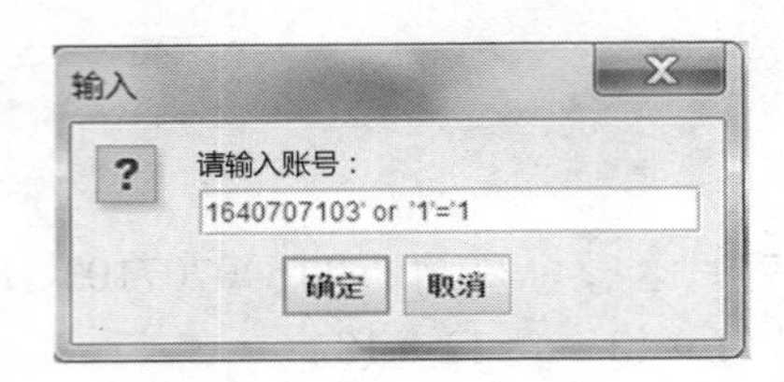

图11－19　已知用户名时SQL注入示例

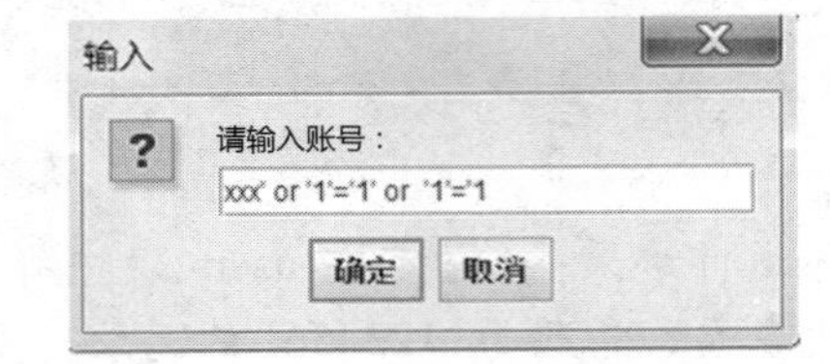

图11－20　不知用户名时SQL注入示例

若不知道用户名，也同样可以输入特殊符号，使得where子句为true，如图11－20所示，此时，随意输入密码(假定输入yyy)，所构成的SQL语句内容如下：

select * from users where num='xxx' or '1'='1' or '1'='1' and password='yyy'

查询结果为true，也会判定为“合法用户”。这就是SQL注入问题。

2. 如何防范SQL注入

防范SQL注入，就是要阻止在不知道用户名或密码的情况下，不能让构成的select语句的where子句为true。常用方法有：

①禁止输入单引号、双引号、or、and等特殊字符或关键词；

②用户名、密码分开匹配，而不是一起匹配；

③使用PreparedStatement取代Statement。

例11－4　可防范SQL注入的用户身份验证操作。

解题思路：将账号、密码的匹配分开进行，即先从数据表中得到输入账号对应的密码，再将它与输入的密码进行比较，若相同则为合法用户，否则为非法用户。程序代码如下：

```
//连接 SQL Server 2008 数据库,进行身份验证(可防范 SQL 注入问题)
import java.sql.Connection;
import java.sql.DriverManager;
import java.sql.ResultSet;
import java.sql.SQLException;
import java.sql.Statement;
//导入 javax.swing 包中的类
import javax.swing.JOptionPane;
import javax.swing.JPasswordField;

class MyDB2 {
    private Connection con=null;
```

```
    private Statement stmt = null;
    private static final String drivername = "com.microsoft.sqlserver.jdbc.
SQLServerDriver";
    private static final String url = " jdbc: sqlserver://127.0.0.1: 1433;
DatabaseName = computer_dept;user = javase;password = javase";

    public MyDB2() {
        // 连接数据库
        try {
            Class.forName(drivername);
            con = DriverManager.getConnection(url);
            stmt = con.createStatement();
        } catch (Exception e) {
            e.printStackTrace();
        }
    }

    public boolean query2(String id, String password) {// 查询指定的用户是否存在
        boolean result = false;
        try {
            String sql = "select password from users where num = '" + id + "'";
            ResultSet rs = stmt.executeQuery(sql);

            String db_password = "";
            if (rs.next())
                db_password = rs.getString(1);

            if (!db_password.equals(password)) {
                result = false;
                } else {
                    result = true;
                }
                rs.close();
            } catch (SQLException e) {
                e.printStackTrace();
            }
            return result;
        }
    }
```

```
// 主类
public class SQL2008DB2 {
    public static void main(String[] args) {
        MyDB2 mydb = new MyDB2();
        boolean result = false;

        String id, pwd;
        id = JOptionPane.showInputDialog("请输入账号:");
        JPasswordField pwd_field = new JPasswordField();
        JOptionPane.showConfirmDialog (null,  pwd _ field,  "请 输 入 密 码",
JOptionPane.OK_CANCEL_OPTION,
                JOptionPane.QUESTION_MESSAGE);// 设置包含密码框的确认框
        pwd = new String(pwd_field.getPassword());

        result = mydb.query2(id, pwd);// 通过验证是否为合法用户
        if (!result) {
            JOptionPane.showMessageDialog(null, "你不是合法用户!");
        } else {
            JOptionPane.showMessageDialog(null, "你是合法用户!");
        }
        System.out.println("程序运行完毕!");
    }
}
```

问题：本例代码与上一例相比，有何不同？

11.2.5 预处理语句 PreparedStatement

1. 问题的提出

当向数据库发送一条 SQL 语句，比如“Select * from students”，数据库中的 SQL 解释器负责将 SQL 语句生成底层的内部命令，然后执行该命令，完成相关的操作；如果不断地向数据库提交 SQL 语句，势必增加 SQL 解释器的负担，影响执行的速度；假若应用程序能够事先就将 SQL 语句解释为数据库底层的内部命令，然后直接让数据库去执行这个命令，这样不仅减轻了数据库的负担，而且也提高了数据库操作效率。

2. 问题的解决

调用 Connection 对象的 prepareStatement(String sql)方法生成预处理语句对象，对 SQL 语句进行预编译处理，生成该数据库底层的内部命令；由于 SQL 语句是作为参数提供的，该语句所需值的位置是已知的，只要使用“?”符号来表示即可；运行时，“?”用实际值取代。例如：

```
    PreparedStatement ps = conn.prepareStatement("insert into table (col1,col2)
values (?, ?)");
```

```
    ps.setInt(1,100);
    Ps.setString(2,"Dennis");
    Ps.execute();
```

例 11－5 可防范 SQL 注入的用户身份验证操作（使用预处理语句）。

解题思路：先用“?”替代输入的用户名、密码，并构建 SQL 语句；再调用 Connection 对象的 prepareStatement（sql）方法对 SQL 语句进行预编译处理，生成 PreparedStatement 对象；之后对“?”设置实际值，调用 PreparedStatement 对象的 executeQuery（）方法等执行查询操作。程序代码如下：

```
//连接 SQL Server 2008 数据库,进行身份验证(使用预处理语句)
import java.sql.Connection;
import java.sql.DriverManager;
import java.sql.PreparedStatement;
import java.sql.ResultSet;
import java.sql.SQLException;
import java.sql.Statement;
//导入 javax.swing 包中的类
import javax.swing.JOptionPane;
import javax.swing.JPasswordField;

class MyDB3 {
    private Connection con=null;
    private Statement stmt=null;
    private PreparedStatement ps=null;
    private static final String drivername=
"com.microsoft.sqlserver.jdbc.SQLServerDriver";
    private static final String url=
"jdbc:sqlserver://127.0.0.1:1433;DatabaseName=computer_dept;user=javase;
password=javase";

    public MyDB3() {
        // 连接数据库
        try {
            Class.forName(drivername);
            con=DriverManager.getConnection(url);
            stmt=con.createStatement();
        } catch (Exception e) {
            e.printStackTrace();
        }
    }

    public boolean query3(String id, String password) {// 查询指定的学生是否存在
        boolean result=false;
```

```
        try {
            String sql = "select *  from users where num = ? and password = ?";
            ps = con.prepareStatement(sql);
            ps.setString(1, id);
            ps.setString(2, password);

            ResultSet rs = ps.executeQuery();
            if (!rs.next()) {
                result = false;
            } else {
                result = true;
            }
            rs.close();
        } catch (SQLException e) {
            e.printStackTrace();
        }
        return result;
    }
}

// 主类
public class SQL2008DB3 {
    public static void main(String[] args) {
        MyDB3 mydb = new MyDB3();
        boolean result = false;

        String id, pwd;
        id = JOptionPane.showInputDialog("请输入账号:");
        JPasswordField pwd_field = new JPasswordField();
        JOptionPane.showConfirmDialog(null, pwd_field, "请输入密码",
JOptionPane.OK_CANCEL_OPTION,
            JOptionPane.QUESTION_MESSAGE);// 设置包含密码框的确认框;
        pwd = new String(pwd_field.getPassword());

        result = mydb.query3(id, pwd);// 通过验证是否为合法用户;
        if (!result) {
            JOptionPane.showMessageDialog(null, "你不是合法用户!");
        } else {
            JOptionPane.showMessageDialog(null, "你是合法用户!");
        }
        System.out.println("程序运行完毕!");
    }
}
```

11.2.6 元数据的获取

元数据是指描述数据的数据，在JDBC中主要指数据库、表、字段等信息，可通过调用DatabaseMetaData、ResultSetMetaData等元数据接口相关方法来实现。

例11-6 获取数据库的表名及表中列名。

解题思路：先建立数据库连接，然后使用DatabaseMetaData对象得到表信息并输出，再通过查询得到记录的结果集，进一步得到ResultSetMetaData对象，之后遍历输出各表的所有列名信息。程序代码如下：

```
import java.sql.Connection;
import java.sql.ResultSet;
import java.sql.Statement;
import java.sql.ResultSetMetaData;
import java.sql.DatabaseMetaData;

public class DatabaseMetaData_ResultSetMetaData_Demo {
    public static void main(String[] args) {
        try {
            // 创建QueryDemo对象
            QueryDemo db = new QueryDemo();
            // 获取数据库连接
            Connection conn = db.getConnection("computer_dept");
            // 创建DatabaseMetaData对象
            DatabaseMetaData dmd = conn.getMetaData();
            String[] types = { "TABLE" };
            // 第3个参数是表名称:可包含单字符通配符("_"),或多字符通配符("%")
            // 第4个参数是表类型数组; "TABLE" "VIEW"等,null表示包含所有的表类型
            ResultSet tb_rs = dmd.getTables(null, null, "%", types);
            System.out.println("数据库中包含的表信息:");
            int k = 0;//表计数器
            while (tb_rs.next()) {
                String tableName = tb_rs.getString("TABLE_NAME"); // 表名
                System.out.print("表" + (++k) + ":" + tableName);
                String sql = "select *  from " + tableName;
                Statement stmt = conn.createStatement( );
                ResultSet rec_rs  = stmt.executeQuery(sql);

                // 获取结果集元数据
                ResultSetMetaData rsmd = rec_rs.getMetaData();
                System.out.println(",有" + rsmd.getColumnCount() + "列,列名、类
型为:");
```

```
                //遍历输出表的列名信息
                for (int i =1; i < = rsmd.getColumnCount(); i ++) {
    System.out.println(rsmd.getColumnName(i) + "\t" + rsmd.getColumnTypeName(i)
+ "(" + rsmd.getColumnDisplaySize(i) + ")");
                }
                System.out.println();
            }
            // 关闭连接
            conn.close();
        } catch (Exception e) {
            e.printStackTrace();
        }
    }

}
```

程序运行结果：

```
数据库中包含的表信息:
表1:students,有7列,列名、类型为:
num  varchar(12)
name  varchar(10)
gender  varchar(2)
birthday  varchar(8)
age  int(11)
major  varchar(50)
dorm  varchar(40)

表2:users,有6列,列名、类型为:
num  nchar(10)
name  varchar(50)
password  varchar(50)
pclass  nvarchar(10)
mobile  nvarchar(15)
email  varchar(50)
```

11.2.7 数据库操作封装成类

使用JDBC操作数据库，基本流程是相同的，只是操作的内容不同，因此，可将数据库的有关操作封装成类，后续操作数据库时只要调用相关类的方法即可。

例11－7 将数据库的连接、操作封装成类。

解题思路：①将数据库驱动程序、URL、用户名、密码等写入到数据库配置文件

(即 Properties 文件。它是一种特殊类型的 Map 结构，关键字与值都是字符串，中间用"＝"连接，既可以用文件保存，也可以从文件中装入)中。②Config 类专门读取配置文件中参数。用 static 块加载配置文件，且提供 static 方法 String getValue(String key)。③类 DBUtil 包含数据连接、查询、修改、关闭等方法，可实现数据库的相关操作。包结构如图 11－21 所示。

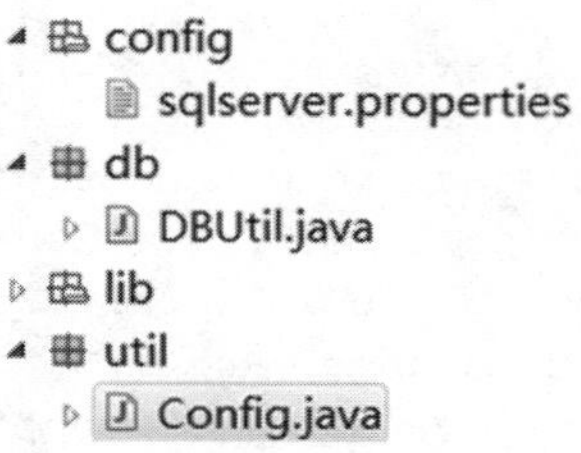

config
sqlserver.properties
db
DBUtil.java
lib
util
Config.java

图 11－21　包结构示图

假定数据库配置文件 sqlserver.properties 内容如下：

```
driver=com.microsoft.sqlserver.jdbc.SQLServerDriver
url=jdbc:sqlserver://127.0.0.1:1433;DatabaseName=computer_dept
user=javase
pwd =javase
```

配置类 Config 程序代码如下：

```
package util;

import java.io.FileInputStream;
import java.util.Properties;

public class Config {
    private static Properties p=null;
    static {
        try {
            p=new Properties();
            // 加载配置文件
            p.load(new FileInputStream("config/sqlserver.properties"));
        } catch (Exception e) {
            e.printStackTrace();
        }
    }
    // 获取键对应的值
    public static String getValue(String key) {
        return p.get(key).toString();
    }
}
```

数据库操作类 DBUtil 程序代码如下：

```
package db;

import java.sql.Connection;
import java.sql.DriverManager;
import java.sql.PreparedStatement;
import java.sql.ResultSet;
import java.sql.SQLException;

import util.Config;

public class DBUtil {
    Connection conn = null;
    PreparedStatement pstmt = null;
    ResultSet rs = null;

    //得到数据库连接
    public Connection getConnection() throws ClassNotFoundException,
            SQLException, InstantiationException, IllegalAccessException {
        // 通过 Config 获取 sqlserver 数据库配置信息
        String driver = Config.getValue("driver");
        String url = Config.getValue("url");
        String user = Config.getValue("user");
        String pwd = Config.getValue("pwd");
        try {
            // 指定驱动程序
            Class.forName(driver);
            // 建立数据库连结
            conn = DriverManager.getConnection(url, user, pwd);
            return conn;
        } catch (Exception e) {
            // 如果连接过程出现异常,抛出异常信息
            throw new SQLException("驱动错误或连接失败!");
        }
    }

    //释放资源
    public void closeAll() {
        // 如果 rs 不空,关闭 rs
        if (rs != null) {
            try {
                rs.close();
            } catch (SQLException e) {
                e.printStackTrace();
            }
        }
        // 如果 pstmt 不空,关闭 pstmt
        if (pstmt != null) {
            try {
                pstmt.close();
```

```
        } catch (SQLException e) {
            e.printStackTrace();
        }
    }
    // 如果 conn 不空,关闭 conn
    if (conn != null) {
        try {
            conn.close();
        } catch (SQLException e) {
            e.printStackTrace();
        }
    }
}

//执行 SQL 语句,可以进行查询
public ResultSet executeQuery(String preparedSql, String[] param) {
    // 处理 SQL,执行 SQL
    try {
        // 得到 PreparedStatement 对象
        pstmt = conn.prepareStatement(preparedSql);
        if (param != null) {
            for (int i = 0; i < param.length; i++) {
                // 为预编译 sql 设置参数
                pstmt.setString(i + 1, param[i]);
            }
        }
        // 执行 SQL 语句
        rs = pstmt.executeQuery();
    } catch (SQLException e) {
        // 处理 SQLException 异常
        e.printStackTrace();
    }
    return rs;
}

//执行 SQL 语句,可以进行增、删、改的操作,不能执行查询
public int executeUpdate(String preparedSql, String[] param) {
    int num = 0;
    // 处理 SQL,执行 SQL
    try {
        // 得到 PreparedStatement 对象
        pstmt = conn.prepareStatement(preparedSql);
        if (param != null) {
            for (int i = 0; i < param.length; i++) {
                // 为预编译 sql 设置参数
                pstmt.setString(i + 1, param[i]);
            }
        }
        // 执行 SQL 语句
```

```
            num = pstmt.executeUpdate();
        } catch (SQLException e) {
            // 处理 SQLException 异常
            e.printStackTrace();
        }
        return num;
    }
}
```

11.2.8 MySQL 数据库的连接与操作

1. 用 Navicat for MySQL 操作数据库

通过 Navicatd 可方便连接、操作 MySQL 数据库。

1)创建连接

在 Navicat 中点击“连接”按钮，可弹出对话框，在其中设置连接名、主机名或 IP 地址、端口(默认为 3306)、用户名、密码，还可点击“连接测试”来测试连接是否成功，如图 11-22 所示。

图 11-22　Navicat“连接”示图

2)创建数据库

在 Navicat 中右击用户打开的连接名，可弹出“新建数据库”对话框，若要在字段中输入汉字，需要将字符集设置为“utf-8”，如图 11-23 所示。

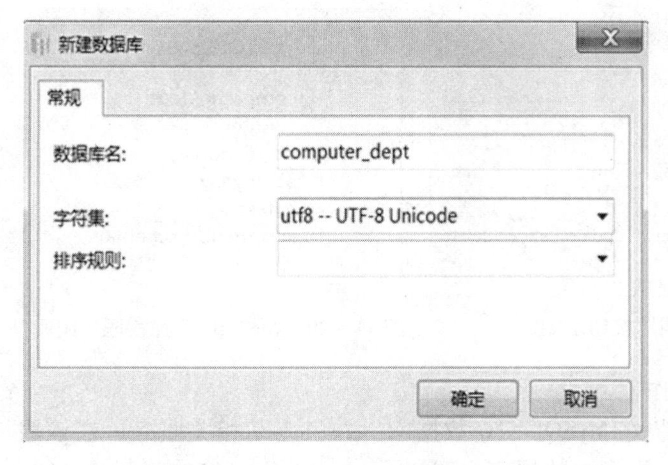

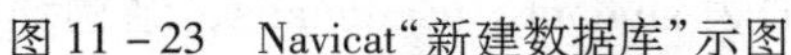

图 11－23　Navicat“新建数据库”示图

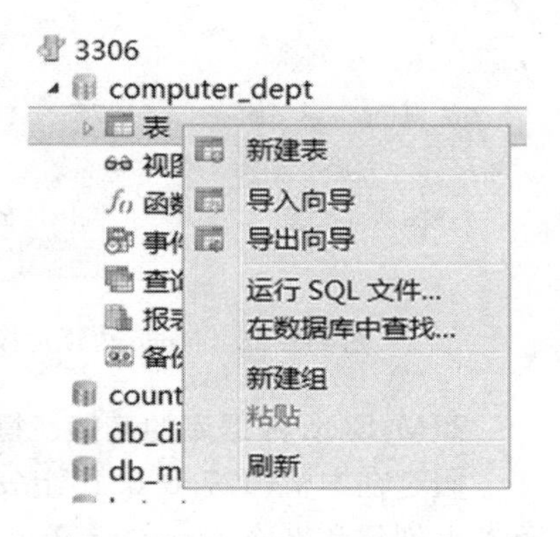

图 11－24　Navicat“创建表”示图

3）创建表及导入数据

运行 sql 文件或导入数据，如图 11－24 所示。

4）新建用户、设置密码和访问权限

在 Navicat 中点击“用户”按钮，在右边栏目可实现“编辑用户”“新建用户”“删除用户”“权限管理员”功能，如图 11－25 所示。

编辑用户　新建用户　删除用户　权限管理员

名	每小...	SSL 类型	每小...	每小...	最大...
@localhost	0		0	0	0
cms@local...	0		0	0	0
javase@	0		0	0	0

图 11－25　Navicat“用户”示图

点击相关按钮，出现图 11－26—图 11－29 所示的界面。

无标题 (3306) - 用户

文件　窗口　帮助

新建　保存

常规　高级　服务器权限　权限　SQL 预览

用户名:

主机:

密码:

确认密码:

图 11－26　Navicat“新建用户”示图

图 11－27　Navicat 设置“服务器权限”示图

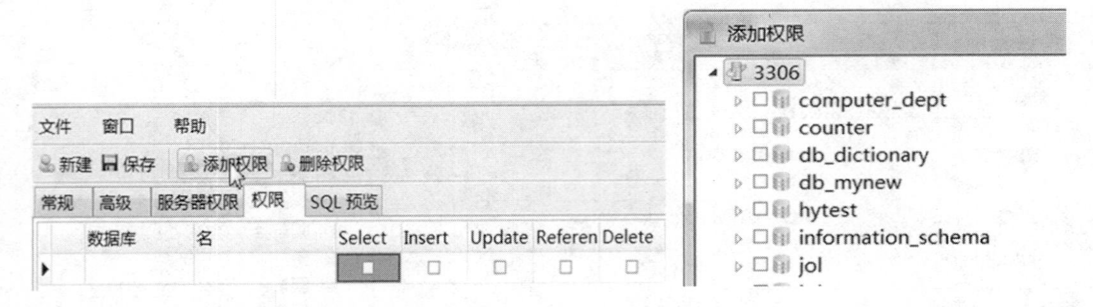

图 11－28　Navicat“添加权限”按钮示图　　　　图 11－29　Navicat“添加权限”示图

2. MySQL 数据库的连接、操作

假定在本机(127. 0. 0. 1)上安装好 MySQL 5. 6 数据库，并已启动相关服务。在该服务器上创建数据库 computer_dept，并建立数据表 student、userdetails，结构详见图 11－30、图 11－31。

students @computer_dept (3306) - 表

名	类型	长度	小数点	允许空值 (	
num	varchar	12	0	☐	1
name	varchar	10	0	☐	
gender	varchar	2	0	☐	
birthday	varchar	8	0	☐	
age	int	11	0	☐	
major	varchar	50	0	☐	
dorm	varchar	40	0	☑	

图 11－30　students 表结构

名	类型	长度	小数点	允许空值 (	
id	varchar	18	0	☐	1
username	varchar	50	0	☐	
password	varchar	50	0	☐	
sex	char	1	0	☐	
hobby	varchar	200	0	☑	
address	varchar	100	0	☑	
degree	varchar	50	0	☑	
remark	varchar	500	0	☑	

图 11－31　usertetails 表结构

例 11－8 查询 MySQL 数据库中符合条件的学生信息、统计对应的学生人数。

解题思路：按照 JDBC 连接、操作的步骤进行，与 SQL Server 2008 不同之处是驱动程序、URL、端口、用户名、密码等不同，其余操作类似。程序代码如下：

```
//查询 MySQL 数据库实例
import java.sql.Connection;
import java.sql.DriverManager;
import java.sql.ResultSet;
import java.sql.SQLException;
import java.sql.Statement;

public class QueryDemo_mysql {
    private Connection con;// 连接对象

    public Connection getConnection(String dbname) {// 以数据库名为参数创建连接对象
        String drivername = "com.mysql.jdbc.Driver";
        // 数据库 URL
        String url = "jdbc:mysql://localhost:3306/" + dbname +
"?characterEncoding=utf-8";
        String userName = "javase";// 登录数据库用户名
        String password = "javase";// 用户密码

        try {
            // 加载 MySQL 驱动程序
            Class.forName(drivername);
            con = DriverManager.getConnection(url, userName, password);
        } catch (SQLException e) {
            e.printStackTrace();
        } catch (Exception e) {
            e.printStackTrace();
        }
        return con;
    }

    public void getStudent(String dbname, String sql) {// 查询学生信息
        try {
            con = getConnection(dbname);
            Statement st = con.createStatement();
            ResultSet rs = st.executeQuery(sql);

            System.out.println("学号" + "\t\t姓名" + "\t性别" + "\t出生日期" + "\
t\t年龄" + "\t专业" + "\t\t\t宿舍");
```

```
            while (rs.next()) {
                String id = rs.getString("num");
                String name = rs.getString("name");
                String sex = rs.getString("gender");
                String birthday = rs.getString("birthday");
                int age = rs.getInt("age");
                String major = rs.getString("major");
                String dorm = rs.getString("dorm");

                System.out.println(id + "\t" + name + "\t" + sex + "\t" +
birthday + "\t" + age + "\t" + major + "\t" + dorm);
            }
            rs.close();
            st.close();
            con.close();
        } catch (SQLException e) {
            e.printStackTrace();
        }
    }

    public void getRowCount(String dbname, String sql) {// 查询符合条件的记录数
        try {
            con = getConnection(dbname);
            Statement st = con.createStatement();
            ResultSet rs = st.executeQuery(sql);
            if (rs.next()) {
                System.out.println("符合条件的记录数有:" + rs.getInt(1) + "条");
            } else {
                System.out.println("没有符合条件的记录");
            }

            rs.close();
            st.close();
            con.close();
        } catch (SQLException e) {
            e.printStackTrace();
        }
    }

    public static void main(String[] args) {
```

```
        QueryDemo_mysql myjdbc = new QueryDemo_mysql();
        String dbname = "computer_dept";
        String sql1 = "SELECT *  from students where major = '计算机科学与技术'";

        String sql2 = "SELECT count(* ) from students where major = '计算机科学与技术
'";
        myjdbc.getStudent(dbname, sql1);// 查询符合条件的学生
        myjdbc.getRowCount(dbname, sql2);// 统计符合条件的记录数
    }
}
```

程序运行结果与例 11-1 类似，不再重复。这说明了 JDBC 程序操作的标准化，与数据库的无关性。

11.2.9 事务管理

1. 什么是事务

在数据库中，事务是一个重要概念。事务是由一步或几步数据库操作序列组成的逻辑执行单元，这系列操作要么全部执行，要么全部放弃执行。

事务具有 ACID 四个特性，即原子性(atomicity)、一致性(consistency)、隔离性(isolation)、持久性(durability)。

事务处理过程中涉及的概念有：事务提交、事务中止、事务回滚。

2. JDBC 的事务管理

JDBC 对事务操作提供了支持，具体由 Connection 提供。JDBC 的事务操作步骤：

开启事务→执行任意多条 DML 语句→执行成功，则提交事务；执行失败，则回滚事务。

Connection 在默认情况下会自动提交，使用 Connection 对象的 setAutoCommit( ) 方法可开启或者关闭自动提交模式(假定 conn 是 Connection 对象)，则有：

关闭自动提交语句：conn.setAutoCommit(false)；

提交事务语句：conn.commit( )；

任意一条 SQL 语句执行失败，则调用 conn.rollback( ) 回滚事务。

例 11-9 事务管理示例(提交事务、回滚事务)。

解题思路：关闭自动提交事务，在 userdetails 表中先插入两条记录，然后再插入一条与前面内容完全相同的记录，再提交事务。因表的主键是 id，值相同，第 3 条记录插入不可能成功，故回滚事务，所以，第 1、2 条记录也不会插入。程序代码如下：

```
import java.sql.Connection;
import java.sql.SQLException;
import java.sql.Statement;
import db.DBUtil;
```

```
public class TransactionDemo {
    public static void main(String args[]) throws ClassNotFoundException {
        // 创建 DBUtil 对象
        DBUtil db = new DBUtil();
        Connection conn = null;
        try {
            conn = db.getConnection();
            // 获取事务自动提交状态
            boolean autoCommit = conn.getAutoCommit();
            System.out.println("事务自动提交状态: " + autoCommit);
            if (autoCommit) {
                // 关闭自动提交,开启事务
                conn.setAutoCommit(false);
            }

            // 创建 Statement 对象
            Statement stmt = conn.createStatement();

            // 多条 DML 批处理语句
            stmt.executeUpdate("INSERT INTO userdetails (id, username, password,
sex) VALUES(10,'user10','123456',0)");
            stmt.executeUpdate("INSERT INTO userdetails (id, username, password,
sex) VALUES(11,'user11','123456',0)");
            // 由于主键约束,下述语句将抛出异常
            stmt.executeUpdate("INSERT INTO userdetails (id, username, password,
sex) VALUES(11,'user11','123456',0)");
            // 如果顺利执行则在此提交
            conn.commit();
            // 恢复原有事务提交状态
            conn.setAutoCommit(autoCommit);
            // 关闭连接
            db.closeAll();
        } catch (Exception e) {
            // 出现异常
            if (conn != null) {
                try {
                    // 回滚
                    conn.rollback();
                } catch (SQLException se) {
                    se.printStackTrace();
                }
            }
            e.printStackTrace();
        }
    }
}
```

程序运行结果：

```
事务自动提交状态: true
com.mysql.jdbc.exceptions.jdbc4.MySQLIntegrityConstraintViolationException:
Duplicate entry '11' for key 'PRIMARY'
…… (表示省略内容)
```

查看数据库表内容，并未增加新记录，这表明执行了事务回滚操作。

11.3 实验内容

准备工作：

(1)在 SQL Server 2008 中创建数据库 computer_dept，并在其中创建两个数据表 userdetails、users，它们的表结构分别如图 11－32、图 11－33 所示。

列名	数据类型	允许 Null 值
id	numeric(18, 0)	☐
username	varchar(50)	☐
password	varchar(50)	☐
sex	char(1)	☐
hobby	varchar(200)	☑
address	varchar(100)	☑
degree	varchar(50)	☑
remark	varchar(500)	☑

图 11－32 usertetails 表结构

列名	数据类型	允许 Null 值
num	nchar(10)	☐
name	varchar(50)	☐
password	varchar(50)	☐
pclass	nvarchar(10)	☐
mobile	nvarchar(15)	☑
email	varchar(50)	☑

图 11－33 users 表结构

对数据库 computer_dept 创建可访问登录名、用户名、密码(三者均为 javase)，权限是可读写数据库。

(2)在 MySQL 中也创建数据库 computer_dept，并在其中创建数据表 teachers，它的表结构如图 11－34 所示。

名	类型	长度	小数点	允许空值 (	
id	int			☐	1
name	varchar	20		☐	
gender	char	1		☑	
age	int	5		☑	
email	varchar	255		☑	

图 11－34 teachers 表结构

对数据库 computer_dept 创建可访问用户名、密码(均为 javase)，权限是可读写数据库。

1.(基础题) ConnectionDemo.java 文件的功能是：连接 SQL Server 2008 中 computer_dept 数据库，查询 userdetails 表中的 id、username 信息并输出。请根据题意和注释填充

程序所缺代码，并运行程序。

代码如下：

```
import ________【1】________;//导入 Connection 接口
import ________【2】________;//导入 DriverManager 类
import ________【3】________;//导入 ResultSet 接口
import ________【4】________;//导入 Statement 接口
import java.sql.SQLException;

public class ConnectionDemo {
    public static void main(String[] args) {
        try {
            // 加载驱动
            Class.forName("________【5】________");
            // 建立数据库连接
            Connection conn = ________【6】________ ;
            System.out.println("连接成功!");
            // 创建 Statment 对象
            Statement stmt = ________【7】________;
            // 查询数据表 userdetails 中的 id、username 字段信息,查询结果放入 rs
            ResultSet rs = ________【8】________;
            System.out.println("查询成功!");
            // 遍历访问结果集中的数据
            while (________【9】________) {
                System.out.println(rs.____【10】____ + " " + rs.____【11】____);
            }
            // 关闭结果集
            ________【12】________;
            //关闭 Statement 对象
            stmt.close();
            //关闭连接
            conn.close();
        } catch (ClassNotFoundException e) {
            e.printStackTrace();
        } catch (SQLException e) {
            e.printStackTrace();
        }
    }
}
```

2. (基础题)创建 DBQuery 类操作 users 表：以列表方式显示某一班级(如 AYQ01、AYR02 等)所有学生的学号、用户名、班级信息，并统计该班的学生人数，如图 11－35 所示。

```
学号            姓名     班级
1540225114      杨超健   AYQ01
1540913148      张钊诚   AYQ01
1640706124      林瀚     AYQ01
1640707101      杨伟添   AYQ01
1640707102      黄董莉   AYQ01
该班学生人数有:51人
```

图 11－35　users 表查询结果

3. (基础题)在上一题的基础上创建 DBUpdate 类，按下列要求操作 users 表：

(1)新增两个用户，他们的学号、用户名、密码、班级信息如下：

1540700071、zhangsan、123456、None

1540700072、lisi、123456、None

然后显示这两个用户信息。

(2)将这两个用户的密码修改为其学号，再显示修改后的信息。

(3)删除这两个用户的所有信息，之后再查看班级为 None 的学生信息。

运行结果图 11－36 所示。

```
插入学生信息:
受影响的记录数有:1条
受影响的记录数有:1条
学号            姓名        密码      班级
1540700071      zhangsan            123456    None
1540700072      lisi        123456    None

更新学生信息:
受影响的记录数有:1条
受影响的记录数有:1条
学号            姓名        密码      班级
1540700071      zhangsan            1640700071        None
1540700072      lisi        1640700072        None

删除None班学生信息:
受影响的记录数有:2条

查看班级为None的学生信息:
学号            姓名        密码      班级
```

图 11－36　users 表操作结果

4. (基础题)请使用 PreparedStatement 编写 Login 类，该类的功能是：通过输入的账号、密码，对比 users 表存入的资料来判定是否为合法用户；若是，则要求输入用户的手机号、密码，否则，须重新输入账号、邮箱，直至正确为止，如图 11 - 37—图 11 - 44 所示。

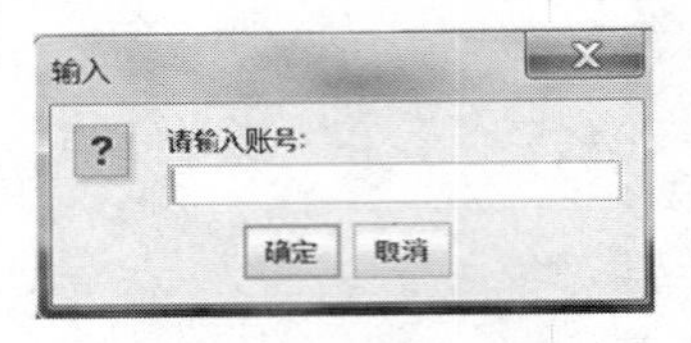

图 11 - 37　输入账号

图 11 - 38　输入密码

图 11 - 39　显示“非法用户”

图 11 - 40　显示“合法用户”

图 11 - 41　输入手机号

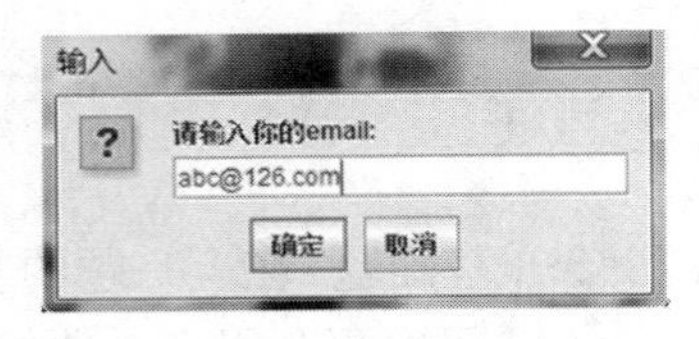

图 11 - 42　输入 email

图 11 - 43　显示输入信息完毕

	num	name	password	pclass	mobile	email
1	1440707301	吴卓遥	1440707301	AYR01	NULL	NULL
2	1540225114	杨超健	1540225114	AYQ01	NULL	NULL
3	1540913148	张钊诚	1540913148	AYQ01	NULL	NULL
4	1640706124	林瀚	1640706124	AYQ01	NULL	NULL
5	1640707101	杨伟添	1640707101	AYQ01	NULL	NULL
6	1640707102	黄董莉	1640707102	AYQ01	NULL	NULL

图 11 - 44　数据库表内容

5.（基础题）数据库的连接、操作的基本步骤是一样的，为操作方便、增加代码的复用性，通常设计成类来实现相关功能。请参照例 11 - 7 源代码及目录结构，然后运行程序，理解数据库的连接、操作功能的实现步骤，并回答下列问题：

（1）子目录 config 下 sqlserver. properties 文件的功能是什么？

（2）util. Config 类的功能是什么？

（3）db. DBUtil 类的功能是什么？

（4）怎样实现数据库的查询功能？

（5）怎样实现数据库的增、删、改功能？

6.（基础题）创建 MySQLDemo 类操作 teachers 表，实现如下功能：

（1）新增两位老师，他们的工号、用户名、性别、年龄、email 信息如下（性别用 1 表示“男”，0 表示“女”）：

1001、张山、1、32、zs@ sise. com. cn

1002、王小米、0、25、wxm@ sise. com. cn

然后显示这两位老师信息；

（2）将这两位老师的年龄增加 1 岁，再显示修改后的信息；

（3）删除性别为“0”的记录，之后再查看所有老师的信息。

11.4 实验小结

在信息管理系统中，经常要用到数据库操作，JDBC 为数据库操作提供了“标准接口”，尽管数据库产品多样、复杂，但只要实现规定的接口便能将其管理起来，数据库基本操作的格式是类似的，只是参数不同而已。数据库的连接、操作有五、六个步骤：先加载驱动程序，接着连接数据库，再利用 Connection 对象生成 Statement 对象，之后利用 Statement 对象执行 SQL 语句（查询调用 executeQuery（ ）方法，增删改调用 executeUpdate(）方法，参数为相应的 SQL 语句）；若是执行查询语句，还需要从 ResultSet 中读取数据，利用结果集的 next( )方法得到符合条件的某一记录，再用 getXxx（序号或列名）逐一得到记录的各字段值；最后，按打开的相反顺序依次关闭 ResultSet、Statement、Connection 等对象。期间需要用到多种接口或类，请注意区分；操作顺序环环相扣，请用心体会。“SQL 注入”是数据库操作中需要格外注意的问题，使用“预处理语句”可有效防范这一问题。

SQL Server 和 MySQL 是常用的中小型数据库管理系统，请务必熟练掌握它们的用法：应先熟悉数据库、表的创建、数据库迁移、用户名/密码/权限的设置方法，再掌握 JDBC 中增删改查等基本操作，注意区分两类数据库操作的不同点。由于数据库操作常见、实用，通常将相关操作封装为类，需要时创建对象进行调用即可，提高效率；事务也是数据库的重要内容，应熟悉事务提交、事务回滚等基本操作。

原生的 JDBC 存在着诸多不足，在后续课程中，将会学习一些先进工具、框架，以提高数据库操作的便利性、可靠性、有效性，提高数据库的可维护性及代码的复用性。

实验 12　Swing GUI(1)

12.1　实验目的

(1)理解 Java GUI 的基本概念;

(2)掌握 Swing 容器：顶级容器 JFrame，中间容器 JPanel;

(3)掌握 Swing 常用组件：JButton，JLabel，JTextField，JTextArea，JPasswordField，JComboBox，JList，JCheckBox，JRadioButton;

(4)熟悉常用布局管理器：BorderLayout，FlowLayout，GridLayout，CardLayout，BoxLayout 等;

(5)熟悉常用类 Color、Font、ImageIcon 的基本用法。

12.2　知识要点与应用举例

12.2.1　GUI 概述

C、C ++ 的命令行方式执行速度快，但界面不美观，Java GUI 为解决这一问题提供了可能。

Java 中 java. awt 和 javax. swing 两个包提供了丰富的图形功能，AWT 是 Java 的早期版本，其显示要依赖于“本地对等组件”，所以又称为重量级组件，已较少使用；Swing 是 Java 的改进版本，组件完全在 Java 中实现，图形显示不依赖于本地对等组件，且提供了更多的组件和更强大的功能，故又称为轻量级组件。

从历史发展来看，AWT 是 Swing 的基础；在现实应用中，Swing 是 GUI 设计的首选。如果下载了 Java SE 的 Demo 组件，可查看 Swing GUI 的部分演示案例。

12.2.2　GUI 基本概念与组件

1. 基本概念

①组件(Component)：是一个可以以图形化的方式显示在屏幕上并能与用户进行交互的对象，例如一个按钮、一个标签等。通常，组件不能独立显示出来，必须将组件放在一定的容器中才可以显示出来。组件是 Java 的图形用户界面的最基本组成部分。

②容器(Container)：也是一个类，是 Component 的子类，即容器本身也是一个组

件，具有组件的所有性质，但是它的主要功能是容纳其它组件或容器。

③布局管理器(LayoutManager)：每个容器都有一个布局管理器，当容器需要对存放在其中的组件进行定位或判断其大小时，就会调用布局管理器来实现。

Component 类是组件的父类，且为抽象类，常用方法有：

public void setLocation(int x,int y)：将组件位置设置为(x,y)；

public void setSize(int width,int height):设置组件宽与高；

public void setBounds(int x,int y,int width,int height):设置组件的大小及位置；

public void setVisible(boolean b):设置组件可见性；

public void setForeground(Color c):设置前景色；

public void setBackground(Color c):设置背景色；

public void setFont(Font f):设置字体。

2. 组件

Swing 类库位于 javax. swing 包中，包含组件、容器与布局管理器等内容。Swing 组件，从名称上很容易记忆和区别，其标识是在组件名前多一个"J"字母；swing 包中有五个最重要的类，即 JFrame、JDialog、JApplet、JWindow、JComponent 等，其中 JComponent 类是 java. awt 包中 Container 类的子类，JComponent 类的子类都是轻量级组件，其几个代表子类：

JLabel　负责创建标签；

JMenu　负责创建菜单对象；

JMenuItem　负责创建菜单项对象；

JPanel　负责创建面板对象；

JPasswordField　负责创建口令文本框对象；

JPopupMenu　负责创建弹出式菜单；

JProgressBar　负责创建进程条；

JRadioButton　负责创建单选按钮；

JScrollBar　负责创建滚动条；

JTable　负责创建表格；

JTree　负责将分层数据集显示为轮廓的控件。

12.2.3　常用类

1. Color 类

颜色类 Color 类位于 java. awt 包中，该类定义了一些常量来表示颜色，如：Color. black、Color. BLACK 表示黑色，Color. red、Color. RED 表示红色等。

1)常用构造方法

Color(int r, int g, int b)：用指定的红色、绿色和蓝色值创建颜色，r、g、b 取值范围 0～255；

Color(float r, float g, float b)：用指定的红色、绿色和蓝色值创建颜色，r、g、b 取值范围 0.0～1.0。

2)组件与颜色相关的常用方法

void setBackground(Color c)：设置组件的背景色；

void setForeground(Color c)：设置组件的前景色。

2. Font 类

字体类 Font 类位于 java.awt 包中。字体有名称、字形、大小三方面属性，Font.PLAIN、Font.BOLD、Font.ITALIC 常量分别用来表示字形中正常、粗体、斜体三种情况，可以用运算符(|)把它们拼接起来构成字形组合。

(1)构造方法

Font(String name, int style, int size)：根据指定名称、样式和点大小，创建 Font。

(2)组件与字体相关的常用方法

void setFont(Font f)：设置字体；

Font getFont()：获取字体。

3. ImageIcon 类

ImageIcon 类用于加载指定的图片文件。

(1)常用的构造方法

ImageIcon()

ImageIcon(Image image)

ImageIcon(String filename)

(2)组件与图标相关的常用方法

void setImage(Image image)：设置组件的图标。

12.2.4 容器类

1. JFrame：Swing 的顶级容器类

JFrame 是 java.awt 包中 Frame 类的子类，其功能是创建窗体，默认布局管理器是 BorderLayout。一个 Swing 窗体由多层窗格组成，如图 12-1 所示。

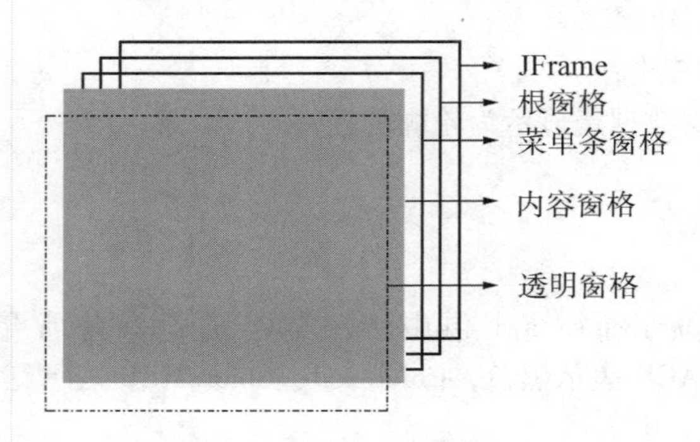

图 12-1 JFrame 的窗格组成

(1)常用构造方法

JFrame()：创建一个无标题的窗口；

JFrame(String s)：创建一个标题为 s 的窗口。

(2)常用方法

void setSize(int width, int height)：设置窗口的大小，默认大小为 0；

void setBounds(int x, int y, int width, int height)：设置窗口的初始位置和大小；

void pack()：调整此窗口的大小，以适合其子组件的首选大小和布局；

void setVisible(boolean b)：设置窗口是否可见，默认为不可见；

void setLocation(int x, int y)：设置窗口的位置坐标(以像素为单位)；

setDefaultCloseOperation(参数)：关闭窗口，参数如下：

DO_NOTHING_ON_CLOSE　不执行任何操作

HIDE_ON_CLOSE　自动隐藏该窗体，默认设置

DISPOSE_ON_CLOSE　自动隐藏并释放该窗体

EXIT_ON_CLOSE　退出应用程序

请注意：组件是放在 Swing 窗体的内容面板(content pane)上的，在 JDK 低版本中需要先得到内容面板(如 frame. getContentPane())，之后再向其中添加组件，但在 JDK 高版本中默认添加是针对内容面板的，可直接用 add()操作组件。同样，JFrame 的布局管理器也是针对内容面板设置的。

例 12－1　创建第一个 JFrame 窗体。

解题思路：创建的窗体类需继承 JFrame 类，调用 super()方法设置标题，然后设置窗体大小、位置、可见性，再创建一个带文本的标签，将它添加到内容窗格中，最后设置窗体关闭方式。程序代码如下：

```
import javax.swing.JFrame;
import javax.swing.JLabel;

public class JFrameDemo extends JFrame {
    public JFrameDemo() {
        super("JFrame 窗体测试");//调用父类构造方法,并指定窗口标题
        this.setSize(400, 300);//设置窗口大小(宽度 400 像素,高度 300 像素)
        this.setLocation(400, 200);//设置窗口左上角坐标(X 轴 400 像素,Y 轴 200 像素)
        JLabel lbl = new JLabel("这是我设计的第一个 JFrame 窗体");//创建一个 JLabel
实例
        add(lbl); //将 lbl 增加到 JFrame
        //设置窗口默认关闭方式为退出应用程序
        this.setDefaultCloseOperation(JFrame.EXIT_ON_CLOSE);
        this.setVisible(true);//设置窗口可见性
    }

    public static void main(String[] args) {
        new JFrameDemo(); // 实例化一个 JFrameDemo 对象
    }
}
```

程序运行结果如图 12－2 所示。

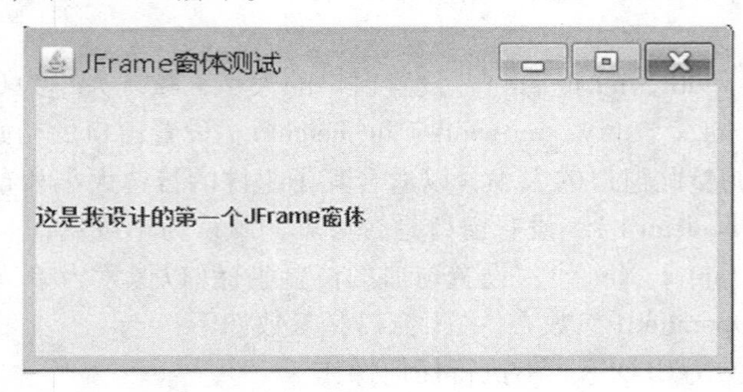

图 12－2　JFrame 窗体示例

问题：能否将标签中的文字居中对齐、字体设置得更大一些且为蓝色？

回答：完全可以，只要设置标签居中对齐、前景颜色、字体即可，即将标签相关语句做如下修改，便可实现这一目标：

```
JLabel lbl = new JLabel("这是我设计的第一个 JFrame 窗体",JLabel.CENTER);// 创建一个 JLabel 实例
lbl.setFont(new Font("宋体",Font.BOLD,24));//设置标签字体
lbl.setForeground(Color.BLUE); //设置标签前景色
```

2. JPanel：Swing 的中间容器类

JPanel(面板)是 JComponent 的子类，其对象没有边框、菜单栏或标题栏，不能独立使用，只能包含在其它容器中，即作为中间容器来使用。JPanel 主要用来放置组件(一个或多个)，其本身也可以当作一个组件放入另一 JPanel 或 JFrame 中。JPanel 默认的布局管理器为流式，即为 FlowLayout。

(1)常用构造方法

JPanel()：使用默认的布局管理器创建中间面板；

JPanel(LayoutManager layout)：创建具有指定布局管理器的中间面板。

(2)常用方法

void add()：向 JPanel 对象添加组件；

void setLayout(LayoutManager mgr)：设置 JPanel 布局管理器。

例 12－2　JPanel 使用示例。

解题思路：先创建窗体类对象，然后创建一个 JPanel 对象，再创建两个按钮(“确定”与“取消”)，并将它们添加到 JPanel 对象中，因 JPanel 默认的布局管理器为 FlowLayout(即其中的组件从左到右、从上到下排列)，接着将面板作为一个组件添加到窗体中，最后设置窗体大小、位置、可见性等。

程序代码如下：

```
import javax.swing.JButton;
import javax.swing.JFrame;
import javax.swing.JPanel;
```

```java
public class JPanelDemo extends JFrame {
    // 声明一个面板对象
    private JPanel p;
    // 声明两个按钮对象
    private JButton btnOk, btnCancel;

    public JPanelDemo() {
        super("JPanelDemo");
        // 实例化面板对象 p(默认为流布局,组件从左到右、从上到下排列)
        p = new JPanel();
        // 实例化一个按钮对象,该按钮上的文本为"确认"
        btnOk = new JButton("确认");
        // 实例化一个按钮对象,该按钮上的文本为"取消"
        btnCancel = new JButton("取消");

        // 将按钮添加到面板中
        p.add(btnOk);
        p.add(btnCancel);
        // 将面板添加到窗体中
        this.add(p);

        // 设置窗口大小(宽度 400 像素,高度 300 像素)
        this.setSize(400, 300);
        // 设置窗口左上角坐标(X 轴 200 像素,Y 轴 100 像素)
        this.setLocation(200, 100);
        // 设置窗口默认关闭方式为退出应用程序
        this.setDefaultCloseOperation(JFrame.EXIT_ON_CLOSE);
        // 设置窗口可视(显示)
        this.setVisible(true);
    }

    public static void main(String[] args) {
        new JPanelDemo();
    }

}
```

程序运行结果如图 12－3 所示。

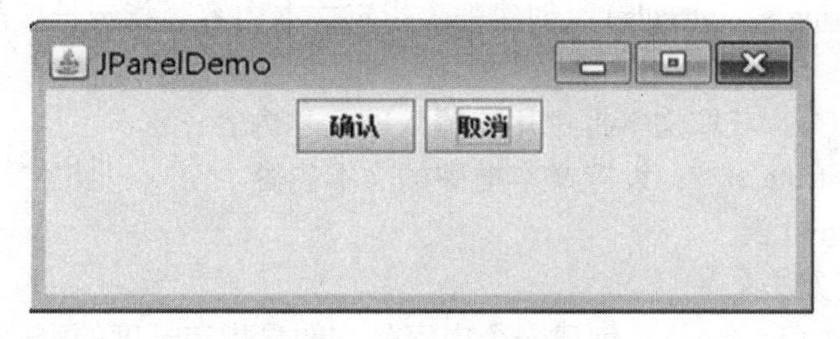

图 12－3　JPanel 面板示例

12.2.5 组件类

1. JButton：按钮类

JButton 类负责创建按钮对象，可包含文本与图标。

(1)常用构造方法

JButton(String str)：创建带文本的按钮；

JButton(Icon icon)：创建带图标的按钮；

JButton(String str, Icon icon)：创建带文本和图标的按钮。

(2)常用方法

String getText()：获取按钮上的文本内容；

void setText(String str)：设置按钮上的文本内容；

void setIcon(Icon icon)：设置按钮上的图标。

2. JLabel：标签类

JLabel 类负责创建标签对象，既可以设置文本，也可以加载图标。

(1)常用构造方法

JLabel()：创建无图像并且其标题为空字符串的标签；

JLabel(String text)：创建具有指定文本的标签；

JLabel(Icon image)：创建具有指定图像的标签；

JLabel(Icon image, int horizontalAlignment)：创建具有指定图像和水平对齐方式的标签；

JLabel(String text, Icon icon, int horizontalAlignment)：创建具有指定文本、图像和水平对齐方式的标签。

说明：水平对齐方式包括 JlLabel. LEFT、JLabel. CENTER、JLabel. RIGHT 等。

3. 文本框组件类

文本框组件类主要有 JTextField(单行文本框)、JPasswordField(密码框)、JTextArea(多行文本框)三个类。

1)JTextField 类

(1)常用构造方法

JTextField(int cols)：创建一个内容是空的、指定长度的文本框；

JTextField(String str)：创建一个指定文本内容的文本框；

JTextField(String s, int cols)：创建一个指定文本内容、指定长度的文本框。

(2)常用方法

String getText()：获取文本框中用户输入的文本内容；

void setText(String str)：设置文本框中的文本内容。

2)JPasswordField 类

(1)常用构造方法

JPasswordField (int cols)：创建一个内容是空的、指定长度的密码框；

JPasswordField (String str)：创建一个指定密码信息的密码框；

JPasswordField (String s, int cols): 创建一个指定密码信息、指定长度的密码框。

(2)常用方法

char[ ] getPassword(): 获取密码框中用户输入的密码，以字符型数组形式返回;

setEchoChar(char c): 设置密码框中显示的字符为指定的字符。

3)JTextArea 类

(1)常用构造方法

JTextArea(int rows, int columns): 创建一个内容是空的、指定行数及列数的多行文本框;

JTextArea(String text): 创建一个指定文本内容的多行文本框;

JTextArea(String text, int rows, int columns): 创建一个指定文本内容、指定行数和列数的多行文本框。

(2)常用方法

String getText(): 获取多行文本框中用户输入的文本内容;

void setText(String str): 设置多行文本框中的文本内容。

例 12-3 创建一个由文本框组件组成的注册窗口。

解题思路：创建单行文本框、密码框、确认密码框、多行文本框、按钮等组件，也创建与上述文本框配套的 5 个标签；还创建一个面板对象，将其布局管理器设为 null，各组件调用 setBounds(int x,int y,int width,int height)方法进行定位，其余内容前面有所涉及，不再复述。程序代码如下：

```
import java.awt.Color;
import javax.swing.JButton;
import javax.swing.JFrame;
import javax.swing.JLabel;
import javax.swing.JPanel;
import javax.swing.JPasswordField;
import javax.swing.JTextArea;
import javax.swing.JTextField;

//文本框组件
public class TextComponentDemo extends JFrame {
    // 声明组件
    private JPanel p;
    private JLabel lblName, lblPwd, lblRePwd, lblAddress, lblMsg;
    // 声明一个文本框
    private JTextField txtName;
    // 声明两个密码框
    private JPasswordField txtPwd, txtRePwd;
    // 声明一个多行文本框
    private JTextArea txtAddress;
```

```
    private JButton btnReg, btnCancel;

    public TextComponentDemo() {
        super("注册新用户");
        // 创建面板,面板的布局为 NULL
        p = new JPanel(null);
        // 实例化 5 个标签
        lblName = new JLabel("用户名");
        lblPwd = new JLabel("密        码");
        lblRePwd = new JLabel("确认密码");
        lblAddress = new JLabel("地        址");
        // 显示信息的标签
        lblMsg = new JLabel();
        // 设置标签的文字颜色是红色
        lblMsg.setForeground(Color.red);
        // 创建一个长度为 20 的文本框
        txtName = new JTextField(20);
        // 创建两个密码框,长度 20
        txtPwd = new JPasswordField(20);
        txtRePwd = new JPasswordField(20);
        // 设置密码框显示的字符为*
        txtPwd.setEchoChar('*');
        txtRePwd.setEchoChar('*');
        // 创建一个多行文本框
        txtAddress = new JTextArea(20, 2);
        // 创建两个按钮
        btnReg = new JButton("注册");
        btnCancel = new JButton("清空");

        // 定位所有组件
        lblName.setBounds(30, 30, 60, 25);
        txtName.setBounds(95, 30, 120, 25);
        lblPwd.setBounds(30, 60, 60, 25);
        txtPwd.setBounds(95, 60, 120, 25);
        lblRePwd.setBounds(30, 90, 60, 25);
        txtRePwd.setBounds(95, 90, 120, 25);
        lblAddress.setBounds(30, 120, 60, 25);
        txtAddress.setBounds(95, 120, 120, 50);
        lblMsg.setBounds(60, 185, 180, 25);
        btnReg.setBounds(60, 215, 60, 25);
        btnCancel.setBounds(125, 215, 60, 25);
```

```
        // 将组件添加到面板中
        p.add(lblName);
        p.add(txtName);
        p.add(lblPwd);
        p.add(txtPwd);
        p.add(lblRePwd);
        p.add(txtRePwd);
        p.add(lblAddress);
        p.add(txtAddress);
        p.add(lblMsg);
        p.add(btnReg);
        p.add(btnCancel);
        // 将面板添加到窗体中
        this.add(p);
        // 设置窗口大小
        this.setSize(280, 300);
        // 设置窗口左上角坐标(X 轴 200 像素,Y 轴 100 像素)
        this.setLocation(200, 100);
        // 设置窗口默认关闭方式为退出应用程序
        this.setDefaultCloseOperation(JFrame.EXIT_ON_CLOSE);
        // 设置窗口可视性
        this.setVisible(true);
    }

    public static void main(String[] args) {
        new TextComponentDemo();
    }
}
```

程序运行结果如图 12－4 所示。

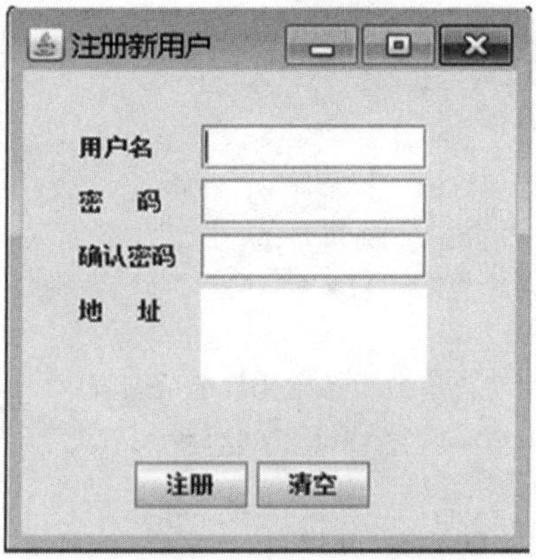

图 12－4　文本框示例

问题：请分析程序代码中面板容器的多个标签与文本框是如何定位的？

4. 组合框与列表框类

主要包含 JComboBox（组合框）、JList（列表框）两个类。

1) JComboBox 类

JComboBox 类由一个文本框和下拉列表组合而成。

(1) 常用构造方法

JComboBox()：创建具有默认数据模型的 JComboBox；

JComboBox(Object[] listData)：创建包含指定数组中的元素的 JComboBox；

JComboBox(Vector<?> listData)：创建包含指定 Vector 中的元素的 JComboBox。

(2) 常用方法

int getSelectedIndex()：获取用户选中的选项的下标；

Object getSelectedValue()：获得用户选中的选项值；

void addItem(Object obj)：添加一个新的选项内容；

void removeAllItems()：从项列表中移除所有项。

例 12－4 由 JComboBox 组成组合框级联。

解题思路：使用两种不同方法创建组合框，方法一是直接给定组合框选项，方法二是创建一个没有选项的组合框，之后再添加多个选项。程序代码如下：

```
import javax.swing.JComboBox;
import javax.swing.JFrame;
import javax.swing.JLabel;
import javax.swing.JPanel;

public class JComboBoxDemo extends JFrame {
    private JPanel p;
    private JLabel lblProvince, lblCity;
    private JComboBox cmbProvince, cmbCity;

    public JComboBoxDemo() {
        super("组合框联动");
        p = new JPanel();

        lblProvince = new JLabel("省份");
        lblCity = new JLabel("城市");

        // 创建组合框,并使用字符串数组初始化其选项列表
        cmbProvince = new JComboBox(new String[] { "广东", "江苏", "浙江" });
        // 创建一个没有选项的组合框
        cmbCity = new JComboBox();
        cmbCity.addItem("广州");
```

```
        cmbCity.addItem("深圳");
        cmbCity.addItem("珠海");
        cmbCity.addItem("南京");
        cmbCity.addItem("苏州");
        cmbCity.addItem("无锡");
        cmbCity.addItem("杭州");
        cmbCity.addItem("宁波");
        cmbCity.addItem("义乌");

        p.add(lblProvince);
        p.add(cmbProvince);
        p.add(lblCity);
        p.add(cmbCity);

        // 将面板添加到窗体中
        this.add(p);

        // 设置窗口大小
        this.setSize(300, 200);
        // 设置窗口左上角坐标
        this.setLocation(200, 100);
        // 设置窗口默认关闭方式为退出应用程序
        this.setDefaultCloseOperation(JFrame.EXIT_ON_CLOSE);
        // 设置窗口可视(显示)
        this.setVisible(true);
    }

    public static void main(String[] args) {
        new JComboBoxDemo();
    }
}
```

程序运行结果如图 12-5、图 12-6 所示。

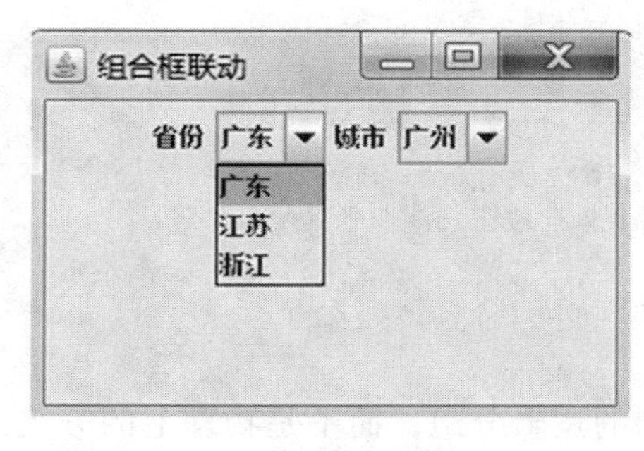

图 12-5　组合框示例界面 1

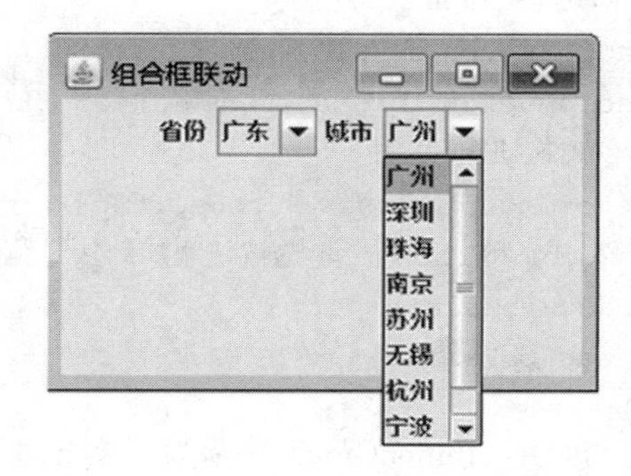

图 12-6　组合框示例界面 2

2)JList 类

JList 类显示对象列表并且允许用户选择一个或多个项的组件。

(1)常用构造方法

JList():构造一个具有空的、只读模型的 JList;

JList(Object[] listData):构造一个 JList,使其显示指定数组中的元素;

JList(Vector<?> listData):构造一个 JList,使其显示指定 Vector 中的元素。

(2)常用方法

int getSelectedIndex():获取用户选中的选项的下标;

Object getSelectedValue():以对象数组的形式返回所有被选中选项的值;

Object[] getSelectedValue():获得用户选中的选项值;

void setModel(ListModel m):设置表示列表内容或列表"值"的模型。

5. 单选钮与复选框类

单选钮与复选框类主要有 JRadioButton(单选钮)、JCheckBox(复选框)两个类。

1)JRadioButton 类

JRadioButton 类实现一个单选按钮,此按钮项可被选择或取消选择。

(1)常用构造方法

JRadioButton(String str):创建一个初始化为未选择的单选按钮,其文本未设定;

JRadioButton(String str, boolean state):创建一个具有指定文本和选择状态的单选按钮。

(2)常用方法

void setSelected(boolean state):设置单选钮的选中状态;

boolean isSelected():获得单选钮是否被选中。

使用单选按钮要经过两个步骤:

①实例化所有的 JRadioButton 单选按钮对象;

②创建一个 ButtonGroup 按钮组对象,并用其 add()方法将所有的单选按钮添加到该组中。

代码示例如下:

```
// 创建单选按钮
JRadioButton rbMale = new JRadioButton("男", true);
JRadioButton rbFemale = new JRadioButton("女");
// 创建按钮组
ButtonGroup bg = new ButtonGroup();
// 将 rb1 和 rb2 两个单选按钮添加到按钮组中,这两个单选按钮只能选中其一
bg.add(rbMale);
bg.add(rbFemale);
```

说明:ButtonGroup 只是为了实现单选规则的逻辑分组,而不是物理上的分组,因此仍要将 JRadioButton 单选按钮对象添加到容器对象中。

2)JCheckBox 类

JCheckBox 类实现复选框，复选框是一个可以被选定和取消选定的项。

(1)常用构造方法

JCheckBox(String str)：创建一个没有文本、没有图标并且最初未被选定的复选框；

JCheckBox(String str, boolean state)：创建一个带文本的复选框，并指定其最初是否处于选定状态。

(2)常用方法

void setSelected(boolean state)：设置复选框的选中状态；

boolean isSelected()：获得复选框是否被选中。

例 12－5 单选钮、复选框示例。

解题思路：①创建单选钮“男”“女”及“性别”标签，物理上将它们添加到面板 p1 上，逻辑上将两个单选钮添加到同一个 ButtonGroup 组中；②创建复选框“阅读”“上网”“游泳”“旅游”及“爱好”标签，将它们添加到面板 p2 上；③窗体设置了网格布局管理器，面板 p1、p2 的布局管理器是流式，p1、p2 作为组件添加到窗体中。程序代码如下：

```
import java.awt.FlowLayout;
import java.awt.GridLayout;
import javax.swing.ButtonGroup;
import javax.swing.JCheckBox;
import javax.swing.JFrame;
import javax.swing.JLabel;
import javax.swing.JPanel;
import javax.swing.JRadioButton;

public class RadioCheckDemo  extends JFrame {
    private JPanel p1, p2;
    private JLabel lblSex, lblLike;
    private JRadioButton rbMale, rbFemale;
    private ButtonGroup bg;
    private JCheckBox ckbRead, ckbNet, ckbSwim, ckbTour;
    public RadioCheckDemo() {
        super("单选和复选");
        this.setLayout(new GridLayout(2,1));

        p1 = new JPanel(new FlowLayout(FlowLayout.LEFT));
        p2 = new JPanel(new FlowLayout(FlowLayout.LEFT));

        lblSex = new JLabel("性别:");
        lblLike = new JLabel("爱好:");
```

```
        // 创建单选按钮
        rbMale = new JRadioButton("男", true);
        rbFemale = new JRadioButton("女");
        // 创建按钮组
        bg = new ButtonGroup();
        // 将 rb1 和 rb2 两个单选按钮添加到按钮组中,这两个单选按钮只能选中其一
        bg.add(rbMale);
        bg.add(rbFemale);
        // 创建复选框
        ckbRead = new JCheckBox("阅读");
        ckbNet = new JCheckBox("上网");
        ckbSwim = new JCheckBox("游泳");
        ckbTour = new JCheckBox("旅游");

        // 性别相关的组件添加到 p1 子面板中
        p1.add(lblSex);
        p1.add(rbMale);
        p1.add(rbFemale);
        this.add(p1);

        // 爱好相关的组件添加到 p2 子面板中
        p2.add(lblLike);
        p2.add(ckbRead);
        p2.add(ckbNet);
        p2.add(ckbSwim);
        p2.add(ckbTour);
        this.add(p2);

        // 设定窗口大小
        this.setSize(300, 100);
        // 设定窗口左上角坐标
        this.setLocation(200, 100);
        // 设定窗口默认关闭方式为退出应用程序
        this.setDefaultCloseOperation(JFrame.EXIT_ON_CLOSE);
        // 设置窗口可见性
        this.setVisible(true);
    }
    public static void main(String[] args) {
        new RadioCheckDemo();
    }
}
```

程序运行结果如图 12－7 所示。

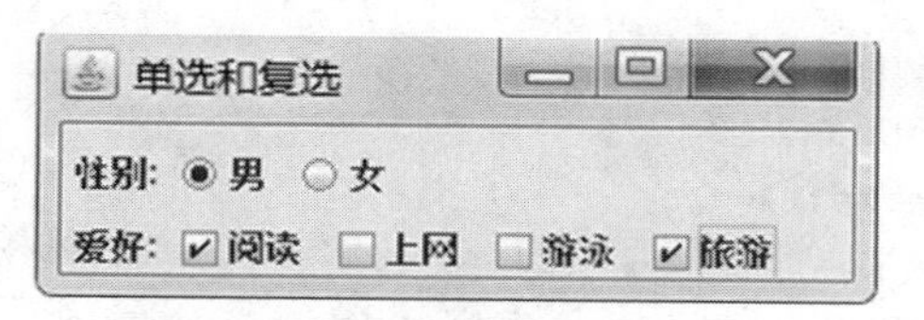

图 12－7　单选钮、复选框示例

12.2.6　布局管理器

布局管理器(Layout Manager)为容器内的组件排列提供布局策略。每种容器都有默认的布局，也可以重新设置。常用的布局管理器类有 BorderLayout、FlowLayout、GridLayout、CardLayout、BoxLayout、setLayout 等，位于 java.awt、javax.swing 包中。

1. BorderLayout(边界布局管理器)

(1)特点

把容器空间分为东、西、南、北、中 5 个区域，每个组件可以占据其中某个区域。如图 12－8 所示，JFrarm 的默认布局就是 BorderLayout。

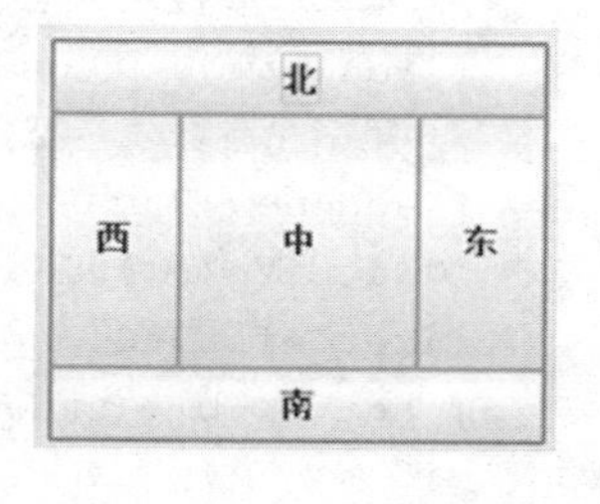

图 12－8　BorderLayout 布局管理器

(2)常用构造方法

BorderLayout()：构造一个组件之间没有间距的新边界布局；

BorderLayout(int hgap, int vgap)：构造一个具有指定组件间距的边界布局。

(3)常量定义

BorderLayout.EAST = "East"：东部位置；

BorderLayout.WEST = "West"：西部位置；

BorderLayout.SOUTH = "South"：南部位置；

BorderLayout.NORTH = "North"：北部位置；

BorderLayout.CENTER = "Center"：中央位置(默认位置)。

(4)常用方法

void setLayout(LayoutManager mgr)：设置容器的布局管理器；

add()：向容器中添加组件，通常带两个参数。

例如，将组件添加到 NORTH 区域：

```
add(组件, BorderLayout.NORTH);
add(组件,"North");
add("North", 组件);
```

请注意：不要将"North"写成"north"。

例 12－6　BorderLayout 边界布局管理器示例 1。

解题思路：创建 5 个按钮，分别添加到东、南、西、北、中区域，采用 3 种不同的参数方式来指明位置。程序代码如下：

```
import java.awt.BorderLayout;
import javax.swing.JButton;
import javax.swing.JFrame;

public class BorderLayOutDemo1 {
    public static void main(String args[]) {
        JFrame f = new JFrame("BorderLayoutDemo1");
        f.setLayout(new BorderLayout());
        // 第一个参数表示把按钮添加到容器的 North 区域
        f.add("North", new JButton("北"));
        // 第一个参数表示把按钮添加到容器的 South 区域
        f.add("South", new JButton("南"));
        // 第二个参数表示把按钮添加到容器的 East 区域
        f.add(new JButton("东"), "East");
        // 第二个参数表示把按钮添加到容器的 West 区域
        f.add(new JButton("西"), "West");
        // 第二个参数表示把按钮添加到容器的 Center 区域
        f.add(new JButton("中"), BorderLayout.CENTER);
        f.setSize(200, 200);
        f.setDefaultCloseOperation(JFrame.DISPOSE_ON_CLOSE);
        f.setVisible(true);
    }
}
```

程序运行结果如图 12－8 所示。

问题：

①当组件数目不足 5 个时，显示效果如何？

②如不指明区域，直接向容器添加组件，会放在什么位置？

③若向同一区域添加两个以上组件，结果如何？

④BorderLayout 布局能否实现添加 6 个及以上的组件？

下面逐一回答上述问题：

①当组件数目不足 5 个时，显示效果如图 12－9—图 12－11 所示。

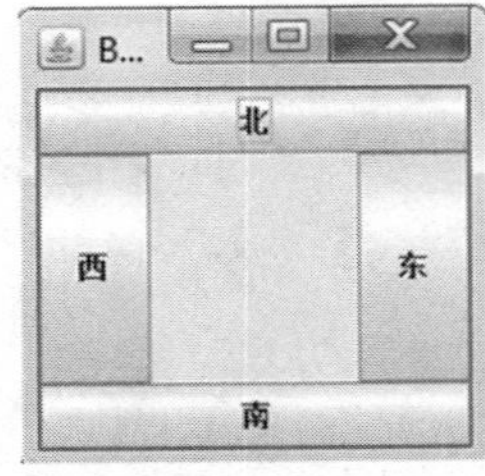

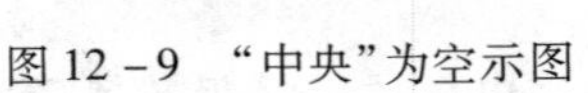
图 12－9 “中央”为空示图

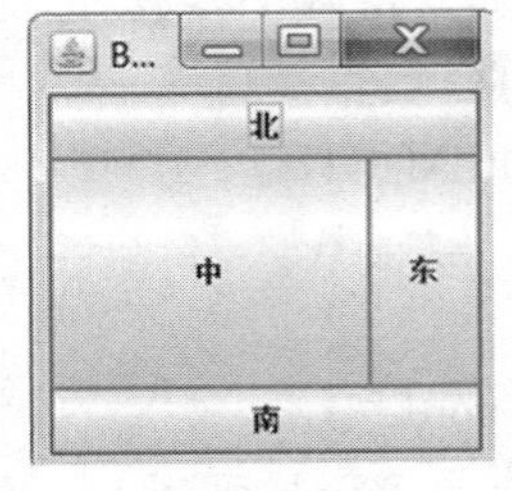

图 12－10 “西部”为空示图

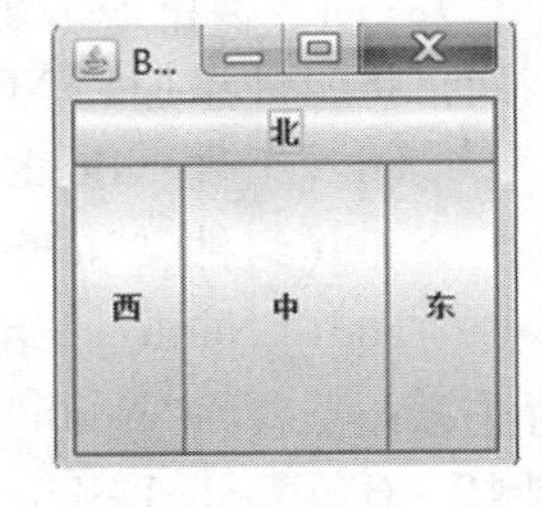

图 12－11 “南部”为空示图

不难看出，当“中央”区域无组件时，其余各区域的组件不扩展；否则，“中央”及周边区域的组件会自动扩展，将空区域占领；当只有“中央”区域有组件、其它区域为空时，中央组件会占用整个窗体。

②如不指明区域，直接向容器添加组件，组件将会放在“中央”区域。

③若向同一区域添加两个以上组件，后添加的组件将先添加组件覆盖，只显示最后添加的组件。

④BorderLayout 布局借助中间容器(面板)采用逐层封装思想，可添加6个及以上的组件，即先设置面板的布局管理器，再向其中添加组件，之后面板仅作为一个组件参与上一层容器的位置排列。

例12-7 BorderLayout 边界布局管理器示例2。

解题思路：创建5个按钮，未指明存放区域，而是直接将b1添加到容器中，默认存放在“中央”位置；在窗体北部添加b2、b3两个按钮，只显示最后添加的b3按钮；创建中间容器(面板)p，其默认的布局管理器为FlowLayout，向它添加b4、b5按钮，再将p添加到窗体南部，可实现在一个区域中添加多个组件的功能。程序代码如下：

```
import javax.swing.JButton;
import javax.swing.JFrame;
import javax.swing.JPanel;

public class BorderLayOutDemo2 {
    public static void main(String[] args) {
        JFrame f = new JFrame("BorderLayoutDemo2");// JFrame 默认布局:BorderLayout
        JButton b1 = new JButton("JButton b1");
        JButton b2 = new JButton("JButton b2");
        JButton b3 = new JButton("JButton b3");
        JButton b4 = new JButton("JButton b4");
        JButton b5 = new JButton("JButton b5");
        f.add(b1);// 组件默认添加在 CENTER
        f.add("North", b2);
        f.add("North", b3);// 向同一区域添加组件,显示最后添加的组件
        JPanel p = new JPanel();// 通过面板 JPanel 解决同一区域显示多布局的组件
        p.add(b4);
        p.add(b5);
        f.add("South", p);

        f.setSize(300, 300);
        f.setVisible(true);
    }
}
```

程序运行结果如图 12－12 所示。

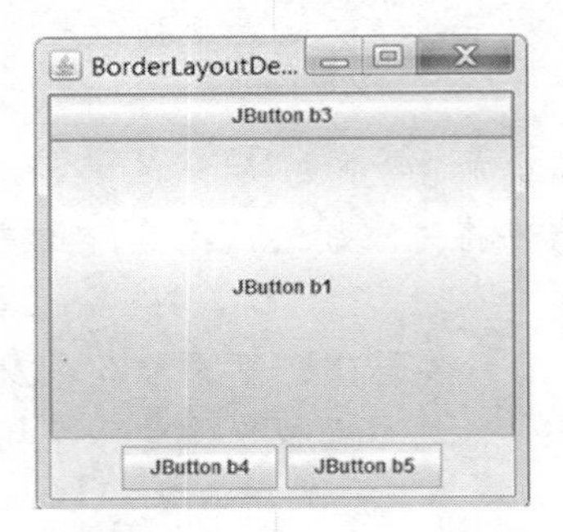

图 12－12　BorderLayout 布局管理器示例 2

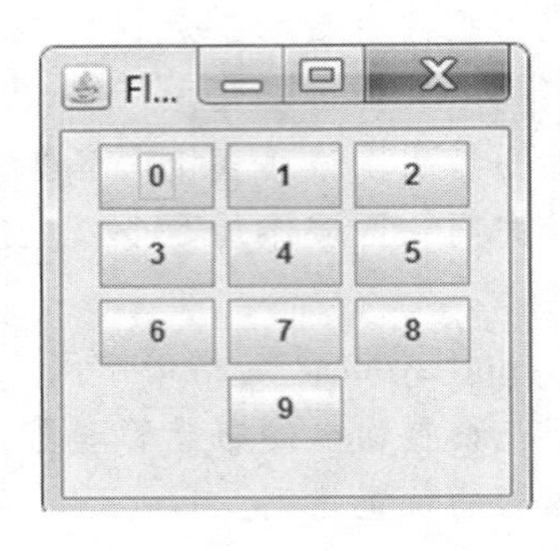

图 12－13　FlowLayout 布局管理器

2. FlowLayout（流式布局管理器）

（1）特点

组件在容器中的排列方式是从左到右、从上到下，即如果一行排不下，就延伸到下一行，默认居中对齐。如图 12－13 所示，JPanel 的默认布局就是 FlowLayout。

（2）常用构造方法

FlowLayout（）：按默认的居中对齐方式排列组件；

FlowLayout（int align）：按指定的对齐方式排列组件（水平、垂直间距默认为 5 像素），对齐方式有三种，即 FlowLayout. LEFT（左对齐），FlowLayout. CENTER（居中对齐，默认），FlowLayout. RIGHT（右对齐）；

FlowLayout（int align，int hgap，int vgap）：按指定的对齐方式、水平及垂直间距排列组件。

例 12－8　FlowLayout 流式布局管理器示例。

解题思路：通过循环创建 10 个按钮，将它们添加到面板 p 中，因 p 默认布局就是 FlowLayout，再将 p 添加到窗体的中央位置；窗体大小设置为紧凑格式。程序代码如下：

```
import javax.swing.JButton;`
import javax.swing.JFrame;
import javax.swing.JPanel;

public class FlowLayoutDemo {
    public static void main(String[] args) {
        JFrame f = new JFrame("FlowLayoutDemo");
        JPanel p = new JPanel();
        // 添加 10 个按钮
        JButton[] b = new JButton[10];
        for (int i = 0; i < = 9; i ++) {
            b[i] = new JButton(" " + i + " ");
```

```
            p.add(b[i]);
        }
        f.add(p);
        f.pack();// 自动调整 JFrame 的大小,使其得以显示其中所有的组件
        f.setSize(200, 200);
        f.setVisible(true);
    }
}
```

程序运行结果如图12－13所示。当改变窗体大小时，组件位置会重新调整，展现从左到右、从上到下的特点，如图12－14、图12－15所示。

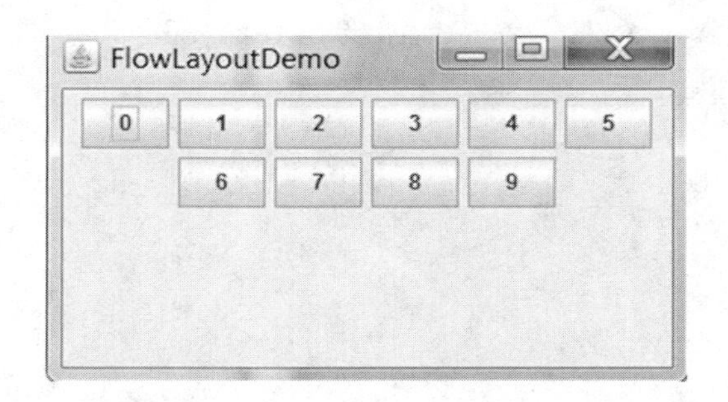

图12－14　FlowLayout布局管理器变化示例1

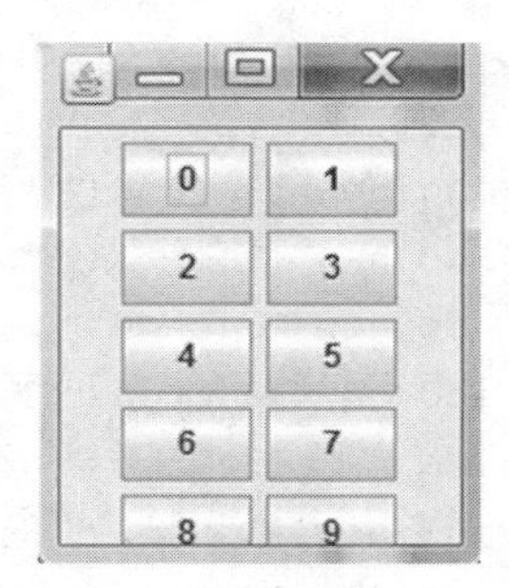

图12－15　FlowLayout布局管理器变化示例2

3. GridLayout（网格布局管理器）

（1）特点

GridLayout是将布局划分成rows（行）及columns（列）的矩形网格，每个单元格区域的大小相等；组件被添加到每个单元格中，先从左到右添满一行后换行，再从上到下，以此类推。图12－16所示为3行、2列网格布局。

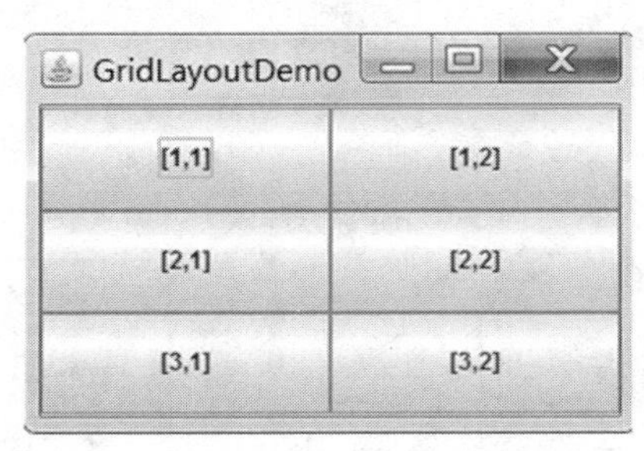

图12－16　GridLayout布局管理器

（2）常用构造方法

GridLayout（）：创建具有默认值的网格布局，即每个组件占据一行一列；

GridLayout（int rows，int cols）：创建具有指定行数和列数的网格布局；

GridLayout（int rows，int cols，int hgap，int vgap）：创建具有指定行数和列数的网格

布局。

例 12-9 GridLayout 网格布局管理器示例。

解题思路：设置窗体的布局为 3 行 2 列的 GridLayout，创建 6 个按钮，将它们依次添加到窗体中，按钮从左到右、从上到下排列。程序代码如下：

```
import java.awt.GridLayout;
import javax.swing.JButton;
import javax.swing.JFrame;

public class GridLayoutDemo {
    public static void main(String[] args) {
        JFrame f = new JFrame("GridLayoutDemo");
        f.setLayout(new GridLayout(3, 2));// 设置 JFrame 布局为 GridLayout
        // 添加按钮
        f.add(new JButton("[1,1]"));
        f.add(new JButton("[1,2]"));
        f.add(new JButton("[2,1]"));
        f.add(new JButton("[2,2]"));
        f.add(new JButton("[3,1]"));
        f.add(new JButton("[3,2]"));
        f.setSize(300, 200);
        f.setVisible(true);
    }
}
```

程序运行结果如图 12-16 所示。现保持网格布局的行、列数不变，当在程序中增加如下代码时：

```
    f.add(new JButton("[4,1]"));
    f.add(new JButton("[4,2]"));
```

程序运行结果如图 12-17 所示。

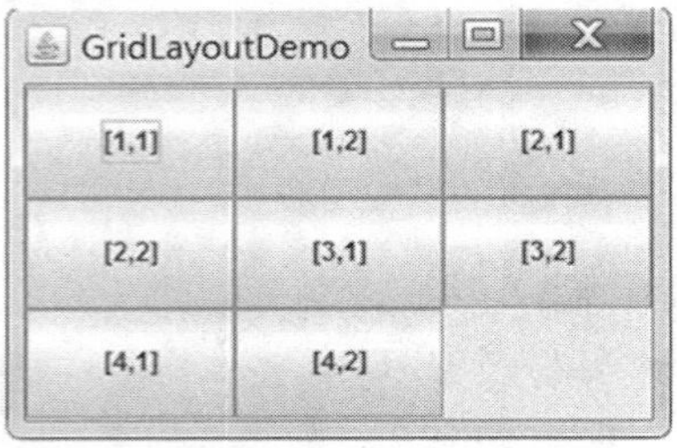

图 12-17 GridLayout 布局管理器变化 1

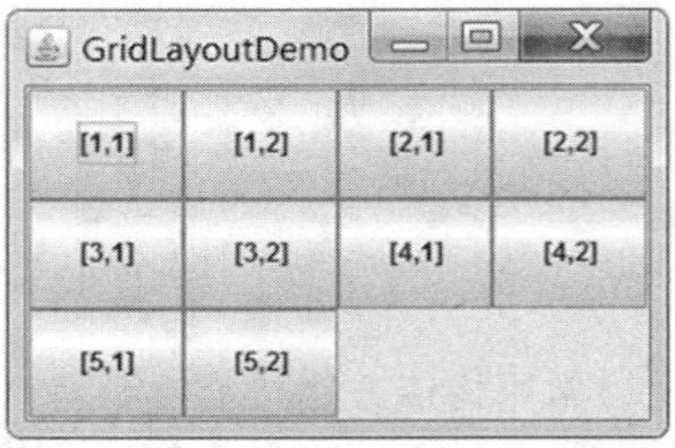

图 12-18 GridLayout 布局管理器变化 2

再在程序中增加如下代码时：

```
f.add(new JButton("[5,1]"));
f.add(new JButton("[5,2]"));
```

程序运行结果如图 12－18 所示。

问题：为什么会出现图 12－17、图 12－18 所示的结果呢？

答案：使用网格布局时，若添加了组件，首先要满足行的约束(即行数不变，列数可变)，若第一列能满足所有组件数，就取一列；若第一列不满足，增加一列，看是否能满足所有组件数，若能满足就取两列，否则再增加一列，以此类推，直到所有组件装完为止；增加的列数不受所规定的列限制。因此，在使用该布局时，需要了解这一要求，以免出现不必要的麻烦。

4. CardLayout(卡片布局管理器)

(1)特点

CardLayout 把容器的所有组件当作一叠卡片，只有其中的一张被显示出来，其余的组件不可见，最先加入的是第一张卡片。CardLayout 允许为每张卡片定义一个名字，这样就可以按名字显示这张卡片；也可以调用相关方法，按顺序向前向后翻卡片，或直接选第一张或最后一张卡片，如图 12－19 所示。

图 12－19　CardLayout 布局管理器

(2)常用构造方法

CardLayout()：创建一个间距大小为 0 的卡片布局；

CardLayout(int hgap，int vgap)：创建一个具有指定水平间距和垂直间距的卡片布局。

(3)常用方法

add(Component comp)：向容器添加组件；

add(Component comp，String name)：创建一个具有指定水平间距和垂直间距的卡片布局。

5. BoxLayout (盒式布局管理器)

(1)特点

允许垂直或水平布置多个组件的布局管理器，位于 javax.swing 包中。这些组件将不包装，例如，垂直排列的组件在重新调整框架的大小时仍然被垂直排列，这一点与 FlowLayout、GridLayout 等不同，如图 12－20 所示。

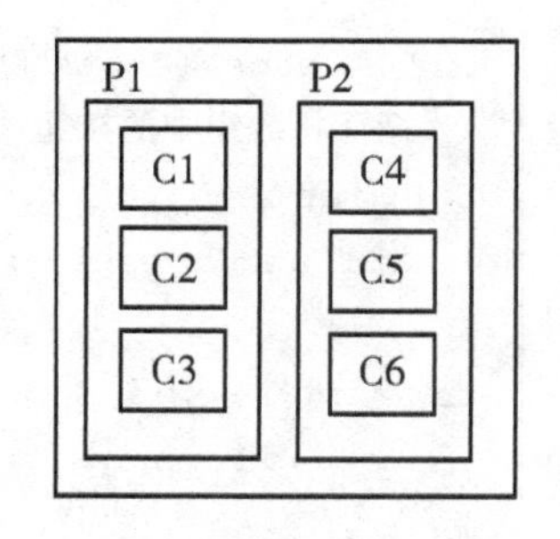

图 12－20　BoxLayout 布局管理器

(2)常用构造方法

BoxLayout(Container target，int axis)：创建一个将沿给定轴放置组件的布局管理器，第二个参数指定组件排列方式，常用的有：

X_AXIS　从左到右水平排列组件；

Y_AXIS　从上到下垂直排列组件。

例 12－10　BoxLayout 盒式布局管理器示例。

解题思路：创建面板 p1、p2，它们的布局管理器均为 BoxLayout，只是排列方式不同，一个水平排列，另一个垂直排列；创建 6 个按钮，将它们分别添加到 p1、p2 中；窗体的布局为 2 行 1 列的 GridLayout，将 p1、p2 添加到窗体中。程序代码如下：

```
import javax.swing.BoxLayout;
import javax.swing.JButton;
import javax.swing.JFrame;
import javax.swing.JPanel;
import java.awt.GridLayout;

public class BoxLayoutDemo extends JFrame {
    private JPanel p1, p2;
    //声明按钮数组
    private JButton[] btns;
    public BoxLayoutDemo() {
        super("BoxLayout 盒布局");
        setLayout(new GridLayout(2, 1));//窗体设置库为 2 行 1 列布局管理器
        //实例面板对象
        p1 = new JPanel();
        p2 = new JPanel();
        //设置面板的布局为盒布局
        p1.setLayout(new BoxLayout(p1, BoxLayout.X_AXIS));
        p2.setLayout(new BoxLayout(p2, BoxLayout.Y_AXIS));
        //实例化按钮数组的长度
        btns = new JButton[6];
        //循环实例化数组中的每个按钮对象
        for (int i = 0; i < btns.length; i++) {
            btns[i] = new JButton("按钮 " + (i + 1));
        }
        int k = btns.length / 2;
        //循环将数组中的按钮添加到面板中
        for (int i = 0; i < k; i++) {
            p1.add(btns[i]);
        }
        for (int i = k; i < btns.length; i++) {
            p2.add(btns[i]);
        }
        //将面板 p1、p2 添加到窗体中
```

```
        this.add(p1);
        this.add(p2);
        // 设定窗口大小
        this.setSize(300, 300);
        // 设定窗口左上角坐标
        this.setLocation(200, 100);
        // 设定窗口默认关闭方式为退出应用程序
        this.setDefaultCloseOperation(JFrame.EXIT_ON_CLOSE);
        // 设置窗口可见性
        this.setVisible(true);
    }
    public static void main(String[] args) {
        new BoxLayoutDemo();
    }
}
```

程序运行结果如图 12－21 所示。

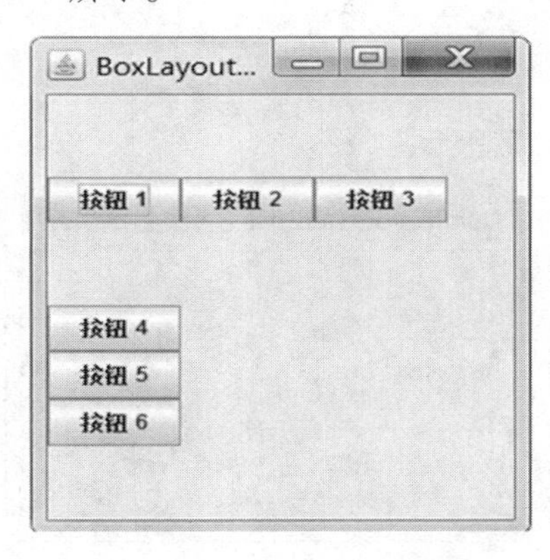

图 12－21　BoxLayout 布局管理器

6. 设置/取消布局管理器

设置新的布局管理器方法：setLayout(新布局管理器)；

例如，setLayout(new FlowLayout(FlowLayout.LEFT))；

如果我们确实需要自己来设置组件大小或位置，则应取消该容器的布局管理器，方法为：

setLayout(null)：取消布局管理器；

setBounds(int a, int b, int width, int height)：设置组件的初始位置和大小。

若取消了布局管理器，则当窗口的大小发生改变时，组件的位置将不会随之调整，也就是说组件的显示有可能不完整，这一点需要特别注意。

例 12－11　取消布局管理器示例。

解题思路：取消窗体的布局管理器，组件通过调用 setBounds( ) 来设置位置、大小。

程序代码如下：

```
import javax.swing.JFrame;
import javax.swing.JButton;

public class NullLayoutDemo {
    public static void main(String[] args) {
        JFrame f = new JFrame("NullLayoutDemo");
        f.setLayout(null);// 设置 JFrame 布局为 null
        JButton b1 = new JButton("注册");
        JButton b2 = new JButton("退出");
        b1.setBounds(20, 50, 100, 40);
        b2.setBounds(50, 100, 100, 40);
        f.add(b1);
        f.add(b2);
        f.setSize(300, 200);
        f.setVisible(true);
    }
}
```

程序运行结果如图 12－22 所示。

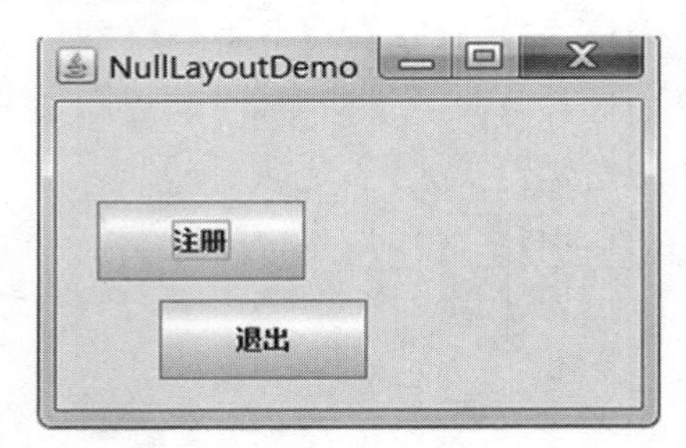

图 12－22　取消布局管理器

12.2.7　GUI 中的容器分层结构

前面的例子已通过中间容器（面板）为中介在窗体中添加多个组件，这体现了分层设计的思想。利用 JPanel 等容器，可以构建比较复杂的 GUI，如图 12－23 所示。

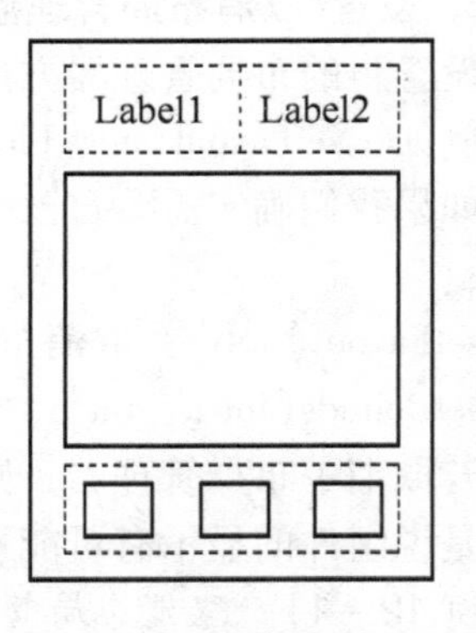

图 12－23　较复杂的 GUI

问题：如何设计、实现这一界面？

思路：上、下内容可放在两个不同面板，再设置窗体布局为 BorderLayout，再将这两个面板作为组件放到北、南区域上，多行文本框放在窗体中央位置，如图 12－24 所示。

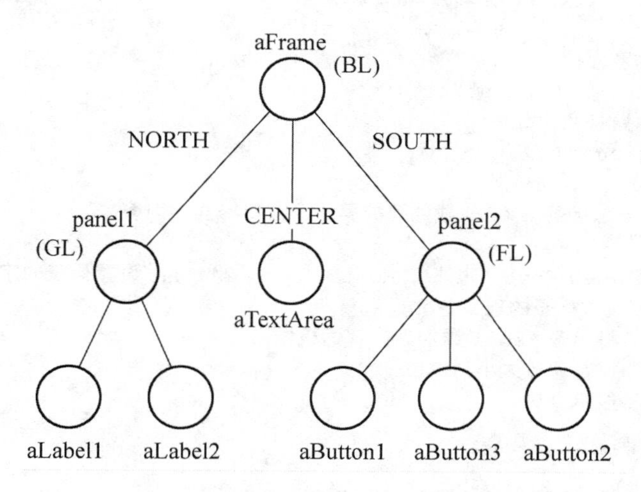

图 12－24　较复杂的 GUI 分层设计思想

12.3　实验内容

1.(基础题)图 12－25 是一程序运行的结果，请根据图形和注释填空，并回答问题：

图 12－25　程序运行结果

程序代码：

```
import java.awt.Color;
import java.awt.Container;
____(1);____//导入 java.awt.Font 类
import javax.swing.JFrame;
____(2)____; //导入 javax.swing.JLabel 类
class JFrameTest ____(3)____{ // 继承 JFrame 类
    JFrameTest() {
```

```
    _____(4)_____;// 设置窗口标题为"窗口测试"

    //得到窗体的内容面板
    Container con = getContentPane();
    //设置内容面板背景色为红色
    con.setBackground(Color.red);

    //创建标签 label,内容为"这是我创建的第一个窗口",居中对齐
    JLabel label = _____(5)_____;
    label.setFont(new Font("宋体", Font.PLAIN, 24));//设置标签的字体
    _____(6)_____;//设置标签的前景色为黄色
    _____(7)_____;// 将标签 label 添加到内容面板中
    _____(8)_____;// 设置窗口大小为(300,200)
    _____(9)_____;// 显示窗口
    }

    public static void main(String argc[]) {
    JFrameTest myframe = _____(10)_____;// 创建 JFrameTest 类的对象
    }
}
```

问题：

(1)该窗口的背景色是通过什么语句设置的?

(2)该窗口标签的前景色、字体又是通过什么语句设置的?

(3)窗体的内容面板如何得到，怎样设置、增加组件?

(4)程序运行后，窗口右上角的最大化、最小化、关闭按钮是否可用？为什么?

2.(基础题)图 12-26 是一程序的运行结果。

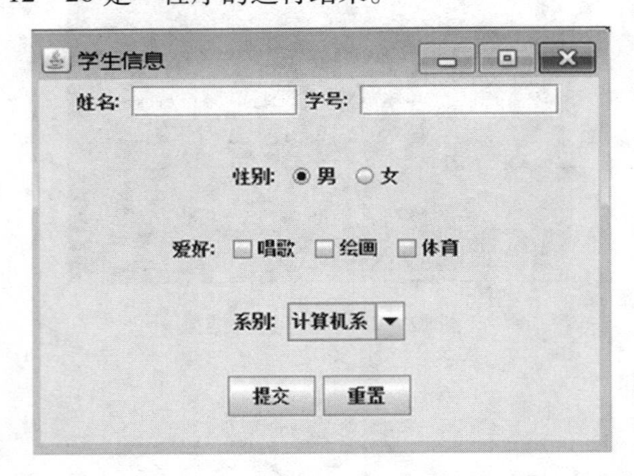

图 12-26 程序运行结果

程序窗口中包含多种组件，为了能让这些组件有序排列，建立 p1—p5 五个 JPanel 面板(默认布局管理器是 FlowLayout)，然后把这些组件依次添加到对应的面板中，再将这五个面板添加到窗口中。由于窗口设置了 5×1 的 GridLayout 布局管理器，因此这些

面板能够排列整齐，如图 12－27 所示。

图 12－27　程序运行结果分析

请根据运行结果图及注释来填写程序所缺代码。

程序代码：

```
import java.awt.GridLayout;
import javax.swing.ButtonGroup;
import javax.swing.JButton;
import javax.swing.JCheckBox;
import javax.swing.JComboBox;
import javax.swing.JFrame;
import javax.swing.JLabel;
import javax.swing.JPanel;
import javax.swing.JRadioButton;
import javax.swing.JTextField;

class StudentInfo extends JFrame {
    StudentInfo() {
    //设置窗口的布局管理器:5 ×1 的网格
    setLayout(new GridLayout(5,1));

    //创建面板 p1 来放置"姓名""学号"有关组件
    JPanel p1 = new JPanel();

    JLabel lblName = new JLabel("姓名: ");
    JTextField textName = new JTextField(10);
    JLabel lblID = ____(1)____;//创建"学号"标签
    JTextField textID = ____(2)____;  //创建宽度为 12 的输入文本框

    p1.add(lblName);
    ____(3)____;//将文本框 textName 添加到 p1 中
    p1.add(lblID);
    p1.add(textID);
```

```
add(p1);

//创建面板 p2 来放置“性别”有关组件
JPanel p2 = ____(4)____;

JLabel lblSex = new JLabel("性别：");
JRadioButton male = new JRadioButton("男", true);
JRadioButton female = ____(5)____;//创建“女”的单选钮

//创建名为 cg 的 ButtonGroup 组件
ButtonGroup cg = ____(6)____;
//添加组件到 cg
cg.add(male);
____(7)____ (female);

p2.add(lblSex);
p2.add(male);
p2.add(female);

____(8)____;//将面板 p2 添加到窗口

//创建面板 p3 来放置“爱好”有关组件
JPanel p3 = new JPanel();
JLabel lblHobby = new JLabel("爱好：");
JCheckBox sing  = new JCheckBox("唱歌", false);
JCheckBox drawing = ____(9)____;//创建复选框
JCheckBox sports  = new JCheckBox("体育", false);

p3.add(lblHobby);
p3.add(sing);
p3.add(drawing);
p3.add(sports);
add(p3);
//创建面板 p4 来放置“系别”有关组件
JPanel p4 = new JPanel();
JLabel lblDept = new JLabel("系别：");
JComboBox cbb = ____(10)____;//创建组合框组件

p4.add(lblDept);
____(11)____;//将组合框组件添加到 p4
```

```
    add(p4);

    //创建面板 p5 来放置"提交""重置"按钮
    JPanel p5 = new JPanel();
    ____(12)____ = new JButton("提交");//创建"提交"按钮
    JButton reset = new JButton("重置");

    p5.add(submit);
    ____(13)____;//将"重置"按钮放入 p5

    ____(14)____;//将 p5 添加到窗口中
    }

    public static void main(String argc[]) {
    StudentInfo std = new StudentInfo();
    std.setTitle("学生信息");
    std.pack();
    std.setSize(400, 300);
    std.setVisible(____(15)____);
    }
}
```

3.(基础题)根据图 12-28,编写程序实现所示效果。

图 12-28 程序运行结果

提示:

①先创建窗口,再设置标题和字体;

②创建一个面板,将上半部分的标签、文本框添加到面板中;

③把上述面板添加到窗口中,位置为北面:"North"(窗口的默认布局管理器为 BorderLayout);

④再创建一个多行文本区域(可设置初始内容),并设置为只读状态;

⑤将上述多行文本区域放置到窗口的中央位置:Center;

⑥调用窗口的 pack()和 setVisible(),设置其大小和可见性。

4.(提高题)要输出如图 12-29 所示界面,请选用合适的布局管理器,填写程序所缺代码:

图 12－29　程序运行结果

```
// Calculator.java
import java.awt.Font;
import java.awt.GridLayout;
import javax.swing.JButton;
import javax.swing.JFrame;
import javax.swing.JLabel;
import javax.swing.JPanel;
import javax.swing.JTextField;

public class Calculator extends JFrame{
    Calculator(){
    super("计算器");
    setFont(new Font("Fixedsys",Font.PLAIN,14));
    JLabel label = new JLabel("计算结果:");
    JTextField tf = new JTextField(20);
    JPanel p1 = new JPanel();
    p1.add(label);
    p1.add(tf);

    //创建按钮数组
    String []str = {"1 ","2 ","3 "," + "," - ","4 ","5 ","6 ","X ","/ ","7 ","8 ","
9 ","^ ","sqrt"," C ","0 ",". ","        =        "};
    JButton[] button = new JButton[str.length];
    for (int i = 0;i < str.length;i ++){
    button[i] = new JButton(str[i]);
    }
    /*
    按钮布局,请填写代码段
    * /
    pack();
    setResizable(false);
    setVisible(true);
```

```
    }
    public static void main(String args[]){
    Calculator mycal = new Calculator();
    }
}
```

提示：

①可考虑将每行内容放在一个 JPanel 容器上，窗口创建一个 5 × 1 的网格布局管理器，然后将 5 个 JPanel 放入其中。

②后 4 行中，每行均包含 5 个按钮，可在第 3、4 个按钮之间放入一个标签：new JLabel("　　")；这样就能在中间留下空列。

5.（提高题）编程实现如图 12－30 所示的登录窗口。

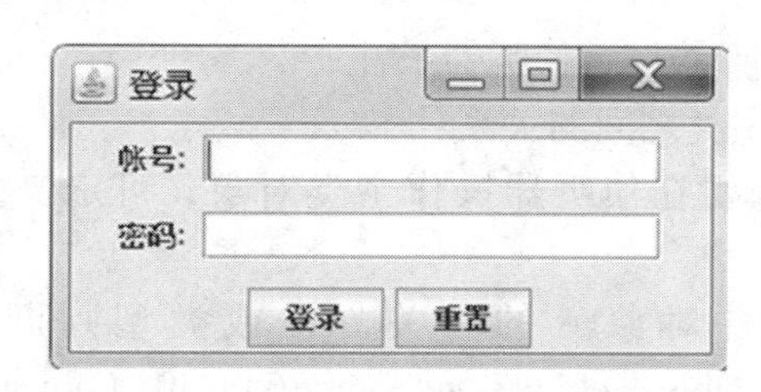

图 12－30　"登录"窗口

12.4　实验小结

本实验是 Swing GUI 的入门，主要练习 GUI 基本界面的设计，需要熟悉容器、组件、布局管理器三大内容。

容器本身也是一个组件，其主要功能是容纳其它组件或容器，Swing 中的常用容器是 JFrame 和 JPanel。通常通过继承 JFrame 来创建窗体，设置窗口大小、可见性、关闭方式等是常规操作，然后根据需要用 add( ) 方法向其内容面板添加中间容器或组件；JPanel 对象（即面板）没有边框、菜单栏或标题栏，只适合作为中间容器，即它既可包含其它组件或中间容器，又可以一个组件身份参与上一层容器的布局排列。通过这种分层设计的思想，可构建出复杂 GUI 界面。组件的种类较多，应熟悉常用组件（如按钮、标签、文本框、组合框、列表框、单选钮、复选框等）的创建和使用方法，并能根据实际需要灵活应用。布局管理器为容器内的组件排列提供布局策略，每种容器都有默认的布局（特别是 JFrame、JPanel 的默认布局应熟记），也可以重新设置；常用的布局管理器包含 BorderLayout、FlowLayout、GridLayout、BoxLayout 等。容器、组件、布局管理器三者的有机结合便能构建美观、实用的 GUI。对于 Color、Font、ImageIcon 等常用类，也要熟悉它们的基本用法。

实验 13　事件处理

13.1　实验目的

(1)理解什么是事件委托模型，特别是它的两条主线：

①事件源、事件类、事件对象；

②事件侦听接口、侦听器类、侦听器、注册。

(2)事件侦听器类与主类之间的关系：

①两者相互独立，若要在侦听器操作主类对象，可定义主类对象作为侦听器的变量；

②调用 XxxEvent 事件对象 e 的有关方法或类型判断等，如 e. getSource( )、e. getActionCommand( ) 或 Object obj = e. getSource( )；if ((obj instanceof JButton))；等；

③侦听器类作为主类的内部类，可直接访问主类对象的成员；

④用匿名内部类创建事件侦听器。

(3)在 GUI 中编程实现处理 XxxEvent 事件的步骤：

①编写一个实现 XxxListener 接口的事件侦听器类；

②在事件侦听器类中，应实现 XxxListener 接口的全部方法，缺一不可(对于感兴趣的方法编写代码，其它方法可以写成空方法)；

③创建事件侦听类的对象作为事件侦听器，并调用组件的 addXxxListener(事件处理类的对象) 方法注册到 GUI 的组件上。

(4)掌握 ActionEvent、WindowEvent、MouseEvent、KeyEvent 等事件处理方法。

13.2　知识要点与应用举例

13.2.1　事件委托模型

在实验 12 中，我们已经可以设计一些基本的应用界面，如图 13 - 1 所示。

图 13 - 1　改变窗格背景色

令人遗憾的是，我们无法操作这几个按钮来实现相应功能。解决这一问题的关键是“事件委托模型”。

1. 什么是事件

①事件(Event)——用对象表示，它描述了发生什么事情。当用户进行界面操作时，例如，点击窗口上的按钮，在文本框中输入内容时，都会引发相应的事件。

②事件源(Event Source)——产生事件的组件。当这个事件源内部状态以某种方式改变时，就会产生相应事件。

③事件处理(Event Process)——事件发生之后，要做什么。

以点击图 13－1 中的按钮事件处理为例，事件是“点击按钮”(3 个)，事件源是“按钮”(3 个)，事件处理是“改变窗体颜色，与按钮上的标识一样”(3 种)。

2. 事件委托模型

从 JDK1.1 开始，Java 采用了事件委托模型来处理事件，即将处理事件的程序实体(事件侦听器)与事件源进行分离。一般情况下，组件(事件源)可以不处理自己的事件，而是委托给外部的处理实体(事件侦听器)处理；不同的事件，可以交由不同类型的侦听器来处理；当然，也允许组件(事件源)自己处理事件。

要让事件侦听器能够处理某一事件，首先，事件侦听器类要实现能够处理这一事件的侦听接口中的所有方法；其次，事件侦听器应在事件源中注册过。采用事件委托模型来处理事件效率更高，使用更为灵活，其执行过程如图 13－2 所示。

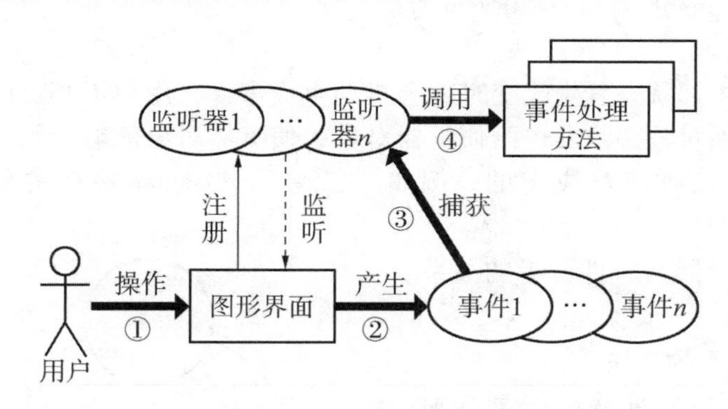

图 13－2　事件委托模型执行过程

因 GUI 上的事件源已注册了相应的事件侦听器，当用户操作事件源时，系统会自动生成对应的事件对象，通知给事件侦听器；事件侦听器捕获到事件通知后，将调用与事件侦听接口对应的方法，进行事件处理，这就是事件委托模型的全过程。事件侦听器可以是事件源本身，也可以不是，两者关系并不固定，可根据需要选择。

13.2.2　事件类与事件对象

1. 事件类

“万物皆对象”是 Java 的观点，所以，事件是用对象来表示的。Java 已定义了一些标准的事件类，大多数类命名为 XxxEvent。java.util.EventObject 是所有事件类的父类，而 java.awt.AWTEvent 则是 AWT 事件类的父类，它们的继承关系如图 13－3 所示。

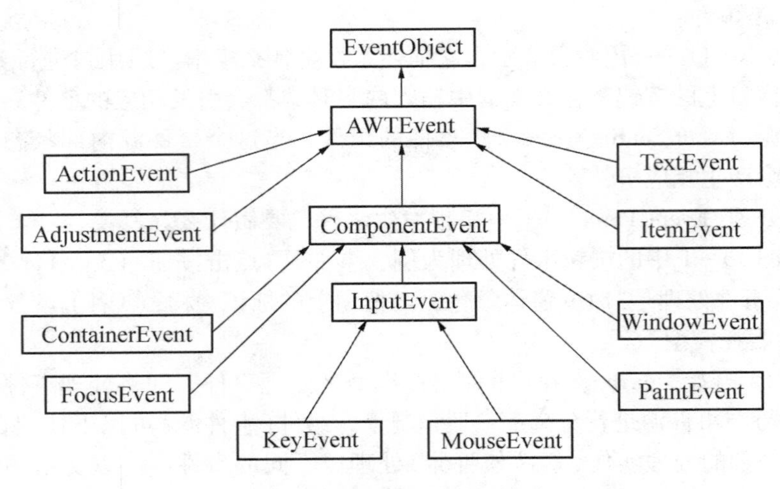

图 13－3　事件类的继承关系

通常，事件还分为低级事件和高级事件两类。低级事件是指具体的组件事件，如 KeyEvent、MouseEvent、FocusEvent 等；高级事件是指语义事件，如 ActionEvent、AdjustmentEvent、ItemEvent、TextEvent 等。

2. 事件对象

当事件源的内部状态发生改变时就会自动生成事件，用户不必自己创建事件对象。事件源创建的事件对象必须发送给侦听器对象；侦听器对象能够接收什么类型的事件，是由它所实现的侦听接口决定的。例如，实现 KeyListener 接口的侦听器只能接收 KeyEvent 事件通知。

事件源、侦听器与事件三者的关系如图 13－4 所示。

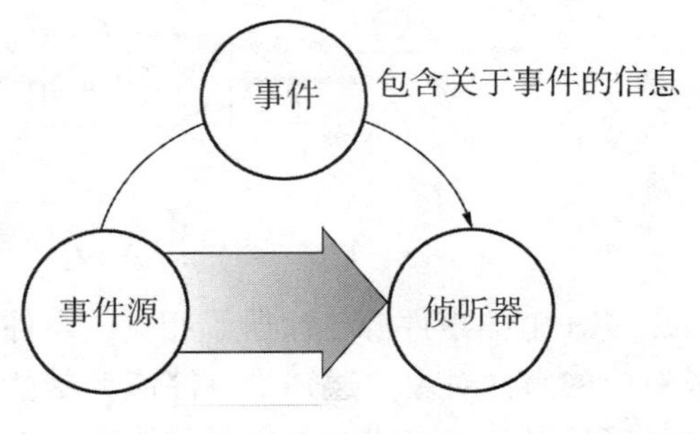

图 13－4　事件源、侦听器与事件三者的关系

3. 返回事件源的方法

由于事件源与侦听器可能是分离的，它们之间的联系仅是事件(侦听接口中的方法是以事件为参数的)，可通过调用事件类的一些方法来返回事件源，以便后续处理。以下几个是常用方法：

① java. util. EventObject 类中的
public Object getSource( )：返回类型为 Object

② java. awt. event. ComponentEvent 类中的
public Component getComponent( )：返回类型为 Component

③ java. awt. event. ActionEvent 类中的
public String getActionCommand( )：返回与此动作相关的命令字符串。按钮、菜单项或标签的命令字符串，是指其标签内容。

13.2.3 事件侦听器与侦听接口

1. 事件侦听器的类与对象

事件侦听器是事件侦听器类的一个对象，它负责对委托的事件源进行侦听。当事件发生时，事件源就会生成事件对象向事件侦听器发送，事件侦听器收到事件通知后就会立即调用侦听接口的方法进行事件处理。

进行事件处理的两个基本要求：

(1)事件侦听器类必须实现处理该类事件的侦听接口中的所有方法

例如，处理 WindowEvent 事件的 WindowListener 接口有 7 个方法，该事件的侦听器类必须实现这 7 个方法。

(2)在事件源中注册事件侦听器

方法：事件源. addXxxListener(事件侦听器)；(说明：Xxx 代表不同的侦听事件)

例如，redbutton. addActionListener(new ColorAction(this, Color. red))；

2. 事件侦听接口

Java 中的接口表示一种规范，它规定了“做什么”，但未规定“怎样做”。在 java. awt. event、javax. swing. event 包中对各类事件的侦听接口及其方法进行定义，如表 13－1 所示。

表 13－1　常用事件的侦听接口及其方法

事　　件	对应的侦听接口	侦听接口中的方法
ActionEvent	ActionListener	actionPerformed(ActionEvent e){…}
WindowEvent	WindowListener	windowClosing(WindowEvent e){…} windowOpened(WindowEvent e){…} windowIconified(WindowEvent e){…} windowDeiconified(WindowEvent e){…} windowClosed(WindowEvent e){…} windowActivated(WindowEvent e){…} windowDeactivated(WindowEvent e){…}
MouseEvent	MouseListener	mousePressed(MouseEvent e){…} mouseReleased(MouseEvent e){…} mouseEntered(MouseEvent e){…} mouseExited(MouseEvent e){…} mouseClicked(MouseEvent e){…}
MouseEvent	MouseMotionListener	mouseDragged(MouseEvent e){…} mouseMoved(MouseEvent e){…}
DocumentEvent	DocumentListener	changedUpdate(DocumentEvent e){…} insertUpdate(DocumentEvent e){…} removeUpdate(DocumentEvent e){…}

续表 13-1

事　　件	对应的侦听接口	侦听接口中的方法
KeyEvent	KeyListener	keyPressed(KeyEvent e) {…} keyReleased(KeyEvent e) {…} keyTyped(KeyEvent e) {…}
FocusEvent	FocusListener	focusGained(FocusEvent e) {…} focusLost(FocusEvent e) {…}
ItemEvent	ItemListener	itemStateChanged(ItemEvent e) {…}
TextEvent	TextListener	textValueChanged(TextEvent e) {…}
AdjustmentEvent	AdjustmentListener	adjustmentValueChanged(AdjustmentEvent e) {…}

3. 事件处理步骤

事件处理有三步：

(1)创建侦听器类

```
class MyListener implements XxxListener {    //注：Xxx 代表某一事件
    // 重写 XxxListener 接口中的所有事件处理方法
                    ……
}
```

(2)创建侦听器对象

```
MyListener listener = new MyListener();
```

(3)事件源注册侦听器对象

```
事件源.addxxListener(listener);
```

4. 多重事件侦听器

由于现实世界的复杂性，存在着"一个事件源上注册了多个侦听器"和"多个事件源共用一个侦听器"的情况：

(1)一个事件源注册了多个事件侦听器，即一个事件源可以引发多个事件，交由不同事件侦听器分别处理。例如 Mouse 事件源，有按键、移动等不同操作，需交由不同事件侦听器来处理。

(2)一个事件侦听器可以注册到多个事件源上，即多个事件源产生的事件交由一个事件侦听器对象来处理，一般需要结合前面提到的获取事件源方法，采用多分支语句来判断事件源，再进行相应处理。这种方式较常见。

13.2.4　常见事件处理

1. ActionEvent 事件处理

ActionEvent 事件属于语义事件。通常在按下一个按钮、双击一个列表项、选中一个菜单项或在文本框输入内容后按回车键时均会引发 ActionEvent 事件。

处理此事件需要实现 ActionListener 接口，位于 java.awt.event 包中，它只有一个

方法:

void actionPerformed(ActionEvent e)

例 13－1 解决图 13－1 问题，点击“红色”“绿色”“蓝色”3 个按钮改变窗体背景色。

解题思路：①主类 ActionEventDemo1 继承了 JFrame，其主要功能是进行界面设计；②事件侦听器类为 ColorAction，它实现了 ActionListener 接口的 actionPerformed (ActionEvent e)方法(只有1个)，为了实现改变窗体背景色这一功能，事件侦听器选取了主类的对象和背景颜色作为其成员，在构造对象时设定窗体与背景色；③主类的3个按钮注册了3个不同的侦听器。程序代码如下:

```
import java.awt.Color;
import java.awt.Container;
import java.awt.event.ActionEvent;
import java.awt.event.ActionListener;
import javax.swing.JButton;
import javax.swing.JFrame;
import javax.swing.JPanel;

class ColorAction implements ActionListener { // 事件侦听器类
    private ActionEventDemo1 frame;// 用主类对象作为变量,方便两类之间联系
    private Color backgroundcolor;

    public ColorAction(ActionEventDemo1 aef, Color c) {// 带2个参数的构造方法
        frame = aef;
        backgroundcolor = c;
    }

    public void actionPerformed(ActionEvent e) {// 实现接口方法
        Container con = frame.getContentPane();
        con.setBackground(backgroundcolor);
    }
}

public class ActionEventDemo1 extends JFrame {
    ActionEventDemo1() {
        JPanel panel = new JPanel();
        // 创建3个事件源
        JButton redbutton = new JButton("红色");
        JButton greenbutton = new JButton("绿色");
        JButton bluebutton = new JButton("蓝色");
        panel.add(redbutton);
```

```
        panel.add(greenbutton);
        panel.add(bluebutton);
        Container con = this.getContentPane();
        con.add(panel, "North");

        // 注册事件侦听器:同一个类的 3 个不同对象
        redbutton.addActionListener(new ColorAction(this, Color.red));
        greenbutton.addActionListener(new ColorAction(this, Color.green));
        bluebutton.addActionListener(new ColorAction(this, Color.blue));
    }

    public static void main(String argc[]) {
        ActionEventDemo1 myframe = new ActionEventDemo1();
        myframe.setTitle("ActionEvent 事件");
        myframe.setSize(300, 200);
        myframe.setVisible(true);
    }
}
```

程序运行结果如图 13－5—图 13－7 所示。

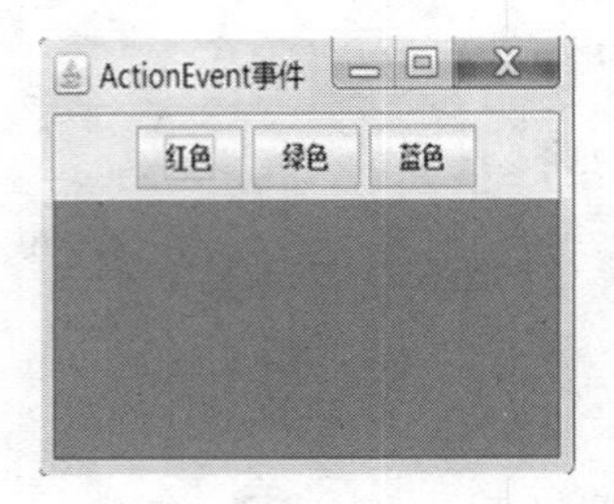

图 13－5　点击“红色”按钮

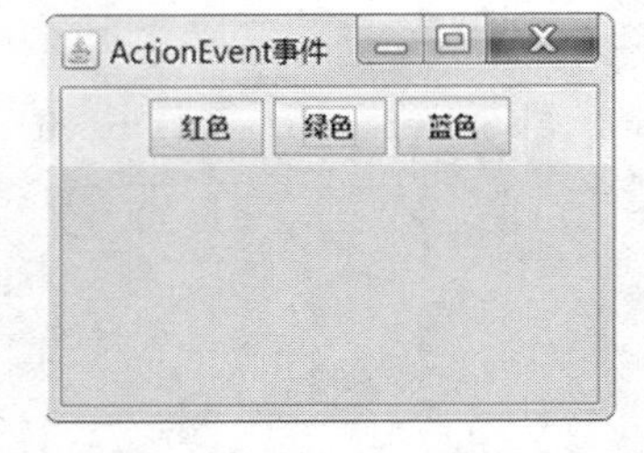

图 13－6　点击“绿色”按钮

图 13－7　点击“蓝色”按钮

问题：

①程序中有几个事件源，几个事件侦听器类，几个侦听器？

②侦听器类如何操作主类？

③能否将主类、侦听器类“合二为一”？

例 13－2　例 13－1 改进版本，功能不变，主类、侦听器类“合二为一”，即事件源自行处理自己引发的事件。

解题思路：①主类 ActionEventDemo2 继承了 JFrame，且实现 ActionListener 接口的 actionPerformed( ) 方法(只有 1 个)，通过调用事件的 getActionCommand( ) 获取按钮上面的标签，以区分不同的按钮操作实现不同的背景色设置；②主类的 3 个按钮(事件源)注册了同一个对象(即主类对象 this)。程序代码如下：

```java
import java.awt.Color;
import java.awt.Container;
import java.awt.event.ActionEvent;
import java.awt.event.ActionListener;
import javax.swing.JButton;
import javax.swing.JFrame;
import javax.swing.JPanel;

public class ActionEventDemo2 extends JFrame implements ActionListener {
    ActionEventDemo2() {
        JPanel panel = new JPanel();
        // 创建3个事件源
        JButton redbutton = new JButton("红色");
        JButton greenbutton = new JButton("绿色");
        JButton bluebutton = new JButton("蓝色");
        panel.add(redbutton);
        panel.add(greenbutton);
        panel.add(bluebutton);
        Container con = this.getContentPane();
        con.add(panel, "North");

        // 注册事件监听器:同一个对象
        redbutton.addActionListener(this);
        greenbutton.addActionListener(this);
        bluebutton.addActionListener(this);
    }

    public void actionPerformed(ActionEvent e) {// 实现接口方法
        String btnLabel = e.getActionCommand();
        Container con = getContentPane();

        if (btnLabel.equals("红色")) {
        con.setBackground(Color.RED);
        } else if (btnLabel.equals("绿色")) {
        con.setBackground(Color.GREEN);
        } else if (btnLabel.equals("蓝色")) {
        con.setBackground(Color.BLUE);
        }
    }

    public static void main(String argc[]) {
```

```
        ActionEventDemo2 myframe = new ActionEventDemo2();
        myframe.setTitle("ActionEvent 事件");
        myframe.setSize(300, 200);
        myframe.setVisible(true);
    }
}
```

程序运行结果与上例完全相同，不一一列举。

不难看出，这种方法少了一个类，更加简洁。为进一步熟悉 ActionEvent 的使用，再举一个例子。

例 13 -3 ActionEvent 综合应用，图 13 - 8 所示是一个模拟聊天的窗口。

图 13 - 8 模拟聊天的窗口

功能简介：最顶行的文本框可输入文字；中间多行文本框显示聊天记录；当点击“发送”按钮或在输入框敲 Enter 键后，相当于进行发送，输入框的内容会在多行文本框中显示，并且清空输入框内容；当点击“重置”按钮时，清空输入框和多行文本框内容。

解题思路：①主类 ActionEventDemo3 继承了 JFrame，且实现 ActionListener 接口，实现 GUIl 界面设计和事件处理功能；②主类在进行界面设计时，窗体采用 BorderLayout 布局，顶行的单行文本框和标签放入一个面板，作为一个组件放在主窗体的北部，底部的两个按钮放入另一个面板，当作一个组件放在主窗体的南部，多行文本框放在主窗体中部；③进行事件处理时，先确定事件源是什么。有三个：两个按钮、一个单行文本框，假定事件对象为 e，执行语句 Object obj = e.getSource()；得到对象 odj，再通过判定条件表达式 obj instanceof JTextField（或 JButton）的值来确定 obj 所属类型，当为 JButton 时还需进一步根据按钮上的文字来确定是哪一个按钮，再进行相应处理。程序代码如下：

```
import java.awt.event.ActionEvent;
import java.awt.event.ActionListener;

import javax.swing.JButton;
import javax.swing.JFrame;
import javax.swing.JLabel;
import javax.swing.JPanel;
import javax.swing.JTextArea;
```

```
import javax.swing.JTextField;

public class ActionEventDemo3 extends JFrame implements ActionListener {
    JTextField tf;
    JTextArea ta;
    JButton b1;
    JButton b2;

    ActionEventDemo3(String title) {
        super(title);
        JPanel p1 = new JPanel();
        p1.add(new JLabel("请输入一行文字:"));
        tf = new JTextField(30);// 向文本框注册监听者对象
        tf.addActionListener(this);
        p1.add(tf);

        b1 = new JButton("发送");
        b2 = new JButton("重置");
        // 向按钮注册监听者对象
        b1.addActionListener(this);
        b2.addActionListener(this);
        JPanel p2 = new JPanel();
        p2.add(b1);
        p2.add(b2);

        ta = new JTextArea();
        ta.setEditable(false);

        add(p1, "North");
        add(ta, "Center");
        add(p2, "South");
        setSize(500, 300);
        setVisible(true);
    }

    public void actionPerformed(ActionEvent e) {
        // 以下用了几种方法判断事件源,请注意比较
        Object obj = e.getSource();
        // 判断事件源是 TextField 的处理方法
        if ((obj instanceof JTextField)) {
            ta.append("用户: " + tf.getText() + "\n");
```

```
            tf.setText("");
        }
        // 判断事件源是 JButton 的处理方法
        if ((obj instanceof JButton)) {
            // 如果是"发送"按钮
            if (e.getActionCommand().equals("发送")) {
                ta.append("用户: " + tf.getText() + "\n");
                tf.setText("");
            }
            if (b2 == (JButton) obj) {
                ta.setText("");
                tf.setText("");
            }
        }
    }

    public static void main(String[] args) {
        new ActionEventDemo3("模拟聊天窗口");
    }
}
```

2. WindowEvent 事件处理

在用户打开、关闭、最小化、最大化窗口等时，都会发生 WindowEvent 事件。

(1) WindowEvent 类常用方法

public Window getWindow()：返回产生事件的窗口。

(2) WindowListener 接口（有 7 个方法）

public void windowActivated(WindowEvent e)：将 Window 设置为活动 Window 时调用；

public void windowClosed(WindowEvent e)：因对窗口调用 dispose 而将其关闭时调用；

public void windowClosing(WindowEvent e)：用户试图从窗口的系统菜单中关闭窗口时调用；

public void windowDeactivated(WindowEvent e)：当 Window 不再是活动 Window 时调用；

public void windowIconified(WindowEvent e)：窗口从正常状态变为最小化状态时调用；

public void windowDeiconified(WindowEvent e)：窗口从最小化状态变为正常状态时调用；

public void windowOpened(WindowEvent e)：窗口首次变为可见时调用。

(3) 注册侦听器对象

事件源 . addWindowListener(侦听器对象)

例 13 -4 WindowEvent 事件处理示例。

解题思路：主类通过调用 MyFrame 对象来展示 Window 事件处理。MyFrame 类继承了 JFrame ，且实现 WindowListener 的全部 7 个方法。方法体内容是，当方法被调用时，用命令行方式输出相关信息。程序代码如下：

```
import java.awt.event.WindowEvent;
import java.awt.event.WindowListener;
import javax.swing.JFrame;

class MyFrame extends JFrame implements WindowListener {
    MyFrame() {
        setSize(300, 200);
        setVisible(true);
        addWindowListener(this);
    }
    public void windowActivated(WindowEvent e) {
        System.out.println("窗口被激活");
    }

    public void windowDeactivated(WindowEvent e) {
        System.out.println("窗口不是激活状态了");
    }
    public void windowClosing(WindowEvent e) {
        System.out.println("窗口正在关闭");
        dispose();
    }
    public void windowClosed(WindowEvent e) {
        System.out.println("窗口已经关闭,程序结束运行");
        System.exit(0);
    }

    public void windowIconified(WindowEvent e) {
        System.out.println("窗口图标化了");
    }
    public void windowDeiconified(WindowEvent e) {
        System.out.println("窗口撤消图标化");
    }
    public void windowOpened(WindowEvent e) {
        System.out.println("窗口已经打开");
    }
}

public class WindowEventDemo {
    public static void main(String args[]) {
        new MyFrame();
    }
}
```

程序运行结果如下：

```
窗口已经打开
窗口图标化了
窗口不是激活状态了
窗口撤消图标化
窗口被激活
窗口不是激活状态了
窗口被激活
窗口不是激活状态了
窗口被激活
窗口正在关闭
窗口不是激活状态了
窗口已经关闭,程序结束运行
```

问题：WindowListener 接口有 7 个方法，如果只关心窗口的某一操作(如关闭)，也要编写其余方法，这有些麻烦。有无简便的方法呢?

答案是肯定的，使用适配器类即可。

3. 使用适配器类进行事件处理

1)什么是适配器类

为简化编程，Java 针对大多数事件侦听器接口定义了相应的实现类，即事件适配器类，命名格式为 XxxAdapter。在适配器类中，已对侦听器接口中所有的方法进行了实现，但不会做任何事情，即空实现。以 WindowListener 接口对应的适配器类 WindowAdapter 为例，其部分源代码为：

```java
public abstract class WindowAdapter
    implements WindowListener, WindowStateListener, WindowFocusListener{
    public void windowOpened(WindowEvent e) {}
    public void windowClosing(WindowEvent e) {}
    public void windowClosed(WindowEvent e) {}
    public void windowIconified(WindowEvent e) {}
    public void windowDeiconified(WindowEvent e) {}
    public void windowActivated(WindowEvent e) {}
    public void windowDeactivated(WindowEvent e) {}
    ……
    }
```

2)适配器类的使用

在定义侦听器类时可以继承事件适配器类，并且只重写所需要的方法，对其它方法不予考虑，这样可以减少工作量。

还是以 WindowAdapter 类为例，说明如何利用适配器类来实现关闭窗口功能。先定义一个新类，继承 WindowAdapter 类，再重写 windowClosing( )方法，程序代码如下：

```
public class WindowHandling extends WindowAdapter {
    public void windowClosing(WindowEvent we){
        System.exit(0);
    }
}
```

说明：继承适配器类的方法确实比实现接口的方法简单，上述代码在早期的AWT中使用较多，由于Swing的setDefaultCloseOperation(参数)具备关闭窗口功能，现在较少使用这样的代码。当然，继承适配器类的方法也不是万能的，因Java只支持单一继承，如果需要继承其它类，就会限制这一方法的使用。

例13－5 适配器类应用示例：关闭窗口时可进行确认。

解题思路：主类继承WindowAdapter类，重写了windowClosing()方法：创建一个对话框，当中包含标签和“是”“否”两个按钮，对这两个按钮也进行事件处理(采用匿名内部类方式，稍后介绍)。程序代码如下：

```
import java.awt.event.ActionEvent;
import java.awt.event.ActionListener;
import java.awt.event.WindowAdapter;
import java.awt.event.WindowEvent;
import javax.swing.JButton;
import javax.swing.JDialog;
import javax.swing.JFrame;
import javax.swing.JLabel;
import javax.swing.JPanel;

public class WindowEventAdapterDemo extends WindowAdapter {
    JFrame f;
    JDialog dig;
    public WindowEventAdapterDemo() {// 构造方法
        f=new JFrame("窗口事件处理");
        f.addWindowListener(this);// 注册监听者
        f.setSize(300, 200);
        f.setVisible(true);
    }
    // 重写窗口关闭方法
    public void windowClosing(WindowEvent e) {
        dig=new JDialog(f, "确认退出", true);
        JPanel p=new JPanel();
        JButton yes=new JButton("是");
        JButton no=new JButton("否");
        p.add(yes);
```

```
        p.add(no);
        // 内部类形式注册及重写事件处理方法
        yes.addActionListener(new ActionListener() {
                    public void actionPerformed(ActionEvent e) {
                        f.dispose();
                    }
        });
        no.addActionListener(new ActionListener() {
            public void actionPerformed(ActionEvent e) {
                dig.dispose();
            }
        });
        dig.add(new JLabel("想要退出吗?"));
        dig.add(p, "South");
        dig.setSize(200, 100);
        dig.setVisible(true);
    }

    public static void main(String[] args) {
        new WindowsEventAdapterDemo();
    }
}
```

程序运行结果如图 13 -9 所示。

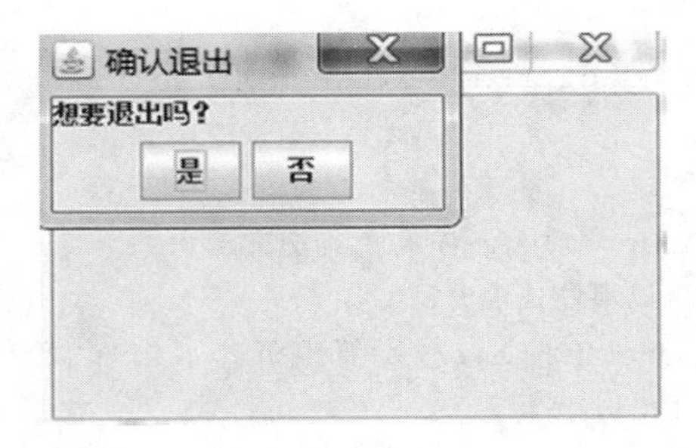

图 13 -9　窗口关闭时具有确认功能

请注意：并不是所有的侦听器接口都有对应的适配器类，如果接口中只声明了一个方法，例如 ActionListener，就没有对应的适配器。因为只有一个方法，即使有了适配器也需要重写方法，不会比实现接口更省事，所以不必提供适配器类。

4. DocumentEvent 事件处理

文本框（JTextField）或多行文本框（JTextArea）的字符串发生改变时，会产生 DocumentEvent 事件。

此事件对应的接口为 DocumentListener，位于 jsvax. swing. event 包中。该接口包含的

方法有3个：

void changedUpdate(DocumentEvent e)：给出属性或属性集发生了更改的通知；

void insertUpdate(DocumentEvent e)：给出对文档执行了插入操作的通知；

void removeUpdate(DocumentEvent e)：给出移除了一部分文档的通知。

操作步骤：

调用文本框的抽象类 JTextComponent 的 getDocument()方法，返回一个 Document 对象：

Document doc = 文本框对象.getDocument();

给 Document 对象添加一个 DocumentListener 侦听器，重写它的3个方法。

例13－6 DocumentEvent 事件处理示例。

解题思路：①主类 DocumentEvenDemo 继承了 JFrame，且实现 DocumentListener 接口，实现 GUI 界面设计和事件处理功能；②主类在进行界面设计时，窗体采用 GridLayout 布局，形成3行1列结构，第1、2行显示修改后字符串内容和长度，第3行是单行文本框，可对其中文档进行增、删、改操作；③进行事件处理时，定义一个方法 handle(DocumentEvent e)，其功能是获得单行文本框的 document 对象，得到最新修改后的文本内容，再在窗体第1、2行显示出来；DocumentListener 侦听器的3个方法都调用 handle(DocumentEvent e)方法，实现同样功能。程序代码如下：

```
import java.awt.GridLayout;
import javax.swing.JFrame;
import javax.swing.JLabel;
import javax.swing.JTextField;
import javax.swing.event.DocumentEvent;
import javax.swing.event.DocumentListener;
import javax.swing.text.BadLocationException;
import javax.swing.text.Document;

public class DocumentEvenDemo extends JFrame implements DocumentListener {
    JLabel info;
    JLabel length;
    JTextField tf;
    String str = "";

    public DocumentEvenDemo() {
        super("DocumentEvent 事件处理");
        setLayout(new GridLayout(3, 1));
        // 创建组件
        info = new JLabel("字符串 :");
        length = new JLabel("字符个数:0");
        tf = new JTextField();
```

```
        add(info);
        add(length);
        add(tf);
        setSize(300, 200);
        setVisible(true);

        // 获取与编辑器关联的模型
        Document doc = tf.getDocument();
        // 添加 DocumentListener 侦听器
        doc.addDocumentListener(this);
    }

    void handle(DocumentEvent e) {
        Document doc = e.getDocument();
        try {
            str = doc.getText(0, doc.getLength()); // 返回文本框的内容
            info.setText("字符串 :" + str);
            length.setText("字符个数:" + str.length());
        } catch (BadLocationException be) {
            System.out.println("出错");
        }
    }
    // 文本框字符串发生改变的事件
    public void insertUpdate(DocumentEvent e) {
        handle(e);
    }
    public void removeUpdate(DocumentEvent e) {
        handle(e);
    }
    public void changedUpdate(DocumentEvent e) {
        handle(e);
    }

    public static void main(String[] args) {
        new DocumentEvenDemo();
    }
}
```

程序运行结果如图 13－10 所示。

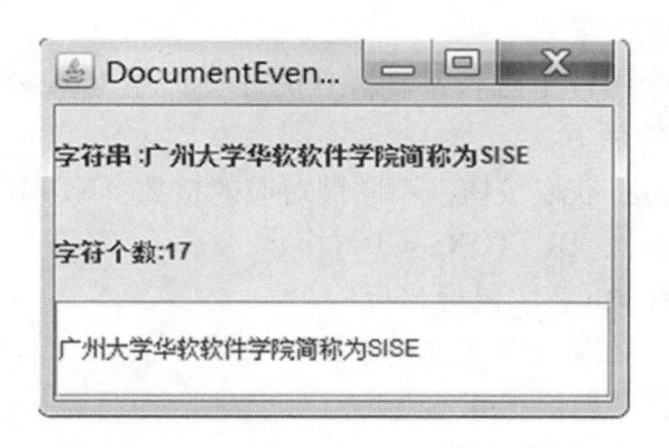

图 13－10　DocumentEvent 事件处理示例

5. 使用匿名内部类进行事件处理

1)什么是内部类

Java 允许在一个类的内部再定义其它的类，里面的类就称为内部类。

使用内部类的最大好处是：内部类可以直接访问外部类成员，所以，用内部类来作为事件侦听类的益处很多，很方便。

2)什么是匿名内部类

所谓匿名内部类，就是指没有命名的内部类，即将类的定义与对象的创建“合二为一”，该类定义之后只需创建一个对象就完成历史使命，因此，不必命名，“一次性消费”。

匿名内部类既可以实现某一接口，也可以继承某一类，很适合作为事件侦听器类，这样既可简化程序代码，又能方便访问外部类成员。使用格式为：

```
事件源.addXxxListener(new 适配器类或接口([实参表]){
        //重写类方法或实现接口所有方法
        });
```

请注意：外围的“()”、内部的“{ }”及最后的“;”不能省略。

例 13－7　关闭窗口时可进行确认中的“是”“否”两个按钮的功能实现，就是采用匿名内部类方式来实现的。程序代码如下：

```
yes.addActionListener(new ActionListener() {
        public void actionPerformed(ActionEvent e) {
                f.dispose();
            }
        });
no.addActionListener(new ActionListener() {
            public void actionPerformed(ActionEvent e) {
                dig.dispose();
            }
        });
```

6. MouseEvent 事件处理

用户使用鼠标在某个组件上进行某种操作时，会产生 MouseEvent 事件。

1) MouseEvent 类的常用方法

public int getButton()：获取按钮，不同键对应的整数：NOBUTTON = 0，BUTTON1 = 1(左)，BUTTON2 = 2(中)，BUTTON3 = 3(右)；

public Point getPoint()：获取鼠标坐标；

public int getX()：获取鼠标 *X* 坐标；

public int getY()：获取鼠标 *Y* 坐标。

2) 处理鼠标事件时的两个不同接口

①MouseListener 接口方法。处理鼠标的静态事件，包含如下 5 个方法：

public void mouseClicked(MouseEvent e)：鼠标被点击时调用；

public void mousePressed(MouseEvent e)：鼠标被按下时调用；

public void mouseReleased(MouseEvent e)：鼠标从按下状态到释放时调用；

public void mouseEntered(MouseEvent e)：鼠标进入组件时调用；

public void mouseExited(MouseEvent e)：鼠标移出组件时调用。

②MouseMotionListener 接口方法。处理鼠标的移动事件，包含如下 2 个方法：

public void mouseMoved(MouseEvent e)：鼠标未被按下的状态下移动鼠标时调用；

public void mouseDragged(MouseEvent e)：鼠标被按下的状态下移动鼠标时调用。

3) 注册侦听器对象

事件源.addMouseListener(侦听器对象)

或 事件源.addMouseMotionListener(侦听器对象)

例 13-8 MouseEvent 事件处理示例。

解题思路：①主类 MouseEventDemo 继承了 JFrame；在进行界面设计时，窗体采用 BorderLayout 布局，在北部、南部设置黄底不透明面板，分别实时显示鼠标的位置与状态；②注册了 MouseMotionListener、MouseListener 两个侦听接口，采用匿名内部类(继承适配器类)方式，对鼠标移动、按钮、进入、退出等操作实时显示其位置与状态。程序代码如下：

```
import java.awt.Color;
import java.awt.event.MouseAdapter;
import java.awt.event.MouseEvent;
import java.awt.event.MouseMotionAdapter;
import javax.swing.JFrame;
import javax.swing.JLabel;

public class MouseEventDemo extends JFrame {
    JLabel mouseInfo1, mouseInfo2;

    public MouseEventDemo() {
```

```
        super("Mouse 移动处理");
        mouseInfo1 = new JLabel("");
        mouseInfo1.setOpaque(true);// 设置不透明
        mouseInfo1.setBackground(Color.YELLOW);
        mouseInfo2 = new JLabel("");
        mouseInfo2.setOpaque(true);// 设置不透明
        mouseInfo2.setBackground(Color.YELLOW);
        add(mouseInfo1, "North");
        add(mouseInfo2, "South");
        addMouseMotionListener(new MouseMotionAdapter() {
            // 鼠标按键在组件上移动(无按键按下)时调用
            public void mouseMoved(MouseEvent e) {
                mouseInfo1.setText(e.getX() + " " + e.getY());
            }
        });

        addMouseListener(new MouseAdapter() {
            // 鼠标进入组件时调用
            public void mouseEntered(MouseEvent e) {
                mouseInfo2.setText("Enter");
            }

            // 鼠标离开组件时调用
            public void mouseExited(MouseEvent e) {
                mouseInfo2.setText("Exit");
            }

            // 鼠标按键在组件上按下时调用
            public void mousePressed(MouseEvent e) {
                if (e.getButton() == e.BUTTON1)
                    mouseInfo2.setText("Left Button");
                else if (e.getButton() == e.BUTTON2)
                    mouseInfo2.setText("Middle Button");
                else if (e.getButton() == e.BUTTON3)
                    mouseInfo2.setText("Right Button");
            }
        });
    }

    public static void main(String[] args) {
        final MouseEventDemo obj = new MouseEventDemo();
        obj.setSize(200, 200);
        obj.setVisible(true);
    }
}
```

程序运行结果如图13－11—图13－15所示。

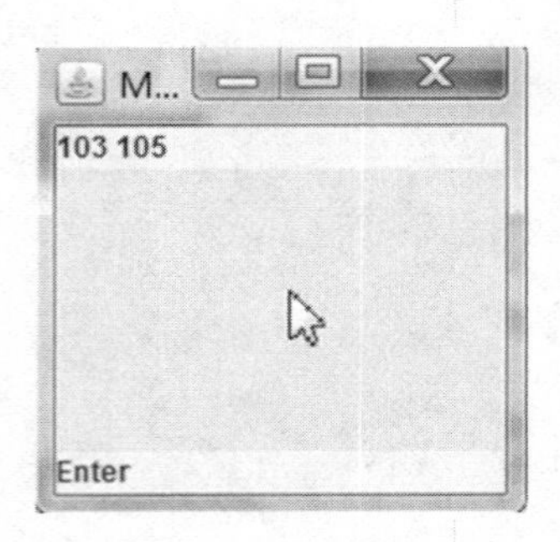

图13－11　鼠标进入组件区域图

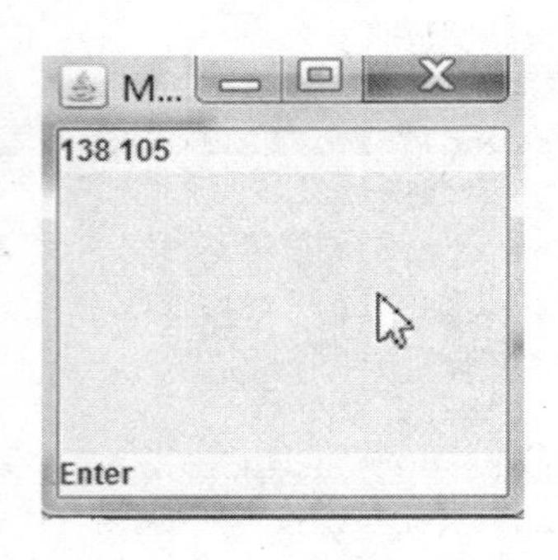

图13－12　鼠标在组件区域内移动

图13－13　鼠标离开组件区域

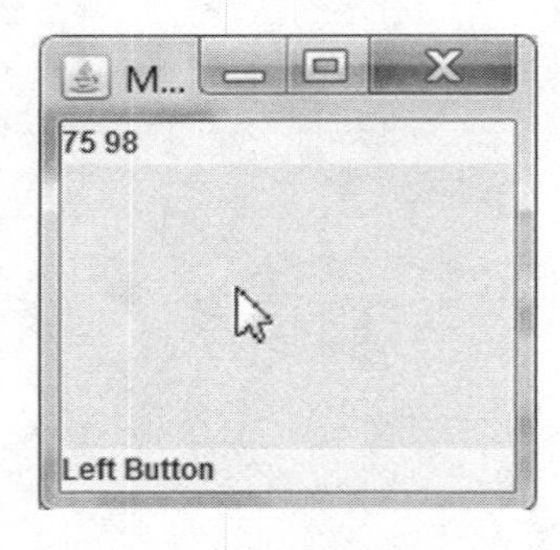

图13－14　按鼠标左键

图13－15　按鼠标右键

7. KeyEvent事件处理

用户使用键盘进行操作时，会产生KeyEvent事件。

1）KeyEvent类的常用方法

char getKeyChar()：返回按键表示的字符。

例如，直接按a，返回字符“a”；若按“Shift＋a”，则返回字符“A”。

int getKeyCode()：返回整数keyCode（键盘按键的编号）。

无论是按“a”，还是按“Shift＋a”，均返回65。KeyEvent类定义许多常量来表示键码值，例如，VK_F1～VK_F12，VK_LEFT，VK_UP，VK_HOME，VK_SHIFT，VK_ALT，…具体见API文档。

String getKeyText(int keyCode)：返回keyCode所对应的String，即取得按键表示的文字。

例如，将按键的键盘编码转换为字符串，假若按HOME、F1、A、↑、→键，函数调用之后，显示“HOME”“F1”“A”“向上箭头”“向右箭头”等字符串。

2）KeyListener接口（包含3个方法）

void keyPressed(KeyEvent e)：键被按下时调用方法；

void keyReleased(KeyEvent e)：松开键时调用方法；

void keyTyped(KeyEvent e)：击键一次时调用方法。实际上，它是keyPressed()和

KeyReleased( )方法的组合。

3)注册侦听器对象

事件源 . addKeyListener(侦听器对象)

例 13 -9 KeyEvent 事件处理示例。

解题思路：①主类 KeyEventDemo 继承了 JFrame；在进行界面设计时，创建一个按钮，设置其前景色、背景色、大小及定位；②按钮注册了 KeyListener 侦听接口，采用匿名内部类(继承适配器类)方式，根据所按箭头(←↑→↓)(由键盘编码及对应的字符串(中文)来判定)，重新修改按钮坐标并再次定位，形成按钮移动的效果。程序代码如下：

```
import java.awt.Color;
import java.awt.Container;
import java.awt.event.KeyAdapter;
import java.awt.event.KeyEvent;
import javax.swing.JButton;
import javax.swing.JFrame;

public class KeyEventAwtDemo extends JFrame {
    JButton man;

    public KeyEventAwtDemo () {
        super ("KeyEvent 事件");
        setLayout (null);
        setSize (200, 200);
        man = new JButton ("man");
        man.setBounds (100, 100, 60, 40);
        man.setBackground (Color.BLUE);
        man.setForeground (Color.WHITE);
        Container con = getContentPane ();
        con.add (man);
        // 键盘方向键事件
        man.addKeyListener (new KeyAdapter () {
            public void keyPressed (KeyEvent e) {
                String direction = KeyEvent.getKeyText (e.getKeyCode ());
                int x = man.getX ();
                int y = man.getY ();
                if (direction.equals ("向右箭头"))
                    x += 10;
                else if (direction.equals ("向左箭头"))
                    x - = 10;
                else if (direction.equals ("向下箭头"))
```

```
                y += 10;
            else if (direction.equals("向上箭头"))
                y - = 10;
            man.setLocation(x, y);
        }
    });

}

public static void main(String[] args) {
    KeyEventAwtDemo obj = new KeyEventAwtDemo();
    obj.setVisible(true);
}
}
```

程序运行结果如图 13－16 所示。

图 13－16　KeyEvent 事件处理示例
（按上、下、左、右箭头可移动按钮）

问题：上述程序有什么不足，应如何修改？

8. ItemEvent 事件处理

当用户选中列表框或下拉列表框的项目，或者改变复选框的状态时，会产生 ItemEvent 事件。

1）ItemEvent 类的常用方法

public boolean isSelected()：获取选择的状态。

2）ItemListener 接口（包含 1 个方法）

public void itemStateChanged(ItemEvent event)：项目状态发生改变时调用。

3）注册侦听器对象

事件源 . addItemKeyListener(侦听器对象)

例 13－10　ItemEvent 事件处理示例。

解题思路：①主类 ItemEventDemo 继承了 JFrame 并实现了 ItemListener 接口；在进

行界面设计时，窗体采用 GridLayout 布局(1 行 2 列)，左边为一个单行文本框，显示按钮信息，右边为由“男”“女”构成的性别单选钮；②在接口 void itemStateChanged(ItemEvent e)方法中处理事件，根据选择的单选钮，在单行文本框中输出相应信息。程序代码如下：

```
import java.awt.GridLayout;
import java.awt.event.ItemEvent;
import java.awt.event.ItemListener;
import javax.swing.ButtonGroup;
import javax.swing.JFrame;
import javax.swing.JPanel;
import javax.swing.JRadioButton;
import javax.swing.JTextField;

public class ItemEventDemo extends JFrame implements ItemListener {
    JRadioButton cb1;
    JRadioButton cb2;
    ButtonGroup cbg = new ButtonGroup();
    JTextField tf = new JTextField();

    public ItemEventDemo() {
        super("ItemEvent 事件处理");
        setLayout(new GridLayout(1, 2));
        cb1 = new JRadioButton("男", false);
        cb2 = new JRadioButton("女", false);
        cbg.add(cb1);
        cbg.add(cb2);
        cb1.addItemListener(this);
        cb2.addItemListener(this);
        JPanel p = new JPanel();
        p.add(cb1);
        p.add(cb2);
        add(tf);
        add(p);
    }

    // 在用户已选定或取消选定某项时调用
    public void itemStateChanged(ItemEvent e) {
        if ((e.getSource() == cb1) && cb1.isSelected())
            tf.setText(cb1.getText());
        if ((e.getSource() == cb2) && cb2.isSelected())
```

```
            tf.setText(cb2.getText());
        }

    public static void main(String[] args) {
        final ItemEventDemo obj = new ItemEventDemo();
        obj.pack();
        obj.setVisible(true);
    }
}
```

程序运行结果如图 13-17 所示。

图 13-17　ItemEvent 事件处理示例

9. AdjustmentEvent 事件处理

当用户在 Scrollbar 或 ScrollPane 上滚动值发生改变时，会产生 AdjustmentEvent 事件。

1）AdjustmentEvent 类的常用方法

public Adjustable getAdjustable( )：获取产生事件的组件；

public int getAdjustmentType( )：获取滚动状态值；

public int getValue( )：获取组件的当前值。

2）AdjustmentListener 接口（包含 1 个方法）

public void adjustmentValueChanged (AdjustmentEvent event)：滚动值发生改变时调用。

3）注册侦听器对象

事件源 . addAdjustmentKeyListener(侦听器对象)

例 13-11　AdjustmentEvent 事件处理示例。

解题思路：①主类 AdjustmentEventDemo 继承了 JFrame 并实现了 AdjustmentListener 接口；在进行界面设计时，窗体采用 BorderLayout 布局，中部设置一个标签用于显示文本，南部设置一个滚动条，可拖动滑块来改变值大小；②在处理事件时，根据滚动条的值大小来设置字体，以此重新设置标签的字体，实现改变文本字体大小的功能。程序代码如下：

```
import java.awt.Font;
import java.awt.event.AdjustmentEvent;
import java.awt.event.AdjustmentListener;
import javax.swing.JFrame;
```

```java
import javax.swing.JLabel;
import javax.swing.JScrollBar;

public class AdjustmentEventDemo extends JFrame implements AdjustmentListener {
    JScrollBar  scb;
    JLabel label;

    public AdjustmentEventDemo() {
        super("AdjustmentEvent 事件处理");
        label = new JLabel("Java 图形界面", JLabel.CENTER);
        scb = new JScrollBar(JScrollBar.HORIZONTAL, 10,2, 10, 200);
        add(label);
        add(scb, "South");
        scb.addAdjustmentListener(this);
    }

    //在可调整的值发生更改时调用该方法
    public void adjustmentValueChanged(AdjustmentEvent e) {
        Font f = new Font("New Arial", 1, scb.getValue());
        label.setFont(f);
    }

    public static void main(String[] args) {
        final AdjustmentEventDemo obj = new AdjustmentEventDemo();
        obj.setSize(600, 300);
        obj.setVisible(true);
    }
}
```

程序运行结果如图 13 – 18 所示。

图 13 – 18　AdjustmentEvent 事件处理示例(拖动滑块可改变字体大小)

10. FocusEvent 事件处理

当组件获得焦点或失去焦点时，会产生 FocusEvent 事件。

1) FocusListener 接口(包含 2 个方法)

public void focusGained(FocusEvent e)：组件获得焦点时调用；

public void focusLost(FocusEvent e)：组件失去焦点时调用。

2) 注册侦听器对象

事件源.addFocusListener(侦听器对象)

例 13-12　FocusEvent 事件处理示例。

解题思路：①主类 FocusEventDemo 继承了 JFrame 并实现了 FocusListener 接口；在进行界面设计时，窗体采用 BorderLayout 布局，中部设置一个单行文本框，南部设置一个按钮，点击文本框、按钮，可改变焦点；②在处理事件时，根据文本框是否获得焦点，将有关信息显示在文本框内。程序代码如下：

```
import java.awt.event.FocusEvent;
import java.awt.event.FocusListener;
import javax.swing.JButton;
import javax.swing.JFrame;
import javax.swing.JTextField;

public class FocusEventDemo extends JFrame implements FocusListener {
    JTextField tf;
    JButton bt;

    public FocusEventDemo() {
        super("焦点事件处理");
        bt = new JButton("Test");
        tf = new JTextField();
        // 添加事件的侦听器
        tf.addFocusListener(this);
        add(tf);
        add(bt, "South");
        setSize(300, 300);
        setVisible(true);
    }

    // 组件获得焦点时调用
    public void focusGained(FocusEvent e) {
        tf.setText("单行文本框获得焦点");
    }

    // 组件失去焦点时调用
```

```
    public void focusLost (FocusEvent e) {
        tf.setText ("单行文本框失去焦点");
    }

    public static void main (String[] args) {
        final FocusEventDemo obj = new FocusEventDemo ();
    }
}
```

程序运行结果如图 13 - 19、图 13 - 20 所示。

图 13 - 19　FocusEvent 事件处理示例(获得焦点)

图 13 - 20　FocusEvent 事件处理示例(失去焦点)

13.3　实验内容

1.(基础题)图 13 - 21、图 13 - 22 是一程序运行的结果。请根据图示和注释填空，并回答问题:

图 13 - 21　程序运行结果 1

图 13 - 22　程序运行结果 2

程序代码:

```
//导入 java.awt.event 包中的所有类
_____(1)_____;
import javax.swing.* ;

public class ActionEventTest {
    public static void main(String args[]) {
    JFrame f =new JFrame("测试 ActionEvent 事件");
    f.setLayout(null);  //取消窗口的布局管理器
    JButton b =new JButton(" 已点击我 0 次! ");//创建事件源
    b.setFont(new Font("宋体",Font.BOLD,18));
    f.add(b);
    b.setBounds(50,75,200,50);  //设置按钮的位置和大小
    Monitor bh  =_____(2)_____;//创建事件侦听器
    b. _____(3)_____;  // 向事件源注册事件侦听器

    f.setFont(new Font("宋体",Font.BOLD,20));
    f.setSize(300,200);
    f.setVisible(true);
    }
}

//定义事件侦听器类,实现 ActionListener 接口
class Monitor _____(4)_____ {
    static int count =0;
    //实现事件侦听接口的唯一方法 actionPerformed
    public void _____(5)_____(ActionEvent e) {
    count ++;
    ((JButton)(e.getSource())).setText("已点击按钮 "+count +" 次!");
    }
}
```

问题：

(1)该程序的主类、侦听器类各是什么？

(2)e. getSource( ) 的功能是什么，为何要进行类型转换？

(3)总结一下编写事件处理程序的主要步骤。

2. (基础题)以下是 WindowEvent 事件处理的程序，请补充程序所缺代码，并回答问题：

程序代码：

```
import java.awt.event.WindowEvent;
import java.awt.event.WindowListener;
```

```
import javax.swing.JFrame;

//实现 WindowListener 接口
class MyFrame extends JFrame ______(1)______ {
    MyFrame () {
    super("WindowEvent 事件处理");
    setSize(300, 200);
    setVisible(true);
    ______(2)______; //以当前对象(窗口,用 this 表示)作为事件侦听器注册
    }

    public void ______(3)______ {
    System.out.println("窗口被激活");
    }

    public void windowDeactivated(WindowEvent e) {
    System.out.println("窗口不是激活状态了");
    }

    public void ______(4)______ {
    System.out.println("窗口正在关闭");
    setVisible(false);
    dispose();
    }

    public void windowClosed(WindowEvent e) {
    System.out.println("窗口已经关闭,程序结束运行");
    ______(5)______;//退出程序
    }

    public void windowIconified(WindowEvent e) {
    System.out.println("窗口图标化了");
    }

    public void windowDeiconified(WindowEvent e) {
    System.out.println("窗口撤消图标化");
    }

    public void ______(6)______ {
    System.out.println("窗口已经打开");
    }
}

public class WindowEventTest {
    public static void main(String args[]) {
    new MyFrame();
    }
}
```

问题：

(1) WindowListener 接口包含多少个方法，这些方法怎样书写？

(2) 若自己设计代码关闭窗口，需要哪些程序代码？

3. (基础题) 下面程序的功能是：能拖动鼠标在窗口画图，双击窗口即可清除原有内容。

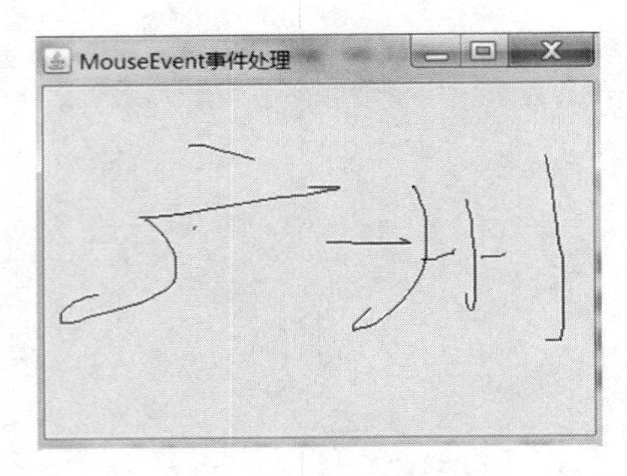

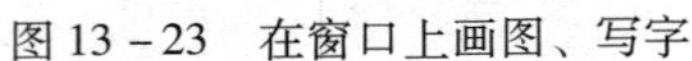
图 13－23　在窗口上画图、写字

图 13－24　双击窗口实现清屏功能

现采用 MouseListener、MouseMotionListener 接口来实现，请根据图形和注释填写程序所缺代码。

程序代码：

```
//通过接口进行事件处理
import java.awt.Font;
import java.awt.Graphics;
import java.awt.event.MouseEvent;
import java.awt.event.MouseListener;
import java.awt.event.MouseMotionListener;

import javax.swing.JFrame;
public class MouseEventTest extends JFrame {
    int ox, oy;// 鼠标起始位置

    MouseEventTest (String title) { // 带参数的构造器
    super(title);
    setFont(new Font("宋体", Font.BOLD, 24));
    addMouseListener(______(1)______);//注册事件侦听器
    addMouseMotionListener(______(2)______);//注册事件侦听器
    }

    public static void main(String args[]) {
    MouseEventTest f = new MouseEventTest("MouseEvent 事件处理");
```

```
    f. setSize(400, 300);
    f. setVisible(true);
    }

    // 内部类 Monitor1 实现 MouseListener 接口
    class Monitor1 ______(3)______ {
    // 以下实现 MouseListener 接口的 5 个方法
    public void ______(4)______ (MouseEvent e) {
        ox = e. getX();
        oy = e. getY();
    }

    public void mouseReleased(MouseEvent e) {
    }

    public void mouseClicked(MouseEvent e) {
        if (e. ______(5)______ >= 2) {
            Graphics g = getGraphics();
            g. clearRect(0, 0, 400, 300);
        }
    }
    public void mouseEntered(MouseEvent e) {
    }
    public void mouseExited(MouseEvent e) {
    }
    }
    // 内部类 Monitor2 实现 MouseMotionListener 接口
    class Monitor2 implements ______(6)______ {
    // 实现 MouseMotionListener 接口的 2 个方法
    public void mouseMoved(MouseEvent e) {
    }

    public void ______(7)______ {
        int x = e. getX();
        int y = e. getY();

        Graphics g = getGraphics();
        g. drawLine(ox, oy, x, y);
        ox = x;
        oy = y;
    }
    }
}
```

问题：

(1)如果用适配器类改写上一程序，保持程序的功能不变，应该怎么改？

(2)如果用匿名内部类作事件侦听器类改写上一程序，保持程序的功能不变，又该如何修改？

4.(基础题)请根据要求编写程序。

图 13－25　登录窗体(输入用户名、密码)

要求：

(1)点击图 13－25 的“提交”按钮时，如果用户名为“sise”、密码为“87818830”，则弹出一个新窗口(图 13－26)，否则弹出消息框(图 13－27)；

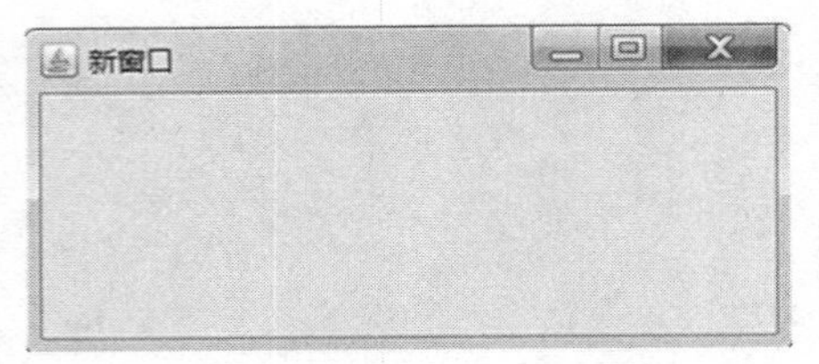

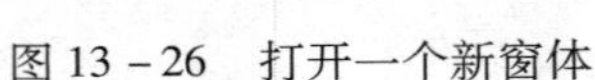
图 13－26　打开一个新窗体

图 13－27　显示消息框

(2)点击“重置”按钮，则清除账号、密码框的内容；

(3)窗口具备关闭功能。

提示：

(1)要弹出信息框，可以引入 javax. swing. *；调用：

JOptionPane. showMessageDialog(null, "账号、密码不正确!")；

(2)下面程序是 GUI 的代码，可在此基础上添加事件处理代码。

```
import java.awt.GridLayout;
import java.awt.event.*;
import javax.swing.*;

class LoginWindow extends JFrame {
    JTextField userID;
    JPasswordField password;

    LoginWindow() {
```

```
        super("用户登录窗口");
        setLayout(new GridLayout(3, 1));

        JPanel p1 = new JPanel();
        JLabel label1 = new JLabel("用户名: ");
        userID = new JTextField(12);
        p1.add(label1);
        p1.add(userID);

        JPanel p2 = new JPanel();
        JLabel label2 = new JLabel("密码: ");
        password = new JPasswordField(12);
        p2.add(label2);
        p2.add(password);

        JPanel p3 = new JPanel();
        JButton submit = new JButton(" 提交 ");
        JButton reset = new JButton(" 重置 ");

        p3.add(submit);
        p3.add(reset);

        add(p1);
        add(p2);
        add(p3);
    }

    public static void main(String argc[]) {
        LoginWindow myframe = new LoginWindow();
        myframe.pack();
        myframe.setVisible(true);
    }
}

class NewFrame extends JFrame {
    public NewFrame() {
        super("新窗口");
        setSize(400, 300);
        setVisible(true);
    }
}
```

5.（基础题）请认真阅读、分析下列程序，画出程序的运行结果。

```
import java.awt.Graphics;
import javax.swing.JFrame;
import javax.swing.JPanel;
public class TestPolygons extends JFrame
{
  public TestPolygons(String s,Polygon_Panel p)
  {
   this.setTitle(s);
   this.setSize(200,200);
   this.getContentPane().add(p);
   this.setVisible(true);
   }
  public static void main(String args[])
  {
   Polygon_Panel p=new Polygon_Panel();//面板创建时,在上面画多边形
   TestPolygons f=new TestPolygons("我是标题栏",p);
   }
}
//下面定义一个面板类,面板创建时在上面画一个多边形.
class Polygon_Panel extends JPanel
{
  public void paintComponent(Graphics g)
  {   //多边形的顶点位置为X,Y
  int x[]={20,80,160,80,20}; int y[]={20,20,80,80,80};
  g.drawPolygon(x,y,x.length); //画多边形
  }
}
```

6.（基础题）上一周实验课设计了如图 13－28 所示界面。

图 13－28　打开文件操作界面

现在要求给它添加事件处理功能，当在顶端的单行文本框输入文本文件的路径、文件名后，点击底部的按钮，将在中间多行文本框中显示文本文件内容（见图 13－29）；

若打开文件出错将弹出信息框提示，如图 13－30 所示。

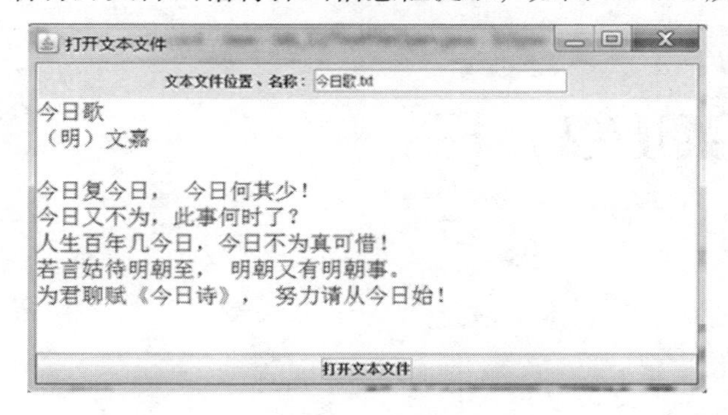

图 13－29　打开文件操作界面

图 13－30　打开文件后出错信息显示界面

请编程实现上述功能。

13.4　实验小结

在 Java 中，事件处理是采用事件委托模型来执行的，其机制是引发事件的事件源可以不处理事件，而是委托给事件侦听器来处理。这样，事件源、事件侦听器就可以分离开来，具有更多的灵活性，易于维护。要理解事件委托模型，必须熟知事件源、事件类、事件对象、事件侦听接口、侦听器类、侦听器、注册等基本概念。Java 中的事件是用对象来表示的，它描述了发生什么事情；事件源是产生事件的组件；Java 中已定义了一些标准的事件类，它们的命名为 XxxEvent，如 ActionEvent、MouseEvent 等；当用户操作界面时，就会引发相应的事件，这不需要用户去生成；事件处理是指事件发生之后要做什么，通常交由事件侦听器（如主类对象或专门类对象）执行；要生成侦听器，需要先定义侦听器类；成为侦听器类的必备条件是实现侦听某一事件接口（命名为 XxxListener）的全部方法，通常事件处理时应获知事件源，因事件源与侦听器是分开的，常用方法是通过调用事件对象的相关方法（如 getSource（）、getActionCommand（）等）来完成这一任务，以便进行后续操作；要让侦听器能够去处理事件，还需要完成的一项操作就是事件侦听器要在事件源上注册过（格式为事件源 . addXxxListener（事件侦听器）；）。这样，一旦发生规定的事件，事件源就会通知侦听器，侦听器收到通知后就会调用相应方法进行处理。

如果侦听器类是专门定义的类，除了要实现侦听接口所有方法这一要求外，为了让侦听器能有效操作相关窗口、组件等，通常应将被操作对象作为侦听器的组成部分；若主类与侦听器类“合二为一”，情况会比较简单，只要让主类实现侦听接口所有方法即可。对于多于一个方法的接口，还可以采用继承适配器类（命名为 XxxAdapter）、重写相关方法来进行事件处理；假若侦听器只用一次，更简单的方法是采用匿名内部类方式来进行。应掌握事件处理的基本流程、基本方法，熟悉 ActionEvent、WindowEvent、MouseEvent、DocumentEvent、KeyEvent、FocusEvent、ItemEvent、TextEvent、AdjustmentEvent 等常见事件处理的相关内容（对应的接口、包含的方法、基本应用等）。事件处理的内容比较庞杂，要多看、多用才能熟练掌握。

实验 14　Swing GUI(2)

14.1　实验目的

(1)掌握下拉式菜单(一级、二级)的设计——创建菜单条、菜单、菜单项对象，并进行正确的装配；

(2)掌握 JOptionPane、JFileChooser、JColorChooser 类的基本用法；

(3)熟悉一般对话框的创建、使用；

(4)熟悉 JTable、JTree 的基本用法。

14.2　知识要点与应用举例

14.2.1　Swing 菜单

在图形界面中，菜单的使用为相关操作提供了便利。一个完整的菜单系统是由菜单条、菜单和菜单项组成的，如图 14－1 所示。

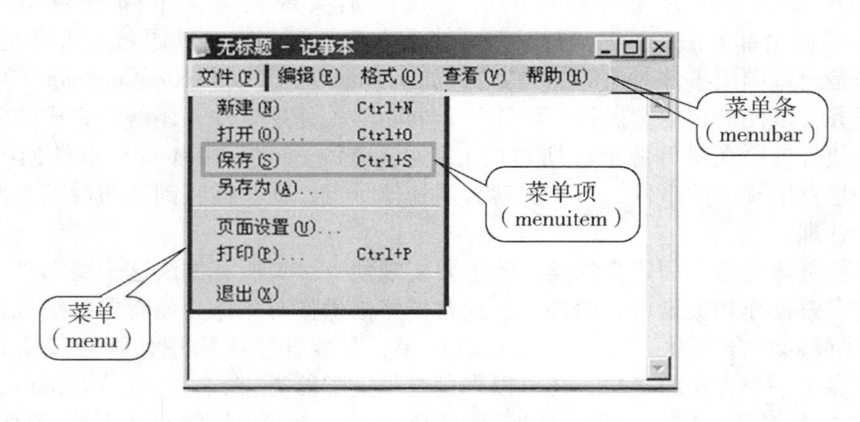

图 14－1　菜单系统的组成

1. 菜单类

Java 的菜单类位于 javax. swing 包中，都是 Container 类的子类，属于容器(因为菜单要包含子菜单、菜单项等)，继承关系如图 14－2 所示。

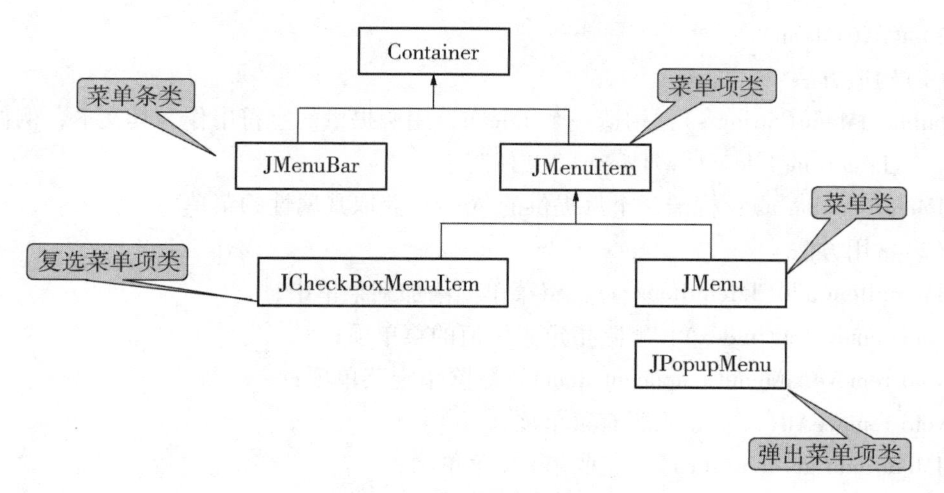

图 14-2 菜单类继承关系

怎样在一个窗体中创建菜单呢？Java 的操作比较简便，可按照如下顺序来实现：在窗体(JFrame)中设置一个菜单条(JMenuBar)，再在菜单条中添加一个或多个菜单(JMenu)，然后在菜单中添加一个或多个菜单项(JMenuItem)，每一个菜单项操作实现一定功能，即由窗体、菜单条、菜单、菜单项形成一个层级系统，最下层的菜单项实现具体功能。

2. 下拉式菜单

步骤：

①创建一个 JMenuBar(菜单条)对象；

②创建一个或多个 JMenu (菜单)对象；

③创建各个菜单中包含的 JMenuItem (菜单项)对象(一个或多个)；

④将创建好的菜单项加入到对应的 JMenu 对象中；

⑤将所有的菜单添加到创建好的 JMenuBar 对象中；

⑥将 JMenuBar 对象放置于一个可容纳菜单的容器(如 JFrame 对象)中。

1)菜单条(JMenuBar)

(1)调用 JFrame 的方法，向窗体中添加菜单条 JMenuBar：

public void setJMenuBar(JMenuBar m)

(2)JMenuBar 类的常用方法：

JMenu add(JMenu m)：向菜单条添加菜单；

void remove(int index)：删除指定索引值的菜单；

void remove(JMenuComponent m)：删除指定菜单；

JMenu getMenu(int i)：返回第 i 个菜单；

int getMenuCount( )：返回菜单总数。

2)菜单(JMenu)

(1)构造方法

public JMenu(String s):构造一个 JMenu,用所提供的字符串作为其文本,例如,

JMenu m_File = new JMenu("文件");

JMenu(Action a):构造一个从提供的 Action 获取其属性的菜单。

(2)常用方法

JMenuItem add(JMenuItem m):将菜单项添加到菜单中;

void remove(int index):删除指定索引值的菜单项;

void remove(JMenuComponent item):删除指定菜单项;

void removeAll( ):删除所有菜单项;

JMenuItem getItem(int i):获取第 i 项菜单项;

int getItemCount( ):获取菜单项个数;

void insert(JMenuItem menuitem, int index):在第 index 位置插入菜单项;

void addSeparator( ):添加分隔线。

3)菜单项(JMenuItem)

(1)构造方法

public JMenuItem(String s):创建带有指定文本的 JMenuItem;

JMenuItem(Action a):创建从指定的 Action 获取其属性的菜单项;

JMenuItem(String s, JMenuShortcut msc):创建以串 s 为显示名称、以 msc 为快捷键的菜单项,例如,

JMenuItem mi_Copy = new JMenuItem("拷贝",new MenuShortcut(KeyEvent. VK_C));

创建名为“拷贝”、快捷键为 Ctrl + C 的菜单项。

(2)常用方法

String getLabel():获取菜单项标题;

void setLabel(String s):设置菜单项标题;

boolean isEnabled():获取菜单项状态(是否启用);

void setEnabled(boolean b):设置菜单项状态(启用/关闭)。

例 14-1 生成如图 14-3 所示菜单系统。

解题思路:先创建窗体,再创建菜单条并安装到窗体上;创建“文件”“编辑”和“视图”三个菜单,添加到菜单条上;创建四个菜单项和一个分割条,添加到“文件”菜单上;设置个别菜单或菜单项为不可用状态。程序代码如下:

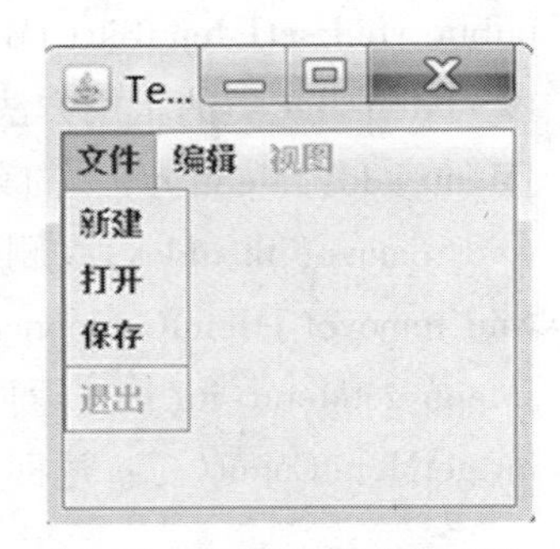

图 14-3 简单的菜单系统

```
import javax.swing.JFrame;
import javax.swing.JMenu;
import javax.swing.JMenuBar;
import javax.swing.JMenuItem;

public class JMenuDeno1 {
    public static void main(String[] args) {
        JFrame f = new JFrame("Test JMenu");
        JMenuBar mnb = new JMenuBar();// 创建菜单条
        // 创建菜单
        JMenu m_File = new JMenu("文件");
        JMenu m_Edit = new JMenu("编辑");
        JMenu m_View = new JMenu("视图");
        // 为文件菜单创建菜单项
        JMenuItem item_New = new JMenuItem("新建");
        JMenuItem item_Open = new JMenuItem("打开");
        JMenuItem item_Save = new JMenuItem("保存");
        JMenuItem item_Exit = new JMenuItem("退出 ");
        m_File.add(item_New);
        m_File.add(item_Open);
        m_File.add(item_Save);
        m_File.addSeparator();
        m_File.add(item_Exit);
        // 向菜单条添加菜单
        mnb.add(m_File);
        mnb.add(m_Edit);
        mnb.add(m_View);
        m_View.setEnabled(false);
        item_Exit.setEnabled(false);
        // 向窗体添加菜单条
        f.setJMenuBar(mnb);
        f.setSize(200, 200);
        f.setVisible(true);
    }
}
```

例 14-2 例 14-1 拓展版本，增加二级菜单，子项为复选菜单项(前面可带√)。

解题思路：创建 JCheckBoxMenuItem 对象，可以生成复选菜单项：从菜单类的继承层次中可知，JMenu 类是 JMenuItem 的子类，如果将菜单对象当作菜单项对象来处理，则可以生成二级菜单。程序代码如下：

```
import javax.swing.JCheckBoxMenuItem;
import javax.swing.JFrame;
import javax.swing.JMenu;
import javax.swing.JMenuBar;
import javax.swing.JMenuItem;

public class JMenuDeno2 {
    public static void main(String[] args) {
        JFrame f = new JFrame("Test JMenu");
        JMenuBar mnb = new JMenuBar();// 创建菜单条

        // 创建菜单
        JMenu m_File = new JMenu("文件");
        JMenu m_Edit = new JMenu("编辑");
        JMenu m_View = new JMenu("视图");
        // 为文件菜单创建菜单项
        JMenuItem item_New = new JMenuItem("新建");
        JMenuItem item_Open = new JMenuItem("打开");
        JMenuItem item_Save = new JMenuItem("保存");
        JMenu m_tools = new JMenu("工具栏");// 创建二级菜单的菜单,类型为 JMenu
        JMenuItem item_Exit = new JMenuItem("退出");
        m_File.add(item_New);
        m_File.add(item_Open);
        m_File.add(item_Save);
        m_File.addSeparator();
        m_File.add(m_tools);
        m_File.addSeparator();
        m_File.add(item_Exit);

        // 创建二级菜单的菜单项,为复选菜单项
        JCheckBoxMenuItem CMI1 = new JCheckBoxMenuItem("常用");
        JCheckBoxMenuItem CMI2 = new JCheckBoxMenuItem("格式");
        JCheckBoxMenuItem CMI3 = new JCheckBoxMenuItem("大纲");
        JCheckBoxMenuItem CMI4 = new JCheckBoxMenuItem("绘图");
        JCheckBoxMenuItem CMI5 = new JCheckBoxMenuItem("自定义");
        // 将二级菜单的菜单项添加到二级菜单中
        m_tools.add(CMI1);
        m_tools.add(CMI2);
        m_tools.add(CMI3);
        m_tools.add(CMI4);
        m_tools.addSeparator();// 添加分隔线
```

```
        m_tools.add(CMI5);

        // 向菜单条添加菜单
        mnb.add(m_File);
        mnb.add(m_Edit);
        mnb.add(m_View);
        m_View.setEnabled(false);
        item_Exit.setEnabled(false);
        // 向窗体添加菜单条
        f.setJMenuBar(mnb);
        f.setSize(200, 200);
        f.setVisible(true);
    }
}
```

程序运行结果如图14-4所示。

说明：若要让菜单在点击时能够有所反应，就要进行事件处理，具体方法就是让"菜单项"实现ActionListener接口，重写actionPerformed(ActionEvent e)方法。

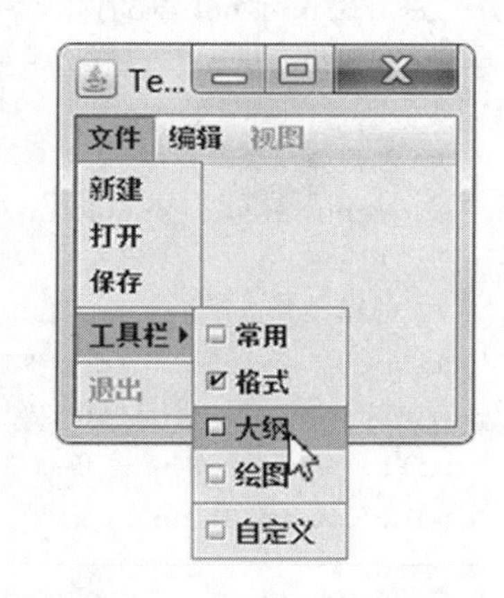

图14-4　二级菜单与复选菜单示例

3. 弹出式菜单(JPopupMenu)

弹出式菜单(JPopupMenu)是指在图形界面操作时，点击鼠标右键后弹出的菜单。这为即时操作提供便利。弹出式菜单会根据鼠标位置来显示。

1)构造方法

JPopupMenu()：构造一个不带"调用者"的JPopupMenu；

JPopupMenu(String label)：构造一个具有指定标题的JPopupMenu。

2)常用方法

void show(Component cmp,int x,int y)：在指定位置(x,y)显示弹出菜单，参数是包含此弹出菜单的组件。

例14-3　弹出式菜单示例。

解题思路：①创建弹出式菜单对象，再创建"Undo""Copy""Paste""Cut"四个菜单项，并添加到弹出式菜单中；②创建一个面板对象p，将它添加到窗体中；之后处理p的鼠标事件，当点击鼠标右键时得到其位置并调用弹出式菜单的show()方法，显示菜单。程序代码如下：

```
import java.awt.event.MouseAdapter;
import java.awt.event.MouseEvent;
import javax.swing.JFrame;
import javax.swing.JMenuItem;
import javax.swing.JPanel;
import javax.swing.JPopupMenu;

public class JPopupMenuDemo extends JFrame {
    private JPanel p;
    // 声明弹出菜单
    private JPopupMenu popMenu;
    // 声明菜单选项
    private JMenuItem miUndo, miCopy, miPaste, miCut;

    public JPopupMenuDemo() {
        super("JPopupMenu 弹出菜单");
        p = new JPanel();
        // 创建弹出菜单对象
        popMenu = new JPopupMenu();

        // 创建菜单选项
        miUndo = new JMenuItem("Undo");
        miCopy = new JMenuItem("Copy");
        miPaste = new JMenuItem("Paste");
        miCut = new JMenuItem("Cut");

        // 将菜单选项添加到菜单中
        popMenu.add(miUndo);
        popMenu.addSeparator();
        popMenu.add(miCut);
        popMenu.add(miPaste);
        popMenu.add(miCopy);

        // 注册鼠标侦听
        p.addMouseListener(new MouseAdapter() {
            // 重写鼠标点击事件处理方法
            public void mouseClicked(MouseEvent e) {
                // 如果点击鼠标右键
                if (e.getButton() == MouseEvent.BUTTON3) {
                    int x = e.getX();
                    int y = e.getY();
```

```
                // 在面板鼠标所在位置显示弹出菜单
                popMenu.show(p, x, y);
            }
        }
    });

    // 将面板添加到窗体
    this.add(p);
    // 设定窗口大小
    this.setSize(400, 300);
    // 设定窗口左上角坐标
    this.setLocation(200, 100);
    // 设定窗口默认关闭方式为退出应用程序
    this.setDefaultCloseOperation(JFrame.EXIT_ON_CLOSE);
    // 设置窗口可视(显示)
    this.setVisible(true);
  }

  public static void main(String[] args) {
    new JPopupMenuDemo();
  }
}
```

程序运行结果如图 14－5 所示。

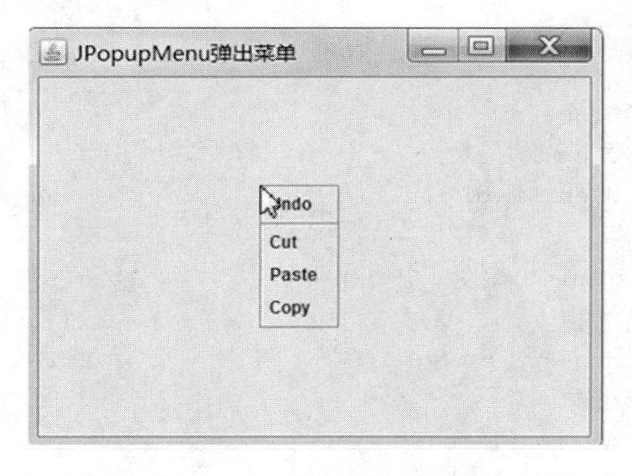

图 14－5　弹出式菜单示例

14.2.2　Swing 对话框

1. 对话框 JDialog 类

JDialog 类是一种通知用户信息的顶层窗体对话框，它不能单独存在，必须依附于某一窗体或对话框，跟随着宿主窗体或对话框隐藏、出现。

1)类型

①模式对话框：不允许焦点转移到其它程序和窗体，只能操作完对话框后进行后续操作；

②非模式对话框：允许为其它窗体提供输入，可在对话框与其它窗体操作中切换。

2)构造方法

JDialog(宿主窗体或对话框)：创建非模式对话框；

JDialog(宿主窗体或对话框，String 标题)：创建非模式指定标题的对话框；

JDialog(宿主窗体或对话框，String 标题，boolean modal)：创建指定类型、标题的对话框。

3)常用方法

void setModal(boolean b)：设置是否为模式对话框；

void setVisible(boolean b)：设置对话框是否可见。

例 14-4 对话框使用示例。

解题思路：先创建窗体，再在其上创建三个按钮，点击它们分别实现打开“模式对话框”“非模式对话框”“自定义对话框”功能，方法是对按钮进行事件处理。自定义对话框是通过 MyDialog 类来实现的。该类包含标签、文本框、“确定”按钮等组件。点击按钮时若发现文本框输入的是数字，在控制台中输出该值的平方；如果为非数字，则输出“不是数字、请重新输入”等信息，并清空文本框内容。程序代码如下：

```
import java.awt.event.ActionEvent;
import java.awt.event.ActionListener;
import javax.swing.JButton;
import javax.swing.JDialog;
import javax.swing.JFrame;
import javax.swing.JLabel;
import javax.swing.JPanel;
import javax.swing.JTextField;

public class JDialogDemo extends JFrame {
    JPanel p;
    JButton btnMod, btnNon, btnMy;
    //声明两个对话框组件
    JDialog modDialog, nonDialog;
    //声明自定义的对话框组件
    MyDialog myDialog;

    public JDialogDemo() {
        super("测试对话框");
        p=new JPanel();
```

```
btnMod = new JButton ("模式对话框");
btnNon = new JButton ("非模式对话框");
btnMy = new JButton ("自定义对话框");
// 创建模式对话框
modDialog = new JDialog(this, "模式对话框", true);
// 设置对话框的坐标和大小
modDialog.setBounds(250, 200, 200, 100);

// 创建非模式对话框
nonDialog = new JDialog(this, "非模式对话框", false);
// 设置对话框的坐标和大小
nonDialog.setBounds(250, 200, 200, 100);
// 创建自定义对话框
myDialog = new MyDialog(this);
btnMod.addActionListener(new ActionListener() {
    public void actionPerformed(ActionEvent e) {
        // 显示模式对话框
        modDialog.setVisible(true);
    }
});
btnNon.addActionListener(new ActionListener() {
    public void actionPerformed(ActionEvent e) {
        // 显示非模式对话框
        nonDialog.setVisible(true);
    }
});
btnMy.addActionListener(new ActionListener() {
    public void actionPerformed(ActionEvent e) {
        // 显示自定义对话框
        myDialog.setVisible(true);
    }
});

p.add(btnMod);
p.add(btnNon);
p.add(btnMy);
this.add(p);
// 设定窗口大小(宽度 400 像素,高度 300 像素)
this.setSize(400, 300);
// 设定窗口左上角坐标(X 轴 200 像素,Y 轴 100 像素)
this.setLocation(200, 100);
// 设定窗口默认关闭方式为退出应用程序
this.setDefaultCloseOperation(JFrame.EXIT_ON_CLOSE);
```

```
        // 设置窗口可视(显示)
        this.setVisible(true);
    }

    public static void main(String[] args) {
        new JDialogDemo();
    }
}

// 创建一个对话框类,继承 JDialog 类
class MyDialog extends JDialog {
    // 声明对话框中的组件
    JPanel p;
    JLabel lblNum;
    JTextField txtNum;
    JButton btnOK;

    public MyDialog(JFrame f) {
        super(f, "我的对话框", true);
        // 创建对话框中的组件
        p = new JPanel();
        lblNum = new JLabel("请输入一个数:");
        txtNum = new JTextField(10);
        btnOK = new JButton("确定");

        // 注册侦听
        btnOK.addActionListener(new ActionListener() {
            public void actionPerformed(ActionEvent e) {
                try {
                    int num = Integer.parseInt(txtNum.getText().trim());
                    System.out.println(num + " * " + num + " = " + (num * num));
                } catch (NumberFormatException e1) {
                    System.out.println(txtNum.getText() + "不是数字,请重新输入!");
                    // 清空文本框
                    txtNum.setText("");
                }
            }
        });

        // 将组件添加到面板中
        p.add(lblNum);
        p.add(txtNum);
        p.add(btnOK);
        // 将面板添加到对话框中
```

```
        this.add(p);
        // 设置对话框合适的大小
        this.pack();
        // 设置对话框的坐标
        this.setLocation(250, 200);
    }
}
```

程序运行结果如图 14－6—图 14－8 所示。

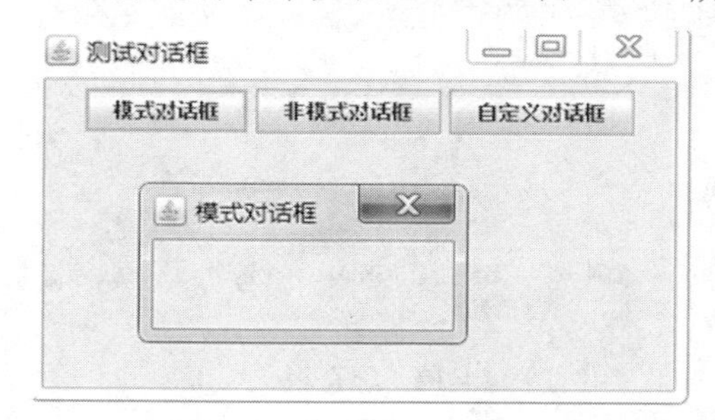

图 14－6　打开“模式对话框”

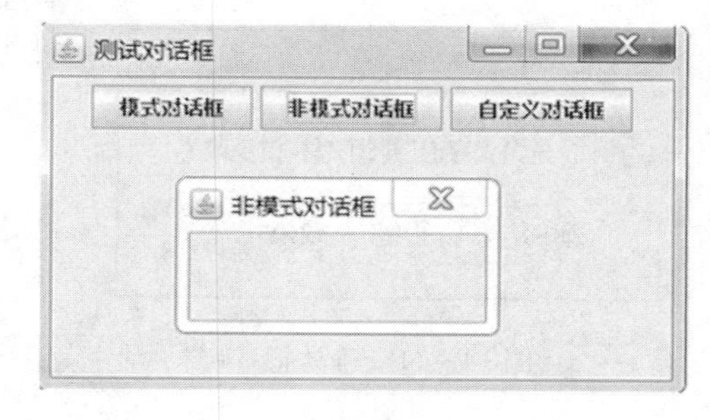

图 14－7　打开“非模式对话框”

图 14－8　打开“自定义对话框”

2. 选项对话框 JOptionPane 类

JOptionPane 类位于 javax.swing 包中，利用它可以简便实现标准对话框。该类有四个静态方法，如表 14－1 所示，分别对应图 14－9—图 14－12。

表 14－1　JOptionPane 类的静态方法

showInputDialog	输入框，显示信息，并得到用户一行输入
showMessageDialog	消息框，显示信息，并等待用户按“OK”键
showConfirmDialog	确认框，显示信息，并得到用户的确认（选择 OK/Cancel 等）
showOptionDialog	是上述三项的综合，显示信息，得到用户在一组选项中的选择

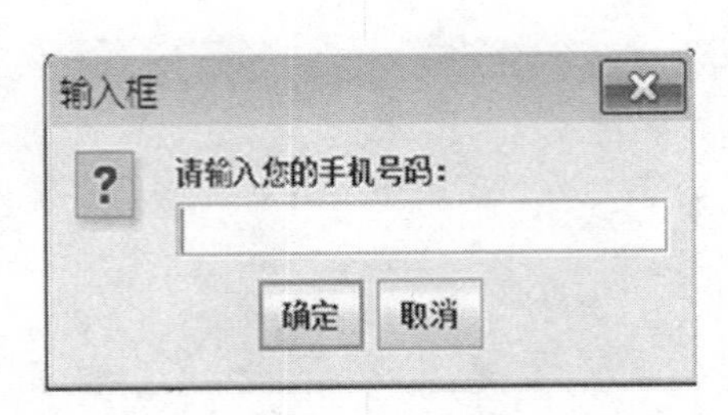

图 14－9　输入框

图 14－10　消息框

图 14－11　确认框

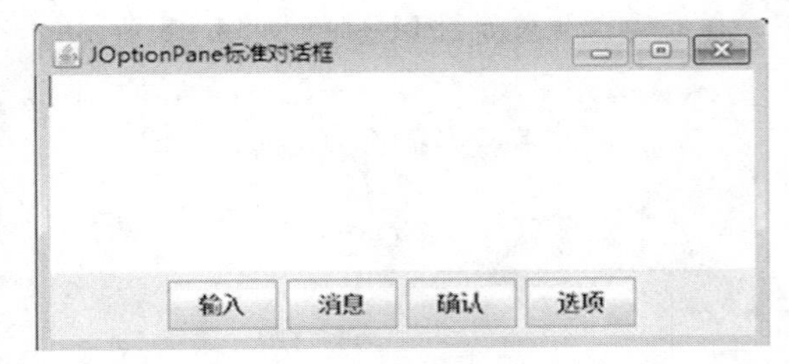

图 14－12　综合框

从上可知，一个典型的对话框应该包含图标、信息、按钮选项、标题等四部分。

(1)图标类型：用常量表示。

ERROR_MESSAGE

INFORMATION_MESSAGE

WARNING_MESSAGE

QESTION_MESSAGE

PLAIN_MESSAGE　无图标

(2)信息、对话框标题：通常用字符串来表示。

(3)按钮选项：与对话框类型有关。

DEFAULT_OPTION　确定

YES_NO_OPTION　是/否

YES_NO_CANCEL_OPTION　是/否/取消

OK_CANCEL_OPTION　确定/取消

四种对话框的格式如下，代码运行结果分别对应图 14－9—图 14－12。

(1)输入框

格式：**showInputDialog(Component 父组件,Object 信息[, String 标题,int 信息类型])**

例如，String str = JOptionPane. showInputDialog(null,"请输入您的手机号码:","输入框", JOptionPane. QUESTION_MESSAGE);

（2）消息框

格式：**showMessageDialog(Component 父组件,Object 信息[,String 标题,int 信息类型])**

例如，JOptionPane. showMessageDialog(null,"\"无人驾驶\"即将成为现实?","消息框", JOptionPane. INFORMATION_MESSAGE);

（3）确认框

格式：**showConfirmDialog(Component 父组件,Object 信息[,String 标题,int 按钮选项,int 信息类型])**

例如，

```
int confirm = JOptionPane. showConfirmDialog(null,"是否保存对\"新建文件\"的更改?","确认框", JOptionPane. YES_NO_CANCEL_OPTION);
if (confirm == JOptionPane. YES_OPTION)
    System. out. println("您选择了\"确定\"");
else if (confirm == JOptionPane. NO_OPTION)
    System. out. println("您选择了\"否定\"");
else
    System. out. println("您选择了\"取消\"");
```

（4）选项对话框

格式：**int showOptionDialog (Component parentComponent, Object message, String title, int optionType, int messageType, Icon icon, Object[] options, Object initialValue)**

例如，Object[] options = { "Red", "Green", "Blue" };

JOptionPane. showOptionDialog(null, "选择颜色:", "选择", JOptionPane. DEFAULT_OPTION, JOptionPane. WARNING_MESSAGE, null, optiooptions[0]);

3. 文件选择器 JFileChooser 类

JFileChooser 类位于 javax. swing 包中，利用它可以从文件系统选择文件，主要用于打开、保存文件。该类有两个主要方法：

showOpenDialog(Component 父组件)：打开文件时用；

showSaveDialog(Component 父组件)：保存文件时用。

按钮选择的结果：

JFileChooser. APPROVE_OPTION：按“确定”钮；

JFileChooser. CANCEL_OPTION：按“取消”钮。

如果是按“确定”钮，选择文件的结果可通过 JFileChooser 对象的 getSelectedFile()得到选择的文件，该对象是 File 类型，可进一步调用 getPath()、getName()得到详尽信息。

例 14－5 文件选择器示例。

解题思路：先创建窗体，再在其上创建一个多行文本框和“打开”“保存”“清空”三个按钮，并具备事件处理功能。其中，“打开”按钮调用 openFile()方法（通过

JFileChooser 类的 showOpenDialog( )将选择的文件内容在多行文本框中显示)；“保存”按钮调用 saveFile( )方法(通过 JFileChooser 类的 showSaveDialog( )将多行文本框内容保存到指定文件中，还会清除多行文本框内容)。程序代码如下：

```
import java.awt.BorderLayout;
import java.awt.event.ActionEvent;
import java.awt.event.ActionListener;
import java.io.BufferedReader;
import java.io.FileReader;
import java.io.FileWriter;
import javax.swing.JButton;
import javax.swing.JFileChooser;
import javax.swing.JFrame;
import javax.swing.JPanel;
import javax.swing.JScrollPane;
import javax.swing.JTextArea;

public class JFileChooserDemo extends JFrame {
    private JPanel p;
    private JScrollPane sp;
    private JTextArea txtContent;
    private JButton btnOpen, btnSave, btnClear;

        public JFileChooserDemo() {
          super("JFileChooser 文件对话框");

          p = new JPanel();

          btnOpen = new JButton("打开");
          btnSave = new JButton("保存");
          btnClear = new JButton("清空");

          txtContent = new JTextArea(20, 10);
          // 创建加载文本域的滚动面板
          sp = new JScrollPane(txtContent);

          // 注册侦听
          btnOpen.addActionListener(new ActionListener() {
           public void actionPerformed(ActionEvent e) {
               openFile();
           }
          });
        btnSave.addActionListener(new ActionListener() {
```

```
            public void actionPerformed(ActionEvent e) {
                saveFile();
            }
        });
        btnClear.addActionListener(new ActionListener() {
            public void actionPerformed(ActionEvent e) {
                // 清空文本域
                txtContent.setText("");
            }
        });

        // 将按钮添加到面板中
        p.add(btnOpen);
        p.add(btnSave);
        p.add(btnClear);

        // 将滚动面板添加到窗口中央
        this.add(sp);
        // 将面板添加到窗体南面
        this.add(p, BorderLayout.SOUTH);
        // 设定窗口大小
        this.setSize(600, 500);
        // 设定窗口左上角坐标(X轴200像素,Y轴100像素)
        this.setLocation(200, 100);
        // 设定窗口默认关闭方式为退出应用程序
        this.setDefaultCloseOperation(JFrame.EXIT_ON_CLOSE);
        // 设置窗口可视(显示)
        this.setVisible(true);
    }

    // 打开文件方法
    private void openFile() {
        // 实例化一个文件对话框对象
        JFileChooser fc = new JFileChooser();
        // 显示文件打开对话框
        int rVal = fc.showOpenDialog(this);
        // 如果点击确定(Yes/OK)
        if (rVal == JFileChooser.APPROVE_OPTION) {
            // 获取文件对话框中用户选中的文件名
            String fileName = fc.getSelectedFile().getName();
            // 获取文件对话框中用户选中的文件所在的路径
            String path = fc.getCurrentDirectory().toString();
            try {
```

```
                // 创建一个文件输入流,用于读文件
                FileReader fread = new FileReader(path + "/" + fileName);
                // 创建一个缓冲流
                BufferedReader bread = new BufferedReader(fread);
                // 从文件中读一行信息
                String line = bread.readLine();
                // 循环读文件中的内容,并显示到文本域中
                while (line != null) {
                    txtContent.append(line + "\n");
                    // 读下一行
                    line = bread.readLine();
                }
                bread.close();
                fread.close();
            } catch (Exception e) {
                e.printStackTrace();
            }
        }
    }

    // 保存文件方法
    private void saveFile() {
        // 实例化一个文件对话框对象
        JFileChooser fc = new JFileChooser();
        // 显示文件保存对话框
        int rVal = fc.showSaveDialog(this);
        // 如果点击确定(Yes/OK)
        if (rVal == JFileChooser.APPROVE_OPTION) {
            // 获取文件对话框中用户选中的文件名
            String fileName = fc.getSelectedFile().getName();
            // 获取文件对话框中用户选中的文件所在的路径
            String path = fc.getCurrentDirectory().toString();
            try {
                // 创建一个文件输出流,用于写文件
                FileWriter fwriter = new FileWriter(path + "/" + fileName);
                // 将文本域中的信息写入文件中
                fwriter.write(txtContent.getText());
                fwriter.close();
            } catch (Exception e) {
                e.printStackTrace();
            }
        }
    }

    public static void main(String[] args) {
        new JFileChooserDemo();
    }
}
```

程序运行结果如图 14－13、图 14－14 所示。

图 14－13　文件选择器的“打开”对话框

图 14－14　文件选择器的“保存”对话框

问题：上述两个对话框的风格与传统的 Windows 系统一致吗？若不同，能改变吗？

4. 颜色选择器 JColorChooser 类

JColorChooser 类位于 javax. swing 包中，利用它可以从颜色控制器中选择颜色。它有一个静态方法：

public static Color showDialog(Component 父组件，String 标题，Color 初始颜色)：显示有模式的颜色选取器，在隐藏对话框之前一直阻塞。

例 14-6 颜色选择器示例。

解题思路：先创建窗体，再在其上创建一个“改变面板背景颜色”按钮，并实现事件处理：点击按钮打开颜色选择器，用户可从中选择颜色，用作窗体背景色。程序代码如下：

```
import java.awt.event.ActionEvent;
import java.awt.event.ActionListener;
import javax.swing.JButton;
import javax.swing.JColorChooser;
import javax.swing.JDialog;
import javax.swing.JFrame;
import javax.swing.JPanel;

public class JColorChooserDemo extends JFrame {
    private JPanel p;
    // 声明颜色选取器
    private JColorChooser ch;
    // 声明一个存放颜色的对话框
    private JDialog colorDialog;
    private JButton btnChange;

    public JColorChooserDemo() {
        super("颜色对话框");
        p = new JPanel();
        // 实例化颜色选取器对象
        ch = new JColorChooser();
        // 创建一个颜色对话框,颜色选取器对象作为其中的一个参数
        colorDialog = JColorChooser.createDialog(this, "选取颜色", true, ch,
null,null);
        btnChange = new JButton("改变面板背景颜色");
        btnChange.addActionListener(new ActionListener() {
            public void actionPerformed(ActionEvent e) {
                // 显示颜色对话框
                colorDialog.setVisible(true);
                // 设置面板背景颜色为用户选取的颜色
                p.setBackground(ch.getColor());
            }
        });

        p.add(btnChange);
        // 将面板添加到窗体
```

```
        this.add(p);
        // 设定窗口大小
        this.setSize(800, 600);
        // 设定窗口左上角坐标(X轴200像素,Y轴100像素)
        this.setLocation(200, 100);
        // 设定窗口默认关闭方式为退出应用程序
        this.setDefaultCloseOperation(JFrame.EXIT_ON_CLOSE);
        // 设置窗口可视(显示)
        this.setVisible(true);
    }

    public static void main(String[] args) {
        new JColorChooserDemo();
    }
}
```

程序运行结果如图14-15所示。

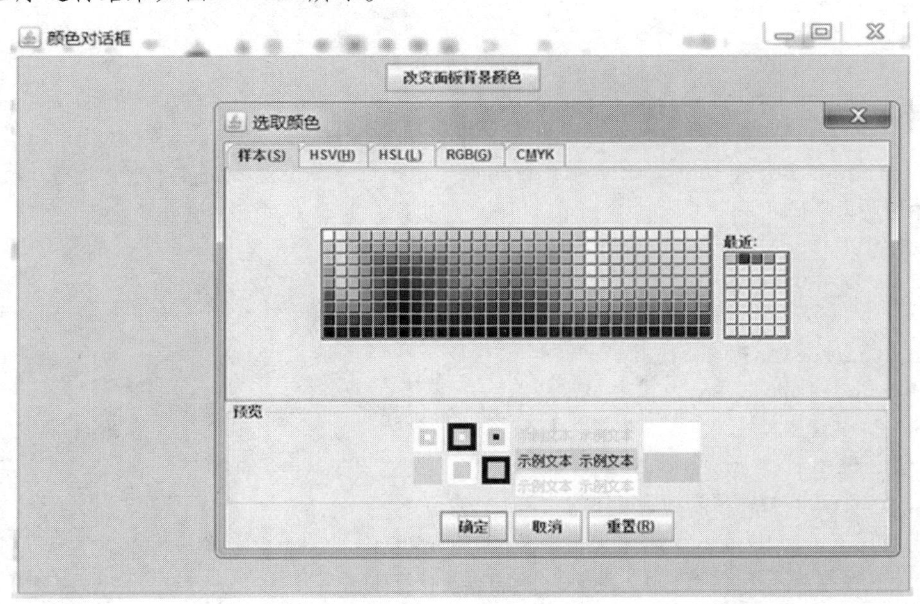

图14-15 颜色选择器使用示例

14.2.3 工具栏JToolBar类

工具栏是应用程序所提供的快速访问常用命令的按钮集合。Swing中提供了JToolBar类，用于实现工具栏的功能，位于javax.swing包中。

1)构造方法

JToolBar()：创建新的工具栏；默认的方向为HORIZONTAL；

JToolBar(int orientation)：创建一个具有指定 orientation 的新工具栏；

JToolBar(String name)：创建一个具有指定 name 的新工具栏；

JToolBar(String name，int orientation)：创建一个具有指定 name 和 orientation 的工具栏。

2)常用方法

Component add(Component comp)：添加工具组件到工具栏；

void addSeparator()：添加分隔符组件到工具栏；

void setMargin(Insets m)：设置工具栏边缘和其内部工具组件之间的边距。

例 14－7 工具栏示例。

解题思路：工具栏是一个容器，图形化按钮是其组件，使用 add()方法进行添加，点击后实现相应功能。事件处理方法与按钮完全相同；不同的点是，当鼠标指向按钮时还会显示相关信息。程序代码如下：

```
import java.awt.BorderLayout;
import javax.swing.ImageIcon;
import javax.swing.JButton;
import javax.swing.JFrame;
import javax.swing.JPanel;
import javax.swing.JToolBar;

public class JToolBarDemo extends JFrame {
    // 声明工具栏
    private JToolBar toolBar;
    private JButton btnCut, btnCopy, btnPaste;

    public JToolBarDemo() {
        super("JToolBar 工具栏");
        // 创建工具栏
        toolBar = new JToolBar();
        // 将工具栏对象添加到窗体的北部(上方)
        this.add(toolBar, BorderLayout.NORTH);

        // 创建按钮对象,按钮上有文字和图片
        btnCut = new JButton("剪切", new ImageIcon("images/cut_edit.png"));
        btnCopy = new JButton("复制", new ImageIcon("images/copy_edit.png"));
        btnPaste = new JButton("粘贴", new ImageIcon("images/paste_edit.png"));

        // 设置按钮的工具提示文本
        btnCut.setToolTipText("剪切");
        btnCopy.setToolTipText("复制");
        btnPaste.setToolTipText("粘贴");
```

```
        // 将按钮添加到工具栏中
        toolBar.add(btnCut);
        toolBar.add(btnCopy);
        toolBar.add(btnPaste);

        // 设定窗口大小
        this.setSize(400, 300);
        // 设定窗口左上角坐标(X 轴 200 像素,Y 轴 100 像素)
        this.setLocation(200, 100);
        // 设定窗口默认关闭方式为退出应用程序
        this.setDefaultCloseOperation(JFrame.EXIT_ON_CLOSE);
        // 设置窗口可视(显示)
        this.setVisible(true);
    }

    public static void main(String[] args) {
        new JToolBarDemo();
    }
}
```

程序运行结果如图 14－16 所示。

图 14－16　工具栏示例

问题：如何让工具栏真正实现剪切、复制、粘贴功能？

14.2.4　Java 的观感

问题的提出：Java 语言具有跨平台的特性，同一程序在不同的系统下，运行显示的界面可能不同，如图 14－13 显示的是 Metal 风格（Java 默认），而图 14－17、图 14－18 显示的则分别是 Windows、Motif 风格。

图 14－17　Windows 风格的“打开”对话框

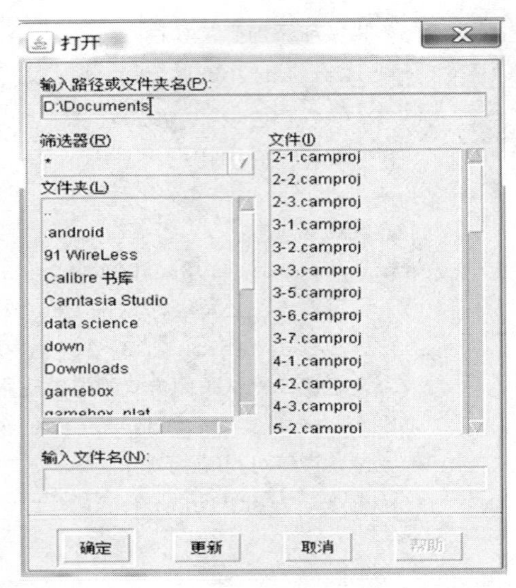

图 14－18　Motif 风格的“打开”对话框

1) Java 观感的类型

①Metal 观感：这是 Java 默认的观感，只要操作系统支持 JFC，都可以这一方式运行；

②Windows 观感：只能在 Windows 操作系统下运行；

③Motif 观感：在 Unix 操作系统下运行。

2) Java 观感的有关类

LookAndFeel、UIDefaults 和 UIManager 是提供 Swing 外观的三个类。它们位于 javax. swing 包中，其中 LookAndFeel 类是一个继承 Object 的抽象类，其它类会继承该类以提供特殊的外观。

3) 设置 Java 观感方法

①加载相关类：import javax. swing. UIManager;

②在程序或窗体构造方法前面添加如下代码：

```
try {
        UIManager.setLookAndFeel(字符串类型的类名称);
        …
} catch(Exception e) {
        System.out.println ("Look and Feel Exception");
        System.exit(0);
}
```

其中，字符串类型类名称的三个主要取值为：

Metal 风格(Java 默认)："javax. swing. plaf. metal. MetalLookAndFeel"

Windows 风格："com. sun. java. swing. plaf. windows. WindowsLookAndFeel"

Unix 风格："com. sun. java. swing. plaf. motif. MotifLookAndFeel"

问题：如何修改例 14－5 程序，分别实现图 14－13、图 14－17、图 14－18 的效果？

14.2.5 表格

1. 表格 JTable 类

JTable 类用于创建一个表格对象，以行、列二维形式显示数据，并允许对表格中的数据进行编辑。表格的模型功能强大、灵活并易于执行；JDK1.6.0 为 JTable 增加了排序和过滤的功能，如图 14－19 所示。

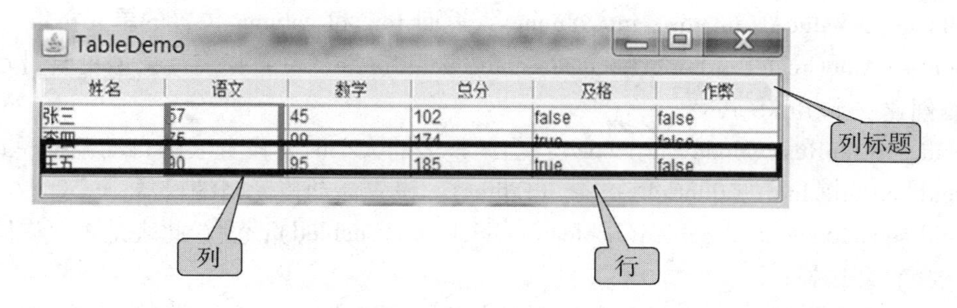

图 14－19 JTable 示例

1）构造方法

JTable( )：构造一个默认的 JTable，使用默认的数据模型、列模型和选择模型对其进行初始化；

JTable(int numRows, int numColumns)：使用 DefaultTableModel 构造具有 numRows 行和 numColumns 列个空单元格的 JTable；

JTable(Object[ ][ ] rowData, Object[ ] columnNames)：构造一个 JTable 来显示二维数组 rowData 中的值，其列名称为 columnNames；

JTable(TableModel dm)：构造一个 JTable，使用数据模型 dm、默认的列模型和选择模型对其进行初始化；

JTable(TableModel dm, TableColumnModel cm)：构造一个 JTable，使用数据模型 dm、列模型 cm 和默认的选择模型对其进行初始化；

JTable(TableModel dm, TableColumnModel cm, ListSelectionModel sm)：构造一个 JTable，使用数据模型 dm、列模型 cm 和选择模型 sm 对其进行初始化；

JTable(Vector rowData, Vector columnNames)：构造一个 JTable 来显示 Vector 所组成的 Vector rowData 中的值，其列名称为 columnNames。

2）常用方法

void addColumn(TableColumn aColumn)：添加列；

void removeColumn(TableColumn aColumn)：移除列；

TableCellEditor getCellEditor( )：返回活动单元格编辑器；如果该表当前没有被编

辑，则返回 null；

int getSelectedColumn()：返回第一个选定列的索引；如果没有选定的列，则返回 -1；

int getSelectedColumnCount()：返回选定列数；

int[] getSelectedColumns()：返回所有选定列的索引；

int getSelectedRow()：返回第一个选定行的索引；如果没有选定的行，则返回 -1；

int getSelectedRowCount()：返回选定行数；

int[] getSelectedRows()：返回所有选定行的索引；

JTableHeader getTableHeader()：返回此 JTable 所使用的 tableHeader；

Object getValueAt(int row, int column)：返回 row 和 column 位置的单元格值；

void setAutoCreateRowSorter(boolean autoCreateRowSorter)：指定其模型更改时是否应该为表创建一个 RowSorter；

void setAutoResizeMode(int mode)：当调整表的大小时，设置表的自动调整模式；

void setCellEditor(TableCellEditor anEditor)：设置活动单元格编辑器；

void setCellSelectionEnabled(boolean cellSelectionEnabled)：设置此表是否允许同时存在行选择和列选择；

void setColumnModel(TableColumnModel columnModel)：将此表的列模型设置为 newModel；

void setFillsViewportHeight(boolean fillsViewportHeight)：设置此表是否始终大到足以填充封闭视口的高度；

void setModel(TableModel dataModel)：将此表的数据模型设置为 newModel；

void setPreferredScrollableViewportSize(Dimension size)：设置表格视口的首选大小；

void setRowHeight(int rowHeight)：将所有单元格的高度设置为 rowHeight(以像素为单位)，重新验证并重新绘制它；

void setRowHeight(int row, int rowHeight)：将 row 的高度设置为 rowHeight；

void setRowMargin(int rowMargin)：设置相邻行中单元格之间的间距；

void setValueAt(Object aValue, int row, int column)：设置表模型中 row 和 column 位置的单元格值。

例 14-8 简单表格示例 1。

解题思路：创建一个二维数组用来设置表格数据，创建一个一维数组用来设置列名，然后调用 setPreferredScrollableViewportSize() 设置表格视口大小；将表格放在 JScrollPane 中，这样可以将列标题和表格内容完整显示出来(可上下滚动)，再将 JScrollPane 放置到窗体内容面板的中央位置。程序代码如下：

```
import javax.swing.*;
import java.awt.*;
import java.awt.event.*;
import java.util.*;
```

```
public class SimpleTable {
    public SimpleTable() {
        JFrame f =new JFrame();
        Object[][] playerInfo ={
                { "张三", new Integer(57), new Integer(45), new Integer(102), new
Boolean(false), new Boolean(false) },
                { "李四", new Integer(75), new Integer(99), new Integer(174), new
Boolean(true), new Boolean(false) },
                {"王五", new Integer(90), new Integer(95), new Integer(185), new
Boolean(true), new Boolean(false) }}
        ;

        String[] Names ={ "姓名", "语文", "数学", "总分", "及格", "作弊" };
        JTable table =new JTable(playerInfo, Names);
        table.setPreferredScrollableViewportSize(new Dimension(550, 60));
        JScrollPane scrollPane =new JScrollPane(table);
        f.getContentPane().add(scrollPane, BorderLayout.CENTER);
        f.setTitle("Simple Table");
        f.pack();
        f.setVisible(true);
        f. setDefaultCloseOperation(JFrame.EXIT_ON_CLOSE);
    }

    public static void main(String args[]) {
        SimpleTable b =new SimpleTable();
    }
}
```

程序运行结果如图 14 – 19 所示。

说明：如果不把表格放在 JScrollPane 中，而是直接放入窗体内容面板中，即采用如下语句：

```
f.getContentPane().add(table, BorderLayout.CENTER);
```

运行后会发现列标题不见了。解决这一问题的方法是：先得到表格的列标题，把它放在窗体内容面板的北边，然后再将表格放至窗体内容面板的中央位置。代码如下：

```
f.getContentPane().add(table.getTableHeader(), BorderLayout.NORTH);
f.getContentPane().add(table, BorderLayout.CENTER);
```

例 14 –9 简单表格示例 2(设置不同列宽)。

解题思路：可利用 TableColumn 类所提供的 setPreferredWidth( ) 方法来设置列宽，并利用 JTable 类所提供的 setAutoResizeMode( ) 方法来设置调整某个列宽时其它列宽的变化情况。现在例 14 – 8 的基础上，在表格调用 setPreferredScrollableViewportSize( ) 方法后的代码处，添加如下程序：

```
//当调整某一列宽时,此字段之后的所有字段列宽都会跟着一起变动.此为系统默认值
table.setAutoResizeMode(JTable.AUTO_RESIZE_SUBSEQUENT_COLUMNS);
for (int i =0; i<6 ;i ++)
{
    column =table.getColumnModel().getColumn(i);
    if ((i % 2) == 0)
        column.setPreferredWidth(150);
    else
        column.setPreferredWidth(50);
}
```

程序运行结果如图 14－20 所示。

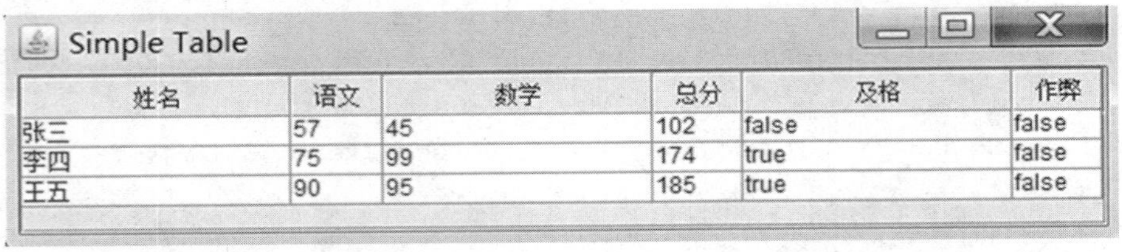

Simple Table

姓名	语文	数学	总分	及格	作弊
张三	57	45	102	false	false
李四	75	99	174	true	false
王五	90	95	185	true	false

图 14－20　简单表格示例 2(奇偶列的宽度不同)

为了操作更复杂的表格，Swing 提供多种 Model(如 TableModel、TableColumnModel 与 ListSelectionModel 等，它们位于 javax.swing.table 包中)来提供便利，以增加设计表格的弹性。下面简要介绍相关接口与类。

*2. TableModel 接口及其相关类

TableModel 是一个接口，它定义了若干方法，包括存取表格内容、计算表格的列数等基本操作，让设计者可以简单利用 TableModel 来实现所想要的功能。只要数据模型实现了 TableModel 接口，就可以通过以下两行代码来设置 JTable，显示其数据模型：

TableModel myData =new MyTableModel();
JTable table =new JTable(myData);

1)常用方法

void addTableModelListener(TableModelListener l)：每当数据模型发生更改时，就将一个侦听器添加到被通知的列表中；

Class < ? > getColumnClass(int columnIndex)：返回列数据类型的类名称；

int getColumnCount()：返回该模型中的列数；

String getColumnName(int columnIndex)：返回 columnIndex 位置的列名称；

int getRowCount()：返回该模型中的行数；

Object getValueAt(int rowIndex, int columnIndex)：返回单元格的值；

boolean isCellEditable(int rowIndex, int columnIndex)：判断单元格是否可编辑；

void setValueAt(Object aValue, int rowIndex, int columnIndex)：设置单元格中的值。

由于TableModel是一个接口，若要通过直接实现的方法来创建表格并不是一件轻松的事，为此Java提供了两个已实现了该接口的类：AbstractTableModel抽象类和DefaultTableModel实体类。前者实现了大部分的TableModel方法（只有int getRowCount()、int getColumnCount()、Object getValueAt(int row, int column)三个方法尚未实现），让用户可以很有弹性地构造自己的表格模式；后者继承前者类，是Java默认的表格模式。

例14－10 AbstractTableModel类应用示例：点击不同按钮，不同用户看到不同数据显示结果，如图14－21、图14－22所示。

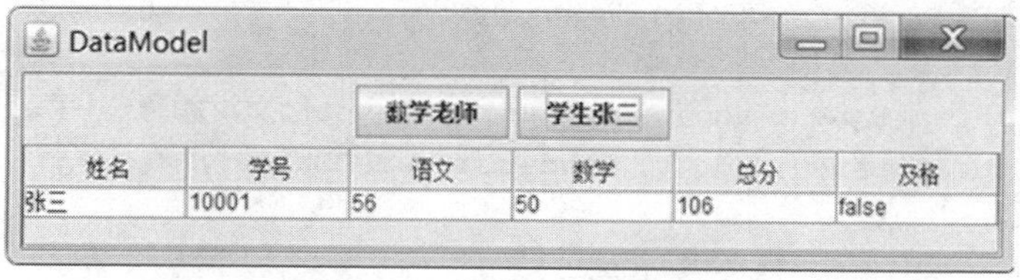

DataModel

数学老师　学生张三

姓名	学号	语文	数学	总分	及格
张三	10001	56	50	106	false

图14－21　点击“学生张三”按钮显示结果

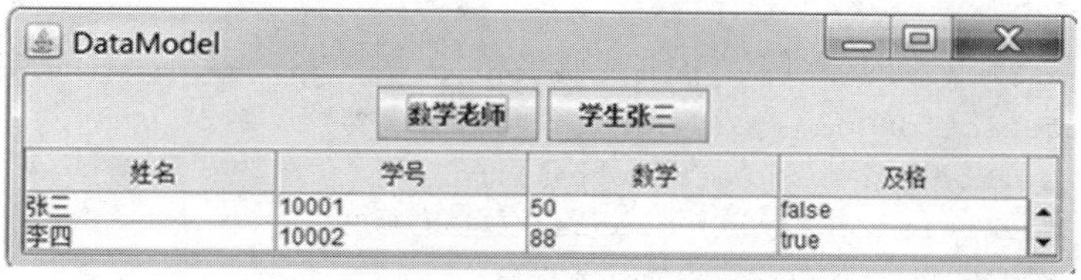

DataModel

数学老师　学生张三

姓名	学号	数学	及格
张三	10001	50	false
李四	10002	88	true

图14－22　点击“数学老师”按钮显示结果

解题思路：定义数据模型类MyDataModel，它继承了AbstractTableModel抽象类，重写几个相关方法，并根据属性model的不同值来构造不同的数据模型；主类TableModelDemo不仅要设计图形界面，还要调用MyDataModel类来创建默认数据模型，并以此建立表格；在对两个按钮进行事件处理时，再次创建MyDataModel对象，重新设置表格的数据模型。程序代码如下：

```
import javax.swing.table.AbstractTableModel;
import javax.swing.*;
import java.awt.*;
import java.awt.event.*;

public class TableModelDemo implements ActionListener {
    JTable t = null;

    public TableModelDemo() {
        JFrame f = new JFrame("DataModel");
        JButton b1 = new JButton("数学老师");
```

```
        b1.addActionListener(this);
        JButton b2 = new JButton("学生张三");
        b2.addActionListener(this);
        JPanel panel = new JPanel();
        panel.add(b1);
        panel.add(b2);

        t = new JTable(new MyDataTable(1));
        t.setPreferredScrollableViewportSize(new Dimension(550, 30));
        JScrollPane s = new JScrollPane(t);

        f.getContentPane().add(panel, BorderLayout.NORTH);
        f.getContentPane().add(s, BorderLayout.CENTER);
        f.pack();
        f.setVisible(true);
        f. setDefaultCloseOperation(JFrame.EXIT_ON_CLOSE);
    }

    public void actionPerformed(ActionEvent e) {
        if (e.getActionCommand().equals("学生张三"))
            t.setModel(new MyDataTable(1));
        if (e.getActionCommand().equals("数学老师"))
            t.setModel(new MyDataTable(2));
        t.revalidate();
    }

    public static void main(String args[]) {
        new TableModelDemo();
    }
}

class MyDataTable extends AbstractTableModel {
        Object[][] p1 = { { "张三", "10001", new Integer(56), new Integer(50), new
Integer(106), new Boolean(false) } };
        String[] n1 = { "姓名", "学号", "语文", "数学", "总分", "及格" };

        Object[][] p2 = { { "张三", "10001", new Integer(50), new Boolean(false) },
            { "李四", "10002", new Integer(88), new Boolean(true) } };
    String[] n2 = { "姓名", "学号", "数学", "及格" };
    int model = 1;

    public MyDataTable(int i) {
        model = i;
    }
```

```
    public int getColumnCount() {
        if (model == 1)
            return n1.length;
        else
            return n2.length;
    }

    public int getRowCount() {
        if (model == 1)
            return p1.length;
        else
            return p2.length;
    }

    public String getColumnName(int col) {
        if (model == 1)
            return n1[col];
        else
            return n2[col];
    }

    public Object getValueAt(int row, int col) {
        if (model == 1)
            return p1[row][col];
        else
            return p2[row][col];
    }

    public boolean isCellEditable(int rowIndex, int columnIndex) {
        return true;
    }
}
```

在实际应用中，常常使用 DefaultTableModel 类来创建表格：先用表格数据、列标题创建对象，再以此为参数创建 JTable 对象；当需要修改表格数据时，可调用 JTable 的 setModel( )方法重新设置数据模型(参数为新的 DefaultTableModel 类对象)。

1)构造方法

DefaultTableModel( )：构造默认的 DefaultTableModel，它是一个 0 列 0 行的表；

DefaultTableModel(int rowCount, int columnCount)：

构造一个具有 rowCount 行和 columnCount 列的 null 对象值的 DefaultTableModel；

DefaultTableModel(Object[ ][ ] data, Object[ ] columnNames)：

构造一个 DefaultTableModel，表格数据为 data，列标题为 columnNames；

DefaultTableModel(Vector data, Vector columnNames)：

构造一个 DefaultTableModel，表格数据为 data，列标题为 columnNames。

2)常用方法

void addColumn(Object columnName)：将一列添加到模型中；

void addColumn(Object columnName, Object[] columnData)：将一列添加到模型中；

void addRow(Object[] rowData)：添加一行到模型的结尾；

void addRow(Vector rowData)：添加一行到模型的结尾；

void removeRow(int row)：移除模型中 row 位置的行；

void setColumnCount(int columnCount)：设置模型中的列数；

void setRowCount(int rowCount)：设置模型中的行数。

***3. TableColumnModel 接口**

TableColumnModel 是一个接口，它定义了许多与表格的“列”相关的方法。例如，增加列、删除列、设置与取得“列”的相关信息等。通常我们不会直接实现 TableColumnModel 接口，而是利用 JTable 的 getColumnModel( )方法取得 TableColumnModel 对象，再使用此对象对字段进行设置。

1)常用方法

void addColumn(TableColumn aColumn)：追加列；

TableColumn getColumn(int columnIndex)：返回指定位置列的 TableColumn 对象；

void removeColumn(TableColumn column)：删除 TableColumn column；

int getColumnCount( )：返回该模型中的列数。

例 14－11　DefaultTableModel 类、TableColumnModel 接口应用示例：点击不同按钮，分别实现增加行、增加列、删除选定行、删除最后列功能，如图 14－23 所示。

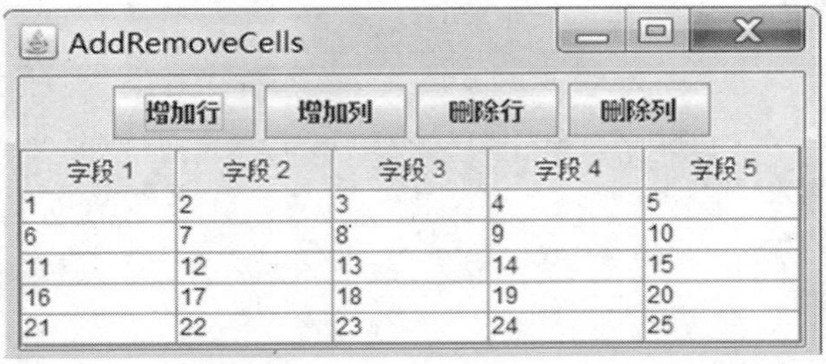

AddRemoveCells

增加行　增加列　删除行　删除列

字段 1	字段 2	字段 3	字段 4	字段 5
1	2	3	4	5
6	7	8	9	10
11	12	13	14	15
16	17	18	19	20
21	22	23	24	25

图 14－23　DefaultTableModel、TableColumnModel 应用示例

解题思路：①在主类 AddRemoveCells 的构造函数中，定义一维字符串数组为列标题，定义二维数组(并赋值)作为数据内容，创建 DefaultTableModel 对象，再创建 JTable 对象；并创建 4 个按钮，放在主界面的北边。②进行事件处理时，增加行、列较为简单，直接调用 DefaultTableModel 对象的 addRow( )、addColumn( )，设置好参数即可；删除行时，需要先获取选定的行号、最大行的行号，然后删除指定行，再设置表的新行数；删除列的基本流程与删除行类似，但要通过 TableColumnModel 对象来操作列，先得

到列模型，再得到要删除的列，之后进行删除，并设置表的新列数。③为了让表的内容及时更新，需调用 revalidate( )方法。程序代码如下：

```
import java.awt.*;
import java.awt.event.*;
import java.util.Vector;
import javax.swing.*;
import javax.swing.table.*;

public class AddRemoveCells implements ActionListener
{
    JTable table=null;
    DefaultTableModel defaultModel=null;
    ListSelectionModel  selectionMode =null;

    public AddRemoveCells()
    {
        JFrame f=new JFrame();
        String[] name={"字段 1","字段 2","字段 3","字段 4","字段 5"};
        String[][] data=new String[5][5];
        int value =1;
        for(int i=0; i<data.length; i++)
        {
            for(int j=0; j<data[i].length ; j++)
                data[i][j]=String.valueOf(value++);
        }

        defaultModel=new DefaultTableModel(data,name);
        table=new JTable(defaultModel);
        table.setPreferredScrollableViewportSize(new Dimension(400, 80));
        //table.setCellSelectionEnabled(true);//设置可选择单元格

        JScrollPane s=new JScrollPane(table);

        JPanel panel=new JPanel();
        JButton b=new JButton("增加行");
        panel.add(b);
        b.addActionListener(this);
        b=new JButton("增加列");
        panel.add(b);
        b.addActionListener(this);
        b=new JButton("删除行");
        panel.add(b);
        b.addActionListener(this);
        b=new JButton("删除列");
```

```
        panel.add(b);
        b.addActionListener(this);

        Container contentPane = f.getContentPane();
        contentPane.add(panel, BorderLayout.NORTH);
        contentPane.add(s, BorderLayout.CENTER);
        f.setTitle("AddRemoveCells");
        f.pack();
        f.setVisible(true);
        f. setDefaultCloseOperation(JFrame.EXIT_ON_CLOSE);
    }

    public void actionPerformed(ActionEvent e)
    {
      int row = table.getSelectedRow();//获取选中的行号
        if(e.getActionCommand().equals("增加列"))
            defaultModel.addColumn("增加列");
        if(e.getActionCommand().equals("增加行"))
            defaultModel.addRow(new Vector());
        if(e.getActionCommand().equals("删除列"))
        {
            int columncount = defaultModel.getColumnCount() -1;
            if(columncount >= 0)
            {
                TableColumnModel columnModel = table.getColumnModel();
                //删除最后一列
                TableColumn tableColumn = columnModel.getColumn(columncount -1);
                columnModel.removeColumn(tableColumn);
                defaultModel.setColumnCount(columncount);
            }
        }
        if(e.getActionCommand().equals("删除行"))
        {
            int rowcount = defaultModel.getRowCount() -1;
            if(rowcount >= 0)
            {
                defaultModel.removeRow(row);//删除选定的行
                defaultModel.setRowCount(rowcount);
            }
        }
        table.revalidate();
    }

    public static void main(String args[]) {
        new AddRemoveCells();
    }
}
```

*4. JTable 的事件处理

在前面介绍的 JTable 例子中，有的涉及事件处理，大多数操作都是针对表格内容进行的，包括字段内容改变、列数增加或减少、行数增加或减少，或是表格的结构改变，等等，这些称为 TableModelEvent 事件。要处理 TableModelEvent 事件，必须注册侦听器、实现 TableModelListener 接口，该接口只有一个方法：

void tableChanged(TableModelEvent e)

只需在此方法中添加事件处理代码即可。

例 14－12 JTable 的事件处理示例：输入英语、数学成绩，具有自动计算总成绩的功能，如图 14－24 所示。

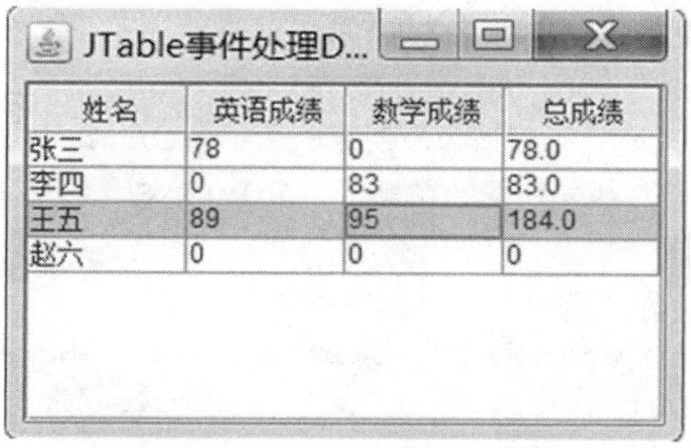

JTable事件处理D...

姓名	英语成绩	数学成绩	总成绩
张三	78	0	78.0
李四	0	83	83.0
王五	89	95	184.0
赵六	0	0	0

图 14－24 JTable 事件处理示例

解题思路：①主类 JTableEventHandleDemo 继承了 JFrame 类，实现了 TableModelListener 接口，它先定义了一维字符串数组和二维数组，分别用作表格列标题和内容，再以此创建表格模型(DefaultTableModel 对象)，进而创建 JTable 对象；表格模型对象注册了 TableModelListener 侦听器。②在事件处理方法 tableChanged()中，调用 TableModelEvent 的 getFirstRow()返回第一个被更改的行，然后调用 JTable 的 convertRowIndexToView()或 convertRowIndexToModel()将行索引转换为视图或模型的行索引，得到对应位置后获取英语、数学成绩，并转换成 double 类型，求和后更新总成绩。程序代码如下：

```
import javax.swing.*;
import javax.swing.event.TableModelEvent;
import javax.swing.event.TableModelListener;
import javax.swing.table.DefaultTableModel;
import javax.swing.table.TableModel;
import java.awt.*;

public class JTableEventHandleDemo extends JFrame implements TableModelListener
{
    JTable table;
    Object a[][] = { { "张三", "0", "0", "0" }, { "李四", "0", "0", "0" }, { "王五", "0", "
0", "0" }, { "赵六", "0", "0", "0" } };
```

```
    Object name[] = { "姓名", "英语成绩", "数学成绩", "总成绩" };

    JTableEventHandleDemo() {
        super("JTable 事件处理 Demo");
        // 构造一个 DefaultTableModel,并通过将 data 和 columnNames 传递到 setDataVector
        // 初始化该表. a 数组中的第一个索引是行索引,第二个索引是列索引
        TableModel model = new DefaultTableModel(a, name);
        // 每当数据模型发生更改时,就将一个侦听器添加到被通知的列表中
        model.addTableModelListener(this);
        table = new JTable(model);
        // 设置此表是否始终大到足以填充封闭视口的高度
        table.setFillsViewportHeight(true);
        /* 指定其模型更改时是否应该为表创建一个 RowSorter. autoCreateRowSorter 属性
保持为 true 时,每次模型更改都会创建一个新的 TableRowSorter,并将其设置为表的行排序器
  * /
        table.setAutoCreateRowSorter(true);
        getContentPane().add(new JScrollPane(table), BorderLayout.CENTER);
        setSize(300, 200);
        setVisible(true);
        validate();
        setDefaultCloseOperation(JFrame.EXIT_ON_CLOSE);
    }

    public void tableChanged(TableModelEvent e) {
        if (e.getColumn() > 0 && e.getColumn() < 3) {
            String o;
            double math = 0;
            double english = 0;
            /* 所有基于 JTable 行的方法都是对 RowSorter 而言的,不一定与底层
TableModel 的方法相同.需要使用 convertRowIndexToView 或 convertRowIndexToModel 进
行转换. * /
            int i = table.convertRowIndexToView(e.getFirstRow());
            o = (String) table.getValueAt(i, 1);
            // 空检查很重要
            if (o != null && o != "") {
                english = Double.parseDouble(o);
            } else
                english = 0;
            o = (String) table.getValueAt(i, 2);
            if (o != null && o != "") {
```

```
                math = Double.parseDouble(o);
            } else
                math = 0;

            double sum = english + math;
            // 更新 table 的总和
            table.setValueAt(sum, i, 3);
        }
    }

    public static void main(String args[]) {
        new JTableEventHandleDemo();
    }
}
```

14.2.6 树

JTree 类提供了一个用树型结构(tree)分层显示数据的视图，树中最基本的对象是节点(node)，它表示在给定层次结构中的数据项。树以垂直方式显示数据，每行显示一个节点；最上层的是根节点(root node)，根节点只有一个，其它节点都是从根节点引出来的；处于最底层不包含其它任何节点的是叶节点(leaf node)，在叶节点之上的非根节点为分支节点(branch node)。一棵树就是由根节点、分支节点和叶节点组成的，如图 14－25 所示。根节点和分支节点具有“打开”和“折叠”功能。

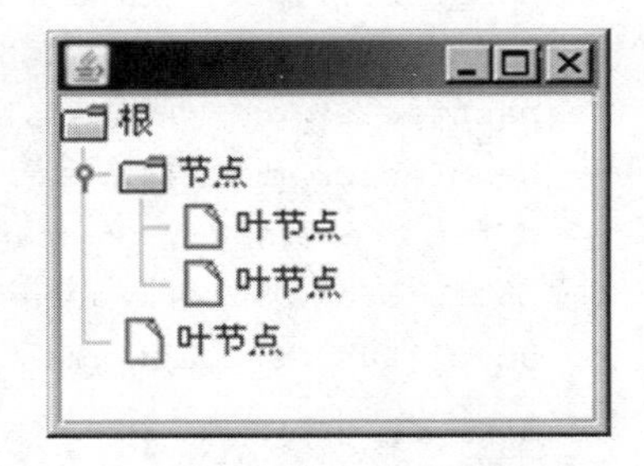

图 14－25 JTree 示例

构造方法：

JTree()：建立一棵系统默认的树；

JTree(Hashtable value)：利用 Hashtable 建立树，不显示 root node(根节点)；

JTree(Object[] value)：利用 Object Array 建立树，不显示 root node；

JTree(TreeModel newModel)：利用 TreeModel 建立树；

JTree(TreeNode root)：利用 TreeNode 建立树；

JTree(Vector value)：利用 Vector 建立树，不显示 root node。

例 14－13 简单树示例。

解题思路：本例演示如何利用 Hashtable 来创建树型结构，先创建 3 个 String 类型数组 s1、s2、s3，它们用作叶节点，接着创建两个 Hashtable 对象，将网站数组 s3 放入 hashtable2，再将 s1、s2、hashtable2 放入 hashtable1，最后由 hashtable1 生成树。程序代码如下：

```
import javax.swing.*;
import java.awt.*;
import java.util.*;

public class TreeDemo1
{
    public TreeDemo1()
    {
        JFrame f = new JFrame("TreeDemo");
        Container contentPane = f.getContentPane();

        String[] s1 = {"公司文件","私人文件","个人信件"};
        String[] s2 = {"本机磁盘(C:)","本机磁盘(D:)","本机磁盘(E:)","本机磁盘(F:)"};
        String[] s3 = {"网易网","新浪网","凤凰网"};
        Hashtable hashtable1 = new Hashtable();
        Hashtable hashtable2 = new Hashtable();
        hashtable1.put("我的公文包",s1);
        hashtable1.put("我的电脑",s2);
        hashtable1.put("收藏夹",hashtable2);
        hashtable2.put("网站列表",s3);
        JTree tree = new JTree(hashtable1);
        JScrollPane scrollPane = new JScrollPane();
        scrollPane.setViewportView(tree);

        contentPane.add(scrollPane);
        f.pack();
        f.setVisible(true);

        // 设定窗口默认关闭方式为退出应用程序
        f.setDefaultCloseOperation(JFrame.EXIT_ON_CLOSE);
    }

    public static void main(String args[]) {
            new TreeDemo1();
    }
}
```

程序运行结果如图 14－26 所示。

*1. TreeNode 接口及其相关类

JTree 上的每一个节点代表一个 TreeNode 对象，TreeNode 本身是一个接口，它定义了 7 个有关节点的方法，例如判断是否为树叶节点、有几个子节点(getChildCount())、父节点为何（getparent（））等等，这些方法的定义可以在javax. swing. tree 包中找到。

在实际应用中，一般不会直接操作此接口，而是采用Java 所提供的 DefaultMutableTreeMode 类，此类实现了 MutableTreeNode 接口，并提供了其它许多实用的方法，而 MutableTreeNode 又是 TreeNode 的子接口，它定义了一些节点的处理方式，例如新增节点（insert（））、删除节点（remove（））、设置节点（setUserObject（））等。它们的关系如下：

TreeNode --- >MutableTreeNode --- >DefaultMutableTreeNode

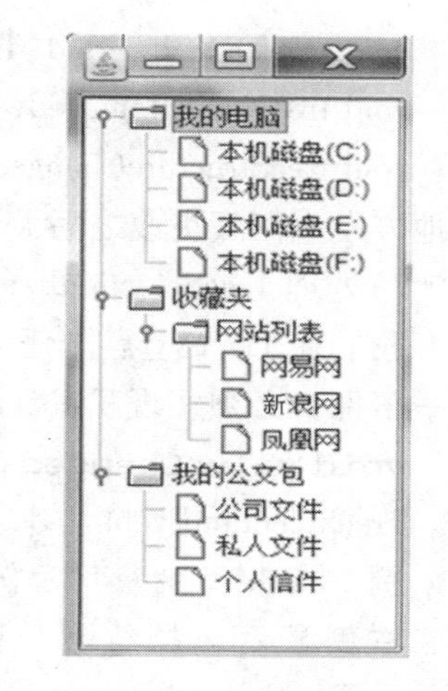

图 14－26　简单树示例

DefaultMutableTreeNode 构造函数：

DefaultMutableTreeNode（）：创建没有父节点和子节点的树节点，该树节点允许有子节点；

DefaultMutableTreeNode（Object userObject）：创建没有父节点和子节点、但允许有子节点的树节点，并使用指定的用户对象对它进行初始化；

DefaultMutableTreeNode（Object userObject，boolean allowsChildren）：创建没有父节点和子节点的树节点，使用指定的用户对象对它进行初始化，仅在指定时才允许有子节点。

***2. TreeModel 接口及其相关类**

除了用节点来建立树之外，还可以用数据模型（data model）的模式来建立树，所使用的是 TreeModel 接口。使用此模式的好处是，可以触发相关的树事件来处理树可能产生的一些变动。TreeModel 定义了 8 种方法，对于大多数人来说，要通过实现此接口来构造一棵树不是一件容易的事，为此，Java 提供了 DefaultTreeModel 类，它实现了 TreeModel 接口，并提供了许多实用的方法，利用这一默认模式，就能很方便地构造出 JTree。

DefaultTreeModel 构造函数：

DefaultTreeModel（TreeNode root）：创建其中任何节点都可以有子节点的树；

DefaultTreeModel（TreeNode root，boolean asksAllowsChildren）：创建一棵树，指定某个节点是否可以有子节点，或者是否仅某些节点可以有子节点。

***3. JTree 的事件处理**

JTree 的主要事件是 TreeModelEvent 和 TreeSelectionEvent。

1）处理 TreeModelEvent 事件

当树的结构上有任何改变时，如节点值改变、新增节点、删除节点等，都会引发 TreeModelEvent 事件，要处理该事件必须实现 TreeModelListener 接口。此接口定义了 4 个方法：

void treeNodesChanged（TreeModelEvent e）：在以某种方式更改节点（或同级节点集）后调用；

void treeNodesInserted(TreeModelEvent e)：在将节点插入树中以后调用；

void treeNodesRemoved(TreeModelEvent e)：在已从树中移除节点后调用；

void treeStructureChanged(TreeModelEvent e)：在树结构中从某个给定节点开始向下的地方发生彻底更改之后调用。

2)处理 TreeSelectionEvent 事件

我们在 JTree 上点击任何一个节点，都会触发 TreeSelectionEvent 事件。如果要处理这一事件，必须实现 TreeSelectionListener 接口。该接口只定义了一个方法：

void valueChanged(TreeSelectionEvent e)：每当选择值发生更改时调用。

TreeSelectionEvent 类本身提供了 8 个方法，具体可查阅 API 文档。

例 14－14 树应用示例：左侧建立树状结构，右侧为多行文本框，点击左侧分支，可在右侧显示选择结果。程序中使用了 DefaultMutableTreeNode、DefaultTreeModel 类，进行了 TreeSelectionEvent 事件处理，如图 14－27 所示。

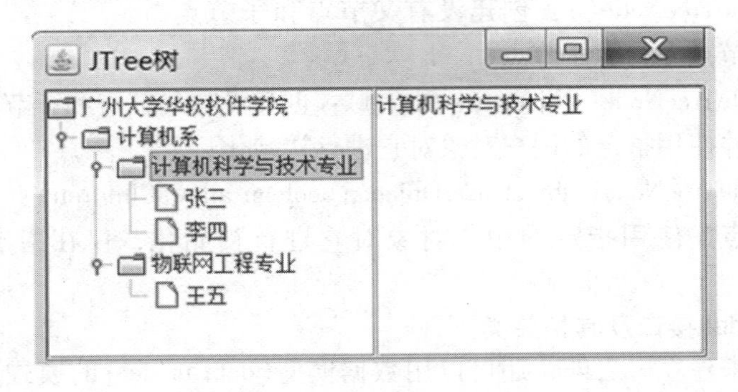

图 14－27 树应用示例

解题思路：①主类中定义一个名为 makeSampleTree()方法来生成根节点，它使用了 DefaultMutableTreeNode 类来生成根节点、分支节点和叶节点，并进行装配；在主类的构造方法中，由根节点 root 封装成数据模型 model，进而生成树 tree。②对树 tree 添加 TreeSelectionListener 侦听器，进行事件处理，将选择的节点在右侧多行文本框中显示出来。程序代码如下：

```
import java.awt.GridLayout;
import javax.swing.JFrame;
import javax.swing.JPanel;
import javax.swing.JScrollPane;
import javax.swing.JTextArea;
import javax.swing.JTree;
import javax.swing.event.TreeSelectionEvent;
import javax.swing.event.TreeSelectionListener;
import javax.swing.tree.DefaultMutableTreeNode;
import javax.swing.tree.DefaultTreeModel;
```

```
import javax.swing.tree.TreePath;
import javax.swing.tree.TreeSelectionModel;

public class JTreeDemo2 extends JFrame {
    private DefaultMutableTreeNode root;
    private DefaultTreeModel model;
    private JTree tree;
    private JTextArea textArea;
    private JPanel p;

    public JTreeDemo2() {
        super("JTree 树");

        // 实例化树的根节点
        root = makeSampleTree();
        // 实例化的树模型
        model = new DefaultTreeModel(root);
        // 实例化一棵树
        tree = new JTree(model);
        // 设置树的选择模式是单一节点的选择模式(一次只能选中一个节点)
        tree.getSelectionModel().setSelectionMode(
                TreeSelectionModel.SINGLE_TREE_SELECTION);
        // 注册树的侦听对象,侦听选择不同的树节点
        tree.addTreeSelectionListener(new TreeSelectionListener() {
            // 重写树的选择事件处理方法
            public void valueChanged(TreeSelectionEvent event) {
                // 获取选中节点的路径
                TreePath path = tree.getSelectionPath();
                if (path == null)
                    return;
                // 获取选中的节点对象
                DefaultMutableTreeNode selectedNode = (DefaultMutableTreeNode)
path.getLastPathComponent();
                // 获取选中节点的内容,并显示到文本域中
                textArea.setText(selectedNode.getUserObject().toString());
            }
        });

        // 实例化一个面板对象,布局是 1 行 2 列
        p = new JPanel(new GridLayout(1, 2));
        // 在面板的左侧放置树
```

```
        p.add(new JScrollPane(tree));
        textArea = new JTextArea();
        // 面板右侧放置文本域
        p.add(new JScrollPane(textArea));

        // 将面板添加到窗体
        this.add(p);
        // 设定窗口大小
        this.setSize(400, 300);
        // 设定窗口左上角坐标(X 轴 200 像素,Y 轴 100 像素)
        this.setLocation(200, 100);
        // 设定窗口默认关闭方式为退出应用程序
        this.setDefaultCloseOperation(JFrame.EXIT_ON_CLOSE);
        // 设置窗口可视(显示)
        this.setVisible(true);
    }

    // 创建一棵树对象的方法
    public DefaultMutableTreeNode makeSampleTree() {
        // 实例化树节点,并将节点添加到相应节点中
        DefaultMutableTreeNode root = new DefaultMutableTreeNode("广州大学华软软
件学院");
        DefaultMutableTreeNode dept = new DefaultMutableTreeNode("计算机系");
        root.add(dept);
        DefaultMutableTreeNode major = new DefaultMutableTreeNode("计算机科学与技
术专业");
        dept.add(major);
        DefaultMutableTreeNode std = new DefaultMutableTreeNode("张三");
        major.add(std);
        std = new DefaultMutableTreeNode("李四");
        major.add(std);
        major = new DefaultMutableTreeNode("物联网工程专业");
        dept.add(major);
        std = new DefaultMutableTreeNode("王五");
        major.add(std);
        return root;
    }

    public static void main(String[] args) {
        new JTreeDemo2();
    }
}
```

14.3 实验内容

1.（基础题）图 14－28 是一程序运行的结果，请根据图示和注释内容填写所缺代码，并回答问题：

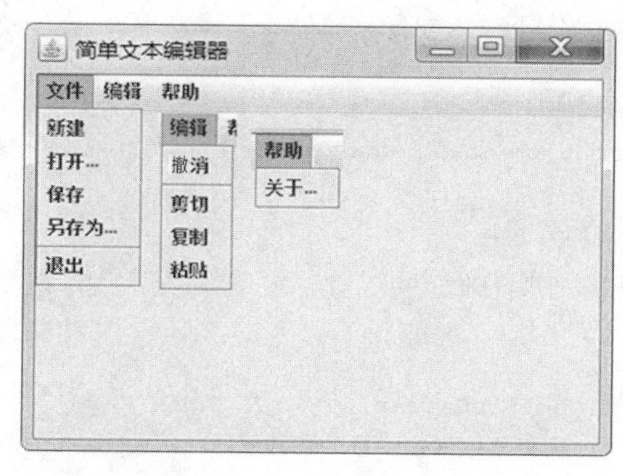

图 14－28　程序运行结果

程序代码：

```
import javax.swing.JFrame;
import javax.swing.JMenu;
import javax.swing.JMenuBar;
import javax.swing.JMenuItem;

public class MenuDemo extends JFrame {
    MenuDemo(String title) {
    super(title);//设置窗体标题
    JMenuBar mbar = ______(1)______;//创建菜单条

    //创建菜单对象:文件,编辑,帮助
    JMenu menuFile = new JMenu("文件");
    JMenu menuEdit = ______(2)______;
    JMenu menuHelp = ______(3)______;

    //创建"文件"菜单的菜单项对象
    JMenuItem menuItemFileNew = new JMenuItem("新建");
    JMenuItem menuItemFileOpen = ______(4)______;
    JMenuItem menuItemFileSave = new JMenuItem("保存");
    JMenuItem menuItemFileSaveAs = ______(5)______;
```

```
JMenuItem menuItemFileQuit = new JMenuItem("退出");

//创建"编辑"菜单的菜单项对象
JMenuItem menuItemEditUndo = new JMenuItem("撤消");
JMenuItem menuItemEditCut = ______(6)______;
JMenuItem menuItemEditCopy = new JMenuItem("复制");
JMenuItem menuItemEditPaste = ______(7)______;

//创建"帮助"菜单的菜单项对象
JMenuItem menuItemHelp = new JMenuItem("关于...");

//将菜单项添加到对应的菜单中
menuFile.add(menuItemFileNew);
______(8)______;
______(9)______;
menuFile.add(menuItemFileSaveAs);
______(10)______;//在菜单中增加一条分隔线
menuFile.add(menuItemFileQuit);

menuEdit.add(menuItemEditUndo);
menuEdit.addSeparator();//在菜单中增加一条分隔线
______(11)______;
menuEdit.add(menuItemEditCopy);
menuEdit.add(menuItemEditPaste);
menuHelp.add(menuItemHelp);

//将菜单添加到菜单条中
mbar.add(menuFile);
______(12)______;
______(13)______;

//将菜单条加入到窗体
______(14)______;
}

public static void main(String args[]) {
MenuDemo menu = new MenuDemo("简单文本编辑器");
menu.setSize(400, 300);
menu.setVisible(______(15)______);
}
}
```

问题：

（1）菜单、菜单项对应的类是什么？

（2）怎样将菜单条、菜单、菜单项对象装配成菜单？

2. （基础题）假定目录 images 中存放着若干图像文件，ImageBrowser. java 的功能是：利用 JLabel 组件在窗口显示图像，可点击最下方的按钮选择不同的图像文件进行显示。

图 14－29　程序运行结果 1

图 14－30　程序运行结果 2

请写程序中所缺的代码，使运行结果如图 14－29、图 14－30 所示。

```
import java.awt.*;
import java.awt.event.*;
import javax.swing.*;

class MyFrame extends Frame{
    private JLabel myimage;//标签
    private JButton filechooser;//按钮
    String filename = "images/duke.gif";//图像文件名

    public MyFrame() {//构造器
    try {// 设置 Windows 观感
        UIManager.setLookAndFeel("_______(1)_______");
    } catch (Exception e) {
        System.out.println("Look and Feel Exception");
        System.exit(0);
    }

    Toolkit kit = Toolkit.getDefaultToolkit();// 获取 Toolkit 对象
```

```
    Image image = kit.getImage("images/duke.gif");// duke.gif 为图像文件名
    setIconImage(image);// 设置窗体图标

    filechooser = ______(2)______;//创建"选择图像文件..."按钮
    JPanel panel = new JPanel();
    panel.add(filechooser);//将按钮放入面板

    myimage = new ______(3)______ (new ImageIcon(filename));//创建显示图像的标签
    Container con = ______(4)______;//得到窗体的内容面板
    con.add(myimage, "Center");//将标签添加到内容面板"中央"
    con.add(______(5)______);//将面板 panel 添加到内容面板"南面"

    final JFileChooser jfilechooser = new JFileChooser();// 创建 JFileChoose 对象
    filechooser.addActionListener(new ActionListener() {//添加事件处理代码
        public void actionPerformed(ActionEvent e) {
            int returnVal = jfilechooser.showOpenDialog(null);// 打开文件对话框
            if (returnVal == JFileChooser.APPROVEOPTION) {
                filename = jfilechooser.getSelectedFile().getPath();//得到选择的
文件名
                myimage.______(6)______ (new ImageIcon(filename));//设置标签的新图标
                pack();
            }
        }
    });

    setVisible(true);
    pack();
    setTitle("图像浏览器");
    }
}

public class ImageBrowser {
    public static void main(String[] args) {
    MyFrame frame = new MyFrame();
    frame.______(7)______ (JFrame.EXIT_ON_CLOSE);// 关闭窗口
    }
}
```

3.（基础题）请使用 JOptionPane、JFileChooser、JColorChooser 等类，输出图 14 - 31 所示结果，点上方菜单后能实现相应功能（例如，显示选项对话框，在多行文本框中显示所选择的文件路径，用选取的颜色修改窗体背景色等）。

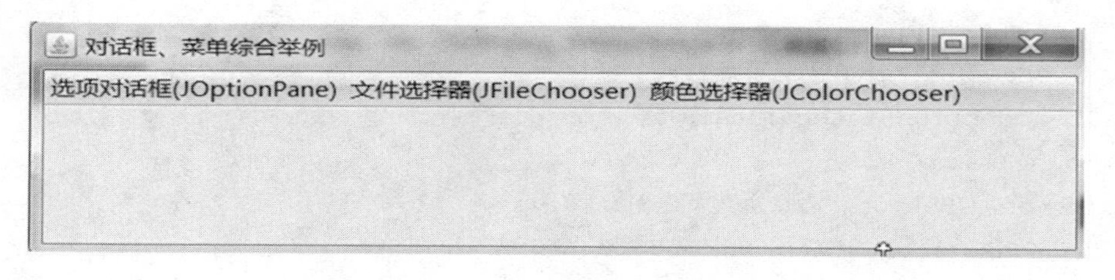

图 14－31　程序运行结果

4.（基础题）分析、运行下列程序，体会 JTree 的用法，并回答相关问题：

```
import java.awt.*;
import java.awt.event.*;
import javax.swing.*;
import javax.swing.event.*;
import javax.swing.tree.*;

public class JTreeDemo3 implements ActionListener,TreeModelListener
{
    JLabel label=null;
    JTree tree=null;
    DefaultTreeModel treeModel=null;
    String nodeName=null; //原有节点名称

    public JTreeDemo3()
    {
        JFrame f=new JFrame("TreeDemo");
        Container contentPane=f.getContentPane();

        DefaultMutableTreeNode root=new DefaultMutableTreeNode("资源管理器");
        tree=new JTree(root);
        tree.setEditable(true);
        tree.addMouseListener(new MouseHandle());
        treeModel=(DefaultTreeModel)tree.getModel();
        treeModel.addTreeModelListener(this);

        JScrollPane scrollPane=new JScrollPane();
        scrollPane.setViewportView(tree);

        JPanel panel=new JPanel();
        JButton b=new JButton("新增节点");
        b.addActionListener(this);
```

```
    panel.add(b);
    b = new JButton("删除节点");
    b.addActionListener(this);
    panel.add(b);
    b = new JButton("清除所有节点");
    b.addActionListener(this);
    panel.add(b);

    label = new JLabel("Action");
    contentPane.add(panel,BorderLayout.NORTH);
    contentPane.add(scrollPane,BorderLayout.CENTER);
    contentPane.add(label,BorderLayout.SOUTH);
    f.pack();
    f.setVisible(true);
f.setDefaultCloseOperation(JFrame.EXIT_ON_CLOSE);
}

public void actionPerformed(ActionEvent ae)
{
    if (ae.getActionCommand().equals("新增节点"))
    {
        DefaultMutableTreeNode parentNode = null;
        DefaultMutableTreeNode newNode = new DefaultMutableTreeNode("新节点");
        newNode.setAllowsChildren(true);
        TreePath parentPath = tree.getSelectionPath();
        parentNode = (DefaultMutableTreeNode)
                    (parentPath.getLastPathComponent());
treeModel.insertNodeInto(newNode,parentNode,parentNode.getChildCount());
        tree.scrollPathToVisible(new TreePath(newNode.getPath()));
        label.setText("新增节点成功");
    }

    if (ae.getActionCommand().equals("删除节点"))
    {
        TreePath treepath = tree.getSelectionPath();
        if (treepath != null)
        {
            DefaultMutableTreeNode selectionNode = (DefaultMutableTreeNode)
                        treepath.getLastPathComponent();
```

```
                TreeNode parent = (TreeNode)selectionNode.getParent();
                if (parent != null)
                {
                    treeModel.removeNodeFromParent(selectionNode);
                    treeModel.reload();
                    label.setText("删除节点成功");
                }
            }
        }

        if (ae.getActionCommand().equals("清除所有节点"))
        {
            DefaultMutableTreeNode rootNode = (DefaultMutableTreeNode)
treeModel.getRoot();
            rootNode.removeAllChildren();
            treeModel.reload();
            label.setText("清除所有节点成功");
        }
    }

    public void treeNodesChanged(TreeModelEvent e) {
        TreePath treePath = e.getTreePath();
        DefaultMutableTreeNode node = (DefaultMutableTreeNode)
treePath.getLastPathComponent();
        try {
            int[] index = e.getChildIndices();
            node = (DefaultMutableTreeNode)node.getChildAt(index[0]);
        } catch (NullPointerException exc) {}
        label.setText(nodeName + "更改数据为：" + (String)node.getUserObject());
    }
    public void treeNodesInserted(TreeModelEvent e) {
        System.out.println("new node inserted");
    }
    public void treeNodesRemoved(TreeModelEvent e) {
        System.out.println("node deleted");
    }
    public void treeStructureChanged(TreeModelEvent e) {
        System.out.println("structrue changed");
    }

    public static void main(String args[]) {
```

```
            new JTreeDemo3();
    }

    class MouseHandle extends MouseAdapter
    {
        public void mousePressed(MouseEvent e)
        {
            try{
                JTree tree = (JTree)e.getSource();
                int rowLocation = tree.getRowForLocation(e.getX(), e.getY());
                TreePath treepath = tree.getPathForRow(rowLocation);
                TreeNode treenode = (TreeNode) treepath.getLastPathComponent();
                nodeName = treenode.toString();
            }catch(NullPointerException ne){}
        }
    }
}
```

问题：

(1)程序的主要功能是什么？

(2)程序中的"树"是如何构造出来的？

(3)怎样实现事件处理？

5.(基础题)连接 SQL Server 2008 中 computer_dept 数据库，将 Users 中的信息显示在 JTable 中，如图 14－32 所示，请编程实现上述功能。

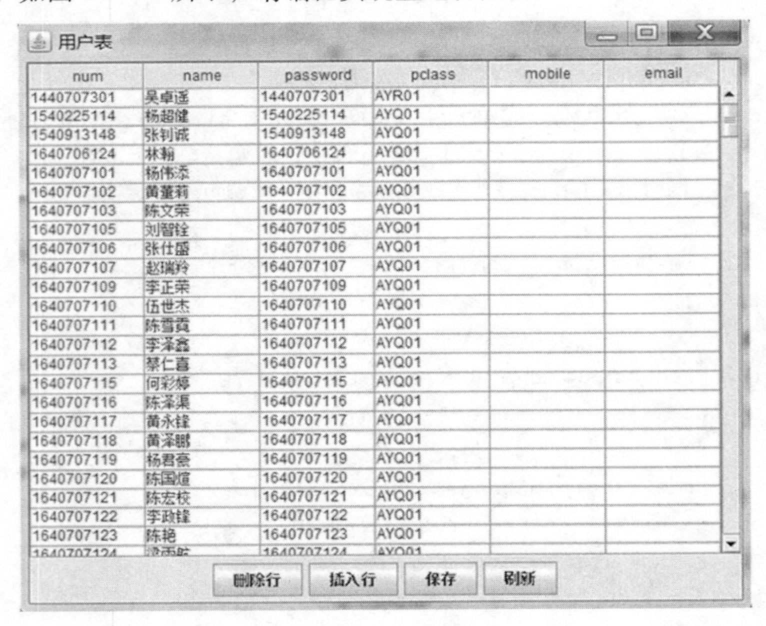

num	name	password	pclass	mobile	email
1440707301	吴卓遥	1440707301	AYR01		
1540225114	杨超健	1540225114	AYQ01		
1540913148	张钊诚	1540913148	AYQ01		
1640706124	林翰	1640706124	AYQ01		
1640707101	杨伟添	1640707101	AYQ01		
1640707102	黄董莉	1640707102	AYQ01		
1640707103	陈文荣	1640707103	AYQ01		
1640707105	刘智铨	1640707105	AYQ01		
1640707106	张仕盛	1640707106	AYQ01		
1640707107	赵瑞羚	1640707107	AYQ01		
1640707109	李正荣	1640707109	AYQ01		
1640707110	伍世杰	1640707110	AYQ01		
1640707111	陈雪霞	1640707111	AYQ01		
1640707112	李泽鑫	1640707112	AYQ01		
1640707113	黎仁喜	1640707113	AYQ01		
1640707115	何彩婷	1640707115	AYQ01		
1640707116	陈泽渠	1640707116	AYQ01		
1640707117	黄永锋	1640707117	AYQ01		
1640707118	黄泽鹏	1640707118	AYQ01		
1640707119	杨君豪	1640707119	AYQ01		
1640707120	陈国煊	1640707120	AYQ01		
1640707121	陈宏校	1640707121	AYQ01		
1640707122	李政锋	1640707122	AYQ01		
1640707123	陈艳	1640707123	AYQ01		

图 14－32　程序运行结果

6.（提高题）计算器是我们常用的工具，利用已学的 Java 知识完全可以编写一个计算器，如图 14－33 所示。请先分析其界面构成、思考对应事件处理方法，编程完成这一任务。

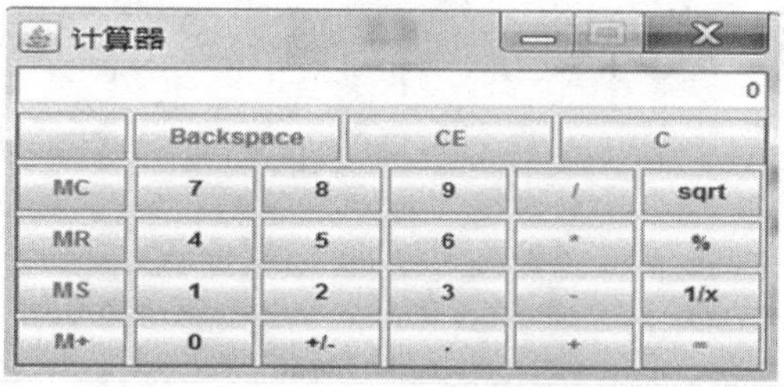

图 14－33　计算器程序界面

7.（提高题）请在 MySQL 中建立一个数据库 mybooks，其中包含一个表 books，该表字段有 ISBN（ISBN 号）、bookname（书名）、authors（作者）、publishing_house（出版社）、price（价格），假定已输入若干条记录。

现要求设计一个图形界面，上方输入 SQL 语句（增、删、改），点击“执行 SQL”按钮；下方用 JTable 组件显示执行后的 books 表中的记录，如图 14－34 所示。

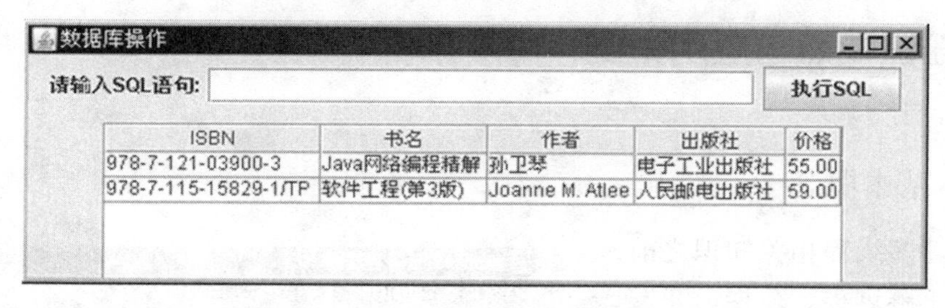

图 14－34　MySQL 数据库操作示图

14.4　实验小结

本实验的内容是 Swing GUI 高级应用部分，包括：下拉式菜单（一级、二级）、弹出式菜单的设计，一般对话框的创建、使用，JOptionPane、JFileChooser、JColorChooser、JTable、JTree 类的基本用法等。熟练使用这些组件，可使 GUI 界面美观大方，功能强大，锦上添花，并能快速上手。当然，随之而来的是代码量增大，复杂度提高。学习时不必记忆各组件的细节内容，如构造器与常用方法，这些都可以在 API 文档中找到，只要有大致印象即可；需要掌握的是编程的思路，这离不开多看、多练、多上机实践，只有细细品味、不断改进，方能领略其中的真谛。JTable、JTree 中使用了 MVC 体系结构，注意数据模型 model 的使用，不少接口都有对应的抽象类和 Default 开头的实体类，灵活应用它们可使程序简洁、功能强大。

实验 15　多线程

15.1　实验目的

（1）理解进程、线程的概念，熟悉运行时类、进程类的基本用法；
（2）掌握 Java 中多线程的三种实现方法，熟悉各自优缺点；
（3）理解线程的生命周期及常用的状态转换方法；
（4）熟悉线程间的同步与通信的基本方法；
（5）熟悉多线程的一些典型应用。

15.2　知识要点与应用举例

15.2.1　基本概念

在学习多线程相关知识之前，有必要先了解进程、线程、并发、并行等基本概念。

1. 进程与线程

（1）进程（Process）。是一个具有一定独立功能的程序的一次运行活动，是分配和管理资源的基本单位，是一个动态概念。当我们在计算机中打开浏览器上网、启动播放器听音乐、用 QQ 聊天时，就启动、运行了多个进程，可通过 Windows 任务管理器查看，如图 15－1 所示，一旦程序结束，对应的进程也随之消亡。

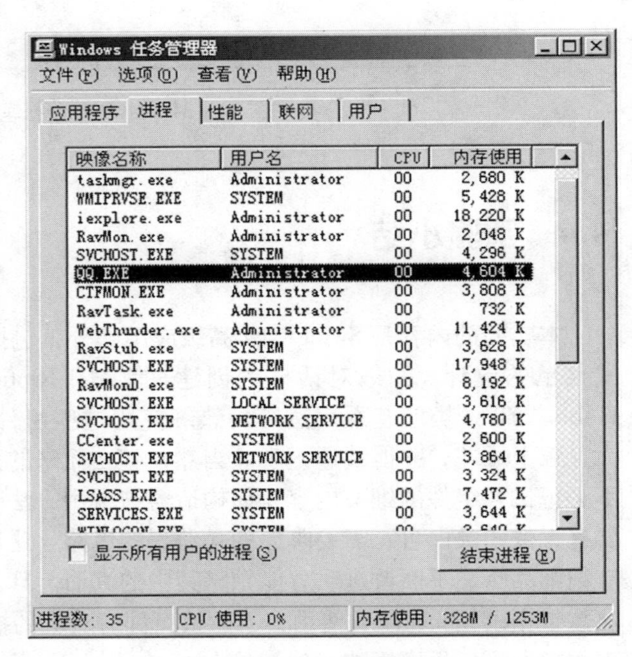

图 15－1　在 Windows 任务管理器中查看进程

（2）线程（Thread）。是进程中程序代码的一个执行序列，是一种比进程更小的执行单位，但不是资源的分配单位，因此，线程也被称为轻量级进程。

一个进程可以包含多个线程，线程也是一个动态的概念，包含产生、存在和消亡的过程。

为什么会有线程呢？每个进程都有自己的地址空间，即进程空间，例如，在网络或多用户环境下，一个服务器通常需要接收不确定数量用户的大量并发请求，为每一个请求都创建一个进程显然行不通（系统开销大，响应用户请求效率低），而线程间可以共享相同的内存单元（包括代码与数据），能够实现相应功能且节省资源，因此，在操作系统中线程概念被引进，并得到广泛应用。例如通常使用多线程下载文件，会比单线程效率更高，如图 15－2 所示。

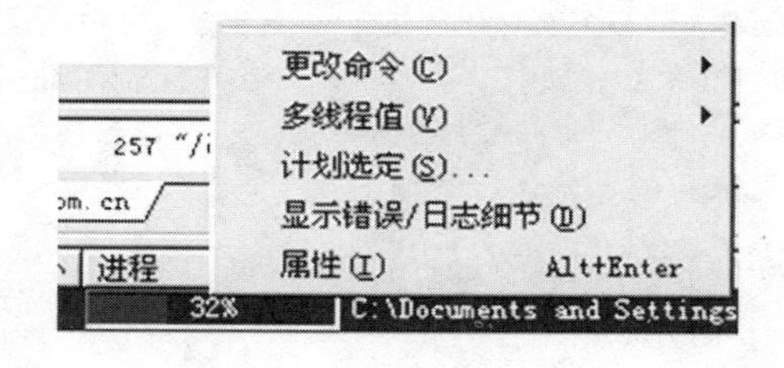

图 15－2 线程应用示例

2. 并发与并行

对于单 CPU 系统而言，在某一时间点只能执行一个进程；但在操作系统的调度下，CPU 会不断地在多个进程之间来回轮换执行，宏观上感觉多个程序同时执行。并发性和并行性是两个相似但又不同的概念。

并行：是指多个事件在同一时刻发生，如图 15－3 所示。

并发：是指多个事件在同一时间间隔内发生，如图 15－4 所示。

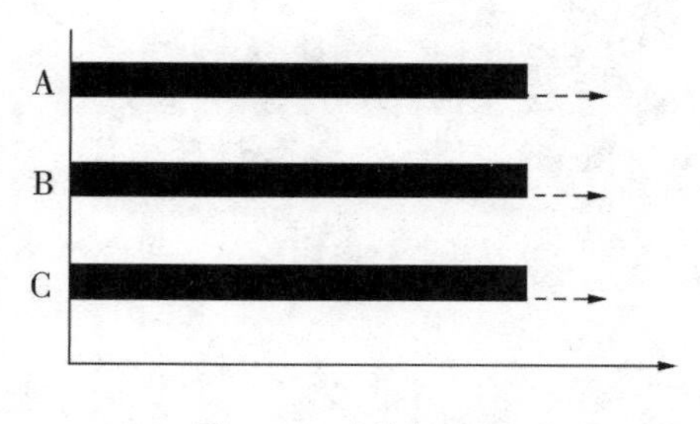

图 15－3 并行示图

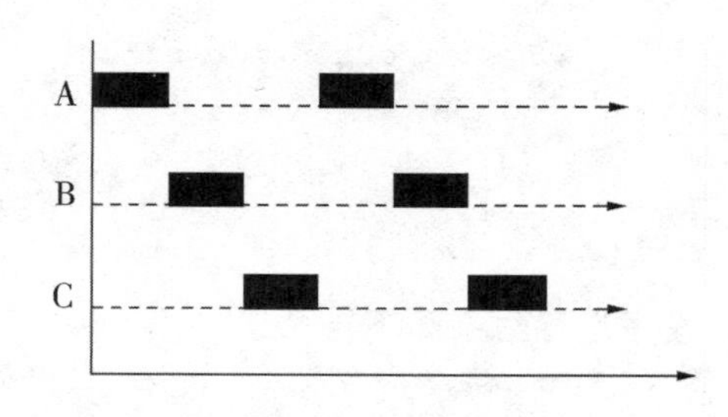

图 15－4 并发示图

说明：CPU 是一种计算机系统非常宝贵的资源，它直接影响程序的运行情况；多线程的引入，可以有效利用 CPU 资源，提高程序执行效率。

3. 单线程与多线程

1）单线程

我们以前运行的程序大多是：一个入口，语句序列，一个出口。程序依次执行，这称为单线程。

例 15－1 单线程程序示例。

解题思路：①Sequential 类有一个 String 类型属性 name，在构造器中进行初始化；该类定义了一个 public 权限的方法 run( )，其功能是执行 3 次循环，每次休眠 0.5 秒（执行语句为 Thread. sleep(500)；），输出 name 值。②主类 SequentialDemo 创建了两个对象（name 值分别为“A”“B”），再分别调用 run( )方法。程序代码如下：

```
//单线程例子
public class SequentialDemo {
    public static void main(String args[]) {
        new Sequential("A").run();
        new Sequential("B").run();
    }
}

class Sequential {
    String name = null;
    public Sequential(String n) {//构造器
        name = n;
    }
    public void run() {
        for (int i = 0; i < 3; i++) {
            try {
                Thread.sleep(500);// 休眠 0.5 秒
            } catch (InterruptedException e) {
                e.printStackTrace();
            }
            System.out.println("访问: " + name);
        }
    }
}
```

程序运行结果如下:

```
访问: A
访问: A
访问: A
访问: B
访问: B
访问: B
```

从运行结果不难看出，程序是依次执行的：只有执行完第一个对象的 run( )方法(3 次循环)，才会去执行第二个对象的 run( )方法，即使在程序执行过程中第一个对象让出 CPU 资源，第二个对象也无法立即得到使用，如图 15－5 所示。

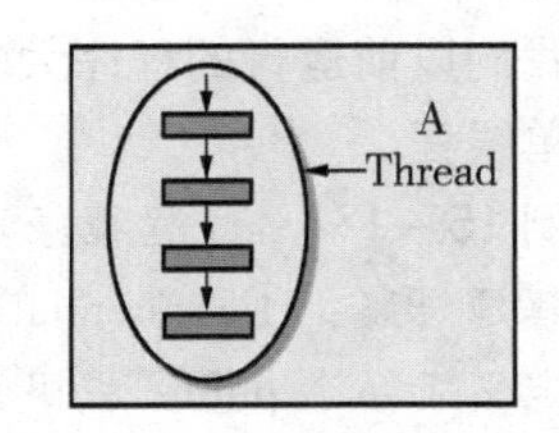

图 15－5　单线程顺序执行示图

如果 Sequential 类 run( )方法执行的是“死循环”，则第二个对象将永远无法执行，这就是单线程的不足。

2)多线程

多线程即不同线程体在操作系统的调度下，分时间片交替执行，从而提高 CPU 的利用率。

例 15－2 例 15－1 的改进版，由单线程改变为多线程。

解题思路：程序修改点有：①为保证类之间不相互影响，对主类、打印输出类的名字进行更换；②让打印输出类继承 Thread 类，从而由单线程摇身变为多线程，run( )方法(即线程体)内容保持不变；③线程的执行是调用 start( )方法，而不是 run( )方法。以加粗方式显示变化过的代码，具体如下：

```
//多线程例子
public class ThreadDemo {
    public static void main(String args[]) {
        new PrintName("A").start();
        new PrintName("B").start();
    }
}

class PrintName  extends Thread {
    String name=null;
    public PrintName(String n) {//构造器
        name=n;
    }
    public void run() {
        for (int i=0; i < 3; i++) {
            try {
                Thread.sleep(500);// 休眠 0.5 秒
            } catch (InterruptedException e) {
                e.printStackTrace();
            }
            System.out.println("访问:" + name);
        }
    }
}
```

程序运行结果如下(受操作系统调度影响，每次运行结果可能不同)：

```
访问:A
访问:B
访问:A
访问:B
访问:A
访问:B
```

从运行结果可以看出，程序确实是交替执行的：当第一个对象处于休眠时，它会让出CPU资源，此时第二个对象可以利用空闲的CPU资源来执行程序，这样大大提高了CPU的利用率；即使PrintName类的线程体代码是“死循环”，第二个对象仍有机会使用CPU资源，这就是多线程程序的“神奇之处”，如图15-6所示。

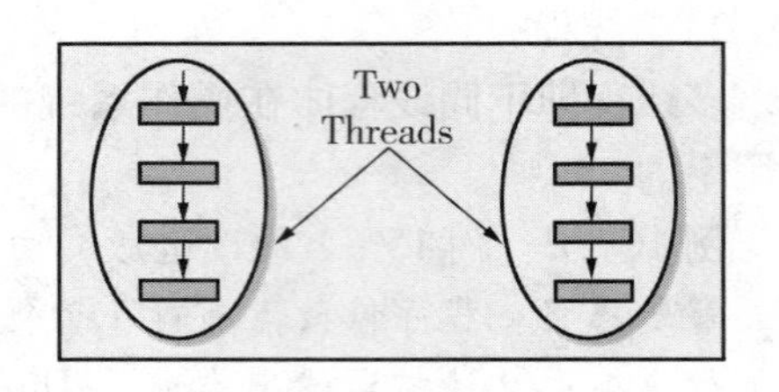

图15-6 多线程交替执行示图

15.2.2 运行时类Runtime和进程类Process

1. 运行时类Runtime

Runtime类封装了运行时的环境。每个Java应用程序都有一个Runtime类实例，使应用程序能够与其运行的环境相连接。一般不能实例化一个Runtime对象，应用程序也不能创建自己的Runtime类实例，但可以通过getRuntime()方法获取当前Runtime运行时对象的引用。

一旦得到了一个当前的Runtime对象的引用，就可以调用相关方法去控制Java虚拟机的状态和行为。

常用方法：

static Runtime getRuntime()：返回与当前Java应用程序相关的运行时对象；

Process exec(String command)：在单独的进程中执行指定的字符串命令；

Process exec(String[] cmdarray, String[] envp)：在指定环境的独立进程中执行指定命令和变量；

void load(String filename)：加载作为动态库的指定文件名；

void exit(int status)：终止JVM执行；

long freeMemory()：返回Java虚拟机中的空闲内存量；

long maxMemory()：返回Java虚拟机试图使用的最大内存量；

long totalMemory()：返回Java虚拟机中的内存总量。

2. 进程类Process

Process类是一个抽象类，其内部所有的方法都是抽象的，它封装了一个进程，也就是一个可执行的程序。Process类提供了执行从进程输入、执行输出到进程、等待进程完成、检查进程的退出状态以及销毁(杀掉)进程的方法。

常用方法：

void destroy()：杀掉子进程；

int exitValue()：返回子进程的出口值；

InputStream getErrorStream()：获取子进程的错误流；

InputStream getInputStream()：获取子进程的输入流；

OutputStream getOutputStream()：获取子进程的输出流；

int waitFor()：导致当前线程等待，如有必要，一直要等到由该Process对象表示的进程已经终止。

例 15－3 Runtime 和 Process 的简单应用。

解题思路：先调用 RunTime 的静态方法 getRuntime( )得到运行时对象，然后通过运行时对象调用 exec( )方法去打开“记事本”程序，并返回对应的进程，此时 Java 程序阻塞，用户可操作“记事本”；“记事本”关闭后输出程序终止值。程序代码如下：

```
//Runtime 和 Process 的简单应用
public class RunTime_ProcessDemo {
    public static void main(String[] args) throws Exception {
        Runtime rt = Runtime.getRuntime(); // 生成 Runtime 对象
        System.out.println("Running notepad.exe... ");
        Process pr = rt.exec("notepad.exe");
        // 等待进程终止
        int exitValue = pr.waitFor();
        System.out.println("Stopping notepad.exe...");
        System.out.println("终止值:" + exitValue);
    }
}
```

程序运行结果：

启动了“记事本”，关闭后控制台输出信息为：

```
Running notepad.exe...
Stopping notepad.exe...
终止值:0
```

15.2.3 创建线程的方法

从前面的例子可以知道：创建线程，最重要的是实现其中的 run( )方法，该方法的内容决定了线程所做的工作，又称为线程体；线程启动后，线程体 run( )中的代码被执行。

在 Java 中，创建线程的方法有三种：继承线程类 Thread，实现 Runnable 接口和使用 Callable、Future 接口。Thread 类和 Runnable 接口都在 java.lang 包中，是默认导入的，不必使用 import 语句；而 Callable、Future 接口和 FutureMask 类等，位于 java.util.Current 包中，需要用 import 语句导入。

1. 继承线程类 Thread

可通过继承 Thread 类，并重写其 run( )方法来定义线程体，以实现线程的具体行为；然后创建该子类的对象，并启动线程。基本步骤为：

①继承线程类 Thread：

```
public class 线程类名 extends Thread {
    ......
```

```
    public void run(){
        ……//线程体代码
    }
}
```

②创建线程类对象；

③启动线程：

线程类对象.start()；

请注意：不要在程序中直接调用线程的run()方法，因为启动线程并不意味着线程可以立即得到执行。线程是否执行取决于线程资源的获取情况和CPU的占有情况，具体调度由操作系统来完成。

1)Thread 类构造方法

Thread()：创建无名的Thread对象；

Thread(Runnable target)：以run()方法所在类对象target为参数创建Thread对象；

Thread(Runnable target, String name)：以run()方法所在类对象target为参数、name为线程(组)名字创建Thread对象；

Thread(String name)：创建名为name的Thread对象；

Thread(ThreadGroup group, Runnable target)：以线程组group、目标类target为参数创建Thread对象。

2)Thread 常用方法

void run()：线程执行的代码；

void start()：启动线程；

void sleep(long milis)：让线程睡眠一段时间(milis毫秒)，期间线程让出CPU资源；

void interrupt()：中断线程；

boolean isAlive()：判断线程是否处于活动状态；

static Thread currentThread()：返回当前线程对象的引用；

void setName(String threadName)：改变线程的名字；

String getName()：获得线程的名字；

void join([long millis[, int nanos]])：等待线程结束；

static void yield()：暂停当前线程，让其它线程执行；

void setDaemon(boolean on)：设置为守护线程；

void setPriority(int p)：设置线程的优先级；

notify()、notifyAll()、wait()：从Object继承而来，用于线程间通信的方法。

以下几个方法出于安全考虑，现已不推荐使用：

void destroy()：销毁线程；

void stop()：终止线程的执行；

void suspend()、void resume()：挂起、恢复线程。

例 15-4 用继承Thread类方法创建线程示例。

解题思路：主类继承了Thread类，它有两个属性(休眠时间delay和输出信息

message)，通过构造器对它们进行初始化；重写 run( )方法，执行 10 次循环，每次先输出信息，再休眠一段时间。程序代码如下：

```
//用继承 Thread 类方法创建线程
public class PingPong1 extends Thread {
    private int delay;
    private String message;
    public PingPong1 (String m, int r) {
        message = m;
        delay = r;
    }
    public void run ( ) {
        try {
            for (int i = 0; i < 10; i ++ ) {
                System.out.println (message);
                sleep (delay); // 休眠
            }
        } catch (InterruptedException e) {
            return;
        }
    }

    public static void main (String[] args) {
        PingPong1 t1 = new PingPong1 ("ping", 500);
        PingPong1 t2 = new PingPong1 ("pong", 1000);
        t1.start ( );
        t2.start ( );
    }
}
```

程序运行结果如下(受操作系统调度影响，每次运行结果可能不同)：

```
pong
ping
ping
ping
pong
ping
…
pong
pong
```

说明：中间的…表示省略部分内容。

2. 实现 Runnable 接口

因 Java 只支持单一继承，使用继承 Thread 类方法受到一定限制，实现 Runnable 接口可弥补这一不足。Runnable 接口只有一个 run( )方法，其作用和 Thread 类的 run( )方法相同。基本步骤为：

(1)定义目标类：

```
public class  目标类名  implements  Runnable {
  ……
  public void run( ){
      …… //线程体代码
  }
}
```

注意：不能直接创建目标类对象并运行它，而应该以目标类为参数创建 Thread 类的对象。例如，

PingPong2 pp1 = new PingPong2("ping", 500);

Thread t1 = new Thread(pp1);

(2)启动线程：

以目标类为参数创建 Thread 类的对象 . start( );

例如，t1. start( );

例 15 -5 用实现 Runnable 接口方法创建线程示例。

解题思路：功能与例 15 -4 相似，只是使用实现 Runnalbe 接口方法来创建线程。程序代码如下：

```
//用实现 Runnalbe 接口方法创建线程
public class PingPong2 implements Runnable {
    private int delay;
    private String message;
    public PingPong2 (String m, int r) {
        message = m;
        delay = r;
    }
    public void run() {
        try {
            for (int i =0;i <10;i ++) {
                System.out.println(message);
                Thread.sleep(delay);// 休眠
            }
        } catch (InterruptedException e) {
            return;
        }
    }
```

```
    public static void main(String[] args) {
        PingPong2 pp1 = new PingPong2("ping", 500);
        PingPong2 pp2 = new PingPong2("pong", 1000);
        Thread t1 = new Thread(pp1);
        Thread t2 = new Thread(pp2);
        t1.start();
        t2.start();
    }
}
```

问题：①与例15-4代码比较，哪些地方有所不同？②两个例子中休眠使用的语句有所不同，一个是 *sleep(delay);* ，另一个为 *Thread.sleep(delay);* ，能够相互替代吗？为什么？

3. 使用Callable、Future接口

前面两种创建线程的方法都有一个缺陷：在执行完任务之后无法获取执行结果。

如果需要获取执行结果，就必须通过共享变量或者使用线程通信的方式来实现，但这样做比较麻烦。从JDK 1.5开始，提供了Callable和Future接口，通过它们可以在任务执行完毕之后得到任务执行结果。

1) Callable接口

java.lang.Runnable是一个接口，在它里面只声明了一个run( )方法。由于run( )方法的返回值为void类型，因此在执行完任务之后无法返回任何结果。而Callable接口位于java.util.concurrent包下，该接口也只声明了一个方法，只不过这个方法称为call( )，它是线程的执行体。call( )方法可以有返回值，也可以声明抛出异常，如下：

```
public interface Callable <V > {
    V call( ) throws Exception;
}
```

可以看到，这是一个泛型接口，call( )方法返回的类型就是传递进来的V类型。

2) Future接口

Future的功能就是对于具体的Runnable或者Callable任务的执行结果进行取消、查询是否完成、获取结果。必要时可以通过get方法获取执行结果，该方法会阻塞直到任务返回结果。它定义了5个方法：

boolean cancel(boolean mayInterruptIfRunning)：用来取消任务，如果取消任务成功则返回true，否则返回false；

V get( )：用来获取执行结果，这个方法会产生阻塞，会一直等到任务执行完毕才返回；

V get(long timeout, TimeUnit unit)：用来获取执行结果，如果在指定时间内还没获取到结果，就直接返回null；

boolean isCancelled( )：如果在任务正常完成前将其取消，则返回true；

boolean isDone( )：如果任务已完成，则返回true。

3）FutureTask 类

因为 Future 只是一个接口，所以无法直接用来创建对象使用。而 FutureTask 类可以弥补这一不足，它们的继承、实现关系如下：

public class FutureTask <V> implements RunnableFuture <V>

public interface RunnableFuture <V> extends Runnable, Future <V>

可以看出，RunnableFuture 继承了 Runnable 接口和 Future 接口，而 FutureTask 实现了 RunnableFuture 接口，所以，它既可以作为 Runnable 被线程执行，又可以作为 Future 获取 Callable 的返回值。

4)使用 Callable 和 Future 接口创建并启动线程的步骤

(1)创建 Callable 接口的实现类，并实现 call( )方法；

(2)使用 FutureTask 类来包装 Callable 对象；

(3)将 FutureTask 对象作为 Thread 对象的 target，创建并启动新线程；

(4)调用 FutureTask 对象的 get( )方法来获得子线程执行结束后的返回值。

例 15-6 使用 Callable、Future 接口方法创建线程示例。

解题思路：①创建 Callable 接口的实现类 Task，它有一属性 flag，当 flag=1 时计算 1 到 100 的累加值并返回；当 flag=2 时循环输出相关信息(中间休眠 1 秒)，该线程可中断；当 flag 为其它值时，则返回 0。②分别以 1、2、0 为参数创建 3 个 Task 对象，使用 FutureTask 类来包装这 3 个对象。③以 FutureTask 对象作为 target 创建 3 个 Thread 对象，并调用 start( )方法启动线程。④调用 FutrueTask 对象的 get( )方法获取两个子线程执行结束后的返回值，调用 cancel( )方法中止正在执行的线程。程序代码如下：

```
import java.util.concurrent.Callable;
import java.util.concurrent.FutureTask;
//1. 创建 Callable 接口的实现类
class Task implements Callable<Integer> {
    private int flag=0;
    public Task(int flag) {
        this.flag=flag;
    }
    // 实现 call()方法,作为线程执行体
    public Integer call() throws Exception {
        if (flag == 1) {
            int sum=0;
            for (int i=1; i <= 100; i++) {
                sum=sum + i;
            }
            return sum;
        } else if (flag == 2) {
            try {
                while (true) {
```

```
                    System.out.println("子线程3:looping");
                    Thread.sleep(1000);
                }
            }catch (InterruptedException e) {
                System.out.println("子线程3:Interrupted");
            }finally{
                return -1;
            }
        } else {
            return 0;
        }
    }
}

public class CallableFutureDemo {
    public static void main(String[] args) {
        // 2. 使用 FutureTask 类包装 Callable 实现类的实例
        FutureTask<Integer> task1 = new FutureTask<Integer>(new Task(0));
        FutureTask<Integer> task2 = new FutureTask<Integer>(new Task(1));
        FutureTask<Integer> task3 = new FutureTask<Integer>(new Task(2));
        // 3. 创建线程,使用 FutureTask 对象作为 Thread 对象的 targer,并调用 start()方
法启动线程
        new Thread(task1, "子线程1").start();
        new Thread(task2, "子线程2").start();
        new Thread(task3, "子线程3").start();
        // 4. 调用 FutrueTask 对象的 get()方法获取子线程执行结束后的返回值,调用
cancel()方法中止正在执行的线程
        try {
            System.out.println("子线程1返回值:" + task1.get());
            Thread.sleep(2000);
            System.out.println("子线程2返回值:" + task2.get());
            task3.cancel(true);
        } catch (Exception e) {
            e.printStackTrace();
        }
        // 主线程任务
        for (int i = 1000; i < 1005; i++) {
            // 使用 Thread.currentThread().getName()获取主线程名字
            System.out.println(Thread.currentThread().getName() + " : " + i);
        }
    }
}
```

程序运行结果如下(受操作系统调度影响，每次运行结果可能不同):

```
子线程 1 返回值:0
子线程 3:looping
子线程 3:looping
子线程 2 返回值:5050
子线程 3:Interrupted
main : 1000
main : 1001
main : 1002
main : 1003
main : 1004
```

说明：每个进程至少包含一个线程，即主线程，它有两个特点：①一个进程肯定包含一个主线程；②主线程用来执行 main( )方法。在 main( )方法中调用 Thread 类的静态方法 currentThread( )来获取主线程。

例 15 -7 创建一个线程，其功能是计算两个数之间的所有整数之和；主线程 main( )用来获取其结果并输出。

解题思路：定义 SumThread 类，它继承了 Thread 类，其功能是计算所给两个数之间的所有整数之和，通过 getSum() 可获取累加结果；在主线程 main( )中创建线程并启动，试图获得求和结果，并输出。程序代码如下：

```
//创建线程,求两个数之间的整数和;用主线程 main()来获取其结果并输出
class SumThread extends Thread {
    int var1, var2;
    long sum;
    SumThread(int i1, int i2) {
        var1 =i1;
        var2 =i2;
    }
    long getSum() {
        return sum;
    }
    public void run() {
        for (int i =var1; i < = var2; i ++)
            sum += i;
    }

    public static void main(String[] args) throws Exception {
        SumThread st =new SumThread(1, 100);
        st.start();
        // st.join();//主线程 main 等待 st 线程结束
        System.out.println(st.getSum());
    }
}
```

令人遗憾的是程序运行结果为0，而非期待的5050。

出现这一结果的原因是：主线程 main 在 st 线程尚未结束时就开始执行。若要得到正确结果，可在 *st. start( );* 与 *System. out. println(st. getSum( ));* 之间添加 *st. join( );* 语句，其作用是让主线程 main 等待 st 线程结束后再执行，这样便能得到正确的结果5050。

4. 三种创建线程的方法比较

(1)由继承 Thread 类创建线程的方法简单方便，可以直接操作线程，但由于 Java 只支持单一继承，不能继承其它类，其应用场景受到一定限制。

(2)使用 Runnable 接口方法创建线程，支持继承其它类，弥补了继承 Thread 类的不足。

(3)Callable 接口类似于 Runnable，实现 Callable 接口的类和实现 Runnable 的类都是可被其它线程用来执行任务，两者的区别是：

①Callable 定义的方法是 call( )，而 Runnable 定义的方法是 run( )；

②Callable 的 call( )方法可以有返回值，而 Runnable 的 run( )方法无返回值；

③Callable 的 call( )方法可抛出异常，而 Runnable 的 run( )方法不能抛出异常。

15.2.4 线程的生命周期

每一线程有自己的生命周期，包含新建、就绪、运行、阻塞、死亡五种状态，如图15－7所示。

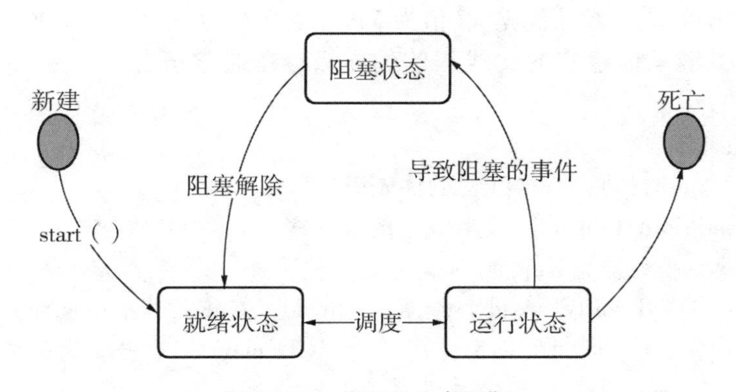

图15－7 线程的生命周期

(1)新建状态(new)。当一个线程类对象被创建，就处于新建状态，此时的线程已经被初始化，并分配了资源。例如，

Thread myThread = new MyThreadClass( );

(2)就绪状态(Runnable)。已具备运行条件，进入线程队列，排队等待 CPU；一旦获得 CPU 使用权，就可进入运行状态，即“万事俱备，只欠 CPU”。例如，

myThread. start( );

(3)运行状态(Running)。当处于就绪状态的线程被调度获得 CPU 资源时就进入了运行状态，线程体 run( )方法中的代码被调用，从方法体的第一条语句开始执行。

(4)阻塞状态(Blocked)。处于运行状态的线程因某些事件的发生(如等待进行I/O操作等)而导致让出CPU使用权，终止当前线程的执行，进入阻塞状态。

线程由运行状态进入阻塞状态包含以下几种情况：

①调用了线程的sleep( )方法。在其休眠期让出CPU，休眠结束后，自动脱离阻塞状态。

②等待I/O操作完成。一旦I/O操作完成，系统自己调用特定的指令使该线程恢复可运行状态。

③调用wait( )方法。调用notify( )或notifyAll( )方法可回到运行状态。

④调用suspend( )方法。调用resume( )方法可恢复线程的执行。

(5)死亡状态(Dead)。线程通过以下两种途径进入死亡状态：

①自然终止：正常运行run( )方法后终止。

②异常终止：调用stop ( )方法让线程终止运行。

15.2.5 线程的优先级

Java中的线程是有优先级的。优先级是用数字来表示的，范围从1到10，数字越大表示优先级越高。一个线程的默认优先级是5；Thread类定义了三个静态常量来表示优先级：

MAX_PRIORITY：最大优先级(值为10)；

MIN_PRIORITY：最小优先级(值为1)；

NORM_PRIORITY：默认优先级(值为5)。

新建线程将继承创建它的父线程的优先级；在通常情况下，主线程具有普通优先级。

常用方法：

int getPriority( )：获得线程的优先级；

void setPriority(int n)：设置线程的优先级。

例15-8 线程的优先级示例。

解题思路：①MyPriorityThread类继承了Thread，在线程体中用循环分5次输出正在运行子线程的优先级(中间休眠0.5秒)；②主线程main先输出其优先级，再创建三个子线程，其中两个分别设置最高优先级、最低优先级，另一个不设置，即为普通优先级，然后按优先级大小的相反顺序启动线程，查看线程运行顺序是否与优先级密切相关。程序代码如下：

```
class MyPriorityThread extends Thread {
    public void run() {
            for(int i=0;i<5;i++){
                try {
                    Thread.sleep(500);// 休眠0.5秒
                    System.out.println("优先级为:"+getPriority() + "的子线程在
运行...");
                } catch (InterruptedException e) {
```

```
                    e.printStackTrace();
                }
            }
        }
}

public class PriorityDemo {
    public static void main(String[] args) {
        //输出主线程的优先级
        System.out.println("主线程优先级:"+Thread.currentThread().getPriority());
        //创建子线程,并设置不同优先级
        MyPriorityThread t1 = new MyPriorityThread();
        t1.setPriority(Thread.MAX_PRIORITY);
        MyPriorityThread t2 = new MyPriorityThread();
        MyPriorityThread t3 = new MyPriorityThread();
        t3.setPriority(Thread.MIN_PRIORITY);
        //启动所有子线程
        t3.start();
        t2.start();
        t1.start();
    }
}
```

程序运行结果如下(受操作系统调度影响，每次运行结果可能不同):

```
主线程优先级:5
优先级为:10 的子线程在运行...
优先级为:5 的子线程在运行...
优先级为:1 的子线程在运行...
优先级为:10 的子线程在运行...
优先级为:1 的子线程在运行...
优先级为:5 的子线程在运行...
优先级为:10 的子线程在运行...
优先级为:1 的子线程在运行...
优先级为:5 的子线程在运行...
优先级为:1 的子线程在运行...
优先级为:5 的子线程在运行...
优先级为:10 的子线程在运行...
优先级为:1 的子线程在运行...
优先级为:10 的子线程在运行...
优先级为:5 的子线程在运行...
```

反复运行程序多次，总体来看，优先级高的线程先执行机会更多，但这不是绝对的。

说明：线程的优先级高度依赖于操作系统，并不是所有的操作系统都支持 Java 的 10 个优先级别，例如，Windows 2000 仅提供 7 个优先级别。因此，尽量避免直接使用整数给线程指定优先级，提倡使用 MAX_PRIORITY、NORM_PRIORITY 和 MIN_PRIORITY 三个优先级静态常量。另外，优先级并不能保证线程的执行次序，因此，应避免使用线程优先级作为构建任务执行顺序的标准。

15.2.6 线程同步

线程同步(thread synchronization)是指保证某个资源在某一时刻只能由一个线程访问，在完整执行一个线程后，再执行下一个线程。

线程同步通常采用三种方式：同步代码块、同步方法、同步锁。

1. 同步代码块

将对实例的访问语句放入一个同步块中，其语法为：

```
synchronized(object){
    // 需要同步的代码块
}
```

其中，synchronized 是同步关键字，object 是一个对象，称为同步监视器。

例 15-9 用同步代码块方法实现线程同步。

解题思路：本例需要使用两个 Java 文件，一个创建公共银行账户类 BankAccount，另一个以同步方法操作银行账户。

(1)公共银行账户类 BankAccount，该类有银行账号、银行余额两个属性，有构造器及对应的 set/get 方法，程序代码如下：

```
//BankAccount.java
public class BankAccount {
    // 银行账号
    private String bankNo;
    // 银行余额
    private double balance;
    // 构造方法
    public BankAccount (String bankNo, double balance) {
        this.bankNo = bankNo;
        this.balance = balance;
    }
    // getter/setter 方法
    public String getBankNo () {
        return bankNo;
    }
```

```
    public void setBankNo(String bankNo) {
        this.bankNo = bankNo;
    }
    public double getBalance() {
        return balance;
    }
    public void setBalance(double balance) {
        this.balance = balance;
    }
}
```

(2)主类继承了 Thread 类，它有两个属性，一个是银行账户(包含银行账号、余额)，另一个为存取钱数目(正数表示存款，负数表示取款，银行余额小于取款数时不能操作)，在线程体 run( )中进行存取款操作。因在输出信息、修改余额两个操作中间有 0.1 秒的休眠，如果线程不同步，会导致两者不一致。

(3)主线程 main 创建了一个银行账户(金额为 5000 元)，创建 5 个操作此账户的线程，可能进行 5 种操作(T1001、T1002、T1004 分别表示取款 3000、3000、2000，T1003、T1005 分别表示存款 1000、2000)，它们的执行顺序由操作系统调度。程序代码如下：

```
//SynBlockBank.java,使用同步代码块方式实现线程同步
public class SynBlockBank extends Thread {
    // 银行账户
    private BankAccount account;
    // 操作金额,正数为存钱,负数为取钱
    private double money;
    public SynBlockBank(String name, BankAccount account, double money) {
        super(name);
        this.account = account;
        this.money = money;
    }
    // 线程任务
    public void run() {
        synchronized (this.account) {
            // 获取目前账户的金额
            double d = this.account.getBalance();
            // 如果操作的金额 money < 0,则代表取钱操作,同时判断账户金额是否低于取钱金额
            if (money < 0 && d < -money) {
                System.out.println(this.getName() + "操作失败,余额不足!");
                // 返回
                return;
```

```
            } else {
                // 对账户金额进行操作
                d += money;
                System.out.println(getName() + "操作成功,目前账户余额为:" + d);
                try {
                    // 休眠100毫秒
                    Thread.sleep(100);
                } catch (InterruptedException e) {
                    e.printStackTrace();
                }
                // 修改账户金额
                this.account.setBalance(d);
            }
        }
    }

    public static void main(String[] args) {
        // 创建一个银行账户实例
        BankAccount myAccount = new BankAccount("60001002", 5000);
        // 创建多个线程,对账户进行存取钱操作
        SynBlockBank t1 = new SynBlockBank("T001", myAccount, -3000);
        SynBlockBank t2 = new SynBlockBank("T002", myAccount, -3000);
        SynBlockBank t3 = new SynBlockBank("T003", myAccount, 1000);
        SynBlockBank t4 = new SynBlockBank("T004", myAccount, -2000);
        SynBlockBank t5 = new SynBlockBank("T005", myAccount, 2000);
        // 启动线程
        t1.start();
        t2.start();
        t3.start();
        t4.start();
        t5.start();
        // 等待所有子线程完成
        try {
            t1.join();
            t2.join();
            t3.join();
            t4.join();
            t5.join();
        } catch (InterruptedException e) {
            e.printStackTrace();
        }
        // 输出账户信息
        System.out.println("账号:" + myAccount.getBankNo() + ", 余额:"
                + myAccount.getBalance());
    }
}
```

程序运行结果如下(受操作系统调度影响，每次运行结果可能不同)：

```
T001 操作成功,目前账户余额为:2000.0
T005 操作成功,目前账户余额为:4000.0
T004 操作成功,目前账户余额为:2000.0
T003 操作成功,目前账户余额为:3000.0
T002 操作成功,目前账户余额为:0.0
账号:60001002，余额:0.0
```

问题：①程序中的同步监视对象是什么？②如果去掉同步块代码，会出现什么后果？

2. 同步方法

使用 synchronized 关键字修饰需要同步的方法，其语法为：

```
[访问修饰符] synchronized 返回类型 方法名([参数列表]) {
    // 方法体
}
```

例 15-10 用同步方法实现线程同步。

解题思路：与例 15-9 类似，本例也使用两个 Java 文件，一个创建公共银行账户类 BankAccountSynMethod，另一个以同步方法操作银行账户。

(1)与例 5-9 的不同点是，银行账户类定义了一个同步方法 access( )，进行存钱、取钱操作。程序代码如下：

```
//BankAccountSynMethod.java,
public class BankAccountSynMethod {
    // 银行账号
    private String bankNo;
    // 银行余额
    private double balance;
    // 构造方法
    public BankAccountSynMethod(String bankNo, double balance) {
        this.bankNo = bankNo;
        this.balance = balance;
    }
    // 同步方法,存取钱操作
    public synchronized void access(double money) {
        // 如果操作的金额 money<0,则代表取钱操作,同时判断账户金额是否低于取钱金额
        if (money < 0 && balance < -money) {
            System.out.println(Thread.currentThread().getName() + "操作失败,余
额不足!");
            // 返回
            return;
        } else {
```

```
            // 对账户金额进行操作
            balance += money;
            System.out.println(Thread.currentThread().getName()
                    + "操作成功,目前账户余额为:" + balance);
            try {
                // 休眠100毫秒
                Thread.sleep(100);
            } catch (InterruptedException e) {
                e.printStackTrace();
            }
        }
    }
    // getter/setter方法
    public String getBankNo() {
        return bankNo;
    }
    public void setBankNo(String bankNo) {
        this.bankNo = bankNo;
    }
    public double getBalance() {
        return balance;
    }
    public void setBalance(double balance) {
        this.balance = balance;
    }
}
```

(2)主类功能与例15-9类似，不同点是线程体run( )直接调用BankAccountSynMethod类的access( )方法，程序代码如下：

```
//SynMethodBank.java,使用同步方法的方式
public class SynMethodBank extends Thread {
    // 银行账户
    private BankAccountSynMethod account;
    // 操作金额,正数为存钱,负数为取钱
    private double money;
    public SynMethodBank (String name, BankAccountSynMethod account, double
money)
{
        super(name);
        this.account = account;
        this.money = money;
```

```
    }
    // 线程任务
    public void run() {
        //调用 account 对象的同步方法
        this.account.access(money);
    }

    public static void main(String[] args) {
        // 创建一个银行账户实例
        BankAccountSynMethod myAccount = new BankAccountSynMethod("60001002",
5000);
        // 创建多个线程,对账户进行存取钱操作
        SynMethodBank t1 =new SynMethodBank("T001", myAccount, -3000);
        SynMethodBank t2 =new SynMethodBank("T002", myAccount, -3000);
        SynMethodBank t3 =new SynMethodBank("T003", myAccount, 1000);
        SynMethodBank t4 =new SynMethodBank("T004", myAccount, -2000);
        SynMethodBank t5 =new SynMethodBank("T005", myAccount, 2000);
        // 启动线程
        t1.start();
        t2.start();
        t3.start();
        t4.start();
        t5.start();
        // 等待所有子线程完成
        try {
            t1.join();
            t2.join();
            t3.join();
            t4.join();
            t5.join();
        } catch (InterruptedException e) {
            e.printStackTrace();
        }
        // 输出账户信息
        System.out.println("账号:" + myAccount.getBankNo() + ", 余额:"
                + myAccount.getBalance());
    }
}
```

程序执行结果也是类似的，不一一列出。

说明：synchronized 同步的是方法；synchronized 也可以修饰类，当用 synchronized

修饰类时，表示这个类的所有方法都是 synchronized 的。

3. 同步锁

同步锁 Lock 通过显式定义同步锁对象来实现线程同步。ReentrantLock 类是常用的可重入同步锁，可以显式地加锁、释放锁。使用步骤如下：

(1)定义一个 ReentrantLock 锁对象，该对象是 final 常量，其语法：

private final ReentrantLock lock = new ReentrantLock( );

(2)在需要保证线程安全的代码之前增加“加锁”操作，如 **lock. lock( );**;

(3)在执行完线程安全的代码后“释放锁”，如 **lock. unlock( );**。

使用 ReentrantLock 锁代码示例：

```
//1. 定义锁对象
private final ReentrantLock lock = new ReentrantLock();
...
// 定义需要保证线程安全的方法
public void myMethod() {
  //2. 加锁
  lock.lock();
  try {
    //需要保证线程安全的代码
    ....
    }finally {
    //3. 释放锁
    lock.unlock();
```

说明：①加锁和释放锁需要放在线程安全的方法中；②lock. unlock( )放在 finally 语句中，不管发生异常与否，都需要释放锁；③同步锁比使用 synchronized 关键词更灵活，并且能够支持条件变量。

例 15-11 用同步锁实现线程同步。

解题思路：与前两个例子类似，本例也使用两个 Java 文件，一个创建公共银行账户类 BankAccountSynLock，另一个以同步方法操作银行账户。

(1)本例的不同点是，需要先定义一个 ReentrantLock 锁对象，在需要同步的 access( )开头处“加锁”，在结束处(finally 内)进行“解锁”。程序代码如下：

```
//BankAccountSynLock.java,银行账户,同步锁方式
import java.util.concurrent.locks.ReentrantLock;
public class BankAccountSynLock {
    // 银行账号
    private String bankNo;
    // 银行余额
    private double balance;
    // 定义锁对象
```

```
    private final ReentrantLock lock = new ReentrantLock();
    // 构造方法
    public BankAccountSynLock(String bankNo, double balance) {
        this.bankNo = bankNo;
        this.balance = balance;
    }
    // 存取钱操作
    public void access(double money) {
        // 加锁
        lock.lock();
        try {
        // 如果操作的金额 money < 0,则代表取钱操作,同时判断账户金额是否低于取钱金额
            if (money < 0 && balance < -money) {
                System.out.println(Thread.currentThread().getName()
                        + "操作失败,余额不足!");
                return;
            } else {
                // 对账户金额进行操作
                balance += money;
                System.out.println(Thread.currentThread().getName()
                        + "操作成功,目前账户余额为:" + balance);
                try {
                    // 休眠 100 毫秒
                    Thread.sleep(100);
                } catch (InterruptedException e) {
                    e.printStackTrace();
                }
            }
        } finally {
            // 释放锁
            lock.unlock();
        }
    }
    // getter/setter 方法
    public String getBankNo() {
        return bankNo;
    }
    public void setBankNo(String bankNo) {
        this.bankNo = bankNo;
    }
    public double getBalance() {
        return balance;
    }
    public void setBalance(double balance) {
        this.balance = balance;
    }
}
```

(2)主类与例15-10非常类似，唯一不同的是账户类为BankAccountSynLock，程序代码如下：

```
//SynLockBank.java,使用同步锁的方式
public class SynLockBank extends Thread {
    // 银行账户
    private BankAccountSynLock account;
    // 操作金额,正数为存钱,负数为取钱
    private double money;
    public SynLockBank(String name, BankAccountSynLock account, double money) {
        super(name);
        this.account = account;
        this.money = money;
    }
    // 线程任务
    public void run() {
        // 调用 account 对象的 access()方法
        this.account.access(money);
    }
    public static void main(String[] args) {
        // 创建一个银行账户实例
        BankAccountSynLock myAccount = new BankAccountSynLock("60001002", 5000);
        // 创建多个线程,对账户进行存取钱操作
        SynLockBank t1 = new SynLockBank("T001", myAccount, -3000);
        SynLockBank t2 = new SynLockBank("T002", myAccount, -3000);
        SynLockBank t3 = new SynLockBank("T003", myAccount, 1000);
        SynLockBank t4 = new SynLockBank("T004", myAccount, -2000);
        SynLockBank t5 = new SynLockBank("T005", myAccount, 2000);
        // 启动线程
        t1.start();
        t2.start();
        t3.start();
        t4.start();
        t5.start();
        // 等待所有子线程完成
        try {
            t1.join();
            t2.join();
            t3.join();
            t4.join();
            t5.join();
```

```
        } catch (InterruptedException e) {
            e.printStackTrace();
        }
        // 输出账户信息
        System.out.println("账号:" + myAccount.getBankNo() + ", 余额:"
                + myAccount.getBalance());
    }
}
```

程序执行结果也是类似的，不一一列出。

15.2.7 线程通信

Java 中提供了一些机制保证线程之间的协调运行，即线程通信。

线程通信可使用 Object 类中定义的 3 个方法：

void wait( )：让当前线程处于等待状态；

void notify( )：唤醒在此对象监视器上等待的单个线程；

void notifyAll( )：唤醒在此对象监视器上等待的所有线程。

*例 15-12 线程通信示例——生产者与消费者。(此例有一定难度，可暂不作要求)

解题思路：本例包含 4 个类：①产品类 Product。它有两个属性，即产品编号、valueSet(为 true 时表示有值可取，为 false 时表示需要放入新值)。其生产方法 put(int n)为同步方法，有值时需要等待，放入值后需要将 valueSet 值改为 true，并输出信息，还要通知其它线程；其消费方法 get( )也是同步方法，但与生产方法 Put(int n)正好相反，无值时需要等待，取值后需要改变 valueSet 值为 false，并输出信息，还要通知其它线程。②生产者类 Producer。它有一个属性是产品 Product 对象，它通过实现 Runnalbe 接口方法来创建线程，线程体 run( )方法的功能是生产 10 个产品，它们的标识码为 0—9。③消费者类 Consumer。它有一个属性是产品 Product 对象，也是通过实现 Runnalbe 接口方法来创建线程，线程体 run( )方法是依次消费标识为 0—9 这 10 个产品。④主类是 WaitNotifyDemo。它创建一个产品对象，生产者和消费者共享该对象，然后生成生产者、消费者。程序代码如下：

```
//产品
class Product {
    int n;
    // 为 true 时表示有值可取,为 false 时表示需要放入新值
    boolean valueSet = false;
    // 生产方法
    synchronized void put(int n) {
        // 如果有值,等待线程取值
        if (valueSet) {
```

```
            try {
                wait();
            } catch (Exception e) {
            }
        }
        this.n=n;
        // 将 valueSet 设置为 true，表示值已放入
        valueSet=true;
        System.out.println(Thread.currentThread().getName() + "-生产:" + n);
        // 通知等待线程，进行取值操作
        notify();
    }
    // 消费方法
    synchronized void get() {
        // 如果没有值，等待新值放入
        if (!valueSet) {
            try {
                wait();
            } catch (Exception e) {
            }
        }
        System.out.println(Thread.currentThread().getName() + "-消费:" + n);
        // 将 valueSet 设置为 false，表示值已取
        valueSet=false;
        // 通知等待线程，放入新值
        notify();
    }
}

// 生产者
class Producer implements Runnable {
    Product product;
    Producer(Product product) {
        this.product=product;
        new Thread(this, "Producer").start();
    }
    public void run() {
        int k=0;
        // 生产10次
        for (int i=0; i < 10; i++) {
            product.put(k++);
        }
    }
```

```
}

// 消费者
class Consumer implements Runnable {
    Product product;
    Consumer(Product product) {
        this.product = product;
        new Thread(this, "Consumer").start();
    }
    public void run() {
        // 消费10次
        for (int i = 0; i < 10; i ++) {
            product.get();
        }
    }
}

public class WaitNotifyDemo {
    public static void main(String args[]) {
        // 实例化一个产品对象,生产者和消费者共享该实例
        Product product = new Product();
        // 指定生产线程
        Producer producer = new Producer(product);
        // 指定消费线程
        Consumer consumer = new Consumer(product);
    }
}
```

程序运行结果如下:

```
Producer - 生产:0
Consumer - 消费:0
Producer - 生产:1
Consumer - 消费:1
Producer - 生产:2
Consumer - 消费:2
Producer - 生产:3
Consumer - 消费:3
Producer - 生产:4
Consumer - 消费:4
Producer - 生产:5
Consumer - 消费:5
Producer - 生产:6
```

```
Consumer - 消费:6
Producer - 生产:7
Consumer - 消费:7
Producer - 生产:8
Consumer - 消费:8
Producer - 生产:9
Consumer - 消费:9
```

说明：从运行结果来看，生产者依次生产0—9编号的10个产品，消费者逐一消费，尽管是多线程工作方式，但彼此间和谐相处，不积压、不空消费。其中线程间通信顺畅，功不可没。

15.2.8 线程应用

结合前面学习过的Swing GUI知识，通过自定义线程类，或使用Java提供的Timer和Swing Timer组件，就可实现周期性操作等应用。

1. 自定义线程类

例15-13 数字时钟——每隔1秒，时钟数字变化一次，如图15-8所示。

图15-8 数字时钟示图

解题思路：①主类TimerDemo继承了JFrame，它用来显示时间，需要设置一个JLabel组件(包权限)，为了强调显示效果，标签的字体应设置得足够大。②MyTimer类动态获取系统时间，它继承了Thread类，为了让MyTimer类能够操作主窗体中的标签组件，需要将主窗体对象作为其成员；在线程体run( )中用循环语句(条件始终为true)每隔1秒获取一次系统时间，以此修改主窗体中的标签的文本并显示，达到动态时钟效果。程序代码如下：

```
import javax.swing.*;
import java.awt.*;
import java.util.*;
import java.text.*;

public class TimerDemo extends JFrame {
    JLabel timer;
    public TimerDemo() {
```

```
        super("时钟");
        Container c = getContentPane();
        timer = new JLabel("时钟",JLabel.CENTER);
        c.add(timer);
        timer.setFont(new Font("宋体", Font.BOLD, 200));
        setSize(1000, 250);
        setVisible(true);
        setDefaultCloseOperation(WindowConstants.EXIT_ON_CLOSE);
    }

    public static void main(String args[]) {
        TimerDemo td = new TimerDemo();
        new myTimer(td).start();
    }
}

class myTimer extends Thread {
    TimerDemo tb;
    myTimer(TimerDemo tb) {
            this.tb = tb;
        }
    public void run() {
        while (true) {
            SimpleDateFormat dateformat = new SimpleDateFormat("hh:mm:ss");
            String s = dateformat.format(new Date());
            tb.timer.setText(s);
            try {
                Thread.sleep(1000);
            } catch (InterruptedException e) {
                e.printStackTrace();
            }
    }
    }
}
```

思考题：若将 MyTimer 类中 run( )方法的休眠时间设置为 0.5 秒、2 秒，显示效果会如何变化呢?

例 15 – 14 移动的按钮——每隔 0.1 秒，按钮在水平、垂直方向各移动 5 像素，触碰到四条边后能弹回(即反向移动)，如图 15 – 9、图 15 – 10 所示。

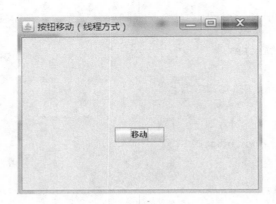

图 15 - 9　按钮移动示图 1

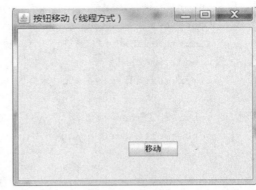

图 15 - 10　按钮移动示图 2

解题思路：主类 MoveButtonThreadDemo 继承了 JFrame，实现了 Runnable 接口。先在窗体上创建一个按钮和一个面板，再将按钮添加到面板上，面板的布局管理器应设为 null，按钮的位置不断变化，形成动态移动效果；定义好按钮水平、垂直两个方向移动的初始值后，可根据按钮位置不同进行调整；在线程体 run( ) 中应考虑当按钮移动到最左边、最右边、最上方、最下方四种情况时，按钮的位置、运动方向变化的策略。程序代码如下：

```
import javax.swing.JButton;
import javax.swing.JFrame;
import javax.swing.JPanel;
//使用线程完成按钮移动
public class MoveButtonThreadDemo extends JFrame implements Runnable {
    JPanel p;
    JButton btnMove;
    //声明一个线程对象 t
    Thread t;
    //按钮移动距离
    int movex =5;
    int movey =5;
public MoveButtonThreadDemo() {
    super("按钮移动(线程方式)");
    p =new JPanel(null);
    btnMove =new JButton("移动");
    btnMove.setBounds(0, 100, 80, 25);
    p.add(btnMove);
    this.add(p);
    this.setSize(400, 300);
    this.setDefaultCloseOperation(JFrame.EXIT_ON_CLOSE);
```

```
    // 创建线程对象
    t = new Thread(this);
    // 线程启动
    t.start();
}

// 实现 run()方法
public void run() {
    while (t.isAlive()) {
        // 获取按钮 x 轴坐标,并增加 movex
        int x = btnMove.getX() + movex;
        // 获取按钮 y 轴坐标,并增加 movey
        int y = btnMove.getY() + movey;
        if (x <= 0) {
            // 设置 X 方向的最小值,即 0
            x = 0;
            // 换方向(即反方向)
            movex = -movex;
        } else if (x >= this.getWidth() - btnMove.getWidth()) {
            // 设置 X 方向的最大值,即窗口的宽度 - 按钮的宽度
            x = this.getWidth() - btnMove.getWidth();
            // 换方向(即反方向)
            movex = -movex;
        }
        if (y <= 0) {
            // 设置 Y 方向的最小值,
            y = 0;
            // 换方向(即反方向)
            movey = -movey;
        } else if (y >= this.getHeight() - 30 - btnMove.getHeight()) {
            // 设置 Y 方向的最大值,即窗口的高度 - 标题栏的高度 - 按钮的高度
            y = this.getHeight() - 30 - btnMove.getHeight();
            // 换方向(即反方向)
            movey = -movey;
        }
            // 设置按钮坐标为新的坐标
            btnMove.setLocation(x, y);
            try {
                // 休眠 100 毫秒
                Thread.sleep(100);
            } catch (InterruptedException e) {
```

```
                e.printStackTrace();
            }
        }
    }

    public static void main(String[] args) {
        MoveButtonThreadDemo f = new MoveButtonThreadDemo();
        f.setVisible(true);
    }
}
```

2. Timer 类与 TimerTask 类

1)Timer 类

java.util.Timer 又称为计时器，它可以方便、高效地实现一些周期性操作，如定时闹钟等。

(1)构造方法

Timer( )：创建计时器；

Timer(boolean isDaemon)：创建计时器，可以指定其相关的线程作为守护程序运行；

Timer(String name)：创建计时器，其相关的线程具有指定的名称。

(2)常用方法

void schedule(TimerTask task, Date time)：安排在指定的时间执行指定的任务；

void schedule(TimerTask task, Date firstTime, long period)：安排指定的任务在指定的时间开始进行重复的固定延迟执行；

void schedule(TimerTask task, long delay)：安排在指定延迟后执行指定的任务；

void schedule(TimerTask task, long delay, long period)：安排指定的任务从指定的延迟后开始进行重复的固定延迟执行。

2)TimerTask 类

java.util.TimerTask 创建由 Timer 安排执行的任务，它实现了 Runnable 接口。

(1)构造方法

TimerTask( )：创建计时器执行的任务。

(2)常用方法

boolean cancel( )：取消计时器任务；

abstract void run( )：定义计时器任务要执行的操作。

3)使用 java.util.Timer 具体步骤

①定义一个类继承 TimerTask，重写 run( )方法；

②创建一个 Timer 对象；

③调用 Timer 对象的 schedule( )方法安排任务，参数应指明对应的任务(即 TimerTask 子类)、执行时间及间隔等；

④调用 Timer 对象的 cancel( )方法，取消一个安排好的任务。

说明：Timer 不需要自己启动线程；它本身也是多线程同步的，不需要外部的同步代码。

例 15 – 15　小闹钟——程序运行后 2 秒打开闹钟，启动系统报警器，每隔 1 秒响铃 1 次，3 次后输出相关信息。

解题思路：程序通过获取系统的 Toolkit 对象来启动报警；定义了一个内部类 RemindTask 来执行任务，它继承了 TimerTask 类，重写了 run( )方法，响铃及输出信息共计 3 次，之后输出结束信息；创建一个 Timer 对象来调度任务，在程序运行 2 秒后打开闹钟，重复执行的间隔是 1 秒。程序代码如下：

```java
import java.awt.Toolkit;
import java.util.Timer;
import java.util.TimerTask;

public class AnnoyingBeep {
    Toolkit toolkit;
    Timer timer;
    public AnnoyingBeep() {
        toolkit = Toolkit.getDefaultToolkit();
        timer = new Timer();
        timer.schedule(new RemindTask(), 2000, 1000);
    }
    public static void main(String[] args) {
        new AnnoyingBeep();
    }
  //定义一个内部类来执行任务
    class RemindTask extends TimerTask {
        int numWarningBeeps = 3;
        public void run() {
            if (numWarningBeeps > 0) {
                toolkit.beep();
                System.out.println("Beep!");
                numWarningBeeps--;
            } else {
                toolkit.beep();
                System.out.println("Time's up!");
                //timer.cancel(); //无必要,因为稍后要退出程序运行
                System.exit(0);    //退出应用程序
            }
        }
    }
}
```

程序运行结果如下：

```
Beep!
Beep!
Beep!
Time's up!
```

3. Swing Timer 类

如果是 Swing GUI，还可以通过 javax. swing. Timer 来实现定时任务的执行。

1)构造方法

Timer(int delay，ActionListener listener)：创建一个 Timer 对象。参数 delay 规定从调用 start( )方法开始到第一次执行该任务时的时间间隔，参数 listener 指定侦听对象。

2)常用方法

void start( )：启动 Timer，使它开始向其侦听器发送动作事件；

void stop( )：停止 Timer，使它停止向其侦听器发送动作事件。

3)使用 javax. swing. Timer 具体步骤

①定义一个侦听类，实现 ActionListener 侦听接口，并重写 actionPerformed( )方法；

②创建 javax. swing. Timer 对象；

③调用 start( )方法启动 Swing Timer；

④调用 stop( )方法停止 Swing Timer。

例 15－16　移动的按钮，功能与例 15－14 相似，只是使用方法不同。

解题思路：本例使用 javax. swing. Timer 类来实现 Swing GUI 定时任务；定义一个内部类 ButtonMoveListener 来移动按钮，它实现 ActionListener 接口，用 actionPerformed( )方法实现前述 run( )方法相同的操作；再创建一个 Timer 对象，以延迟时间和对应的 Listener 为参数，之后调用 start( )方法来启动。程序代码如下：

```
import java.awt.event.ActionEvent;
import java.awt.event.ActionListener;
import javax.swing.JButton;
import javax.swing.JFrame;
import javax.swing.JPanel;
import javax.swing.Timer;

//使用 javax.swing.Timer 完成按钮移动
public class MoveButtonSwingTimerDemo extends JFrame {
JPanel p;
JButton btnMove;
// 声明一个 Timer
Timer t;
// 按钮移动距离
int movex=5;
```

```
int movey =5;
public MoveButtonSwingTimerDemo() {
    super("按钮移动(Swing Timer 方式)");
    p =new JPanel(null);
    btnMove =new JButton("移动");
    btnMove.setBounds(0, 100, 80, 25);
    p.add(btnMove);
    this.add(p);
    this.setSize(400, 300);
    this.setDefaultCloseOperation(JFrame.EXIT_ON_CLOSE);
    // 2. 实例化 Swing Timer 对象
    t =new Timer(100, new ButtonMoveListener());
    // 3. 启动 Swing Timer
    t.start();
}
// 1. 定义一个内部侦听类,实现 ActionListener
class ButtonMoveListener implements ActionListener {
    public void actionPerformed(ActionEvent e) {
        // 获取按钮 x 轴坐标,并增加 movex
        int x =btnMove.getX() + movex;
        // 获取按钮 y 轴坐标,并增加 movey
        int y =btnMove.getY() + movey;
        if (x <= 0) {
            // 设置 X 方向的最小值,即 0
            x =0;
            // 换方向(即反方向)
            movex = -movex;
        } else if (x >= MoveButtonSwingTimerDemo.this.getWidth()
                - btnMove.getWidth()) {
            // 设置 X 方向的最大值,即窗口的宽度 - 按钮的宽度
            x =MoveButtonSwingTimerDemo.this.getWidth()
                - btnMove.getWidth();
            // 换方向(即反方向)
            movex = -movex;
        }
        if (y <= 0) {
            // 设置 Y 方向的最小值,
                y =0;
                // 换方向(即反方向)
                movey = -movey;
            } else if (y >= MoveButtonSwingTimerDemo.this.getHeight() - 30
```

```
                - btnMove.getHeight())) {
            // 设置 Y 方向的最大值,即窗口的高度 - 标题栏的高度 - 按钮的高度
            y = MoveButtonSwingTimerDemo.this.getHeight() - 30
            - btnMove.getHeight();
            // 换方向(即反方向)
            movey = -movey;
        }
        // 设置按钮坐标为新的坐标
        btnMove.setLocation(x, y);
    }
}

public static void main(String[] args) {
    MoveButtonSwingTimerDemo f = new MoveButtonSwingTimerDemo();
    f.setVisible(true);
}
}
```

15.3 实验内容

1.(基础题)创建多线程有三种方法，方法 1 是“用继承 Thread 类方法创建线程”，请按下列要求进行操作：

(1)建立 MyThread 类，复制下列程序，填充程序所缺代码，再编译、运行程序。

```
public class MyThread ______(1)______ {// 继承 Thread 类
    private String message;// 显示信息
    private int delay;// 休眠时间

    public MyThread(String m, int d) {// 构造方法
        message = m;
        delay = d;
    }
    public void ______(2)______ () {// 线程体
        try {
            while (true) {
                System.out.print(message);
                ______(3)______ (delay);// 休眠 delay 时间
            }
        } catch (______(4)______ e) {// 捕获 InterruptedException 中断异常
```

```
            return;
        }
    }
    public static void main(String[] args) {
        MyThread t1 = new ______(5)______ ("A", 500);// 创建线程对象
        MyThread t2 = new MyThread("B", 1000);
        t1.start();
        t2. ______(6)______ ();// 启动线程
    }
}
```

(2)回答下列问题:

①Thread 类位于什么包中，该类有哪些主要构造方法?

②用这种方法创建、启动线程有哪些基本步骤?

③使用这种方法的优缺点是什么?

④上述线程中，哪一个线程执行的机会多一些?

⑤如何中止程序的运行?

2.(基础题)创建多线程有三种方法，方法2是“使用接口 Runnalbe 方法创建线程”，请按下列要求进行操作:

(1)建立 MyRunnable 类，复制下列程序，填充程序所缺代码，再编译、运行程序。

```
public class MyRunnable ______(1)______ {// 实现接口 Runnable
    private String message;
    private int delay;
    public MyRunnable(String m, int d) {
        message = m;
        delay = d;
    }
    public void ______(2)______ () {// 线程体
        try {
            while (true) {
                System.out.println(message);
                ______(3)______ (delay);// 休眠 delay 时间
            }
        } catch (InterruptedException e) {
            return;
        }
    }
    public static void main(String[] args) {
        MyRunnable r1 = new ______(4)______ ("A", 500);//创建目标对象
        MyRunnable r2 = new MyRunnable("B", 1000);
```

```
        Thread t1 = new Thread(r1);
        Thread t2 = new ________(5)________ (________(6)________);//以目标对象
r2 为参数创建线程对象
        t1.start();
        t2.start();//启动线程
    }
}
```

(2)回答下列问题：

①Runnable 接口位于什么包中，该接口有哪些方法？

②使用这种方法创建、启动线程有哪些基本步骤？

③方法 2 与方法 1 相比，有什么优点？

④使用 sleep( )时应注意什么？

3.(基础题)创建多线程有三种方法，方法 3 是“使用 Callable、Future 接口方法创建线程”，请按下列要求进行操作：

(1)建立 MyCallableFuture 类，复制下列程序，填充程序所缺代码，再编译、运行程序。

```
________(1)________ ;//导入 java.util.concurrent 包中的类和接口

//1. 创建 Callable 接口的实现类
class Task implements ________(2)________ <Integer> {
    private String message;
    private int delay;
    public Task(String m, int d) {
    message = m;
    delay = d;
    }

    // 实现 call()方法,作为线程执行体,返回值为整数
    public ________(3)________ () {
    int i = 0;
    try {
        for (i = 0; i < 10; i++) {
            System.out.println(message);
            Thread.sleep(delay);// 休眠 delay 时间
        }
        return i;
    } catch (InterruptedException e) {
        return -1;
    }
```

```
    }
}

public class MyCallableFuture {
    public static void main(String[] args) {
    // 2. 使用 FutureTask 类包装 Callable 实现类的实例
    FutureTask<Integer> task1 =new FutureTask<Integer>(____(4)____("A", 500));
    FutureTask<Integer> task2 =new FutureTask<Integer>(new Task("B", 1000));
    // 3. 创建线程,使用 FutureTask 对象 task 作为 Thread 对象的 targer,并调用 start()方法启动线程
    new Thread(task1).start();
    new Thread(________(5)________).start();
    // 4. 调用 FutrueTask 对象 task 的 get()方法获取子线程执行结束后的返回值
    try {
        System.out.println("子线程 1 返回值:" + task1.________(6)________());
        System.out.println("子线程 2 返回值:" + task2.get());
    } catch (InterruptedException e) {
        e.printStackTrace();
    } catch (ExecutionException e) {
        e.printStackTrace();
    }
    }
}
```

(2)回答下列问题:

①Callable 接口位于什么包中?

②使用这种方法创建、启动线程有哪些基本步骤?

③方法 3 与方法 2 相比，有什么优点?

4.(基础题)创建 3 个线程：第一个输出 A—Z，第二个输出 a—z，第三个输出 1—26，这三个线程每输出一个字符或整数后都要休眠一定时间，现假设休眠时间分别为：0.5 秒、1 秒、1.5 秒，请启动上述三个线程，并观察输出结果(实现方法不限)。

5.(基础题)文件 BankAccount.java 定义了银行账户类 BankAccount，而 SynBlockBank.java 实现的功能是同步操作银行账户。下面先分析下面两段程序代码，运行 NoSynBank.java，并回答相关问题。

```
//BankAccount.java
public class BankAccount {
    private String bankNo; // 银行账号
    private double balance; // 银行余额
    public BankAccount(String bankNo, double balance) {
```

```
        this.bankNo = bankNo;
        this.balance = balance;
    }
    public String getBankNo() {
        return bankNo;
    }
    public void setBankNo(String bankNo) {
        this.bankNo = bankNo;
    }
    public double getBalance() {
        return balance;
    }
    public void setBalance(double balance) {
        this.balance = balance;
    }
}

//SynBlockBank.java
//使用同步代码块方式实现线程同步
public class SynBlockBank extends Thread {
    private BankAccount account; // 银行账户
    private double money; // 操作金额,正数为存钱,负数为取钱
    public SynBlockBank(String name, BankAccount account, double money) {
        super(name);
        this.account = account;
        this.money = money;
    }

    public void run() {// 线程任务
        synchronized (this.account) {
            double d = this.account.getBalance();// 获取目前账户的金额
            // 如果操作的金额 money < 0,则代表取钱操作,同时判断账户金额是否低于取钱金额
            if (money < 0 && d < -money) {
                System.out.println(this.getName() + "操作失败,余额不足!");
                return;
            } else {// 对账户金额进行操作
                d += money;
                System.out.println(getName() + "操作成功,目前账户余额为:" + d);
                try {
                    Thread.sleep(100); // 休眠100 毫秒
                } catch (InterruptedException e) {
```

```
                e.printStackTrace();
            }
            this.account.setBalance(d); // 修改账户金额
        }
    }
}

public static void main(String[] args) {
    // 创建一个银行账户实例
    BankAccount myAccount = new BankAccount("60001000, 4000);
    // 创建多个线程,对账户进行存取钱操作
    SynBlockBank t1 = new SynBlockBank("T001", myAccount, -1000);
    SynBlockBank t2 = new SynBlockBank("T002", myAccount, 1000);
    SynBlockBank t3 = new SynBlockBank("T003", myAccount, -2000);
    SynBlockBank t4 = new SynBlockBank("T004", myAccount, 2000);
    // 启动线程
    t1.start();
    t2.start();
    t3.start();
    t4.start();
    // 等待所有子线程完成
    try {
        t1.join();
        t2.join();
        t3.join();
        t4.join();
    } catch (InterruptedException e) {
        e.printStackTrace();
    }
    // 输出账户信息
    System.out.println("账号:" + myAccount.getBankNo() + ", 余额:"
            + myAccount.getBalance());
}
}
```

问题：

(1)运行结果是否正确，为什么？什么是线程同步？

(2)多次运行 SynBlockBank.java，结果是否正确，运行顺序是否一样，用同步块实现线程同步的要点是什么？

(3)SynBlockBank.java 中 t1—t4 对象都调用 join( )方法，它的功能是什么？若去除该方法，会产生什么后果？

(4) SynBlockBank. java 的 run( )方法中采用 synchronized (this. account)来实现同步功能，若去除这一部分内容，再次运行程序会产生什么后果?

6. (基础题)以下程序的功能是创建一个数字时钟，请填充程序所缺代码，再编译、运行程序，并回答问题。

```
import javax.swing.*;
import java.awt.*;
import java.awt.event.*;
import java.util.*;
import java.text.*;
public class TimerDemo_0 extends ______(1)______ {//窗体类,继承 JFrame
    JLabel timer;//声明标签

    public TimerDemo() {
        super("时钟");
        Container c = ______(2)______ ();//得到内容面板
        c.add(new JLabel());
        timer = new JLabel();
        c.______(3)______ (timer);//将 timer 添加到内容面板中
        timer.______(4)______ (new Font("宋体", Font.BOLD, 175));//设置字体
        setSize(800, 250);
        setVisible(true);
        setDefaultCloseOperation(JFrame.______(5)______);//关闭按钮
    }

    public static void main(String args[]) {
        TimerDemo td = new TimerDemo();//创建窗体对象
        new Timer(td).______(6)______ ();//创建线程对象,并启动
    }
}

class Timer extends ______(7)______ {//线程类,继承 Thread 类
    TimerDemo tb;//以窗体作为其成员
    Timer(TimerDemo tb) {//构造方法
        this.tb = tb;
    }
    public void run() {//线程体
        while (true) {
            try {
                ______(8)______ (1000);//休眠 1 秒钟时间
            } catch (InterruptedException e) {
```

```
                e.printStackTrace();
            }

            SimpleDateFormat dateformat = new SimpleDateFormat("hh:mm:ss");
            String s = dateformat.format(new Date());
            tb.timer.______(9)______(s);//将标签内容设置为可格式化文本
        }
    }
}
```

问题：

(1)线程类 Timer 为什么要用 TimerDemo 对象作为类成员？

(2)请写出程序的编写思路；

(3)请将该程序打包成可执行 jar，双击该 jar 文件后能运行。

附：生成可执行 jar 的方法(在命令行下操作)

(1)先进入需要打包的目录中；

(2)用文本编辑器生成一个文本文件，名字自定(如：mainfest.mf)，内容如下：

Main-Class：主类名　//说明：重点符号依次为：减号 空格，主类不带扩展名

//空行

(3)执行命令：

jar cvfm　文件名.jar　已生成的文本文件　*.class　　(cvfm 顺序不要错)

例如，打包第 6 题的时钟

mainfest.mf 内容为：

Main-Class：TimerDemo

空行

执行命令：jar cvfm clock.jar mainfest.mf *.class

生成的 clock.jar 文件被双击时，可直接运行。

7.(提高题)使用 java.util.Timer 或 javax.swing.Timer 编程实现：创建一个小闹钟，在指定时间到来后弹出一个选择对话框并响铃，用户点击对话框按钮后取消闹钟，否则每隔 5 分钟再次弹出对话框并响铃，这一流程最多持续 3 次，而后结束程序。

15.4　实验小结

进程、线程是操作系统的重要概念，尽管学习起来有一定难度，但理解、熟悉这些知识点是非常必要的，因为这可以提高 CPU 的利用率，提高程序执行效率，实现宏观上的并发效果。

本实验的主要内容是多线程，它具有并发执行能力。在 Java 中创建线程的方法有三种：①继承线程类 Thread；②实现 Runnable 接口；③使用 Callable、Future 接口。第

一种方法最简单，但由于 Java 只支持单一继承，其使用场合受到一定限制；第二种实现接口方法，它克服了第一种方法的不足，但使用起来稍复杂一点；第三种主要是弥补前两种方法的共同不足：线程体执行无返回值，当然使用起来更复杂。线程是动态的，有自己的生命周期，通常有 5 种状态，应熟知执行相关命令后，线程所处的状态；线程也是有优先级的，可分成若干个不同级别，Thread 类定义了三个静态常量来表示优先级，通常优先级大的线程先执行，但也不是绝对的。对于一些重要资源在某一时刻只能由一个线程访问，完整执行一个线程后才允许下一个线程执行，这就是线程同步问题。Java 中线程同步的实现方法通常有三种，即同步代码块、同步方法、同步锁，应熟知这些方法使用的基本步骤。线程间也存在着通信问题，常用方法是 wait( )、notify( )及 notifyAll( )；还可通过自定义线程类，或使用 Java 提供的 Timer 和 Swing 等方法实现多线程的基本应用。

本实验只是多线程知识学习的开始，在后续章节、后续课程中都会涉及多线程使用问题，望加强学习，加深理解，勇于实践，持续进步。

实验16　网络编程

16.1　实验目的

（1）回忆、复习网络基础知识，熟悉TCP/IP模型的层次结构；
（2）熟悉URL、InetAddress、URLConnection等类的基本用法；
（3）掌握TCP协议的编程技术；熟悉TCP中一对一、一对多聊天程序的技术要点；
（4）熟悉UDP编程的主要类、基本步骤及与TCP的差异。

16.2　知识要点与应用举例

16.2.1　网络基础知识

我们正处于“互联网+”时代，所以，掌握Java网络编程知识十分必要。在介绍具体内容之前，先复习网络基础知识。

上网的过程实质上就是客户端通过浏览器从互联网访问服务器资源，亦即采用“请求-响应”模型从服务器获取文件、信息的过程，如图16-1所示。

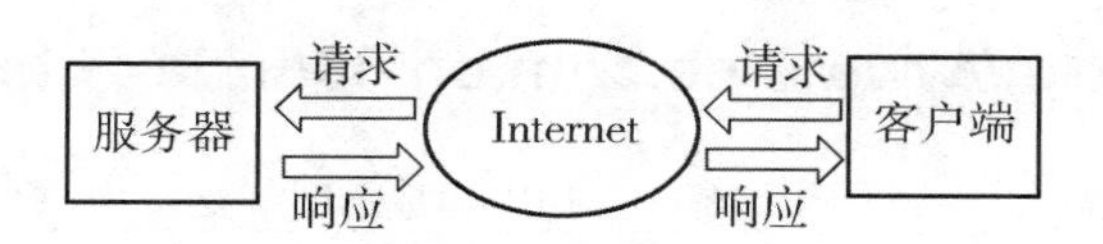

图16-1　互联网的“请求-响应”模型

互联网上的服务器、客户端（含手机等电子设备）许许多多，可用IP地址来区分，常用的有IPv4、IPv6两种：IPv4用32位来表示地址，分为4段，每段8位（范围为0～255），其表示能力比较有限；IPv6采用128位地址，表示能力与功能大大增强，可弥补IPv4的不足，是今后发展趋势。本实验仍以现阶段常用的IPv4为主进行介绍。同一台计算机可以安装多个服务器程序，实现不同功能。这些应用程序可用不同端口来区分，常用端口有http（80）、ftp（21）、smtp（25）、telnet（23）等。

计算机网络是一个复杂的系统，为了便于分析，人们按实现的功能不同将其划分为不同的层次，著名的OSI参考模型把计算机网络划分为7层，而TCP/IP参考模型则划分为4层，包括网络接口层、网间层（IP层）、传输层（TCP层）、应用层，具体如图16－2所示。

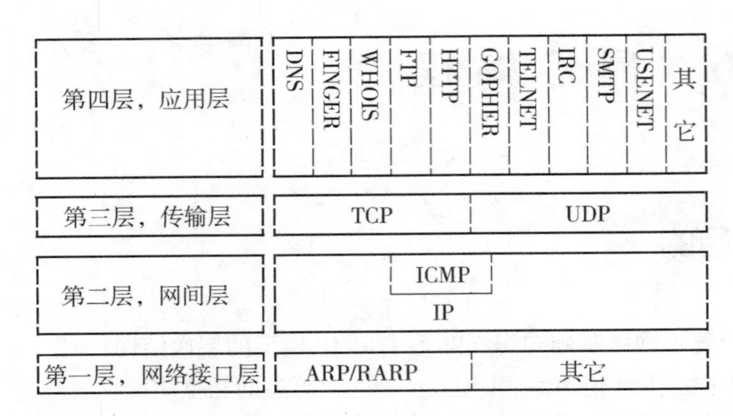

图16－2　TCP/IP参考模型(4层)

下面主要介绍TCP/IP参考模型中第三层及第四层（部分）的相关内容。

16.2.2　Java网络API

Java中有关网络的类与接口，都定义在java.net包中，其中，URL和URLConnection等类提供了以程序方式来访问Web服务功能；URLDecoder和URLEncoder则提供了字符串相互转换的静态方法。

1. URL类

URL是Uniform Resource Locator（统一资源定位器）的简称，表示Internet上某一资源的地址，由协议名、主机、端口和资源四个部分组成，如图16－3所示。

图16－3　URL组成示图

协议名可以是http、https、ftp、telnet等；主机可以是IP地址或域名；当是默认端口时可省略；资源是指服务器端的可访问文件，包含路径名、文件名等，用“/”分开，第一个“/”表示根目录，若省略文件名，则是指服务器默认的一些文件名，如index.html、index.htm、index.jsp等，在服务器配置中可以设定。

Java将URL封装成类，通过URL对象可访问URL的相关信息。

1）构造方法

URL(String spec)：根据String表示形式创建URL对象；

URL(String protocol, String host, String file)：根据指定的protocol名称、host名称和file名称创建URL；

URL(String protocol, String host, int port, String file)：根据指定protocol、host、port

号和 file 创建 URL 对象。

2）常用方法

String getProtocol( )：获取该 URL 的协议名；

String getHost( )：获取该 URL 的主机名；

String getPort( )：获取该 URL 的端口号；

String getPath( )：获取该 URL 的文件路径；

String getFile( )：获取该 URL 的文件名；

URLConnection openConnection( )：返回一个 URLConnection 对象，它表示到 URL 所引用的远程对象的连接；

final InputStream openStream( )：将 URL 位置的资源转成一个输入数据流，通过这个 InputStream 对象，就可以读取资源中的数据。

例 16-1 URL 类示例。

解题思路：本程序很简单，用一个网址作参数创建 URL 对象，然后通过这一对象访问 URL 的协议、主机、端口等信息。程序代码如下：

```
//URL 类的例子
import java.net.*;
public class URLDemo {
    public static void main(String[] args) {
        try {
            URL url = new URL("http://www.sina.com.cn:80");
            System.out.println("协议:" + url.getProtocol());
            System.out.println("主机:" + url.getHost());
            System.out.println("端口:" + url.getPort());
        } catch (Exception e) {
            System.out.println("打开 URL 错误");
            e.printStackTrace();
        }
    }
}
```

程序运行结果如下：

```
协议：http
主机：www.sina.com.cn
端口：80
```

例 16-2 URL 类应用——读取指定 URL 的资源内容，输出结果是 html 文档格式，不包含图片内容。

解题思路：给定一个 URL（如：https://www.baidu.com/）可生成 URL 对象。用这一对象调用 openStream( )方法，可得到一个字节输入流（InputStream）对象，将它包装成缓冲字符流(BufferedReader)对象，再用循环调用readLine()的方法，可得到访问资源对应的html格式文档内容。程序代码如下：

```
//从 URL 直接读取资源内容
import java.net.*;
import java.io.*;
public class ReadingFromUrlDemo {
    public static void main(String[] args) {
        try {
            URL url = new URL("https://www.baidu.com/");
            BufferedReader in = new BufferedReader(
                    new InputStreamReader(url.openStream()));
            String str;
            while ((str = in.readLine()) != null) {
                System.out.println(str);
            }
            in.close();
        } catch (MalformedURLException e) {
            e.printStackTrace();
        } catch (IOException e) {
            e.printStackTrace();
        }
    }
}
```

程序运行结果如下：

```
<!DOCTYPE html>
<html lang="en-US">
<head>
……
</html>
```

注：……表示省略中间部分内容。

说明：利用这一方法可抓取网页内容，只是结果为html格式，不包含图片等内容。

2. InetAddress类

InetAddress由IP地址和对应的主机名组成，该类内部实现了主机名、IP地址之间的转换；InetAddress类没有构造函数，创建该类的实例可以使用以下静态方法来实现：

static InetAddress getLocalHost()：获得本机的InetAddress对象；

static InetAddress getByName(String host)：获得一个指定计算机的InetAddress对象，host既可以是主机名，也可以是IP地址；

static InetAddress[] getAllByName(String host)：表示指定计算机的所有IP地址。

调用上述方法获取 InetAddress 对象时，如果指定的主机名或 IP 地址不能被解析，将抛出 UnknownHostException 异常。例如，

```
try{
    InetAddress address = InetAddress.getByName("www.microsoft.com");
}catch(UnknownHostException ex){
    System.out.println("不能找到 www.microsofe.com");
}
```

常用方法：

byte[] getAddress()：返回原始 IP 地址，字节数组形式；

String getHostAddress()：返回 IP 地址，“%d. %d. %d. %d”形式的字符串；

String getHostName()：返回 IP 地址对应的计算机名；

String toString()：返回 IP 地址，包括计算机名和数字形式的完整字符串。

例 16－3 InetAddress 应用举例——获取本机的 IP 地址。

解题思路：通过调用静态方法 getLocalHost()来获得本机对应的 InetAddress 对象，再调用其 getHostAddress()方法来获得 IP 地址内容。程序代码如下：

```
//读取本机 IP 地址
import java.net.*;
public class InetAddressDemo{
    public static void main(String args[]){
        try{
            InetAddress ia = InetAddress.getLocalHost();
            System.out.println(ia.getHostAddress());
            System.out.println(ia.toString());
        }catch(UnknownHostException uhe){
        }
    }
}
```

程序运行结果(与运行程序的计算机有关)：

```
192.168.1.107
cms/192.168.1.107
```

例 16－4 InetAddress 应用举例——获取指定域名的主机 IP 地址。

解题思路：通过调用静态方法 getByName()来获得指定域名(以它为参数)对应的 InetAddress 对象，再调用其 getHostName()、getHostAddress()方法来获得域名、IP 地址。程序代码如下：

```
//获取指定域名对应的 IP 地址
import java.net.*;
public class GetIP {
```

```
    public static void main(String[] args) throws Exception{
        //定义一个 InetAdress 类的对象实例 ip,并与 www.sise.com.cn 相关联
        InetAddress ip = InetAddress.getByName("www.sise.com.cn");
        //得到域名和 IP 地址
        System.out.println("华软主机的域名与地址:" + ip);
        //得到域名
        System.out.println("华软主机的域名:" + ip.getHostName());
        //得到 IP 地址
        System.out.println("华软主机的 IP 地址:" + ip.getHostAddress());
    }
}
```

程序运行结果:

```
华软主机的域名与地址:www.sise.com.cn/113.105.12.239
华软主机的域名:www.sise.com.cn
华软主机的 IP 地址:113.105.12.239
```

3. URLConnection 类

URLConnection 是抽象类（HttpURLConnection 是它的子类），代表应用程序和 URL 之间的通信连接，它的实例可用于读取和写入 URL 引用的资源，主要使用以下两个方法：

InputStream getInputStream( )：返回 URL 资源对应的输入字节流；

OutputStream getOutputStream( )：返回 URL 资源对应的输出字节流。

通常，通过在 URL 上调用 openConnection ( )方法来创建连接对象。

例 16－5 URLConnection 应用举例——为百度搜索提供关键字，并输出返回结果。

解题思路：本例是通过程序方式实现百度搜索，与平常使用情形不同，搜索所用的关键字通过变量给定，搜索结果则是在控制台输出。采用的方法是，先构建实现百度搜索的 URL，并得到对应 URL 对象；再调用 openConnection( )方法得到 URLConnection 对象；最后通过调用 getInputStream( )得到输入流，包装后输出相关信息即可。程序代码如下：

```
//UrlConnection 应用举例:网页数据的读取
import java.net.*;
import java.io.*;
public class UrlConnectionDemo {
    public static void main(String args[]) {
        try {
            String keywords = "Java 网络编程";
            String url_str = "http://www.baidu.com/s?wd = " + keywords;
            URL url = new URL(url_str);
```

```
            URLConnection gc = url.openConnection();
            BufferedReader in = new BufferedReader(
                    new InputStreamReader(gc.getInputStream(),"utf-8"));
            String str;
            while ((str = in.readLine()) != null)
                System.out.println(str);
            in.close();
        } catch (MalformedURLException e) {
            e.printStackTrace();
        }catch (Exception e) {
            System.out.println("Exception caught");
            e.printStackTrace();
        }
    }
}
```

程序运行结果：

```
<!DOCTYPE html><!--STATUS OK-->
<html>
<head>
……
</html>
```

注：……表示省略中间部分内容。

4. URLDecoder 和 URLEncoder 类

在编程过程中有时会涉及普通字符串和 application/x-www-form-urlencoded MIME 字符串之间相互转换的问题。

可通过调用 URLEncoder 和 URLDecoder 两个工具类的相关方法解决上述问题：

URLEncoder 类提供了 encode(String s, String enc)静态方法实现“编码”功能；

URLDecoder 类提供了 decode(String s, String enc)静态方法实现“解码”功能。

例 16-6 URLDecoder 和 URLEncoder 类应用举例。

解题思路：本例分别调用 URLEncoder 类的 encode( )、URLDecoder 类的 decode( )方法进行“编码”“解码”操作。程序代码如下：

```
import java.io.UnsupportedEncodingException;
import java.net.URLDecoder;
import java.net.URLEncoder;
public class URLEncoder_URLDecoderDemo {

    public static void main(String[] args) {
```

```
        try {
            // 将普通字符串转换成 application/x - www - form - urlencoded 字符串
            String urlStr = URLEncoder.encode("Java net 网络编程", "GBK");
            System.out.println(urlStr);
            // 将 application/x - www - form - urlencoded 字符串转换成普通字符串
            String keyWord = URLDecoder.decode(
                    "Java + net% CD% F8% C2% E7% B1% E0% B3% CC", "GBK");
            System.out.println(keyWord);
        } catch (UnsupportedEncodingException e) {
                e.printStackTrace();
        }
    }
}
```

程序运行结果：

```
Java + net% CD% F8% C2% E7% B1% E0% B3% CC
Java net 网络编程
```

16.2.3 Socket

socket 的基本词义是“插座、槽、孔、洞”等，在计算机通信领域，socket 被翻译为“套接字”，它是计算机之间进行通信的一种约定或一种方式。通过 socket 这种约定，一台计算机可以接收其它计算机的数据，也可以向其它计算机发送数据，这种编程方式称为 Socket 编程。

客户端/服务器(即 C/S)模型：是一种基于网络环境的分布处理模型。在 C/S 编程中，首先，在客户端和服务器之间定义一套通信协议，并创建一个 Socket(套接字)类，利用这个类建立一条可靠的连接；然后，客户端/服务器再在这条连接上可靠地传输数据。客户端发出请求，服务器侦听来自客户端的请求，并为客户端提供响应服务，这就是典型的“请求 - 响应”模式，如图 16 - 4 所示。

流程如下：

①服务器创建服务器套接字(ServerScoket)，侦听来自客户端的连接；

②客户端创建套接字(Scoket)，与服务器进行连接；

③客户端与服务器进行信息传输：服务器的输出流对应着客户端的输入流，客户端的输出流对应着服务器的输入流，如同两人打电话时的情景，一方话筒对应着另一方的听筒，可持续通话，直至结束。

说明：①客户端在创建 Socket 时，需要了解服务器主机的地址和提供服务的端口。②在服务器与客户端之间建立连接时，套接字有两种模式：一种是面向连接的模式，使用 TCP/IP 协议；另一种是无连接的模式，使用用户数据报 UDP 协议。后面将逐一介绍这两方面内容。

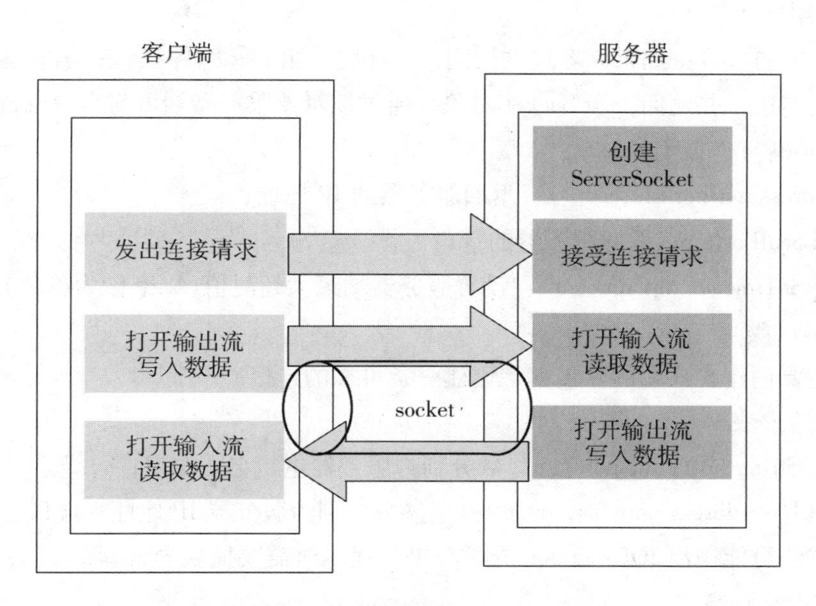

图 16 – 4　Socket 编程“请求 – 响应”模式

16.2.4　TCP 编程

1. TCP 编程入门

TCP 是一种面向连接的、可靠的、基于字节流的通信协议，编程过程中主要用到 ServerSocket 和 Socket 两个类。

1）ServerSocket 类

该类主要用于创建服务器套接字，等待请求，并作出响应。

(1)构造方法

ServerSocket(int port)：参数为客服双方约定的端口号，其中 1—1024 已被系统保留，不得使用；

ServerSocket(int port, int backlog)：第 1 个参数为端口号，第 2 个参数为支持的连接数。

(2)常用代码格式

```
try {
    ServerSocket server = new ServerSocket(8888); //8888 为端口号，可由用户指定
} catch (IOException e) {
    e.printStackTrace();
}
```

(3)常用方法

Socket accept( )：如果无客户端访问，程序将会阻塞，暂停执行；当有客户端访问时，将产生连接，并返回一个Socket对象，通过该对象服务器端可与客户端进行通信；

void close( )：关闭Socket；

InetAddress getInetAddress( )：返回服务器的IP地址；

int getLocalPort( )：返回服务器的端口号；

void setSoTimeout(int timeout)：设置服务器端最大超时值(以毫秒为单位)。

2) Socket类

该类主要创建客户端的套接字，创建一条可靠的连接。

(1)构造方法

Socket(String host, int port)：参数分别为服务器主机名、端口；

Socket(InetAddress address, int port)：参数分别为服务器IP地址、端口。

上述方法可能抛出IOException异常，书写代码时需要捕获异常。

(2)常用代码格式

```
try{
    Socket s = new Socket("192.168.1.128", 8888);
    ...//Socket通信
}catch (IOException e) {
    e.printStackTrace();
}
```

(3)常用方法

void close( )：关闭Socket；

InputStream getInputStream( )：返回此连接的输入流；

OutputStream getOutputStream( )：返回此连接的输出流。

有了输入流、输出流，按照前述的客户与服务器两端对应关系，就可以进行读写操作，进行通信；结合前面学习过的输入输出流、多线程等知识，便能构建出功能强大的C/S应用程序。

3) TCP编程的主要步骤

①服务器、客户端分别创建ServerSocket、Socket对象，应保证客户、服务器双方的端口值相同；

②服务器、客户端打开，各自连接到Socket的输入流、输出流；

③按照一定的协议，服务器、客户端进行通信，即对Socket进行读/写操作；

④服务器、客户端关闭各自的Socket。

TCP 编程如图 16－5 所示。

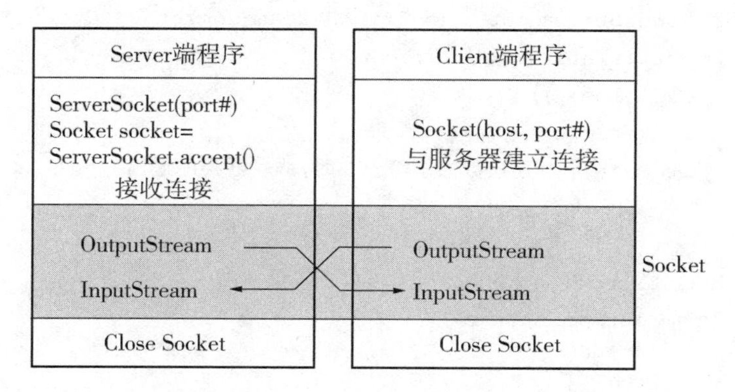

图 16－5 TCP 编程示图

例 16－7 简单的 C/S 程序示例。

程序功能：①服务器程序能够处理 3 个客户端的请求，分别向客户端发送一个"你好"字符串；②客户端与服务器连接后，读取服务器发送过来的问候信息，并输出显示，如图 16－6 所示。

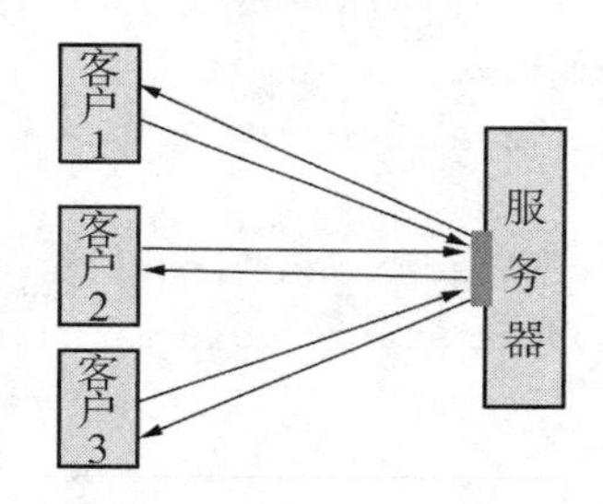

图 16－6 简单的 C/S 程序示图

解题思路：为测试方便，客户端和服务器现为同一台计算机，故使用 127.0.0.1 作 IP 地址(若客户端和服务器不是同一台计算机，则需使用服务器实际配置的 IP 地址)，端口号约定为 2345(大于 1024)。服务器端程序文件名为 Server.java，客户端文件名为 Client.java，程序代码如下：

```
//Server.java:简单的 C/S 程序(服务器端程序)
import java.net.*;
import java.io.*;

public class Server {
    public static void main(String args[]) {
        int i=0;// 计数
        try {
            ServerSocket ss=new ServerSocket(2345);// 创建 ServerSocket 对象
            System.out.println("服务器启动......");
            while (true) {
                Socket socket=ss.accept();// 等待客户端连接,并生成 Socket 对象
                i++;// 计数
                System.out.println("接受连接请求" + i);
```

```
                //得到 Socket 的输出流,并包装
                PrintStream out = new PrintStream(socket.getOutputStream());
                out.println("你好!");
                out.close();
                socket.close();
                if (i >= 3)//连接数大于等于 3 时,服务器程序退出
                    break;
            }
        } catch (IOException e) {
            System.out.println(e);
        }
    }
}

//Client.java:简单的 C/S 程序(客户端程序)
import java.io.*;
import java.net.*;

public class Client {
    public static void main(String args[]) {
        try {
            Socket sock = new Socket("127.0.0.1", 2345);// 创建 Socket 对象,地址与端
口要对应服务器的值
            // 对 Socket 的输入流进行包装
            BufferedReader in = new BufferedReader(new InputStreamReader(sock.
                    getInputStream()));
            String s = in.readLine();
            System.out.println(s);
            in.close();
        } catch (IOException e) {
            System.out.println("error!");
        }
    }
}
```

为操作方便，可打开两个命令行窗口，分别执行服务器、客户端程序，具体如下：

①先启动服务器程序，输出如下信息：

服务器启动……

此时，无客户端程序来访，程序阻塞，暂停执行。

②启动客户端程序，与服务器建立连接，接收服务器输出信息，控制台输出“你好!”字符串，客户端程序结束运行；此时，服务器端程序输出“接受连接请求 1”信息，

程序阻塞，等待客户端访问。

③与②类似，再次启动客户端程序，得到服务器信息，在控制台输出“你好!”字符串，客户端程序运行结束；服务器端程序输出“接受连接请求2”信息，程序阻塞，等待客户端访问。

④与③类似，再次启动客户端程序，在控制台输出“你好!”信息，客户端程序运行结束；服务器端程序输出“接受连接请求3”，连接数已达到指定的3个，服务器程序结束运行。

说明：如果在启动程序时，收到提示“×××端口被占用”，从而导致程序不能运行，在Windows系统的解决方法是，打开命令行窗口，输入“netstat -ano”并执行，查看指定端口对应的进程名及PID，之后执行“taskkill /f /t /pid 进程PID”或“taskkill /f /t /im 进程名”，当然也可打开“任务管理器”，结束对应PID的进程。

2. 一对一编程

套接字连接中涉及输入输出流的操作，为了避免相互影响，应把套接字连接在一个单独的线程中；服务器端每接收到一个客户端的套接字请求，就应该启动一个专门线程来为它服务。

例16-8 一对一聊天程序。

程序功能：客户端在文本框中输入服务器IP地址，点击“连接”按钮，与服务器建立连接，之后双方便可进行通信、交谈，如图16-7、图16-8所示。

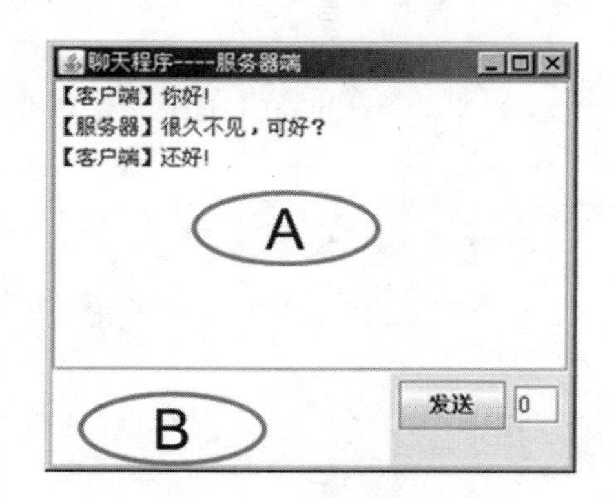

图16-7 服务器端示图

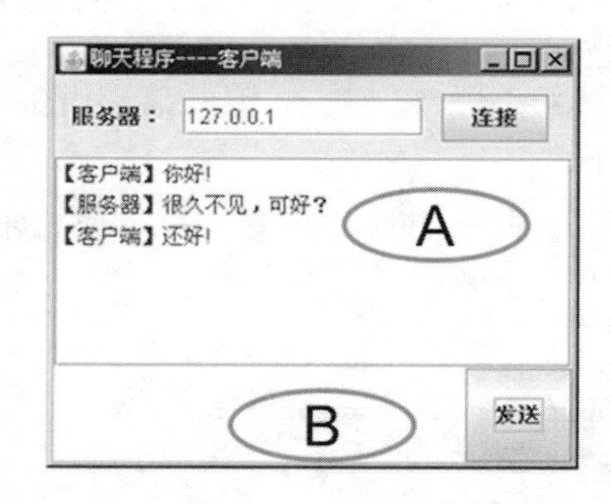

图16-8 客户端示图

A区域：显示聊天记录(包含服务器、客户端信息)。

B区域：显示服务器或客户端输入的聊天文字，点击“发送”按钮后向对方发送信息，并在自己的聊天区域中显示，之后消除该区域内容。

解题思路：服务器端、客户端分别创建程序文件。

(1)服务器端包含SvrCom、ServerUI两个类，前者负责与客户端通信，后者实现图形界面功能。SvrCom是一个多线程类，在构造器中创建ServerSocket，之后对获取的输入流、输出流进行封装。其中，run()方法用无限循环方式得到对方发送过来的信息，并在聊天区域显示；sendMsg()方法负责发送信息。ServerUI类需要用多行文本框、按钮等组件来设计界面，并负责按钮的事件处理。界面类要能启动通信类去发送信息，通信类发送信息后则要在界面类显示出来。要实现这些功能，采用的实现方法都是一样的，即可用对方对象作为本类的成员，形成“你中有我，我中有你”的局面，如图 16－9 所示。

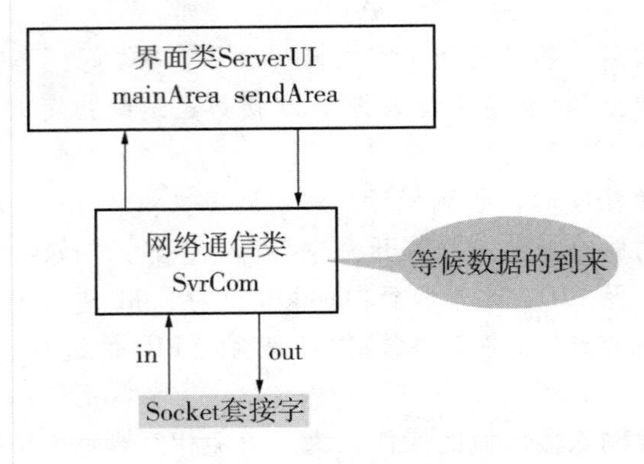

图 16－9　通信类与界面类相互调用

如何实现类成员的赋值呢？有两种不同方法：一种是构造器设计，另一种是创建 set 方法。

(2) 客户端程序与服务器程序比较相似，也包含两个类：ChatClient 类负责与服务端通信，ClientUI 类负责界面设计。不同点是，客户端程序通过点击“连接”按钮启动事件处理来创建 Socket，再与服务器建立连接。

服务器端程序文件名为 ServerUI. java，客户端文件名为 ClientUI. java。程序代码如下：

```
//ServerUI.java:一对一聊天程序(服务器端)
import java.io.*;
import java.net.*;
import javax.swing.*;
import java.awt.event.*;
import java.awt.*;

public class ServerUI extends JFrame {
    private static final long serialVersionUID=1L;
    JTextArea mainArea;
    JTextArea sendArea;
    JTextField indexArea;
    SvrCom server;
    public void setServer(SvrCom server) {
        this.server=server;
    }

    public ServerUI() {
```

```
        super("聊天程序----服务器端");
        Container contain = getContentPane();
        contain.setLayout(new BorderLayout());
        mainArea = new JTextArea();
        JScrollPane mainAreaP = new JScrollPane(mainArea);
        JPanel panel = new JPanel();
        panel.setLayout(new BorderLayout());
        sendArea = new JTextArea(3, 8);
        JButton sendBtn = new JButton("发送");
        sendBtn.addActionListener(new ActionListener() {
            public void actionPerformed(ActionEvent ae) {
                server.sendMsg(sendArea.getText());
                mainArea.append("【服务器】" + sendArea.getText() + "\n");
                sendArea.setText("");
            }
        });
        JPanel tmpPanel = new JPanel();
        indexArea = new JTextField(2);
        indexArea.setText("0");
        tmpPanel.add(sendBtn);
        tmpPanel.add(indexArea);
        panel.add(tmpPanel, BorderLayout.EAST);
        panel.add(sendArea, BorderLayout.CENTER);
        contain.add(mainAreaP, BorderLayout.CENTER);
        contain.add(panel, BorderLayout.SOUTH);
        setSize(300, 250);
        setVisible(true);
        setDefaultCloseOperation(JFrame.EXIT_ON_CLOSE);
    }

    public static void main(String[] args) {
        ServerUI ui = new ServerUI();
        SvrCom server = new SvrCom(ui);
    }
}

//通信类 SvrCom 负责守候数据到来
class SvrCom extends Thread {
    Socket client;
    ServerSocket soc;
    BufferedReader in;
```

```
PrintWriter out;
ServerUI ui;
public SvrCom(ServerUI ui) { // 初始化 SvrCom 类
    this.ui = ui;
    ui.setServer(this);
    try {
        soc = new ServerSocket(10000);
        System.out.println("启动服务器成功,等待端口号:10000");
        client = soc.accept();// 当客户机请求连接时,创建一条链接
        System.out.println("连接成功!来自" + client.toString());
        in = new BufferedReader(new InputStreamReader(client.getInputStream()));
        out = new PrintWriter(client.getOutputStream(), true);
    } catch (Exception ex) {
        System.out.println(ex);
    }
    start();
}

public void run() {// 用于监听客户端发送来的信息
    String msg = "";
    while (true) {
        try {
            msg = in.readLine();
        } catch (SocketException ex) {
            System.out.println(ex);
            break;
        } catch (Exception ex) {
            System.out.println(ex);
        }
        if (msg != null && msg.trim() != "") {
            System.out.println(">>" + msg);
            ui.mainArea.append(msg + "\n");
        }
    }
}

public void sendMsg(String msg) {// 用于发送信息
    try {
        out.println("【服务器】" + msg);
    } catch (Exception e) {
```

```
            System.out.println(e);
        }
    }
}

//ClientUI.java:一对一聊天程序(客户端)
import java.io.*;
import java.net.*;
import javax.swing.*;
import java.awt.event.*;
import java.awt.*;

//用户界面 ClientUI
public class ClientUI extends JFrame {
    private static final long serialVersionUID=1L;
    JTextArea mainArea;
    JTextArea sendArea;
    ChatClient client;
    JTextField ipArea;
    JButton btnLink;
    public void setClient(ChatClient client) {
        this.client=client;
    }
    public ClientUI() {
        super("聊天程序----客户端");
        Container contain=getContentPane();
        contain.setLayout(new BorderLayout());
        mainArea=new JTextArea();
        JScrollPane mainAreaP=new JScrollPane(mainArea);// 为文本区添加滚动条
        JPanel panel=new JPanel();
        panel.setLayout(new BorderLayout());
        sendArea=new JTextArea(3, 8);
        JButton sendBtn=new JButton("发送");
        sendBtn.addActionListener(new ActionListener() {
            public void actionPerformed(ActionEvent ae) {
                client.sendMsg(sendArea.getText());
                mainArea.append("【客户端】" + sendArea.getText() + "\n");
                sendArea.setText("");
            }
        });
```

```
        JPanel ipPanel = new JPanel();
        ipPanel.setLayout(new FlowLayout(FlowLayout.LEFT, 10, 10));
        ipPanel.add(new JLabel("服务器:"));
        ipArea = new JTextField(12);
        ipArea.setText("127.0.0.1");
        ipPanel.add(ipArea);
        btnLink = new JButton("连接");
        ipPanel.add(btnLink);
        btnLink.addActionListener(new ActionListener() {
            public void actionPerformed(ActionEvent ae) {
                client = new ChatClient(ipArea.getText(), 10000, ClientUI.this);
                ClientUI.this.setClient(client);
            }
        });

        panel.add(sendBtn, BorderLayout.EAST);
        panel.add(sendArea, BorderLayout.CENTER);
        contain.add(ipPanel, BorderLayout.NORTH);
        contain.add(mainAreaP, BorderLayout.CENTER);
        contain.add(panel, BorderLayout.SOUTH);
        setSize(300, 250);
        setVisible(true);
        setDefaultCloseOperation(JFrame.EXIT_ON_CLOSE);
    }

    public static void main(String[] args) {
        ClientUI ui = new ClientUI();
    }
}

// 通信类 ChatClient 负责守候数据到来
class ChatClient extends Thread {
    Socket sc;// 对象 sc,用来处理与服务器的通信
    BufferedReader in;// 声明输入流缓冲区,用于存储服务器发来的信息
    PrintWriter out;// 声明打印输出流,用于信息的发送
    ClientUI ui;
    public ChatClient(String ip, int port, ClientUI ui) {// 初始化 ChatClient 类
        this.ui = ui;
        try {
            sc = new Socket(ip, port); // 创建 sc, 用服务器 ip 和端口作参数
            System.out.println("已顺利连接到服务器.");
            out = new PrintWriter(sc.getOutputStream(), true);
```

```
            in = new BufferedReader(new InputStreamReader(sc.getInputStream()));
        } catch (Exception e) {
            System.out.println(e);
        }
        start();
    }

    public void run() { // 用于监听服务器端发送来的信息
        String msg = "";
        while (true) {
            try {
                msg = in.readLine();// 从缓冲区读入一行字符存于 msg
            } catch (SocketException ex) {
                System.out.println(ex);
                break;
            } catch (Exception ex) {
                System.out.println(ex);
            }
            if (msg != null && msg.trim() != "") {// 若 msg 信息不为空
                System.out.println(">>" + msg);
                ui.mainArea.append(msg + "\n");// 把 msg 信息添加到客户端的文本区域内
            }
        }
    }
    public void sendMsg(String msg) {// 用于发送信息
        try {
            out.println("【客户端】" + msg);
        } catch (Exception e) {
            System.out.println(e);
        }
    }
}
```

3. 一对多编程

例 16－9 一对多聊天程序。

程序功能：这是一对一聊天程序的升级版，每一客户端需要先连接服务器。其最大的不同是服务器具有一对多的功能，即服务器既能对某一客户端发信息，又能对所有用户群发信息。这主要通过服务器界面右下角文本框的数字字符串来标识，当为“0”时即群发，当为其它值时则给指定客户端发送信息即私聊，如图 16－10 至图 16－12 所示。

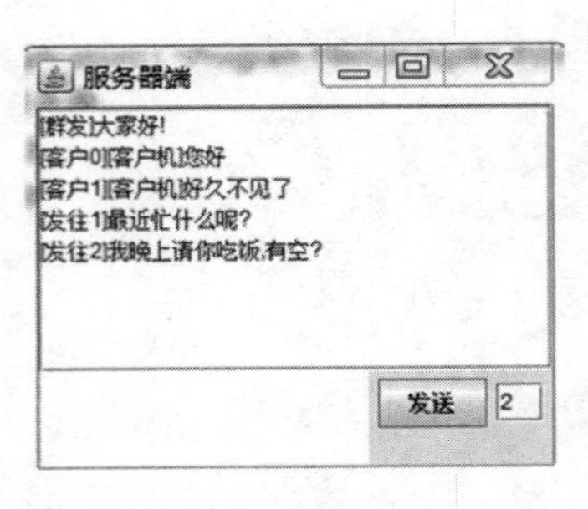

图 16－10　服务器端示图

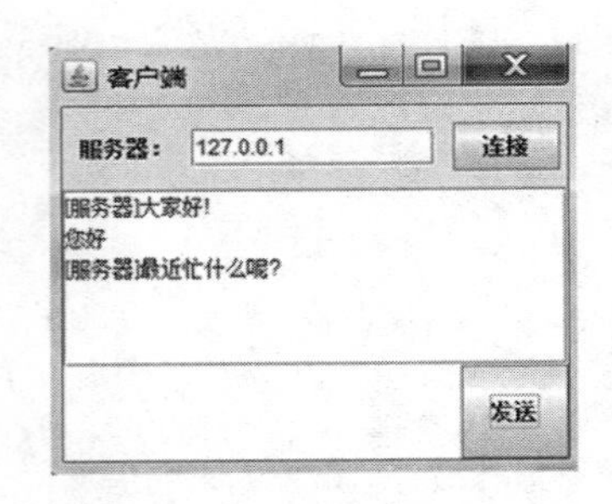

图 16－11　客户端 1 示图

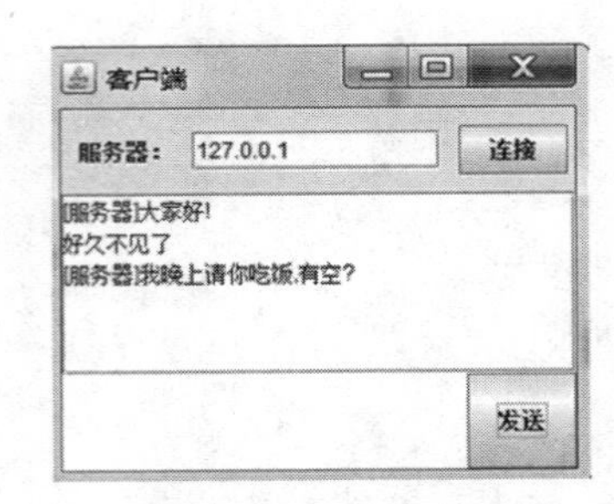

图 16－12　客户端 2 示图

解题思路：服务器端、客户端分别创建程序文件：①客户端程序与例 16－8 一对一编程相似，只是类名有所变化，不再重复。②服务器要与一个或多个客户端通信，需要有更多方法，实现更强大功能，它包含三个类：ServerUI2，实现图形界面功能；MainServer，负责分配 Socket、创建线程与客户端联系；ThreadServer1，与某一个客户通信。ThreadServer1 也是一个多线程类，它与例 16－8 中的 SvrCom 相似，不再复述；MainServer 类为了服务器能与每一客户端独立通信，建立了一个包含 60 个 socket 的数组，一个 socket 对应一个客户端；在发送信息及创建线程时都要考虑到不同 socket 的标识，否则容易出现混乱；通过 searchIndex( ) 可得到下一个可用 socket 的标识号，sendAll (String msg) 方法的功能是群发信息，sendMsg(String msg, int i) 则是给某一客户发送信息。上述三个类的相互关系如图 16－13 所示。

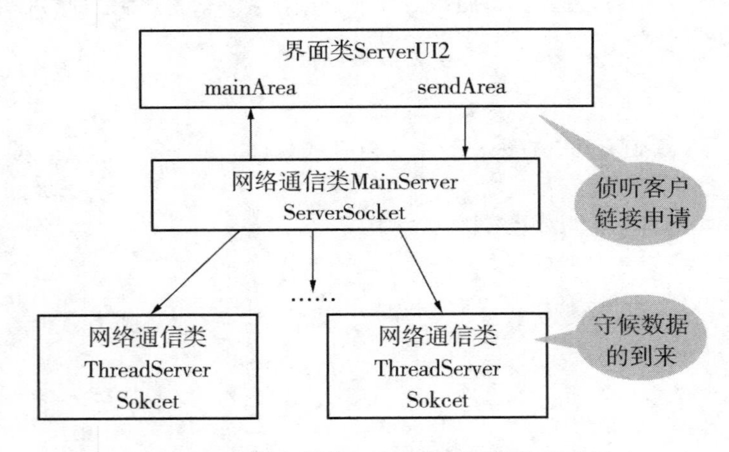

图 16－13　服务器端三个类相互调用关系示图

服务器端程序文件名为 ServerUI2. java，客户端文件名为 ClientUI2. java，程序代码如下：

```
//ServerUI2. java:一对多聊天程序 (服务器端)
import java. io. * ;
import java. net. * ;
import javax. swing. * ;
import java. awt. event. * ;
```

```
import java.awt.*;

public class ServerUI2 extends JFrame {
    final JTextArea mainArea;
    JTextArea sendArea;
    JTextField indexArea;
    MainServer server;
    public void setServer(MainServer server) {
        this.server = server;
    }

    public ServerUI2() {
        super("服务器端");
        Container contain = getContentPane();
        contain.setLayout(new BorderLayout());
        mainArea = new JTextArea();
        JScrollPane mainAreaP = new JScrollPane(mainArea);// 为文本区添加滚动条
        JPanel panel = new JPanel();
        panel.setLayout(new BorderLayout());
        sendArea = new JTextArea(3, 8);
        JButton sendBtn = new JButton("发送");
        sendBtn.addActionListener(new ActionListener() {
            public void actionPerformed(ActionEvent ae) {
                int index = Integer.parseInt(indexArea.getText()); // 从文本框获取
index
                if (index == 0) {
                    server.sendAll(sendArea.getText());
                    mainArea.append("[群发]" + sendArea.getText() + "\n");
                    sendArea.setText("");
                } else if (server.sendMsg(sendArea.getText(), index - 1)) {
                    mainArea.append("[发往" + index + "]" + sendArea.getText()
                            + "\n");
                    sendArea.setText("");
                }
            }
        });

        JPanel tmpPanel = new JPanel();
        indexArea = new JTextField(2);
        indexArea.setText("0");
        tmpPanel.add(sendBtn);
```

```
        tmpPanel.add(indexArea);
        panel.add(tmpPanel, BorderLayout.EAST);
        panel.add(sendArea, BorderLayout.CENTER);
        contain.add(mainAreaP, BorderLayout.CENTER);
        contain.add(panel, BorderLayout.SOUTH);
        setSize(300, 250);
        setVisible(true);
        setDefaultCloseOperation(JFrame.EXIT_ON_CLOSE);
    }

    public static void main(String[] args) {
        ServerUI2 ui = new ServerUI2();
        MainServer server = new MainServer(ui);
    }

}

class MainServer {
    Socket[] threads;
    ThreadServer1[] client = new ThreadServer1[60];
    ServerSocket soc;
    int count;
    ServerUI2 ui;
    public MainServer(ServerUI2 ui) {
        this.ui = ui;
        ui.setServer(this);
        threads = new Socket[60];
        try {
            soc = new ServerSocket(6666);
        } catch (Exception e) {
            System.out.println(e);
        }
        count = 0;
        accept();
    }

    public void sendAll(String msg) {
        for (int i = 0; i < 60; i++)
            sendMsg(msg, i);
    }
```

```
    public boolean sendMsg(String msg, int i) {
        if (client[i] != null) {
            client[i].sendMsg(msg);
            return true;
        } else
            return false;
    }

    int searchIndex() {
        for (int i = 0; i < 60; i ++)
            if (client[i] == null)
                return i;
        return -1;
    }

    public void accept() {
        try {
            while (true) {
                int i = searchIndex();
                if (i == -1)
                    continue;
                threads[i] = soc.accept();
                client[i] = new ThreadServer1(this, threads[i], ui, i);
                System.out.println("当前客户数:" + count ++);
            }
        } catch (Exception e) {
            System.out.println(e);
        }
    }
}

// 可以和一个客户交互
class ThreadServer1 extends Thread {
    int port;
    Socket client;
    BufferedReader in;
    PrintWriter out;
    ServerUI2 ui;
    int index;
    MainServer server;
    public ThreadServer1(MainServer server, Socket socket, ServerUI2 ui, int
index) {
        this.server = server;
        this.index = index;
```

```
        this.ui = ui;
        this.port = port;
        this.client = socket;
        try {
            System.out.println("启动服务器成功,等待端口号:" + port);
            System.out.println("连接成功!来自" + client.toString());
            in = new BufferedReader(new InputStreamReader(client.
                    getInputStream()));
            out = new PrintWriter(client.getOutputStream(), true);
        } catch (Exception ex) {
            System.out.println(ex);
        }
        start();
    }

    public void run() {
        String msg = "";
        while (true) {
            try {
                msg = in.readLine();
            } catch (SocketException ex) {
                System.out.println(ex);
                server.client[index] = null;
                break;
            } catch (Exception ex) {
                System.out.println(ex);
            }
            if (msg != null && msg.trim() != "") {
                System.out.println(">>" + msg);
                ui.mainArea.append("[客户" + index + "]" + msg + "\n");
            }
        }
    }

    public void sendMsg(String msg) {
        try {
            out.println("[服务器]" + msg);
        } catch (Exception e) {
            System.out.println(e);
        }
    }
```

```
}

//ClientUI2.java:一对多聊天程序(客户端)
import java.io.*;
import java.net.*;
import javax.swing.*;
import java.awt.event.*;
import java.awt.*;

public class ClientUI2 extends JFrame {
    JTextArea mainArea;
    JTextArea sendArea;
    ChatClient1 client;
    JTextField ipArea;
    JButton btnLink;
    public void setClient(ChatClient1 client) {
        this.client = client;
    }
    public ClientUI2() {
        super("客户端");
        Container contain = getContentPane();
        contain.setLayout(new BorderLayout());
        mainArea = new JTextArea();
        JScrollPane mainAreaP = new JScrollPane(mainArea);// 为文本区添加滚动条
        JPanel panel = new JPanel();
        panel.setLayout(new BorderLayout());
        sendArea = new JTextArea(3, 8);
        JButton sendBtn = new JButton("发送");
        sendBtn.addActionListener(new ActionListener() {
            public void actionPerformed(ActionEvent ae) {
                client.sendMsg(sendArea.getText());
                mainArea.append(sendArea.getText() + "\n");
                sendArea.setText("");
            }
        });

        JPanel ipPanel = new JPanel();
        ipPanel.setLayout(new FlowLayout(FlowLayout.LEFT, 10, 10));
        ipPanel.add(new JLabel("服务器:"));
        ipArea = new JTextField(12);
        ipArea.setText("127.0.0.1");
```

```
        ipPanel.add(ipArea);
        btnLink = new JButton("连接");
        ipPanel.add(btnLink);
        btnLink.addActionListener(new ActionListener() {
            public void actionPerformed(ActionEvent ae) {
                client = new ChatClient1(ipArea.getText().trim(), ClientUI2.this);
                client.start();
                ClientUI2.this.setClient(client);
            }
        });
        panel.add(sendBtn, BorderLayout.EAST);
        panel.add(sendArea, BorderLayout.CENTER);
        contain.add(ipPanel, BorderLayout.NORTH);
        contain.add(mainAreaP, BorderLayout.CENTER);
        contain.add(panel, BorderLayout.SOUTH);
        setSize(300, 250);
        setVisible(true);
        setDefaultCloseOperation(JFrame.EXIT_ON_CLOSE);
    }

    public static void main(String[] args) {
        ClientUI2 ui = new ClientUI2();
    }

}

class ChatClient1 extends Thread {
    Socket sc;
    BufferedReader in;
    PrintWriter out;
    ClientUI2 ui;
    public ChatClient1(String ip, ClientUI2 ui) {
        this.ui = ui;
        try {
            sc = new Socket(ip, 6666);
            System.out.println("已顺利连接到服务器.");
            out = new PrintWriter(sc.getOutputStream(), true);
            in = new BufferedReader (new InputStreamReader (sc.getInputStream
()));
        } catch (Exception e) {
```

```
            System.out.println(e);
        }
    }

    public void run() {
        String msg = "";
        while (true) {
            try {
                msg = in.readLine();
            } catch (SocketException ex) {
                System.out.println(ex);
                break;
            } catch (Exception ex) {
                System.out.println(ex);
            }
            if (msg != null && msg.trim() != "") {
                System.out.println(">>" + msg);
                ui.mainArea.append(msg + "\n");
            }
        }
    }

    public void sendMsg(String msg) {
        try {
            out.println("[客户机]" + msg);
        } catch (Exception e) {
            System.out.println(e);
        }
    }
}
```

程序启动顺序及操作方法：

①启动服务器程序。

②启动一个或多个（不超过60个）客户端，每一个需输入服务器的IP地址，点击“连接”按钮后，与服务器建立连接。

③客户端直接向服务器发送信息；而服务器向客户端发信息则有两种情况，当右下角文本框为“0”时是群发，为其它数字字符串值时是向特定客户端发信息。

16.2.5 UDP编程

1. 什么是UDP

UDP协议是一种无连接的协议，它以数据报（Datagram）作为数据传输的载体。数据报的传输次序、到达时间以及内容本身等都不能得到保证，数据报的大小最多为64KB。

这并不是说 UDP 有一堆缺点、毫无价值，而是需要看应用场合，比如实时音频或视频的传输应用，保持最快的速度比保证每一位数据都正确到达更重要。在上述应用场景中，丢失数据包只会作为干扰出现，干扰是可以容忍的，如果发送的 UDP 包在规定时间内没有响应返回，会认为这个包已丢失，需要重发。

UDP 协议无需在发送方和接收方建立连接，数据报在网络上可以以任何可能的路径传往目的地。若与现实生活中的邮寄“信件”比较，TCP 犹如使用 EMS 方式，发件人、收件人都要签名确认，能够保证信件的可靠传送，而 UDP 就像使用平信方式，邮差直接把信件投递到收件人邮箱，不需要发件方、收件方确认，存在丢失的可能，但其特点是传输速率快。

2. UDP 编程

基于 UDP 通信的基本模式是：①发送方将需要发送的数据打包成数据报，然后向目的地发送；②接收方接收发送方发来的数据报，然后查看数据报的内容，进行相关操作。

由此可见，发送、接收双方是直接通过数据报包进行联系的，实现无连接包投递服务，如图 16－14 所示。

图 16－14 UDP 通信示图

在 Java 中，基于 UDP 协议实现网络通信的类有三个：DatagramPacket，表示通信数据的数据报类；DatagramSocket，是实现端到端通信的类；MulticastSocket，是用于广播通信的类。下面主要介绍前两个类的基本用法。

1）DatagramPacket 类

DatagramPacket 类主要用于将数据打包，每条报文仅根据该包中包含的信息从一台机器路由到另一台机器。从一台机器发送到另一台机器的多个包可能选择不同的路由，也可能按不同的顺序到达。不对包投递做出保证。

特别注意：发送、接收时，使用不同的构造方法：

DatagramPacket(byte[ ] buf, int length, InetAddress address, int port)：构造数据报包，用来将长度为 length 的包发送到指定主机上的指定端口号；

DatagramPacket(byte[ ] buf, int length)：构造 DatagramPacket，用来接收长度为 length 的数据包。

常用方法：

byte[ ] getData( )：获取接收到的数据，类型为字节数组。

2）DatagramSocket 类

DatagramSocket 类表示用来发送和接收数据报包的套接字，即其主要功能是发送、接收数据报包。

特别注意：发送、接收时，使用不同的构造方法：

DatagramSocket( )：构造数据报套接字并将其绑定到本地主机上任何可用的端口；

DatagramSocket(int port)：创建数据报套接字并将其绑定到本地主机上的指定端口；

DatagramSocket(int port, InetAddress laddr)：创建数据报套接字，将其绑定到指定的本地地址。

常用方法：

void send(DatagramPacket p)：从套接字发送数据报包；

void receive(DatagramPacket p)：从套接字接收数据报包。

例 16－10 发送一行字符串给本机，说明发送方、接收方 UDP 编程的基本内容。

(1)发送方关键代码：

```
byte data[] = "近来好吗?". getBytes();//获取发送信息对应的字节数组
InetAddress add = InetAddress. getByName("localhost");//获取目标主机 IP 地址
DatagramPacket pack = new DatagramPacket(data,data. length,add,2345);创建数据报对象
DatagramSocket mail_out = new DatagrameSocket();//发送时,构造无参数的套接字对象
mail_out. send(pack);//用套接字对象发送数据报包
```

(2)接收方关键代码：

```
DatagramSocket mail_in = new datagramSocket(2345);//创建一个接收指定端口的套接字对象,请注意接收方的端口号跟发送方的端口号应相同
byte data[] = new byte[100];
DatagramPacket pack = new DatagramPacket(data, data. length);//创建指定大小的字节数组用于接收数据,并创建接收数据报包
mail_in. receive(pack);//通过套接字对象接收数据
String msg = new String(pack. getData(),0,pack. getLength());//对接收到的数据进行处理
System. out. println(msg);//输出信息
```

说明：虽然发送、接收时都用到了 DatagramPacket、DatagramSocket 两个类的对象，但参数不同，这一点需要特别注意。

3. UDP 与 TCP 的比较

(1)TCP 是面向连接的协议，其通信传输是可靠的；UDP 是无连接的协议，可能会丢失数据包。

(2)使用 UDP 传输数据有大小限制，每个传输数据报限定在 64KB 之内；TCP 则无限制。

(3)TCP 把数据看作是“流”(是有序队列，通常先传先到)；UDP 则将数据看作是“包”(数据作为一个包来传送，要么全部接收，要么全部丢弃；一个包不一定与下一个包相关；给定两个包，无法知道哪个先发哪个后发)。

(4)通常，TCP 有主从之分，即分为服务器、客户端；UDP 则无主从之分，两台主机的地位是对等的。

(5) UDP资源消耗小、处理速度快，通常用于音频、视频等传送。

例16-11 UDP版本的一对一聊天程序。

程序功能：这是UDP版本两用户一对一的聊天程序，功能上与例16-8大同小异，在底部文本框输入信息，点击“发送”按钮后，向对方发送信息，并在“聊天记录”中显示双方聊天内容，如图16-15、图16-16所示。

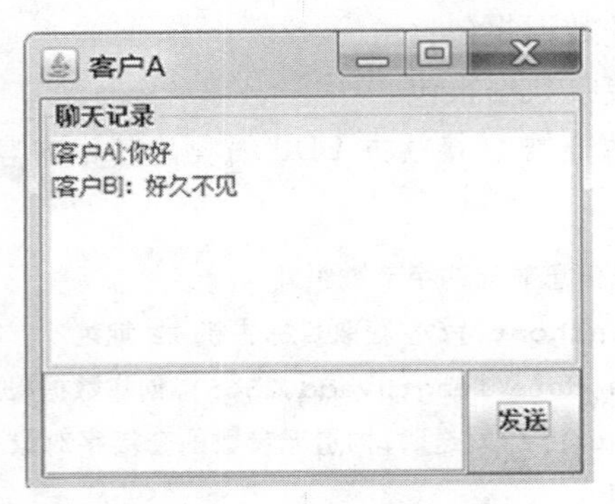

图16-15 A用户界面示图

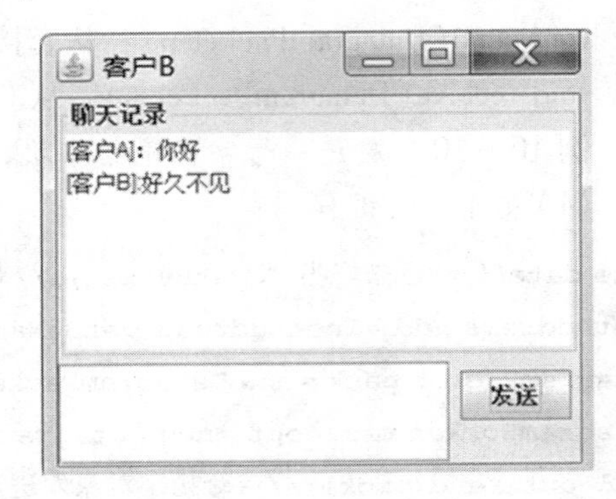

图16-16 B用户界面示图

解题思路：A、B两用户端使用不同的程序文件，不过因为UDP无主从之分，两用户端的地位平等，所以，两个程序的设计思想、代码内容相似，因此，下面只是以A程序为例进行说明。程序文件也包含两个类：AUser类，继承了JFrame实现图形界面功能；AUserChat类，负责与B用户端通信。用户图形界面比较简单，对AUser不作更多的说明，现对AUserChat设计思想进行相关介绍。AUserChat类是一个多线程类，线程体run()方法用无限循环方式得到B用户发送的信息，使用数据报方式接收数据；sendMsg()使用数据报方式发送数据，当点击“发送”按钮后进行事件处理时调用。需要说明的是，信息从A→B和从B→A传送所使用的端口号不同，一个是1234，另一个是4321；但是，同一数据流向A、B对应的发送与接收的端口号应相同，以保证信息传输途径的通畅。

A用户端程序文件名为AUser.java，B用户端程序文件名为BUser.java。程序代码如下：

```
//AUser.java:UDP版本一对一聊天程序(A用户端)
import java.io.*;
import java.net.*;
import javax.swing.*;
import java.awt.event.*;
import java.awt.*;

public class AUser extends JFrame {
    JTextArea mainArea;
    JTextArea sendArea;
    JTextField ipArea;
    JButton sendBtn;
```

```
    AUserChat userchat;
    void setAUserChat(AUserChat userchat) {
        this.userchat = userchat;
    }
    public AUser() {
        super("客户 A");
        Container contain = getContentPane();
        contain.setLayout(new BorderLayout());
        mainArea = new JTextArea();
        mainArea.setEditable(false);
        JScrollPane mainAreaP = new JScrollPane(mainArea);// 为文本区添加滚动条
        mainAreaP.setBorder(BorderFactory.createTitledBorder("聊天记录"));
        JPanel panel = new JPanel();
        panel.setLayout(new BorderLayout());
        sendArea = new JTextArea(3, 8);
        JScrollPane sendAreaP = new JScrollPane(sendArea);
        userchat = new AUserChat(this);
        userchat.start();

        sendBtn = new JButton("发送");
        sendBtn.addActionListener(new ActionListener() {
            public void actionPerformed(ActionEvent e) {
                userchat.sendMsg(sendArea.getText().trim());
                mainArea.append("[客户 A]:" + sendArea.getText().trim() + "\n");
                sendArea.setText("");
            }
        });
        panel.add(sendBtn, BorderLayout.EAST);
        panel.add(sendAreaP, BorderLayout.CENTER);
        contain.add(mainAreaP, BorderLayout.CENTER);
        contain.add(panel, BorderLayout.SOUTH);
        setSize(300, 250);
        setVisible(true);
        setDefaultCloseOperation(JFrame.EXIT_ON_CLOSE);
    }
    public static void main(String[] args) {
        AUser ui = new AUser();
    }
}
class AUserChat extends Thread {
    AUser ui;
```

```
AUserChat(AUser ui) {
    this.ui=ui;
    ui.setAUserChat(this);
}
public void run() {// 接收数据包
    String s=null;
    DatagramSocket mail_data=null;
    DatagramPacket pack=null;
    byte data[]=new byte[8192];
    try {
        pack=new DatagramPacket(data, data.length);
        mail_data=new DatagramSocket(4321);
    } catch (Exception e) {
        System.out.println(e);
    }
    while (true) {
        if (mail_data == null)
            break;
        else {
            try {
                mail_data.receive(pack);
                String msg=new String(pack.getData(), 0, pack.getLength());
                ui.mainArea.append("[客户 B]: " + msg + "\n");
            } catch (IOException e1) {
                System.out.println("数据接收故障");
                break;
            }
        }
    }
}

public void sendMsg(String s) { // 发送数据包
    byte buffer[]=s.getBytes();
    try {
        InetAddress add=InetAddress.getByName("localhost");
        DatagramPacket data_pack=new DatagramPacket(buffer,
                buffer.length, add, 1234);
        DatagramSocket mail_data=new DatagramSocket();
        mail_data.send(data_pack);
    } catch (Exception e) {
```

```java
            System.out.println("数据发送失败!");
        }
    }
}

//BUser.java:UDP 版本一对一聊天程序(B 用户端)
import java.io.*;
import java.net.*;
import javax.swing.*;
import java.awt.event.*;
import java.awt.*;

public class BUser extends JFrame {
    JTextArea mainArea;
    JTextArea sendArea;
    BUserChat userchat;
    JButton sendBtn;
    void setBUserChat(BUserChat userchat) {
        this.userchat = userchat;
    }
    public BUser() {
        super("客户 B");
        Container contain = getContentPane();
        contain.setLayout(new BorderLayout(3, 3));
        mainArea = new JTextArea();
        mainArea.setEditable(false);
        JScrollPane mainAreaP = new JScrollPane(mainArea);
        mainAreaP.setBorder(BorderFactory.createTitledBorder("聊天记录"));
        JPanel panel = new JPanel();
        panel.setLayout(new BorderLayout());
        sendArea = new JTextArea(3, 8);
        JScrollPane sendAreaP = new JScrollPane(sendArea);
        userchat = new BUserChat(this);
        userchat.start();
        sendBtn = new JButton("发送");
        sendBtn.addActionListener(new ActionListener() {
            public void actionPerformed(ActionEvent e) {
                userchat.sendMsg(sendArea.getText().trim());
                mainArea.append("[客户 B]:" + sendArea.getText().trim() + "\n");
                sendArea.setText("");
            }
```

```
        });
        JPanel tmpPanel = new JPanel();
        tmpPanel.add(sendBtn);
        panel.add(tmpPanel, BorderLayout.EAST);
        panel.add(sendAreaP, BorderLayout.CENTER);
        contain.add(mainAreaP, BorderLayout.CENTER);
        contain.add(panel, BorderLayout.SOUTH);
        setSize(300, 250);
        setDefaultCloseOperation(JFrame.EXIT_ON_CLOSE);
    }

    public static void main(String[] args) {
        BUser ui = new BUser();
        ui.setVisible(true);
    }
}

class BUserChat extends Thread {
    BUser ui;
    BUserChat(BUser ui) {
        this.ui = ui;
        ui.setBUserChat(this);
    }

    public void run() {// 接收数据包
        String s = null;
        DatagramSocket mail_data = null;
        DatagramPacket pack = null;
        byte data[] = new byte[8192];
        try {
            pack = new DatagramPacket(data, data.length);
            mail_data = new DatagramSocket(1234);
        } catch (Exception e) {
            System.out.println(e);
        }
        while (true) {
            if (mail_data == null)
                break;
            else {
                try {
                    mail_data.receive(pack);
```

```
                    String msg = new String(pack.getData(), 0, pack.getLength());
                    ui.mainArea.append("[客户 A]: " + msg + "\n");
                } catch (IOException e1) {
                    System.out.println("数据接收故障");
                    break;
                }
            }
        }
    }
    public void sendMsg(String s) { // 发送数据包
        byte buffer[] = s.getBytes();
        try {
            InetAddress add = InetAddress.getByName("localhost");
            DatagramPacket data_pack = new DatagramPacket(buffer,
                    buffer.length, add, 4321);
            DatagramSocket mail_data = new DatagramSocket();
            mail_data.send(data_pack);
        } catch (Exception e) {
            System.out.println("数据发送失败!");
        }
    }
}
```

16.3 实验内容

1.(基础题)以下是一个通过 UrlConnection 抓取网页内容的程序:

```
import java.net.*;
import java.io.*;
public class UrlConnectionDemo {
    public static void main(String args[]) {
    try {
        String keywords = "Java";
        String url_str = "http://www.baidu.com/s?wd=" + keywords;
        URL url = new URL(url_str);
        URLConnection gc = url.openConnection();
        BufferedReader in = new BufferedReader(
                new InputStreamReader(gc.getInputStream(), "utf-8"));
```

```
        String str;
        while ((str = in.readLine()) ! = null)
            System.out.println(str);
        in.close();
    } catch (MalformedURLException e) {
        e.printStackTrace();
    }catch (Exception e) {
        System.out.println("Exception caught");
        e.printStackTrace();
    }
    }
}
```

请模仿访问 http://www.baidu.com，输入“Java”关键字，得到输出结果。将控制台输出结果存放到一个 html 文件中，如 r1.html。先运行代码，然后回答下列问题：

(1)在浏览器中打开上述文件，其显示内容与浏览器中用百度查找“Java”关键字的内容是否相同？

(2)能否不使用浏览器，得到华软主页(http://www.sise.com.cn)HTML 内容？若能，应如何实现？

2.(基础题)以下内容是一个非常简单的 TCP 程序，包含服务器端、客户端程序。先按要求填充程序所缺代码，之后回答下列问题。

```
//服务器端程序
import ______(1)______;//导入 java.net 包中的所有类
import java.io.*;
public class Server {
    public static void main(String args[]) {
    int i =0;// 计数
    try {
        ServerSocket ss = new ______(2)______ (6666);// 创建 ServerSocket 对象
        System.out.println("服务器已启动......");
        while (true) {
            ______(3)______ socket = ss.______(4)______ ();// 等待客户端连接,并生成
Socket 对象
            i ++;// 计数
            System.out.println("已接受连接请求" + i);
            //返回客户端的输出字节流,并生成 PrintStream 对象
            PrintStream out = new PrintStream(socket.______(5)______());
            out.println("欢迎访问服务器!");
            out.close();
            socket.______(6)______();//关闭 socket
            if (i >=4)//连接数大于等于 4 时,服务器程序退出
```

```
                break;
            }
        } catch (______(7)______ e) {//捕获异常
            System.out.println(e);
        }
    }
}

//客户端程序
import java.io.*;
import java.net.*;
public class Client {
    public static void main(String args[]) {
    try {
        Socket sock = new ______(8)______ ("127.0.0.1", ______(9)______);// 创建
Socket 对象,地址与端口要对应服务器的值
        //得到服务器端发送过来的字节输入流信息,并进行包装
        BufferedReader in = new ______(10)______ (new InputStreamReader(sock.
                ______(11)______()));
        String s = in.readLine();
        System.out.println(s);
        in.close();
    } catch (IOException e) {
        System.out.println("error!");
    }
    }
}
```

(1)ServerScoket 类和 Socket 类有什么不同?

(2)服务器端与客户端的端口是否可以不同?

(3)如何获得 Socket 的输入流、输出流?

(4)服务器端与客户端的输入流、输出流是怎样对应起来的?

3.(基础题)以下是一个 TCP 一对一聊天程序,包含服务器端、客户端程序:

```
//一对一聊天程序(服务器端)
import java.io.*;
import java.net.*;
import javax.swing.*;
import java.awt.event.*;
import java.awt.*;
public class ServerUI extends JFrame {
    JTextArea mainArea;
    JTextArea sendArea;
```

```
    JTextField indexArea;
    SvrCom server;
    public void setServer(SvrCom server) {
    this.server=server;
    }
    public ServerUI() {
    super("聊天程序----服务器端");
    Container contain=getContentPane();
    contain.setLayout(new BorderLayout());
    mainArea=new JTextArea();
    JScrollPane mainAreaP=new JScrollPane(mainArea);
    JPanel panel=new JPanel();
    panel.setLayout(new BorderLayout());
    sendArea=new JTextArea(3, 8);
    JButton sendBtn=new JButton("发送");
    sendBtn.addActionListener(new ActionListener() {
        public void actionPerformed(ActionEvent ae) {
            server.sendMsg(sendArea.getText());
            mainArea.append("【服务器】" + sendArea.getText() + "\n");
            sendArea.setText("");
        }
    });
    JPanel tmpPanel=new JPanel();
    indexArea=new JTextField(2);
    indexArea.setText("0");
    tmpPanel.add(sendBtn);
    tmpPanel.add(indexArea);
    panel.add(tmpPanel, BorderLayout.EAST);
    panel.add(sendArea, BorderLayout.CENTER);
    contain.add(mainAreaP, BorderLayout.CENTER);
    contain.add(panel, BorderLayout.SOUTH);
    setSize(300, 250);
    setVisible(true);
    setDefaultCloseOperation(JFrame.EXIT_ON_CLOSE);
    }

    public static void main(String[] args) {
    ServerUI ui=new ServerUI();
    SvrCom server=new SvrCom(ui);
    }
}
```

```
// 通信类 SvrCom 负责守候数据到来
class SvrCom extends Thread {
    Socket client;
    ServerSocket soc;
    BufferedReader in;
    PrintWriter out;
    ServerUI ui;
    public SvrCom(ServerUI ui) { // 初始化 SvrCom 类
    this.ui = ui;
    ui.setServer(this);
    try {
        soc = new ServerSocket(2345);
        System.out.println("启动服务器成功,等待端口号:2345");
        client = soc.accept();// 当客户机请求连接时,创建一条链接
        System.out.println("连接成功!来自" + client.toString());
        in = new BufferedReader(new InputStreamReader(client.
                getInputStream()));
        out = new PrintWriter(client.getOutputStream(), true);
    } catch (Exception ex) {
        System.out.println(ex);
    }
    start();
    }
    public void run() {// 用于监听客户端发送来的信息
    String msg = "";
    while (true) {
        try {
            msg = in.readLine();
        } catch (SocketException ex) {
            System.out.println(ex);
            break;
        } catch (Exception ex) {
            System.out.println(ex);
        }
        if (msg != null && msg.trim() != "") {
            System.out.println(">>" + msg);
            ui.mainArea.append(msg + "\n");
        }
    }
    }
    public void sendMsg(String msg) {// 用于发送信息
```

```
    try {
        out.println("【服务器】" + msg);
    } catch (Exception e) {
        System.out.println(e);
    }
    }
}

//一对一聊天程序(客户端)
import java.io.*;
import java.net.*;
import javax.swing.*;
import java.awt.event.*;
import java.awt.*;

//用户界面 ClientUI
public class ClientUI extends JFrame {
    JTextArea mainArea;
    JTextArea sendArea;
    ChatClient client;
    JTextField ipArea;
    JButton btnLink;
    public void setClient(ChatClient client) {
        this.client = client;
    }
    public ClientUI() {
        super("聊天程序----客户端");
        Container contain = getContentPane();
        contain.setLayout(new BorderLayout());
        mainArea = new JTextArea();
        JScrollPane mainAreaP = new JScrollPane(mainArea);// 为文本区添加滚动条

        JPanel panel = new JPanel();
        panel.setLayout(new BorderLayout());
        sendArea = new JTextArea(3, 8);
        JButton sendBtn = new JButton("发送");
        sendBtn.addActionListener(new ActionListener() {
            public void actionPerformed(ActionEvent ae) {
                client.sendMsg(sendArea.getText());
                mainArea.append("【客户端】" + sendArea.getText() + "\n");
                sendArea.setText("");
```

```
            }
        });
        JPanel ipPanel = new JPanel();
        ipPanel.setLayout(new FlowLayout(FlowLayout.LEFT, 10, 10));
        ipPanel.add(new JLabel("服务器:"));
        ipArea = new JTextField(12);
        ipArea.setText("127.0.0.1");
        ipPanel.add(ipArea);
        btnLink = new JButton("连接");
        ipPanel.add(btnLink);
        btnLink.addActionListener(new ActionListener() {
            public void actionPerformed(ActionEvent ae) {
                client = new ChatClient(ipArea.getText(), 2345, ClientUI.this);
                ClientUI.this.setClient(client);
            }
        });
        panel.add(sendBtn, BorderLayout.EAST);
        panel.add(sendArea, BorderLayout.CENTER);
        contain.add(ipPanel, BorderLayout.NORTH);
        contain.add(mainAreaP, BorderLayout.CENTER);
        contain.add(panel, BorderLayout.SOUTH);
        setSize(300, 250);
        setVisible(true);
        setDefaultCloseOperation(JFrame.EXIT_ON_CLOSE);
    }
    public static void main(String[] args) {
        ClientUI ui = new ClientUI();
    }
}

// 通信类 ChatClient 负责守候数据到来
class ChatClient extends Thread {
    Socket sc;// 对象 sc,用来处理与服务器的通信
    BufferedReader in;// 声明输入流缓冲区,用于存储服务器发来的信息
    PrintWriter out;// 声明打印输出流,用于信息的发送
    ClientUI ui;
    public ChatClient(String ip, int port, ClientUI ui) {// 初始化 ChatClient 类
        this.ui = ui;
        try {
            sc = new Socket(ip, port); // 创建 sc, 用服务器 ip 和端口作参数
            System.out.println("已顺利连接到服务器。");
```

```
            out = new PrintWriter(sc.getOutputStream(), true);
            in = new BufferedReader(new InputStreamReader(sc.getInputStream()));
        } catch (Exception e) {
            System.out.println(e);
        }
        start();
    }
    public void run() { // 用于监听服务器端发送来的信息
        String msg = "";
        while (true) {
            try {
                msg = in.readLine();// 从缓冲区读入一行字符存于 msg
            } catch (SocketException ex) {
                System.out.println(ex);
                break;
            } catch (Exception ex) {
                System.out.println(ex);
            }
                if (msg != null && msg.trim() != "") {// 若 msg 信息不为空
                System.out.println(">>" + msg);
                ui.mainArea.append(msg + "\n");// 把 msg 信息添加到客户端的文本区域内
            }
        }
    }

    public void sendMsg(String msg) {// 用于发送信息
        try {
            out.println("【客户端】" + msg);
        } catch (Exception e) {
            System.out.println(e);
        }
    }
}
```

请按下列要求进行操作：

(1)分别编译服务器与客户端程序，同时运行这两个程序。

(2)回答下列问题：

①服务器端的界面设计用到哪些组件，“发送”按钮实现什么功能？

②服务器端如何接收、传送数据？

③客户端的界面设计用到哪些组件，“发送”按钮实现什么功能？

④客户端如何接收、传送数据？

16.4 实验小结

本实验主要介绍 Java 网络编程相关内容。在互联网时代学会网络编程是十分必要的。

先回忆、复习网络基础知识，主要是 IP 地址及 TCP/IP 层次模型；接着介绍 java.net 包中的常用类，包括 URL、InetAddress、URLConnection、URLDecoder 和 URLEncoder 类等，通过这些类可以访问网络资源、抓取网页内容、获取 IP 地址，实现普通字符串与 MIME 字符的转换等功能。TCP 编程是本实验的重点，它基于 TCP 协议的“请求 - 响应”方式进行服务器、客户端的连接通信，其核心内容是 Socket 编程，方法是服务器先以双方约定的端口创建 ServerSocket 对象，等待客户端的请求，一旦发现有客户端来访，则与该客户端建立起可靠的连接，并返回一个 Socket 对象，此时，客户与服务器之间就可通过 Socket 对象来获得各自的输入流与输出流并进行通信，一方的输入流对应另一方的输出流。综合应用前面所学的输入输出流、Swing GUI、多线程等知识，便可实现比较复杂的网络程序，如一对一、一对多聊天程序等。UDP 是另一种通信协议，它主要通过数据报包方式来发送、接收数据，在传输速度要求比正确率要求更高的场合（如音频或视频的实时传输等），UDP 有其应用价值。UDP 编程中使用的类主要有 DatagramPacket、DatagramSocket，不过在发送、接收过程中的使用格式有所不同，应注意；UDP 与 TCP 有一些不同点，请仔细区分。

综合案例1　团学管理系统

17.1　系统功能

本系统基于数据库JDBC编程，以树(JTree)为主导实现对团学干部成员数据的增删改查操作，具体如下：

(1)团学干部信息管理

①添加、修改、删除、查询团学干部信息；

②团学部门信息管理查询与操作。

(2)团学干部调动管理

①团学干部调动情况查询与操作；

②调动历史查询。

(3)团学干部考核管理

①团学干部考核情况查询与操作；

②考核历史查询。

(4)团学干部奖惩管理

①团学干部奖惩管理查询与操作；

②奖惩历史查询。

17.2　系统涉及的主要知识点

流程控制语句、类和对象、设置器和访问器，异常处理、图形界面、JDBC、事件处理、继承与多态、树(JTree)等。

17.3　程序运行截图及说明

程序运行截图及说明分别如图17－1至图17－8所示。

图 17－1　系统主界面

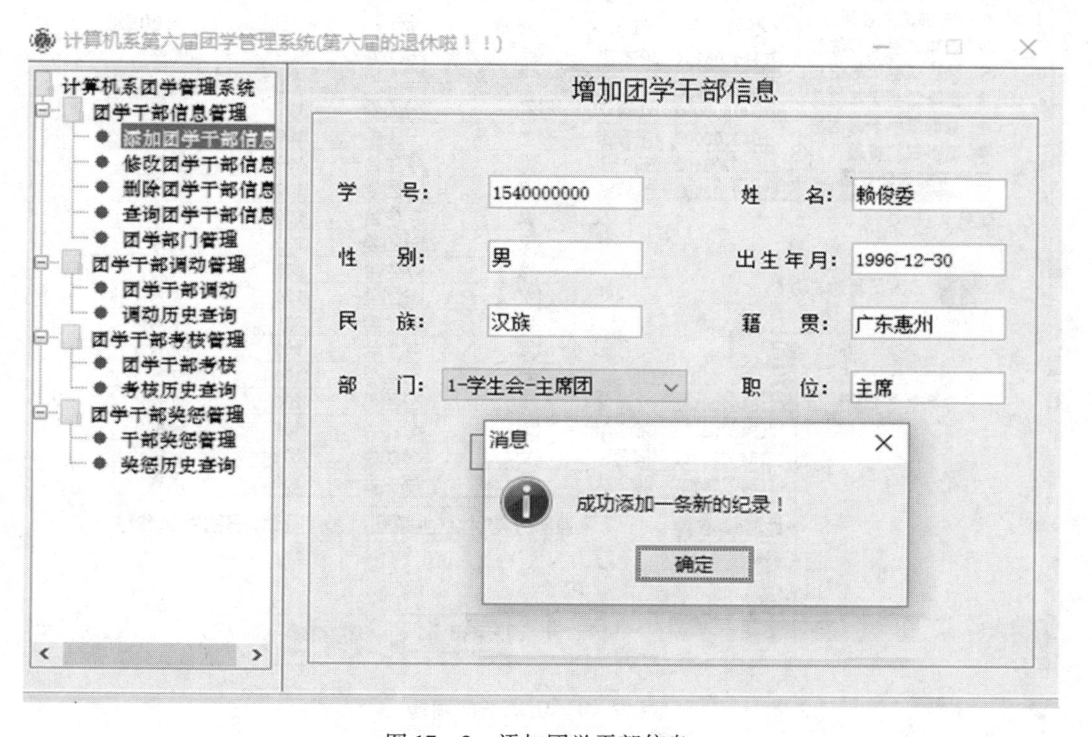

图 17－2　添加团学干部信息

PersonID	Name	Sex	Birth	Nat	Address	DeptID	Salary	Assess	Other
1440706134	叶本建	男	1996-12-25	汉族	广东汕尾	8	100	优秀	副书记
1540000000	赖俊委	男	1996-12-30	汉族	广东惠州	1	0	未考核	主席
1540600000	邬森平	男	1996-12-15	汉族	广东河源	10	100	优秀	副部长
1540700000	庄春晖	女	1996-12-12	汉族	广东揭阳	9	100	优秀	部长
1540706102	汤志钦	男	1996-12-25	汉族	湖北黄冈	5	100	优秀	副部长
1540706103	张晓城	男	1996-12-12	汉族	广东汕头	11	100	优秀	副部长
1540706104	刘家辉	男	1996-12-25	汉族	广东广州	5	100	优秀	副长
1540706117	詹佳荣	男	1996-12-12	汉族	广东汕头	13	100	优秀	部长
1540706130	陈桂宁	男	1996-12-25	汉族	广东茂名	6	100	优秀	副部长
1540706131	赖斯琴	女	1996-12-12	汉族	广东梅州	13	100	优秀	副部长
1540706135	胡旭东	男	1996-12-15	汉族	广东梅州	3	80	未考核	部长
1540706149	华成东	男	1996-12-25	汉族	广东化州	4	100	优秀	副部长
1540706155	陈桔文	女	1996-12-12	汉族	广东汕头	13	100	优秀	副部长
1540706165	文旭健	男	1996-12-12	汉族	广东信宜	12	100	优秀	副部长
1540706176	邬森平	男	1996-12-12	汉族	广东河源	9	80	合格	部长
1540706212	何君玲	女	1996-12-12	汉族	广东恩平	11	80	合格	副部长

图 17－3　数据库中团学干部信息

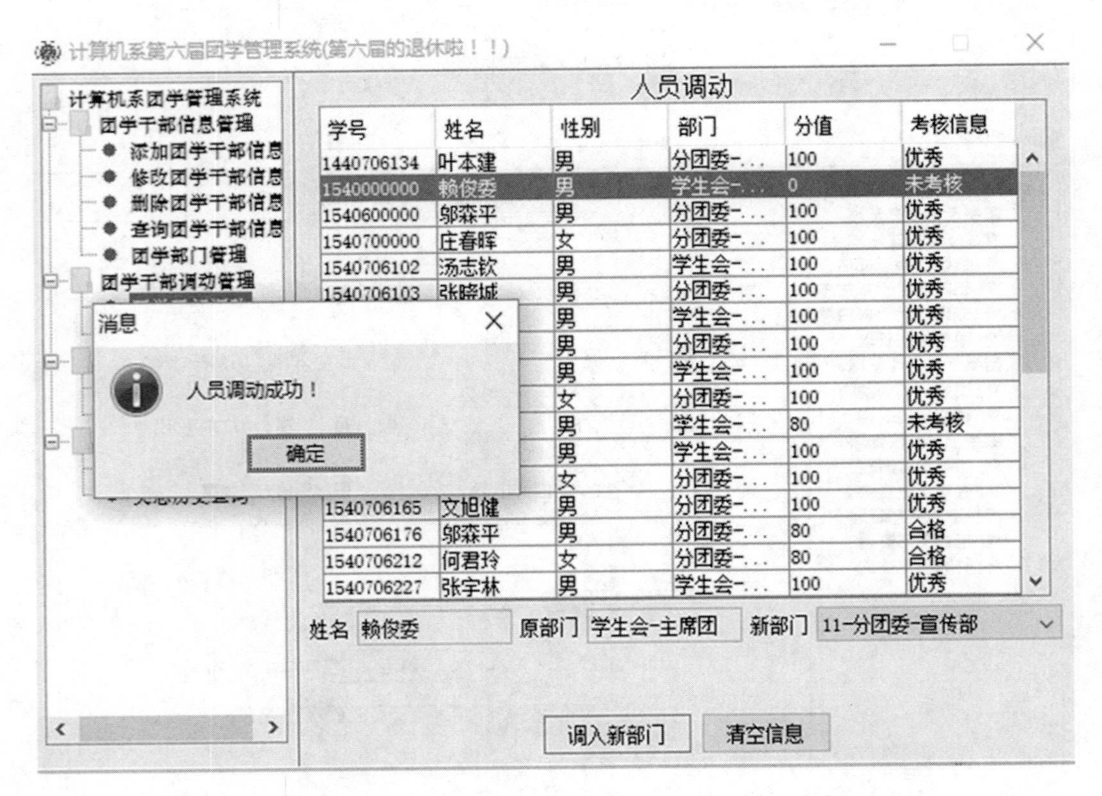

图 17－4　团学干部调动

JourNo	FromAcc	OldInfo	NewInfo	RegDate	ChgTime	PersonID
1	团学干部调动	10	9	2017-6-18 18:36:47	1	1540700000
2	干部奖惩	0	80	2017-6-18 19:09:09	1	1540706135
3	干部奖惩	100	0	2017-6-18 19:48:16	1	1540707265
4	团学干部调动	1	11	2017-6-19 3:04:16	1	1540000000

图 17－5　数据库中团学干部调动

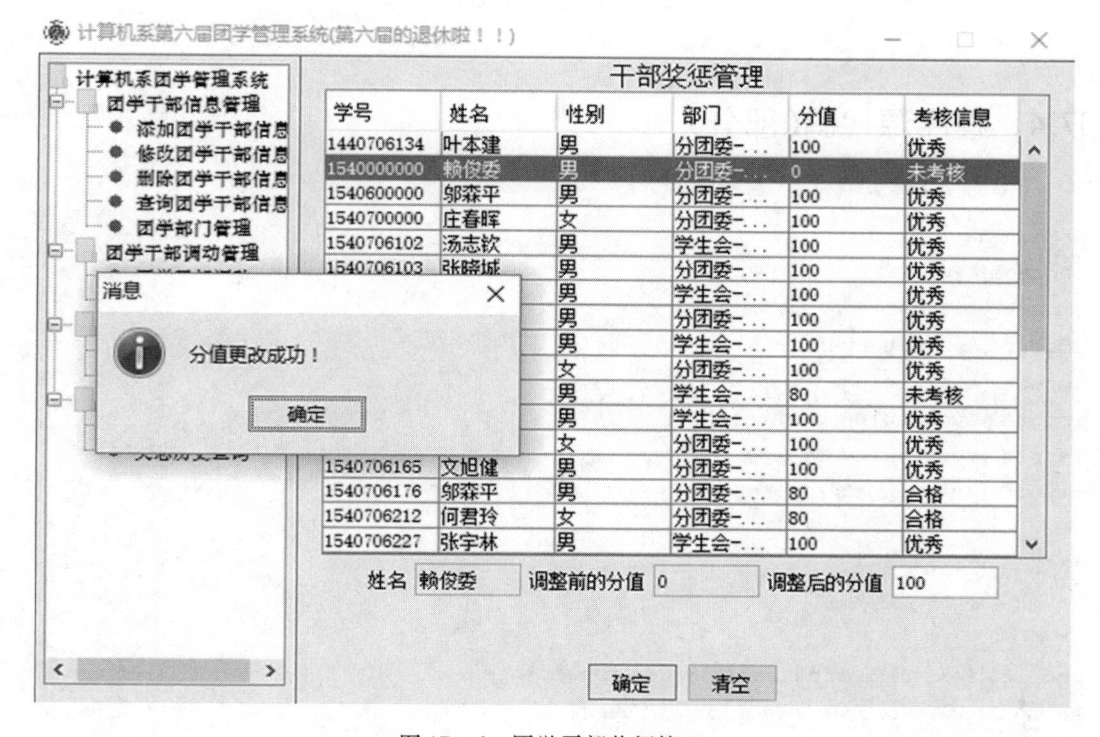

图 17－6　团学干部奖惩管理

JourNo	FromAcc	OldInfo	NewInfo	RegDate	ChgTime	PersonID
1	团学干部调动	10	9	2017-6-18 18:36:47	1	1540700000
2	干部奖惩	0	80	2017-6-18 19:09:09	1	1540706135
3	干部奖惩	100	0	2017-6-18 19:48:16	1	1540707265
4	团学干部调动	1	11	2017-6-19 3:04:16	1	1540000000
5	干部奖惩	0	100	2017-6-19 3:05:58	1	1540000000

图 17－7　数据库中团学干部奖惩管理

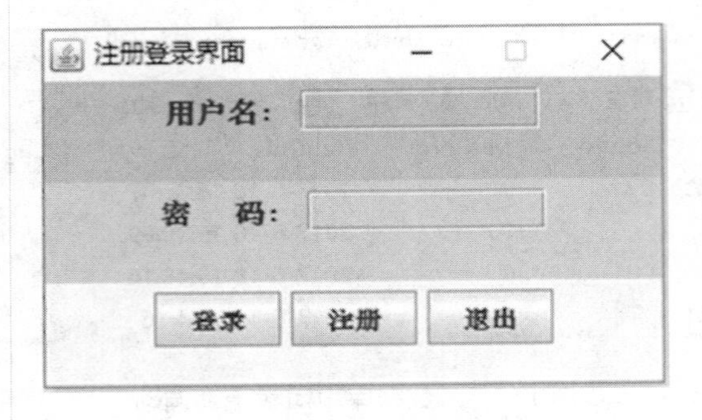

图 17-8 注册登录界面

17.4 程序源代码(部分)

```
HrMain.java
package ljw;
import java.awt.*;
import java.awt.event.*;
import javax.swing.*;
import javax.swing.event.*;
import javax.swing.tree.*;
import java.net.*;

/**
 * 团学管理系统主界面
 */
public class HrMain extends JFrame implements
ActionListener,TreeSelectionListener{
    //框架的大小
    Dimension faceSize = new Dimension(650, 450);
    //程序图标
    Image icon;

    //建立 Jtree 菜单
    JTree tree;
    DefaultMutableTreeNode root;  //计算机系团学管理系统
    DefaultMutableTreeNode node1; //人员基本信息维护
    DefaultMutableTreeNode node2; //团学干部信息管理
    DefaultMutableTreeNode node3; //团学干部调动管理
```

```java
DefaultMutableTreeNode node4; //团学干部考核管理
DefaultMutableTreeNode node5; //团学干部奖惩管理
DefaultMutableTreeNode leafnode;
TreePath treePath;

//主界面面板
public static JSplitPane splitPane;
JPanel panel1;
JPanel panel2;
JPanel panel3;
JLabel welcome = new JLabel();
JScrollPane scrollPane;

/* *
 * 程序初始化函数
 * /
public HrMain() {
    setResizable(false);
    setBackground(Color. WHITE);
    enableEvents(AWTEvent. WINDOW_EVENT_MASK);
    //添加框架的关闭事件处理
    this. setDefaultCloseOperation(JFrame. EXIT_ON_CLOSE);
    this. pack();
    //设置框架的大小
    this. setSize(faceSize);
    //设置标题
    this. setTitle("计算机系第六届团学管理系统(第六届的退休啦!!)");
    //程序图标
    icon = getImage("计算机系 . png");
    this. setIconImage(icon);

    try {
        Init();
    }
    catch(Exception e) {
        e. printStackTrace();
    }

}
/* *
 * 程序初始化函数
```

```
  */
private void Init() throws Exception {
    //Container contentPane = this.getContentPane();
    //contentPane.setLayout(new BorderLayout());

    //添加 Jtree 菜单
    root = new DefaultMutableTreeNode("计算机系团学管理系统");
    node1 = new DefaultMutableTreeNode("团学干部信息管理");
    node2 = new DefaultMutableTreeNode("团学干部调动管理");
    node3 = new DefaultMutableTreeNode("团学干部考核管理");
    node4 = new DefaultMutableTreeNode("团学干部奖惩管理");
    //干部基本信息
    root.add(node1);
    leafnode = new DefaultMutableTreeNode("添加团学干部信息");
    node1.add(leafnode);
    leafnode = new DefaultMutableTreeNode("修改团学干部信息");
    node1.add(leafnode);
    leafnode = new DefaultMutableTreeNode("删除团学干部信息");
    node1.add(leafnode);
    leafnode = new DefaultMutableTreeNode("查询团学干部信息");
    node1.add(leafnode);
    leafnode = new DefaultMutableTreeNode("团学部门管理");
    node1.add(leafnode);
    //干部调动管理
    root.add(node2);
    leafnode = new DefaultMutableTreeNode("团学干部调动");
    node2.add(leafnode);
    leafnode = new DefaultMutableTreeNode("调动历史查询");
    node2.add(leafnode);
    //干部考核管理
    root.add(node3);
    leafnode = new DefaultMutableTreeNode("团学干部考核");
    node3.add(leafnode);
    leafnode = new DefaultMutableTreeNode("考核历史查询");
    node3.add(leafnode);
    //奖惩管理
    root.add(node4);
    leafnode = new DefaultMutableTreeNode("干部奖惩管理");
    node4.add(leafnode);
    leafnode = new DefaultMutableTreeNode("奖惩历史查询");
    node4.add(leafnode);
```

```
        //生成左侧的 JTree
        tree = new JTree(root);
        tree.setFont(new Font("华文中宋", Font.PLAIN, 12));
        tree.setBackground(Color.WHITE);
        scrollPane = new JScrollPane(tree);
        scrollPane.setPreferredSize(new Dimension(150,400));
    tree.getSelectionModel().setSelectionMode(TreeSelectionModel.SINGLE_TREE
_SELECTION);
        //生成 JPanel
        panel1 = new JPanel();
        panel2 = new JPanel();
        panel3 = new JPanel();
        panel1.add(scrollPane);
        welcome.setFont(new Font("华文中宋", Font.PLAIN, 14));
        welcome.setText("欢迎使用计算机系团学管理系统");
        panel3.add(welcome);

        //生成 JSplitPane 并设置参数
        splitPane = new JSplitPane();
        splitPane.setOneTouchExpandable(false);
        splitPane.setContinuousLayout(true);
        splitPane.setPreferredSize(new Dimension(150, 400));
        splitPane.setOrientation(JSplitPane.HORIZONTAL_SPLIT);
        splitPane.setLeftComponent(panel1);
        splitPane.setRightComponent(panel3);
        splitPane.setDividerSize(2);
        splitPane.setDividerLocation(161);
        //生成主界面
        this.setContentPane(splitPane);
        this.setVisible(true);

        //添加事件侦听
        tree.addTreeSelectionListener(this);

        //关闭程序时的操作
        this.addWindowListener(
            new WindowAdapter(){
                public void windowClosing(WindowEvent e){
                    System.exit(0);
                }
            }
```

```
        );
}

/**
 * 事件处理
 */
public void actionPerformed(ActionEvent e) {
}

/**
 * JTree 事件处理
 */
public void valueChanged(TreeSelectionEvent tse) {
        DefaultMutableTreeNode dnode =
            (DefaultMutableTreeNode)tse.getPath().getLastPathComponent();
            System.out.println("dnode = " + dnode);
            String node_str = dnode.toString();
            if (node_str == "计算机系团学管理系统") {
                splitPane.setRightComponent(panel3);
            }
            //团学干部基本信息管理树
            else if (node_str == "基本信息管理") {
                //当选中后展开或关闭叶子节点
                treePath = new TreePath(node1.getPath());
                if(tree.isExpanded(treePath))
                    tree.collapsePath(treePath);
                else
                    tree.expandPath(treePath);
            }
            else if (node_str == "添加团学干部信息") {
                Node11Panel node11Panel = new Node11Panel();
                splitPane.setRightComponent(node11Panel);
            }
            else if (node_str == "修改团学干部信息") {
                Node12Panel node12Panel = new Node12Panel();
                splitPane.setRightComponent(node12Panel);
            }
            else if (node_str == "删除团学干部信息") {
                Node13Panel node13Panel = new Node13Panel();
                splitPane.setRightComponent(node13Panel);
            }
```

```
else if (node_str == "查询团学干部信息") {
    Node14Panel node14Panel = new Node14Panel();
    splitPane.setRightComponent(node14Panel);
}
else if (node_str == "团学部门管理") {
    Node15Panel node15Panel = new Node15Panel();
    splitPane.setRightComponent(node15Panel);
}
//团学干部调动管理树
else if (node_str == "团学干部调动管理") {
    //当选中后展开或关闭叶子节点
    treePath = new TreePath(node2.getPath());
    if(tree.isExpanded(treePath))
        tree.collapsePath(treePath);
    else
        tree.expandPath(treePath);
}
else if (node_str == "团学干部调动") {
    Node21Panel node21Panel = new Node21Panel();
    splitPane.setRightComponent(node21Panel);
}
else if (node_str == "调动历史查询") {
    Node22Panel node22Panel = new Node22Panel();
    splitPane.setRightComponent(node22Panel);
}
//团学干部考核管理树
else if (node_str == "团学干部考核管理") {
    //当选中后展开或关闭叶子节点
    treePath = new TreePath(node3.getPath());
    if(tree.isExpanded(treePath))
        tree.collapsePath(treePath);
    else
        tree.expandPath(treePath);
}
else if (node_str == "团学干部考核") {
    Node31Panel node31Panel = new Node31Panel();
    splitPane.setRightComponent(node31Panel);
}
else if (node_str == "考核历史查询") {
    Node32Panel node32Panel = new Node32Panel();
    splitPane.setRightComponent(node32Panel);
```

```
    }
    //奖惩管理树
    else if (node_str == "团学干部奖惩管理") {
        //当选中后展开或关闭叶子节点
        treePath = new TreePath(node4.getPath());
        if(tree.isExpanded(treePath))
            tree.collapsePath(treePath);
        else
            tree.expandPath(treePath);
    }
    else if (node_str == "干部奖惩管理") {
        Node41Panel node41Panel = new Node41Panel();
        splitPane.setRightComponent(node41Panel);
    }
    else if (node_str == "奖惩历史查询") {
        Node42Panel nod42Panel = new Node42Panel();
        splitPane.setRightComponent(nod42Panel);
    }
}

/**
 * 通过给定的文件名获得图像
 */
Image getImage(String filename) {
    URLClassLoader urlLoader = (URLClassLoader)this.getClass().
        getClassLoader();
    URL url = null;
    Image image = null;
    url = urlLoader.findResource(filename);
    image = Toolkit.getDefaultToolkit().getImage(url);
    MediaTracker mediatracker = new MediaTracker(this);
    try {
        mediatracker.addImage(image, 0);
        mediatracker.waitForID(0);
    }
    catch (InterruptedException _ex) {
        image = null;
    }
    if (mediatracker.isErrorID(0)) {
        image = null;
    }
```

```
        return image;
    }
}

HrMS.java
package ljw;
import javax.swing.JDialog;
import javax.swing.JFrame;
import javax.swing.UIManager;
import java.awt.*;

/**
 * 计算机系团学管理系统运行主类
 */
public class HrMS {
    boolean packFrame = false;

    /**
     * 构造函数
     */
    public HrMS() {

        HrMain frame = new HrMain();

        if (packFrame) {
            frame.pack();
        }
        else {
            frame.validate();
        }

        //设置运行时窗口的位置
        Dimension screenSize = Toolkit.getDefaultToolkit().getScreenSize();
        Dimension frameSize = frame.getSize();
        if (frameSize.height > screenSize.height) {
            frameSize.height = screenSize.height;
        }
        if (frameSize.width > screenSize.width) {
            frameSize.width = screenSize.width;
        }
        frame.setLocation((screenSize.width - frameSize.width) / 2, (screenSize.
height - frameSize.height) / 2);
        frame.setVisible(true);
```

```
    }
    public static void main(String[] args) {
        //设置运行风格
        try {
    UIManager.setLookAndFeel(UIManager.getSystemLookAndFeelClassName());
        }
        catch(Exception e) {
            e.printStackTrace();
        }
        new HrMS();
    }
}
```

```
Node11Pannel.java
package ljw;
import javax.swing.*;
import java.awt.*;
import java.awt.event.*;
import java.net.*;

/**
 * 增加团学干部信息
 */
public class Node11Panel extends JPanel implements ActionListener,ItemListener{
    JPanel centerPanel = new JPanel();
    JPanel upPanel = new JPanel();

    //定义图形界面元素
    JLabel jLabel = new JLabel();
    JLabel jLabel1 = new JLabel();
    JLabel jLabel2 = new JLabel();
    JLabel jLabel3 = new JLabel();
    JLabel jLabel4 = new JLabel();
    JLabel jLabel5 = new JLabel();
    JLabel jLabel6 = new JLabel();
    JLabel jLabel7 = new JLabel();
    JLabel jLabel8 = new JLabel();
    JLabel jLabel9 = new JLabel();

    JTextField jTextField1 = new JTextField(15);   //学号
    JTextField jTextField2 = new JTextField(15);   //姓名
```

```
JTextField jTextField3 = new JTextField(15);  //性别
JTextField jTextField4 = new JTextField(15);  //出生年月
JTextField jTextField5 = new JTextField(15);  //民族
JTextField jTextField6 = new JTextField(15);  //籍贯
JComboBox jComboBox1 = null;  //部门
String DeptID = "1";
String Salary = "0";  //分值
String Assess = "未考核"; //考核
JTextField jTextField8 = new JTextField(15);  //职位

JScrollPane jScrollPane1;

JButton searchInfo = new JButton();
JButton addInfo = new JButton();
JButton modifyInfo = new JButton();
JButton deleteInfo = new JButton();
JButton clearInfo = new JButton();
JButton saveInfo = new JButton();
JButton eixtInfo = new JButton();

JButton jBSee = new JButton();
JButton jBSearch = new JButton();
JButton jBExit = new JButton();
JButton jBSum = new JButton();
JButton jBGrade = new JButton();

GridBagLayout girdBag = new GridBagLayout();
GridBagConstraints girdBagCon;

PersonBean bean = new PersonBean();

public Node11Panel() {
    this.setLayout(new BorderLayout());
    try    {
        jScrollPane1Init();  //上部面板布局
        panelInit();  //中部面板布局
        addListener();
    }
    catch(Exception  e) {
        e.printStackTrace();
    }
```

```
    }

    /* *
     * jScrollPanel 面板的布局
     * /
    public void jScrollPanelInit() throws Exception {
        centerPanel.setLayout(girdBag);

        centerPanel.setLayout(girdBag);
        jLabel1.setText("学          号:");
        jLabel1.setFont(new Font("Dialog",0,12));
        girdBagCon = new GridBagConstraints();
        girdBagCon.gridx = 0;
        girdBagCon.gridy = 1;
        girdBagCon.insets = new Insets(0,10,10,1);
        girdBag.setConstraints(jLabel1,girdBagCon);
        centerPanel.add(jLabel1);

        girdBagCon = new GridBagConstraints();
        girdBagCon.gridx = 1;
        girdBagCon.gridy = 1;
        girdBagCon.insets = new Insets(0,1,10,15);
        girdBag.setConstraints(jTextField1,girdBagCon);
        centerPanel.add(jTextField1);

        jLabel2.setText("姓          名:");
        jLabel2.setFont(new Font("Dialog",0,12));
        girdBagCon = new GridBagConstraints();
        girdBagCon.gridx = 2;
        girdBagCon.gridy = 1;
        girdBagCon.insets = new Insets(0,15,10,1);
        girdBag.setConstraints(jLabel2,girdBagCon);
        centerPanel.add(jLabel2);

        girdBagCon = new GridBagConstraints();
        girdBagCon.gridx = 3;
        girdBagCon.gridy = 1;
        girdBagCon.insets = new Insets(0,1,10,10);
        girdBag.setConstraints(jTextField2,girdBagCon);
        centerPanel.add(jTextField2);

        jLabel3.setText("性          别:");
        jLabel3.setFont(new Font("Dialog",0,12));
        girdBagCon = new GridBagConstraints();
```

```
girdBagCon.gridx=0;
girdBagCon.gridy=2;
girdBagCon.insets=new Insets(10,10,10,1);
girdBag.setConstraints(jLabel3,girdBagCon);
centerPanel.add(jLabel3);

girdBagCon=new GridBagConstraints();
girdBagCon.gridx=1;
girdBagCon.gridy=2;
girdBagCon.insets=new Insets(10,1,10,15);
girdBag.setConstraints(jTextField3,girdBagCon);
centerPanel.add(jTextField3);

jLabel4.setText("出 生 年 月:");
jLabel4.setFont(new Font("Dialog",0,12));
girdBagCon=new GridBagConstraints();
girdBagCon.gridx=2;
girdBagCon.gridy=2;
girdBagCon.insets=new Insets(10,15,10,1);
girdBag.setConstraints(jLabel4,girdBagCon);
centerPanel.add(jLabel4);

girdBagCon=new GridBagConstraints();
girdBagCon.gridx=3;
girdBagCon.gridy=2;
girdBagCon.insets=new Insets(10,1,10,10);
girdBag.setConstraints(jTextField4,girdBagCon);
centerPanel.add(jTextField4);

jLabel5.setText("民          族:");
jLabel5.setFont(new Font("Dialog",0,12));
girdBagCon=new GridBagConstraints();
girdBagCon.gridx=0;
girdBagCon.gridy=3;
girdBagCon.insets=new Insets(10,10,10,1);
girdBag.setConstraints(jLabel5,girdBagCon);
centerPanel.add(jLabel5);

girdBagCon=new GridBagConstraints();
girdBagCon.gridx=1;
girdBagCon.gridy=3;
```

```
girdBagCon.insets=new Insets(10,1,10,15);
girdBag.setConstraints(jTextField5,girdBagCon);
centerPanel.add(jTextField5);

jLabel6.setText("籍        贯:");
jLabel6.setFont(new Font("Dialog",0,12));
girdBagCon=new GridBagConstraints();
girdBagCon.gridx=2;
girdBagCon.gridy=3;
girdBagCon.insets=new Insets(10,15,10,1);
girdBag.setConstraints(jLabel6,girdBagCon);
centerPanel.add(jLabel6);

girdBagCon=new GridBagConstraints();
girdBagCon.gridx=3;
girdBagCon.gridy=3;
girdBagCon.insets=new Insets(10,1,10,10);
girdBag.setConstraints(jTextField6,girdBagCon);
centerPanel.add(jTextField6);

jLabel7.setText("部        门:");
jLabel7.setFont(new Font("Dialog",0,12));
girdBagCon=new GridBagConstraints();
girdBagCon.gridx=0;
girdBagCon.gridy=4;
girdBagCon.insets=new Insets(10,10,10,1);
girdBag.setConstraints(jLabel7,girdBagCon);
centerPanel.add(jLabel7);

DeptBean dbean=new DeptBean();
String[] allType=dbean.searchAllForNode();
jComboBox1=new JComboBox(allType);
girdBagCon=new GridBagConstraints();
girdBagCon.gridx=1;
girdBagCon.gridy=4;
girdBagCon.insets=new Insets(10,1,10,15);
girdBag.setConstraints(jComboBox1,girdBagCon);
centerPanel.add(jComboBox1);

jLabel8.setText("职        位:");
jLabel8.setFont(new Font("Dialog",0,12));
```

```
        girdBagCon = new GridBagConstraints();
        girdBagCon.gridx = 2;
        girdBagCon.gridy = 4;
        girdBagCon.insets = new Insets(10,15,10,1);
        girdBag.setConstraints(jLabel8,girdBagCon);
        centerPanel.add(jLabel8);

        girdBagCon = new GridBagConstraints();
        girdBagCon.gridx = 3;
        girdBagCon.gridy = 4;
        girdBagCon.insets = new Insets(10,1,10,10);
        girdBag.setConstraints(jTextField8,girdBagCon);
        centerPanel.add(jTextField8);

        addInfo.setText("增加");
        addInfo.setFont(new Font("Dialog",0,12));
        girdBagCon = new GridBagConstraints();
        girdBagCon.gridx = 0;
        girdBagCon.gridy = 5;
        girdBagCon.gridwidth = 2;
        girdBagCon.gridheight = 1;
        girdBagCon.insets = new Insets(10,10,10,10);
        girdBag.setConstraints(addInfo,girdBagCon);
        centerPanel.add(addInfo);

        clearInfo.setText("清空");
        clearInfo.setFont(new Font("Dialog",0,12));
        girdBagCon = new GridBagConstraints();
        girdBagCon.gridx = 2;
        girdBagCon.gridy = 5;
        girdBagCon.gridwidth = 2;
        girdBagCon.gridheight = 1;
        girdBagCon.insets = new Insets(10,10,10,10);
        girdBag.setConstraints(clearInfo,girdBagCon);
        centerPanel.add(clearInfo);

    }

    public void panelInit() throws Exception {
        upPanel.setLayout(girdBag);

        jLabel.setText("增加团学干部信息");
        jLabel.setFont(new Font("Dialog",0,16));
        girdBagCon = new GridBagConstraints();
```

```
        girdBagCon.gridx=0;
        girdBagCon.gridy=0;
        girdBagCon.insets=new Insets(0,10,0,10);
        girdBag.setConstraints(jLabel,girdBagCon);
        upPanel.add(jLabel);

        jScrollPanel=new JScrollPane(centerPanel);
        jScrollPanel.setPreferredSize(new Dimension(450,380));

        girdBagCon=new GridBagConstraints();
        girdBagCon.gridx=0;
        girdBagCon.gridy=1;
        girdBagCon.insets=new Insets(0,0,0,0);
        girdBag.setConstraints(jScrollPanel,girdBagCon);
        upPanel.add(jScrollPanel);

        this.add(upPanel,BorderLayout.NORTH);

        jTextField1.setEditable(true);
        jTextField2.setEditable(true);
        jTextField3.setEditable(true);
        jTextField4.setEditable(true);
        jTextField5.setEditable(true);
        jTextField6.setEditable(true);
        jTextField8.setEditable(true);

        jTextField1.setText(""+bean.getId());
    }

    /**
     * 添加事件侦听
     */
    public void addListener() throws Exception {
        //添加事件侦听
        addInfo.addActionListener(this);
        clearInfo.addActionListener(this);
        jComboBox1.addItemListener(this);
    }


/**
 * 事件处理
```

```
 * /
public void actionPerformed(ActionEvent e) {
    Object obj = e.getSource();
    if (obj == addInfo) { //增加
        bean.add(jTextField1.getText(),jTextField2.getText(),
                jTextField3.getText(),jTextField4.getText(),
                jTextField5.getText(),jTextField6.getText(),
                DeptID,Salary,Assess,jTextField8.getText());
        Node11Panel node11Panel = new Node11Panel();
        HrMain.splitPane.setRightComponent(node11Panel);
    }
    else if (obj == clearInfo) { //清空
        setNull();
    }
}

/* *
 * 将文本框清空
 * /
void setNull(){
    jTextField2.setText(null);
    jTextField3.setText(null);
    jTextField4.setText(null);
    jTextField5.setText(null);
    jTextField6.setText(null);
    jTextField8.setText(null);
}

/* *
 * 下拉菜单事件处理
 * /
public void itemStateChanged(ItemEvent e) {
    if(e.getStateChange() == ItemEvent.SELECTED){
        String tempStr = "" + e.getItem();
        int i = tempStr.indexOf("-");
        DeptID = tempStr.substring(0,i);
    }
}

}

Node12Panel.java
package ljw;
import javax.swing.* ;
```

```
import java.awt.*;
import java.awt.event.*;
import java.net.*;

/**
 * 树第一节点下的第二叶子
 * 修改人员信息
 */
public class Node12Panel extends JPanel implements ActionListener,ItemListener{
    JPanel centerPanel = new JPanel();
    JPanel upPanel = new JPanel();

    //定义图形界面元素
    JLabel jLabel = new JLabel();
    JLabel jLabel1 = new JLabel();
    JLabel jLabel2 = new JLabel();
    JLabel jLabel3 = new JLabel();
    JLabel jLabel4 = new JLabel();
    JLabel jLabel5 = new JLabel();
    JLabel jLabel6 = new JLabel();
    JLabel jLabel7 = new JLabel();
    JLabel jLabel8 = new JLabel();
    JLabel jLabel9 = new JLabel();

    JTextField jTextField1 = new JTextField(15);  //学号
    JTextField jTextField2 = new JTextField(15);  //姓名
    JTextField jTextField3 = new JTextField(15);  //性别
    JTextField jTextField4 = new JTextField(15);  //出生年月
    JTextField jTextField5 = new JTextField(15);  //民族
    JTextField jTextField6 = new JTextField(15);  //籍贯
    String DeptID = "";  //部门
    String Salary = "";  //分值
    String Assess = "";  //考核
    JTextField jTextField8 = new JTextField(30);  //职位

    JComboBox jComboBox1 = null;  //人员信息

    String  personID = "";
    String[] person = null;

    JScrollPane jScrollPane1;
```

```
    JButton searchInfo = new JButton();
    JButton addInfo = new JButton();
    JButton modifyInfo = new JButton();
    JButton deleteInfo = new JButton();
    JButton clearInfo = new JButton();
    JButton saveInfo = new JButton();
    JButton eixtInfo = new JButton();

    JButton jBSee = new JButton();
    JButton jBSearch = new JButton();
    JButton jBExit = new JButton();
    JButton jBSum = new JButton();
    JButton jBGrade = new JButton();

    GridBagLayout girdBag = new GridBagLayout();
    GridBagConstraints girdBagCon;

    PersonBean bean = new PersonBean();

    public Node12Panel() {
        this.setLayout(new BorderLayout());
        try {
            jScrollPane1Init(); //上部面板布局
            panelInit(); //中部面板布局
            addListener();
        }
        catch(Exception e) {
            e.printStackTrace();
        }
    }

    /**
     * jScrollPane1 面板的布局
     */
    public void jScrollPane1Init() throws Exception {
        centerPanel.setLayout(girdBag);

        centerPanel.setLayout(girdBag);
        jLabel1.setText("学        号:");
        jLabel1.setFont(new Font("Dialog",0,12));
        girdBagCon = new GridBagConstraints();
```

```
girdBagCon.gridx =0;
girdBagCon.gridy =1;
girdBagCon.insets =new Insets(0,10,10,1);
girdBag.setConstraints(jLabel1,girdBagCon);
centerPanel.add(jLabel1);

girdBagCon =new GridBagConstraints();
girdBagCon.gridx =1;
girdBagCon.gridy =1;
girdBagCon.insets =new Insets(0,1,10,15);
girdBag.setConstraints(jTextField1,girdBagCon);
centerPanel.add(jTextField1);

jLabel2.setText("姓          名:");
jLabel2.setFont(new Font("Dialog",0,12));
girdBagCon =new GridBagConstraints();
girdBagCon.gridx =2;
girdBagCon.gridy =1;
girdBagCon.insets =new Insets(0,15,10,1);
girdBag.setConstraints(jLabel2,girdBagCon);
centerPanel.add(jLabel2);

girdBagCon =new GridBagConstraints();
girdBagCon.gridx =3;
girdBagCon.gridy =1;
girdBagCon.insets =new Insets(0,1,10,10);
girdBag.setConstraints(jTextField2,girdBagCon);
centerPanel.add(jTextField2);

jLabel3.setText("性          别:");
jLabel3.setFont(new Font("Dialog",0,12));
girdBagCon =new GridBagConstraints();
girdBagCon.gridx =0;
girdBagCon.gridy =2;
girdBagCon.insets =new Insets(10,10,10,1);
girdBag.setConstraints(jLabel3,girdBagCon);
centerPanel.add(jLabel3);

girdBagCon =new GridBagConstraints();
girdBagCon.gridx =1;
girdBagCon.gridy =2;
```

```
girdBagCon.insets=new Insets(10,1,10,15);
girdBag.setConstraints(jTextField3,girdBagCon);
centerPanel.add(jTextField3);

jLabel4.setText("出 生 年 月:");
jLabel4.setFont(new Font("Dialog",0,12));
girdBagCon=new GridBagConstraints();
girdBagCon.gridx=2;
girdBagCon.gridy=2;
girdBagCon.insets=new Insets(10,15,10,1);
girdBag.setConstraints(jLabel4,girdBagCon);
centerPanel.add(jLabel4);

girdBagCon=new GridBagConstraints();
girdBagCon.gridx=3;
girdBagCon.gridy=2;
girdBagCon.insets=new Insets(10,1,10,10);
girdBag.setConstraints(jTextField4,girdBagCon);
centerPanel.add(jTextField4);

jLabel5.setText("民          族:");
jLabel5.setFont(new Font("Dialog",0,12));
girdBagCon=new GridBagConstraints();
girdBagCon.gridx=0;
girdBagCon.gridy=3;
girdBagCon.insets=new Insets(10,10,10,1);
girdBag.setConstraints(jLabel5,girdBagCon);
centerPanel.add(jLabel5);

girdBagCon=new GridBagConstraints();
girdBagCon.gridx=1;
girdBagCon.gridy=3;
girdBagCon.insets=new Insets(10,1,10,15);
girdBag.setConstraints(jTextField5,girdBagCon);
centerPanel.add(jTextField5);

jLabel6.setText("籍          贯:");
jLabel6.setFont(new Font("Dialog",0,12));
girdBagCon=new GridBagConstraints();
girdBagCon.gridx=2;
girdBagCon.gridy=3;
```

```
girdBagCon.insets=new Insets(10,15,10,1);
girdBag.setConstraints(jLabel6,girdBagCon);
centerPanel.add(jLabel6);

girdBagCon=new GridBagConstraints();
girdBagCon.gridx=3;
girdBagCon.gridy=3;
girdBagCon.insets=new Insets(10,1,10,10);
girdBag.setConstraints(jTextField6,girdBagCon);
centerPanel.add(jTextField6);


jLabel8.setText("职          位:");
jLabel8.setFont(new Font("Dialog",0,12));
girdBagCon=new GridBagConstraints();
girdBagCon.gridx=0;
girdBagCon.gridy=4;
girdBagCon.insets=new Insets(10,10,10,1);
girdBag.setConstraints(jLabel8,girdBagCon);
centerPanel.add(jLabel8);

girdBagCon=new GridBagConstraints();
girdBagCon.gridx=1;
girdBagCon.gridy=4;
girdBagCon.gridwidth=3;
girdBagCon.gridheight=1;
girdBagCon.insets=new Insets(10,1,10,115);
girdBag.setConstraints(jTextField8,girdBagCon);
centerPanel.add(jTextField8);

jLabel9.setText("选择人员信息");
jLabel9.setFont(new Font("Dialog",0,12));
girdBagCon=new GridBagConstraints();
girdBagCon.gridx=0;
girdBagCon.gridy=5;
girdBagCon.insets=new Insets(10,10,10,1);
girdBag.setConstraints(jLabel9,girdBagCon);
centerPanel.add(jLabel9);

String[] allType=bean.getAllId();
jComboBox1=new JComboBox(allType);
```

```
        girdBagCon = new GridBagConstraints();
        girdBagCon.gridx = 1;
        girdBagCon.gridy = 5;
        girdBagCon.gridwidth = 1;
        girdBagCon.gridheight = 1;
        girdBagCon.insets = new Insets(1,10,10,10);
        girdBag.setConstraints(jComboBox1,girdBagCon);
        centerPanel.add(jComboBox1);

        modifyInfo.setText("修改");
        modifyInfo.setFont(new Font("Dialog",0,12));
        girdBagCon = new GridBagConstraints();
        girdBagCon.gridx = 2;
        girdBagCon.gridy = 5;
        girdBagCon.insets = new Insets(10,10,10,10);
        girdBag.setConstraints(modifyInfo,girdBagCon);
        centerPanel.add(modifyInfo);
        modifyInfo.setEnabled(false);

        clearInfo.setText("清空");
        clearInfo.setFont(new Font("Dialog",0,12));
        girdBagCon = new GridBagConstraints();
        girdBagCon.gridx = 3;
        girdBagCon.gridy = 5;
        girdBagCon.insets = new Insets(10,10,10,10);
        girdBag.setConstraints(clearInfo,girdBagCon);
        centerPanel.add(clearInfo);

    }

    public void panelInit() throws Exception {
        upPanel.setLayout(girdBag);

        jLabel.setText("修改团学干部信息");
        jLabel.setFont(new Font("Dialog",0,16));
        girdBagCon = new GridBagConstraints();
        girdBagCon.gridx = 0;
        girdBagCon.gridy = 0;
        girdBagCon.insets = new Insets(0,10,0,10);
        girdBag.setConstraints(jLabel,girdBagCon);
        upPanel.add(jLabel);
```

```
        jScrollPane1 = new JScrollPane(centerPanel);
        jScrollPane1.setPreferredSize(new Dimension(450,380));

        girdBagCon = new GridBagConstraints();
        girdBagCon.gridx = 0;
        girdBagCon.gridy = 1;
        girdBagCon.insets = new Insets(0,0,0,0);
        girdBag.setConstraints(jScrollPane1,girdBagCon);
        upPanel.add(jScrollPane1);

        this.add(upPanel,BorderLayout.NORTH);

        jTextField1.setEditable(true);
        jTextField2.setEditable(true);
        jTextField3.setEditable(true);
        jTextField4.setEditable(true);
        jTextField5.setEditable(true);
        jTextField6.setEditable(true);
        jTextField8.setEditable(true);

        jTextField1.setText("请查询部门编号");
    }

    /**
     * 添加事件侦听
     */
    public void addListener() throws Exception {
        //添加事件侦听
        modifyInfo.addActionListener(this);
        clearInfo.addActionListener(this);
        searchInfo.addActionListener(this);
        jComboBox1.addItemListener(this);
    }

    /**
     * 事件处理
     */
    public void actionPerformed(ActionEvent e) {
        Object obj = e.getSource();
        String[] s = new String[10];
        if (obj == modifyInfo) { //修改
```

```
            bean.modify(jTextField1.getText(),jTextField2.getText(),
                    jTextField3.getText(),jTextField4.getText(),
                    jTextField5.getText(),jTextField6.getText(),
                    DeptID,Salary,Assess,jTextField8.getText());
            Node12Panel node12Panel = new Node12Panel();
            HrMain.splitPane.setRightComponent(node12Panel);
        }
        else if (obj == searchInfo) { //编号查询
        }
        else if (obj == clearInfo) { //清空
            setNull();
        }
    }

    /**
     * 将文本框清空
     */
    void setNull(){
        jTextField2.setText(null);
        jTextField3.setText(null);
        jTextField4.setText(null);
        jTextField5.setText(null);
        jTextField6.setText(null);
        jTextField8.setText(null);
        jTextField1.setText("请查询部门编号");

        jTextField2.setEditable(true);
        jTextField3.setEditable(true);
        jTextField4.setEditable(true);
        jTextField5.setEditable(true);
        jTextField6.setEditable(true);
        jTextField8.setEditable(true);
        modifyInfo.setEnabled(true);
    }

    /**
     * 下拉菜单事件处理
     */
    public void itemStateChanged(ItemEvent e) {
        if(e.getStateChange() == ItemEvent.SELECTED){
            String tempStr = "" + e.getItem();
```

```
            int i = tempStr.indexOf("-");
            personID = tempStr.substring(0,i);
            person = bean.search(personID);
            //数组初始化
            jTextField1.setText(person[0]);
            jTextField2.setText(person[1]);
            jTextField3.setText(person[2]);
            jTextField4.setText(person[3]);
            jTextField5.setText(person[4]);
            jTextField6.setText(person[5]);
            DeptID = "" + person[6];
            Salary = "" + person[7];
            Assess = "" + person[8];
            jTextField8.setText(person[9]);

            jTextField2.setEditable(true);
            jTextField3.setEditable(true);
            jTextField4.setEditable(true);
            jTextField5.setEditable(true);
            jTextField6.setEditable(true);
            jTextField8.setEditable(true);

            modifyInfo.setEnabled(true);
        }
    }
}


Node13Panel.java
package ljw;
import javax.swing.*;
import java.awt.*;
import java.awt.event.*;
import java.net.*;
import javax.swing.event.*;

/**
 * 团学干部信息删除管理
 */
public class Node13Panel extends JPanel implements ActionListener,
ListSelectionListener{
```

```
//定义所用的面板
JPanel upPanel = new JPanel();
JPanel centerPanel = new JPanel();
JPanel downPanel = new JPanel();

//定义图形界面元素
JLabel jLabel = new JLabel();
JLabel jLabel1 = new JLabel();
JLabel jLabel2 = new JLabel();
JLabel jLabel3 = new JLabel();

JTextField jTextField1 = new JTextField(15);
JTextField jTextField2 = new JTextField(15);
JTextField jTextField3 = new JTextField(15);

JButton searchInfo = new JButton();
JButton addInfo = new JButton();
JButton modifyInfo = new JButton();
JButton deleteInfo = new JButton();
JButton clearInfo = new JButton();
JButton saveInfo = new JButton();
JButton eixtInfo = new JButton();

//定义表格
JScrollPane jScrollPane1;
JTable jTable;
ListSelectionModel listSelectionModel = null;
String[] colName = {"学号","姓名","出生年月","民族","籍贯","部门"};
String[][] colValue;

GridBagLayout girdBag = new GridBagLayout();
GridBagConstraints girdBagCon;

public Node13Panel() {
    this.setLayout(new BorderLayout());
    try {
        upInit(); //上部面板布局
        centerInit(); //中部面板布局
        downInit(); //下部面板布局
        addListener();
    }
```

```
        catch(Exception  e){
            e.printStackTrace();
        }
    }

    /**
     * 上部面板的布局
     */
    public void upInit() throws Exception {
        PersonBean bean = new PersonBean();
        upPanel.setLayout(girdBag);

        try {
            jLabel.setText("团学干部信息删除");
            jLabel.setFont(new Font("Dialog",0,16));
            girdBagCon = new GridBagConstraints();
            girdBagCon.gridx = 0;
            girdBagCon.gridy = 0;
            girdBagCon.insets = new Insets(0,10,0,10);
            girdBag.setConstraints(jLabel,girdBagCon);
            centerPanel.add(jLabel);
            upPanel.add(jLabel);

            colValue = bean.searchAll();
            jTable = new JTable(colValue,colName);
            jTable.setPreferredScrollableViewportSize(new Dimension(450,300));
            listSelectionModel = jTable.getSelectionModel();
    listSelectionModel.setSelectionMode(ListSelectionModel.SINGLE_SELECTION);
            listSelectionModel.addListSelectionListener(this);
            jScrollPane1 = new JScrollPane(jTable);
            jScrollPane1.setPreferredSize(new Dimension(450,300));

            girdBagCon = new GridBagConstraints();
            girdBagCon.gridx = 0;
            girdBagCon.gridy = 1;
            girdBagCon.insets = new Insets(0,0,0,0);
            girdBag.setConstraints(jScrollPane1,girdBagCon);
            upPanel.add(jScrollPane1);
        }
```

```
    catch(Exception e) {
        e.printStackTrace();
    }
    //添加上部面板
    this.add(upPanel,BorderLayout.NORTH);
}

/**
 * 中部面板的布局
 */
public void centerInit() throws Exception {
    jLabel1.setText("学号");
    jLabel1.setFont(new Font("Dialog",0,12));
    centerPanel.add(jLabel1);
    centerPanel.add(jTextField1);

    jLabel2.setText("姓名");
    jLabel2.setFont(new Font("Dialog",0,12));
    centerPanel.add(jLabel2);
    centerPanel.add(jTextField2);

    jLabel3.setText("部门");
    jLabel3.setFont(new Font("Dialog",0,12));
    centerPanel.add(jLabel3);
    centerPanel.add(jTextField3);
    //添加中部面板
    this.add(centerPanel,BorderLayout.CENTER);
    //设置是否可操作
    jTextField1.setEditable(false);
    jTextField2.setEditable(false);
    jTextField3.setEditable(false);
}

/**
 * 下部面板的布局
 */
public void downInit(){
    deleteInfo.setText("删除");
    deleteInfo.setFont(new Font("Dialog",0,12));
    downPanel.add(deleteInfo);
    //添加下部面板
```

```
        this.add(downPanel,BorderLayout.SOUTH);
        //设置是否可操作
        deleteInfo.setEnabled(false);
    }

    /**
     * 添加事件侦听
     */
    public void addListener() throws Exception {
        //添加事件侦听
        deleteInfo.addActionListener(this);
    }

    /**
     * 事件处理
     */
    public void actionPerformed(ActionEvent e) {
        Object obj = e.getSource();
        if (obj == deleteInfo) { //删除
            PersonBean bean = new PersonBean();
            HistrjnBean hb = new HistrjnBean();
            if(hb.isRows(jTextField1.getText()))
                bean.delete(jTextField1.getText());
            else
                JOptionPane.showMessageDialog(null, "已有数据关联,无法删除。", "错
误", JOptionPane.ERROR_MESSAGE);
            //重新生成界面
            Node13Panel node13Panel = new Node13Panel();
            HrMain.splitPane.setRightComponent(node13Panel);
        }
        jTable.revalidate();
    }

    /**
     * 当表格被选中时的操作
     */
    public void valueChanged(ListSelectionEvent lse){
        int[] selectedRow = jTable.getSelectedRows();
        int[] selectedCol = jTable.getSelectedColumns();
        //定义文本框的显示内容
        for (int i = 0; i < selectedRow.length; i++){
```

```
            for (int j =0; j <selectedCol.length; j ++){
                jTextField1.setText(colValue[selectedRow[i]][0]);
                jTextField2.setText(colValue[selectedRow[i]][1]);
                jTextField3.setText(colValue[selectedRow[i]][2]);
            }
        }
        //设置是否可操作
        deleteInfo.setEnabled(true);
    }
}
Node14Panel.java
package ljw;
import javax.swing.*;
import java.awt.*;
import java.awt.event.*;
import java.net.*;
import javax.swing.event.*;

/**
 * 团学干部信息查询管理
 */
public class Node14Panel extends JPanel implements ActionListener{
    //定义所用的面板
    JPanel upPanel =new JPanel();
    JPanel centerPanel =new JPanel();
    JPanel downPanel =new JPanel();

    //定义图形界面元素
    JLabel jLabel =new JLabel();
    JLabel jLabel1 =new JLabel();
    JLabel jLabel2 =new JLabel();
    JLabel jLabel3 =new JLabel();

    //定义表格
    JScrollPane jScrollPane1;
    JTable jTable;
    ListSelectionModel listSelectionModel =null;
    String[] colName ={"学号","姓名","出生年月","民族","籍贯","部门"};
    String[][] colValue;

    GridBagLayout girdBag =new GridBagLayout();
```

```
    GridBagConstraints girdBagCon;

    public Node14Panel() {
        this.setLayout(new BorderLayout());
        try {
            upInit();  //上部面板布局
            centerInit();  //中部面板布局
            downInit();  //下部面板布局
            addListener();
        }
        catch(Exception  e) {
            e.printStackTrace();
        }
    }

    /**
     * 上部面板的布局
     */
    public void upInit() throws Exception {
        PersonBean bean = new PersonBean();
        upPanel.setLayout(girdBag);

        try {
            jLabel.setText("团学干部信息查询");
            jLabel.setFont(new Font("Dialog",0,16));
            girdBagCon = new GridBagConstraints();
            girdBagCon.gridx = 0;
            girdBagCon.gridy = 0;
            girdBagCon.insets = new Insets(0,10,0,10);
            girdBag.setConstraints(jLabel,girdBagCon);
            centerPanel.add(jLabel);
            upPanel.add(jLabel);

            colValue = bean.searchAll();
            jTable = new JTable(colValue,colName);
            jTable.setPreferredScrollableViewportSize(new Dimension(450,380));
            jScrollPane1 = new JScrollPane(jTable);
            jScrollPane1.setPreferredSize(new Dimension(450,380));

            girdBagCon = new GridBagConstraints();
```

```
            girdBagCon.gridx=0;
            girdBagCon.gridy=1;
            girdBagCon.insets=new Insets(0,0,0,0);
            girdBag.setConstraints(jScrollPane1,girdBagCon);
            upPanel.add(jScrollPane1);
        }
        catch(Exception e) {
            e.printStackTrace();
        }
        //添加上部面板
        this.add(upPanel,BorderLayout.NORTH);
    }

    /* *
     * 中部面板的布局
     * /
    public void centerInit() throws Exception {
    }

    /* *
     * 下部面板的布局
     * /
    public void downInit(){
    }
    /* *
     * 添加事件侦听
     * /
    public void addListener() throws Exception {
    }

    /* *
     * 事件处理
     * /
    public void actionPerformed(ActionEvent e) {
    }
}
```

综合案例2　串口编程

18.1　系统功能

本系统基于 RXTX(提供串口和并口通信)开源类库实现对串口数据接收和发送等操作，主要功能有：

(1)扫描系统串口；

(2)串口相关参数设置；

(3)打开指定串口；

(4)串口数据接收；

(5)串口数据发送。

18.2　系统涉及的主要知识点

1. 串口通信简介

嵌入式系统或传感器网络的很多应用和测试都需要通过 PC 机与嵌入式设备或传感器节点进行通信。其中，最常用的接口就是 RS-232 串口和并口(鉴于 USB 接口的复杂性以及不需要很大的数据传输量，USB 接口用在这里还是显得过于奢侈，况且目前除了 SUN 有一个支持 USB 的包之外，还没有其他直接支持 USB 的 Java 类库)。SUN 的 CommAPI 分别提供了对常用的 RS232 串行端口和 IEEE1284 并行端口通信的支持。RS-232-C(又称 EIA RS-232-C，以下简称 RS232)是 1970 年由美国电子工业协会(EIA)联合贝尔系统、调制解调器厂家及计算机终端生产厂家共同制定的用于串行通信的标准。RS232 是一个全双工的通信协议，它可以同时进行数据接收和发送的工作。

2. RXTX 介绍

RXTX 是一个提供串口和并口通信的开源 java 类库，由该项目发布的文件均遵循 LGPL 协议。RXTX 项目提供了 Windows，Linux，Mac os X，Solaris 操作系统下的兼容 javax. comm 串口通信包 API 的实现，为其他开发人员在此类系统下开发串口应用提供了便利。RxtxAPI 的核心是抽象的 CommPort 类(用于描述一个被底层系统支持的端口的抽象类，它包含一些高层的 IO 控制方法，这些方法对于所有不同的通信端口来说是通用的)及其两个子类——SerialPort 类和 ParallePort 类。其中，SerialPort 类是用于串口通信的类，ParallePort 类是用于并行口通信的类。CommPort 类还提供了常规的通信模式和方法，例如，getInputStream( )方法和 getOutputStream( )方法，专用于与端口上的设备进行通信。然而，这些类的构造方法都被有意地设置为非公有的(non-public)，所以不能直接构造对象，而是先通过静态的 CommPortIdentifier. getPortIdentifiers( )获得端口列表，再从这个端口列表中选择所需要的端口，并调用 CommPortIdentifier 对象的 Open( )方法。这样，就能得到一个 CommPort 对象。当然，还要将这个 CommPort 对象的类型转换为某个非抽象的子类，表明是特定的通信设备，该子类可以是 SerialPort 类和 ParallePort 类中的一个。下面将分别对 CommPortIdentifier 类、串口类 SerialPort 进行详细介绍。

3. RXTX 接口

CommDriver：可负载设备(the loadable device)驱动程序接口的一部分；

CommPortOwnershipListener：传递各种通信端口的所有权事件；

ParallelPortEventListener：传递并行端口事件；

SerialPortEventListener：传递串行端口事件。

4. RXTX 类

CommPort：通信端口；

CommPortIdentifier：通信端口管理；

ParallelPort：并行通信端口；

ParallelPortEvent：并行端口事件；

SerialPortRS - 232：串行通信端口；

SerialPortEvent ：串行端口事件。

5. RXTX 异常类

NoSuchPortException：当驱动程序不能找到指定端口时抛出；

PortInUseException：当碰到指定端口正在使用中时抛出；

UnsupportedCommOperationException：驱动程序不允许指定操作时抛出。

6. CommPortIdentifier 类

CommPortIdentifier 类主要用于对通信端口进行管理和设置，是对端口进行访问控制的核心类，其主要方法如表 18 - 1 所示。

表 18 - 1　CommPortIdentifier 类的主要方法

方　法	说　明
addPortName(String, int, CommDriver)	添加端口名到端口列表里
addPortOwnershipListener(CommPortOwnershipListener)	添加端口拥有的监听器
removePortOwnershipListener(CommPortOwnershipListener)	移除端口拥有的监听器
getCurrentOwner( )	获取当前占有端口的对象或应用程序
getName( )	获取端口名称
getPortIdentifier(CommPort)	获取指定打开的端口的 CommPortIdentifier 类型对象

续表 18 -1

方 法	说 明
getPortIdentifier(String)	获取以参数命名的端口的 CommPortIdentifier 类型对象
getPortIdentifiers()	获取系统中的端口列表
getPortType()	获取端口的类型
isCurrentlyOwned()	判断当前端口是否被占用
open(FileDescriptor)	用文件描述的类型打开端口
open(String, int)	打开端口，两个参数：程序名称，延迟时间(以毫秒为单位)

7. SerialPort 类

SerialPort 类用于描述一个 RS232 串行通信端口的底层接口，它定义了串口通信所需的最小功能集。通过它，用户可以直接对串口进行读、写及设置操作。

SerialPort 类中关于串口参数的静态成员变量说明如表 18 -2 所示。

表 18 -2 SerialPort 类关于串口参数的静态成员变量说明

静态成员变量	说 明	静态成员变量	说 明
DATABITS_5	数据位为 5	PARITY_EVEN	偶检验
DATABITS_6	数据位为 6	PARITY_MARK	标记检验
DATABITS_7	数据位为 7	PARITY_SPACE	无检验
DATABITS_8	数据位为 8	STOPBITS_1	停止位为 1
PARITY_NONE	空格检验	STOPBITS_2	停止位为 2
PARITY_ODD	奇检验	STOPBITS_1_5	停止位为 1.5

SerialPort 类中关于串口参数的方法说明如表 18 -3 所示。

表 18 -3 SerialPort 类中关于串口参数的方法说明

方 法	说 明
getBaudRate()	得到波特率
getParity()	得到检验类型
getDataBits()	得到数据位数
getStopBits()	得到停止位数
setSerialPortParams(int, int, int, int)	设置串口参数依次为(波特率，数据位，停止位，奇偶检验)

SerialPort 类中关于事件的静态成员变量说明如表 18－4 所示。

表 18－4　SerialPort 类中关于事件的静态成员变量说明

静态成员变量	说　明
BI Break interrupt	通信中断
FE Framing error	帧错误
CD Carrier detect	载波侦听
OE Overrun error	溢位错误
CTS Clear to send	清除发送
DSR Data set ready	数据设备准备好
RI Ring indicator	响铃侦测
DATA_AVAILABLE	串口中的可用数据
OUTPUT_BUFFER_EMPTY	输出缓冲区已清空

SerialPort 类中关于事件的方法说明如表 18－5 所示。

表 18－5　SerialPort 类中关于事件的方法说明

方　法	说　明
isCD()	是否有载波
isCTS()	是否清除以传送
isDSR()	数据是否备妥
isDTR()	是否数据端备妥
isRI()	是否响铃侦测
isRTS()	是否要求传送
addEventListener(SerialPortEventListener)	向 SerialPort 对象中添加串口事件监听器
removeEventListener()	移除 SerialPort 对象中的串口事件监听器
notifyOnBreakInterrupt(boolean)	设置中断事件 true 有效，false 无效
notifyOnCarrierDetect(boolean)	设置载波监听事件 true 有效，false 无效
notifyOnCTS(boolean)	设置清除发送事件 true 有效，false 无效
notifyOnDataAvailable(boolean)	设置串口有数据的事件 true 有效，false 无效
notifyOnDSR(boolean)	设置数据备妥事件 true 有效，false 无效
notifyOnFramingError(boolean)	设置发生错误事件 true 有效，false 无效
notifyOnOutputEmpty(boolean)	设置发送缓冲区为空事件 true 有效，false 无效
notifyOnParityError(boolean)	设置发生奇偶检验错误事件 true 有效，false 无效
notifyOnRingIndicator(boolean)	设置响铃侦测事件 true 有效，false 无效
getEventType()	得到发生的事件类型返回值为 int 型
sendBreak(int)	设置中断过程的时间，参数为以毫秒为单位的数值
setRTS(boolean)	设置或清除 RTS 位
setDTR(boolean)	设置或清除 DTR 位

SerialPort 类中关于事件的其它常用方法说明如表 18－6 所示。

表 18－6　SerialPort 类中关于事件的其它常用方法说明

方　法	说　明
close()	关闭串口
getOutputStream()	得到 OutputStream 类型的输出流
getInputStream()	得到 InputStream 类型的输入流

18.3　程序运行截图及说明

1. 程序运行的环境搭建和配置(建议 JDK1.7 或以上版本)

本案例是基于 RXTX(提供串口和并口通信)开源类库对串口进行操作的。使用准备(这里的 JAVA_HOME 是 jdk 的安装路径)如下：

(1)将 RXTXcomm.jar 放到%JAVA_HOME%\re\lib\ext\下。如：

E：\jdk\Java1.7\jdk1.7.0_45\jre\lib\ext,

或者项目①右键→②Preperties(首选项)→③Java Build Path→④Libraries→⑤Add External JARs 引入。

建议使用后一种，前一种有时候在项目中读取不出来，在项目打包的过程中如果没有将 jre 打包进去，项目移植到别的设备上时是不会成功的。

(2)把 rxtxSerial.dll 放入到%JAVA_HOME%\jre\bin 中。如：

E：\jdk\Java1.7\jdk1.7.0_45\jre\bin，或 C：\windows\system32。

2. 程序运行截图

系统运行主界面如图 18－1 所示。

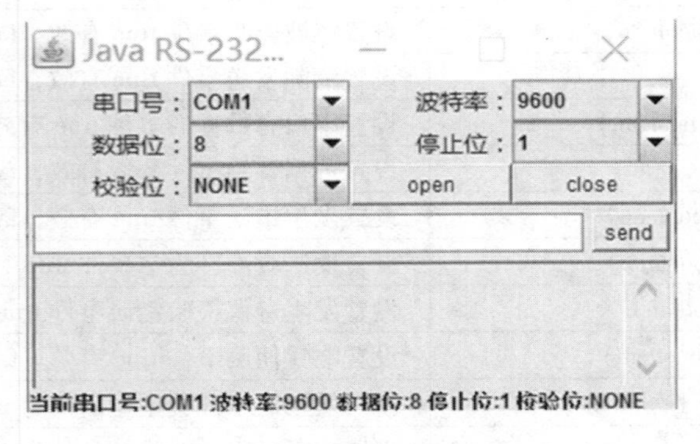

图 18－1　系统运行主界面

18.4 程序源代码

```
package com.hitangjun.desk;
import gnu.io.CommPortIdentifier;
import gnu.io.NoSuchPortException;
import gnu.io.PortInUseException;
import gnu.io.SerialPort;
import gnu.io.SerialPortEvent;
import gnu.io.SerialPortEventListener;
import gnu.io.UnsupportedCommOperationException;
import java.awt.BorderLayout;
import java.awt.Button;
import java.awt.Color;
import java.awt.Font;
import java.awt.GridLayout;
import java.awt.Image;
import java.awt.TextArea;
import java.awt.TextField;
import java.awt.event.ActionEvent;
import java.awt.event.ActionListener;
import java.io.IOException;
import java.io.InputStream;
import java.io.OutputStream;
import java.util.ArrayList;
import java.util.Enumeration;
import java.util.List;
import java.util.TooManyListenersException;
import javax.imageio.ImageIO;
import javax.swing.JComboBox;
import javax.swing.JFrame;
import javax.swing.JLabel;
import javax.swing.JOptionPane;
import javax.swing.JPanel;
import javax.swing.SwingConstants;
import javax.swing.border.EmptyBorder;
public class JavaRs232 extends JFrame implements ActionListener,
SerialPortEventListener {
    private static final long serialVersionUID = -7270865686330790103L;
    protected int WIN_WIDTH =380;
```

```
    protected int WIN_HEIGHT = 300;
    private JComboBox <?> portCombox, rateCombox, dataCombox, stopCombox,
parityCombox;
    private Button openPortBtn, closePortBtn, sendMsgBtn;
    private TextField sendTf;
    private TextArea readTa;
    private JLabel statusLb;
    private String portname, rate, data, stop, parity;
    protected CommPortIdentifier portId;
    protected Enumeration <?> ports;
    protected List <String> portList;
    protected SerialPort serialPort;
    protected OutputStream outputStream = null;
protected InputStream inputStream = null;
protected String mesg;
protected int sendCount, reciveCount;
    /**
     * 默认构造函数
     */
    public JavaRs232() {
        super("Java RS-232 串口通信测试程序");
        setSize(WIN_WIDTH, WIN_HEIGHT);
        setLocationRelativeTo(null);
        Image icon = null;
        setIconImage(icon);
        setResizable(false);
        scanPorts();
        initComponents();
        setDefaultCloseOperation(JFrame.EXIT_ON_CLOSE);
        setVisible(true);
    }
    /**
     * 初始化各 UI 组件
         */
    public void initComponents() {
        // 共用常量
        Font lbFont = new Font("微软雅黑", Font.TRUETYPE_FONT, 14);
        // 创建左边面板
        JPanel northPane = new JPanel();
        northPane.setLayout(new GridLayout(1, 1));
        // 设置左边面板各组件
```

```
        JPanel leftPane = new JPanel();
        leftPane.setOpaque(false);
        leftPane.setLayout(new GridLayout(3,2));
        JLabel portnameLb = new JLabel("串口号:");
        portnameLb.setFont(lbFont);
        portnameLb.setHorizontalAlignment(SwingConstants.RIGHT);
        portCombox = new JComboBox<String>((String[])portList.toArray(new
String[0]));
        portCombox.addActionListener(this);
        JLabel databitsLb = new JLabel("数据位:");
        databitsLb.setFont(lbFont);
        databitsLb.setHorizontalAlignment(SwingConstants.RIGHT);
        dataCombox = new JComboBox<Integer>(new Integer[]{5, 6, 7, 8});
        dataCombox.setSelectedIndex(3);
        dataCombox.addActionListener(this);
        JLabel parityLb = new JLabel("校验位:");
        parityLb.setFont(lbFont);
        parityLb.setHorizontalAlignment(SwingConstants.RIGHT);
parityCombox = new JComboBox<String>(new String[]{"NONE","ODD","EVEN","MARK","
SPACE"});
        parityCombox.addActionListener(this);
        // 添加组件至面板
        leftPane.add(portnameLb);
        leftPane.add(portCombox);
        leftPane.add(databitsLb);
        leftPane.add(dataCombox);
        leftPane.add(parityLb);
        leftPane.add(parityCombox);
        //创建右边面板
        JPanel rightPane = new JPanel();
        rightPane.setLayout(new GridLayout(3,2));
        // 设置右边面板各组件
        JLabel baudrateLb = new JLabel("波特率:");
        baudrateLb.setFont(lbFont);
        baudrateLb.setHorizontalAlignment(SwingConstants.RIGHT);
        rateCombox = new JComboBox<Integer>(new Integer[]{2400,4800,9600,115200,
14400,19200,38400,56000});
        rateCombox.setSelectedIndex(2);
        rateCombox.addActionListener(this);
        JLabel stopbitsLb = new JLabel("停止位:");
        stopbitsLb.setFont(lbFont);
```

```
stopbitsLb.setHorizontalAlignment(SwingConstants.RIGHT);
stopCombox = new JComboBox<String>(new String[]{"1","2","1.5"});
stopCombox.addActionListener(this);
openPortBtn = new Button("open");
openPortBtn.addActionListener(this);
closePortBtn = new Button("close");
closePortBtn.addActionListener(this);
// 添加组件至面板
rightPane.add(baudrateLb);
rightPane.add(rateCombox);
rightPane.add(stopbitsLb);
rightPane.add(stopCombox);
rightPane.add(openPortBtn);
rightPane.add(closePortBtn);
// 将左右面板组合添加到北边的面板
northPane.add(leftPane);
northPane.add(rightPane);
// 创建中间面板
JPanel centerPane = new JPanel();
// 设置中间面板各组件
sendTf = new TextField(42);
readTa = new TextArea(8,50);
readTa.setEditable(false);
readTa.setBackground(new Color(225,242,250));
centerPane.add(sendTf);
sendMsgBtn = new Button("send ");
sendMsgBtn.addActionListener(this);
// 添加组件至面板
centerPane.add(sendTf);
centerPane.add(sendMsgBtn);
centerPane.add(readTa);
// 设置南边组件
statusLb = new JLabel();
statusLb.setText(initStatus());
statusLb.setOpaque(true);

// 获取主窗体的容器,并将以上三面板以北、中、南的布局整合
JPanel contentPane = (JPanel)getContentPane();
contentPane.setLayout(new BorderLayout());
contentPane.setBorder(new EmptyBorder(0, 0, 0, 0));
contentPane.setOpaque(false);
```

```
    contentPane.add(northPane, BorderLayout.NORTH);
    contentPane.add(centerPane, BorderLayout.CENTER);
    contentPane.add(statusLb, BorderLayout.SOUTH);
}

/**
 * 初始化状态标签显示文本
 * @return String
 */
public String initStatus() {
    portname = portCombox.getSelectedItem().toString();
    rate = rateCombox.getSelectedItem().toString();
    data = dataCombox.getSelectedItem().toString();
    stop = stopCombox.getSelectedItem().toString();
    parity = parityCombox.getSelectedItem().toString();

    StringBuffer str = new StringBuffer("当前串口号:");
    str.append(portname).append(" 波特率:");
    str.append(rate).append(" 数据位:");
    str.append(data).append(" 停止位:");
    str.append(stop).append(" 校验位:");
    str.append(parity);
    return str.toString();
}

/**
 * 扫描本机的所有 COM 端口
 */
public void scanPorts() {
    portList = new ArrayList<String>();
    Enumeration<?> en = CommPortIdentifier.getPortIdentifiers();
    CommPortIdentifier portId;
    while(en.hasMoreElements()){
        portId = (CommPortIdentifier) en.nextElement();
        if(portId.getPortType() == CommPortIdentifier.PORT_SERIAL){
            String name = portId.getName();
            if(!portList.contains(name)) {
                portList.add(name);
            }
        }
    }
```

```
        if(null == portList
                || portList.isEmpty()) {
            showErrMesgbox("未找到可用的串行端口号,程序无法启动!");
            System.exit(0);
        }
    }

    /**
     * 打开串行端口
     */
    public void openSerialPort() {
        // 获取要打开的端口
        try {
            portId = CommPortIdentifier.getPortIdentifier(portname);
        } catch (NoSuchPortException e) {
            showErrMesgbox("抱歉,没有找到" + portname + "串行端口号!");
            setComponentsEnabled(true);
            return ;
        }
        // 打开端口
        try {
            serialPort = (SerialPort) portId.open("JavaRs232", 2000);
            statusLb.setText(portname + "串口已经打开!");
        } catch (PortInUseException e) {
            showErrMesgbox(portname + "端口已被占用,请检查!");
            setComponentsEnabled(true);
            return ;
        }

        // 设置端口参数
        try {
            int rate = Integer.parseInt(this.rate);
            int data = Integer.parseInt(this.data);
            int stop = stopCombox.getSelectedIndex() +1;
            int parity = parityCombox.getSelectedIndex();
            serialPort.setSerialPortParams(rate,data,stop,parity);
        } catch (UnsupportedCommOperationException e) {
            showErrMesgbox(e.getMessage());
        }

        // 打开端口的 IO 流管道
```

```
    try {
        outputStream = serialPort.getOutputStream();
        inputStream = serialPort.getInputStream();
    } catch (IOException e) {
        showErrMesgbox(e.getMessage());
    }
    // 给端口添加监听器
    try {
        serialPort.addEventListener(this);
    } catch (TooManyListenersException e) {
        showErrMesgbox(e.getMessage());
    }
    serialPort.notifyOnDataAvailable(true);
}

/**
 * 给串行端口发送数据
 */
public void sendDataToSeriaPort() {
    try {
        sendCount++;
        outputStream.write(mesg.getBytes());
        outputStream.flush();

    } catch (IOException e) {
        showErrMesgbox(e.getMessage());
    }
    statusLb.setText("发送: " + sendCount + " 接收: " + reciveCount);
}

/**
 * 关闭串行端口
 */
public void closeSerialPort() {
    try {
        if(outputStream != null)
            outputStream.close();
        if(serialPort != null)
            serialPort.close();
        serialPort = null;
        statusLb.setText(portname + "串口已经关闭!");
```

```
            sendCount = 0;
            reciveCount = 0;
            sendTf.setText("");
            readTa.setText("");
        } catch (Exception e) {
            showErrMesgbox(e.getMessage());
        }
    }

    /**
     * 显示错误或警告信息
     * @param msg 信息
     */
    public void showErrMesgbox(String msg) {
        JOptionPane.showMessageDialog(this, msg);
    }

    /**
     * 各组件行为事件监听
     */
    public void actionPerformed(ActionEvent e) {
        if(e.getSource() == portCombox
                || e.getSource() == rateCombox
                || e.getSource() == dataCombox
                || e.getSource() == stopCombox
                || e.getSource() == parityCombox){
            statusLb.setText(initStatus());
        }
        if(e.getSource() == openPortBtn){
            setComponentsEnabled(false);
            openSerialPort();
        }
        if(e.getSource() == closePortBtn){
            if(serialPort != null){
                closeSerialPort();
            }
            setComponentsEnabled(true);
        }

        if(e.getSource() == sendMsgBtn){
            if(serialPort == null){
```

```
            showErrMesgbox("请先打开串行端口!");
            return ;
        }
        mesg = sendTf.getText();
        if(null == mesg || mesg.isEmpty()){
            showErrMesgbox("请输入你要发送的内容!");
            return ;
        }
        sendDataToSeriaPort();
    }
}

/**
 * 端口事件监听
 */
public void serialEvent(SerialPortEvent event) {
    switch (event.getEventType()) {
        case SerialPortEvent.BI:
        case SerialPortEvent.OE:
        case SerialPortEvent.FE:
        case SerialPortEvent.PE:
        case SerialPortEvent.CD:
        case SerialPortEvent.CTS:
        case SerialPortEvent.DSR:
        case SerialPortEvent.RI:
        case SerialPortEvent.OUTPUT_BUFFER_EMPTY:
            break;
        case SerialPortEvent.DATA_AVAILABLE:
            byte[] readBuffer = new byte[50];

        try {
            while (inputStream.available() > 0) {
                inputStream.read(readBuffer);
            }
            StringBuilder receivedMsg = new StringBuilder("/--");
            receivedMsg.append(new String(readBuffer).trim()).append("--/\
n");
            readTa.append(receivedMsg.toString());
            reciveCount ++;
            statusLb.setText("发送: " + sendCount + "接收: " + reciveCount);
        } catch (IOException e) {
```

```
                showErrMesgbox(e.getMessage());
            }
        }
    }

    /**
     * 设置各组件的开关状态
     * @param enabled 状态
     */
    public void setComponentsEnabled(boolean enabled) {
        openPortBtn.setEnabled(enabled);
        openPortBtn.setEnabled(enabled);
        portCombox.setEnabled(enabled);
        rateCombox.setEnabled(enabled);
        dataCombox.setEnabled(enabled);
        stopCombox.setEnabled(enabled);
        parityCombox.setEnabled(enabled);
    }

    /**
     * 运行主函数
     * @param args
     */
    public static void main(String[] args) {
        new JavaRs232();
    }
}
```

参考文献

[1] 张屹，蔡木生．Java 核心编程技术[M]．大连：大连理工大学出版社，2010.

[2] 张屹，蔡木生．Java 核心编程技术实验指导教程[M]．大连：大连理工大学出版社，2010.

[3] QST 青软实训．Java 8 基础应用与开发[M]．北京：清华大学出版社，2015.

[4] QST 青软实训．Java 8 高级应用与开发[M]．北京：清华大学出版社，2016.

[5] http：//www. oracle. com/technetwork/java/javase/overview/index. html

[6] http：//www. runoob. com/java/java8 – new – features. html

[7] http：//rxtx. qbang. org/wiki/index. php/Main_Page

附　录

附录 A　Eclipse 基本操作

A.1　Eclipse 简介

Eclipse 是一款著名的跨平台的 IDE 集成开发环境，最初由 IBM 公司开发，2001 年 11 月贡献给开源社区，现在它由非营利软件供应商联盟 Eclipse 基金会（Eclipse Foundation）管理。Eclipse 最初主要用于 Java 语言开发工具，如今发展为被广大开发人员通过插件使其作为其它语言（如 C ++ 和 PHP）的开发工具。

Eclipse 从诞生之日至今，已发行多个版本，至 2018 年 7 月，Eclipse 发行版本如表 A－1 所示，本书采用最新版 Oxygen. 3。

表 A－1　Eclipse 版本

版本代号	发行日期	平台版本	版本代号	发行日期	平台版本
Callisto（卡里斯托）	2006 年 6 月	3.2	Kepler（开普勒）	2013 年 6 月	4.3
Europa（欧罗巴）	2007 年 6 月	3.3	Luna（月神）	2014 年 6 月	4.4
Ganymede（盖尼米得）	2008 年 6 月	3.4	Mars（火星）	2015 年 6 月	4.5
Galileo（伽利略）	2009 年 6 月	3.5	Neon（霓虹灯）	2016 年 6 月	4.6
Helios（太阳神）	2010 年 6 月	3.6	Oxygen（氧）	2017 年 6 月	4.7
Indigo（靛蓝）	2011 年 6 月	3.7	Photon（光）	2018 年 6 月	4.8
Juno（朱诺）	2012 年 6 月	4.2			

注意：在使用 Eclipse 之前，必须先安装和配置好 JDK。

A.2　Eclipse 的下载与安装

（1）从 Eclipse 的官方网站 http://www.eclipse.org/downloads/eclipse-packages 选择适合 Windows 平台的最新版本 Eclipse IDE for Java Developers 包进行下载，并保存到本地计算机的某一目录（如 D:\Eclipse）。Eclipse 下载页面如图 A－1 所示。

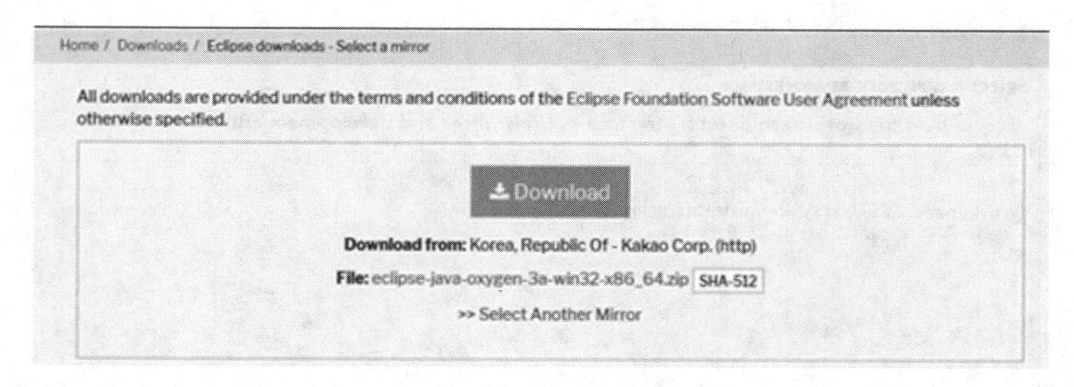

图 A－1　Eclipse 下载页面

(2)将下载的 Eclipse IDE 包解压，解压后即完成 Eclipse 的安装。解压后目录结构如图 A－2 所示。

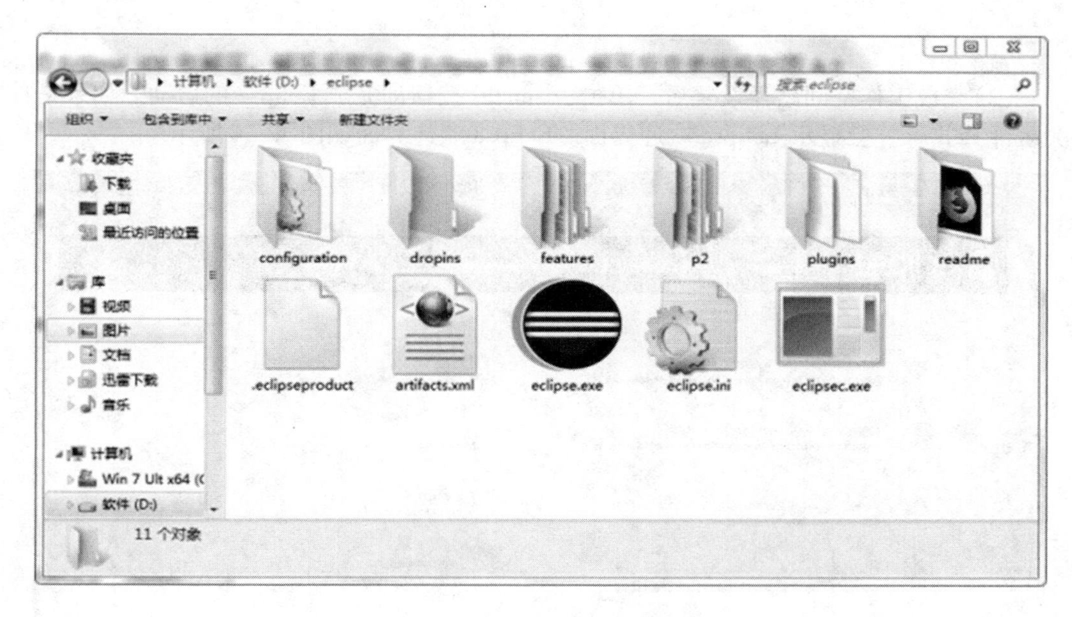

图 A－2　Eclipse 目录结构

A.3　启动 Eclipse

(1)进入 Eclipse 目录，单击运行 eclipse.exe 文件即可启动 Eclipse。第一次运行 Eclipse 首先会打开如图 A－3 所示的 Eclipse Launcher 对话框，用于设置工作空间目录。选择本地计算机的某个目录或直接输入某个目录，例如“D:\workspace”，则 Eclipse 的首选项信息、工程项目文件和代码文件都保存在该目录。用户还可以在“Use this as the default and do not ask again”前的复选框打钩，设置当前目录为缺省目录，则以后启动 Eclipse 不会再弹出该对话框。

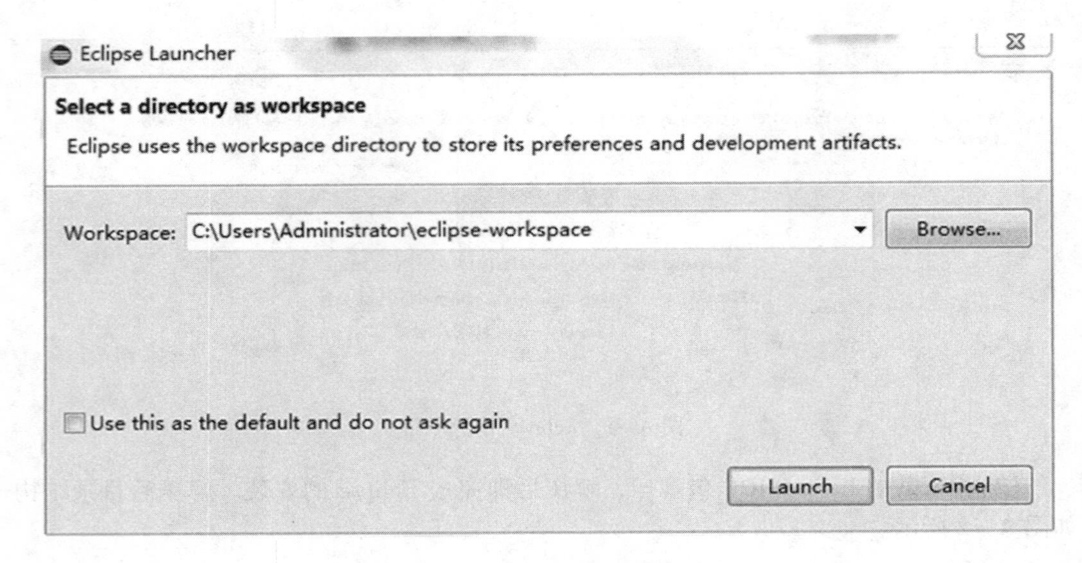

图 A－3　Eclipse Launcher 对话框

（2）完成工作空间路径设置后，单击“Launch”按钮即完成 Eclipse 的启动。如果是首次运行 Eclipse，会显示 Eclipse 欢迎界面。Eclipse 欢迎界面如图 A－4 所示。

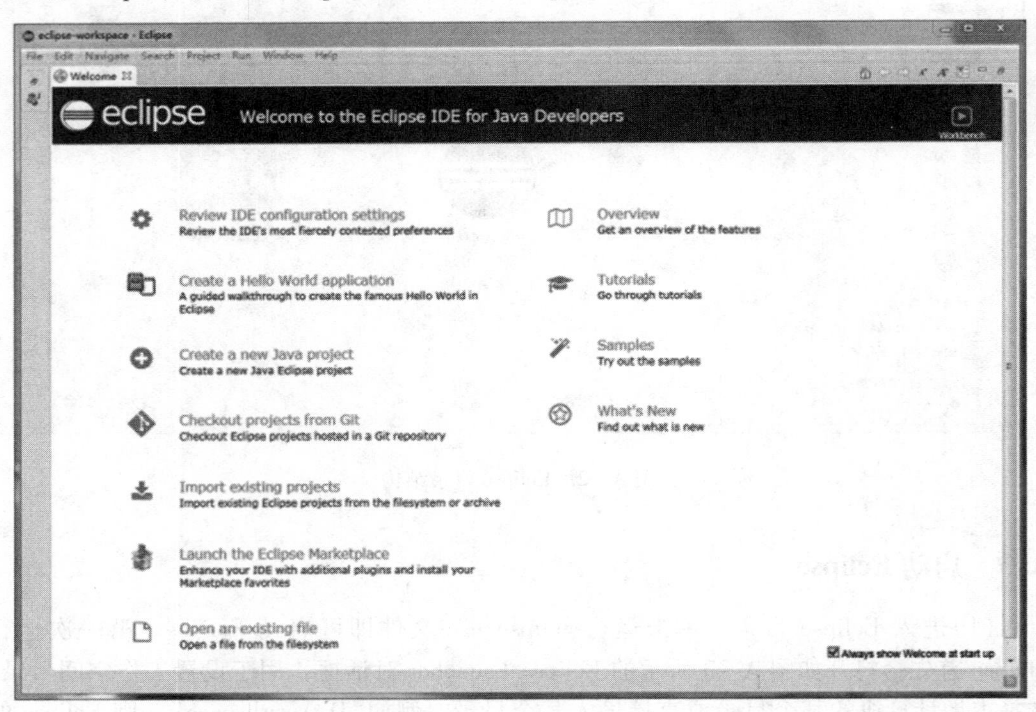

图 A－4　Eclipse 欢迎界面

（3）单击 Welcome 标签上的关闭按钮可关闭欢迎界面，取消右下角的“Always show

Welcome at start up”前面的钩，以后运行 Eclipse 将不会再打开欢迎界面。关闭欢迎界面后显示 Eclipse 开发环境的主界面，如图 A－5 所示。

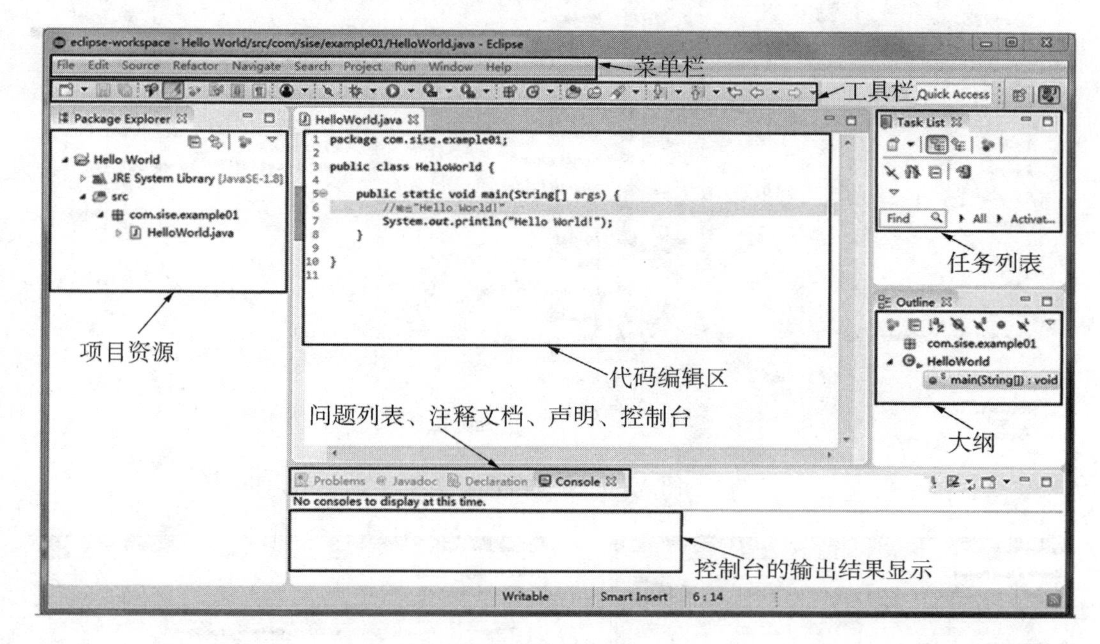

图 A－5　Eclipse 主界面

Eclipse 开发环境主界面主要分为以下几个部分：

①顶部为菜单栏、工具栏；

②左侧为项目资源导航，主要有包资源管理器；

③中间区域为代码编辑区；

④右侧为程序文件分析工具，主要有任务列表、大纲；

⑤底部为信息显示区域，主要有编译问题列表、运行结果输出等。

A. 4　Eclipse 常用操作

在 Eclipse 集成开发环境中常用的操作主要有新建项目、创建包、创建类文件、编写代码、编译运行、查看结果、项目导入等几个方面。下面对这些常用操作进行详细介绍。

1. 新建 Java 项目

【步骤 1】选择 File→New→Java Project 菜单项，如图 A－6 所示；或直接在项目资源管理器空白处右击，在弹出菜单中选择 New→Java Project 菜单项。

【步骤 2】弹出 New Java Project 对话框，如图 A－7 所示，在“Project name”文本框中输入项目名称，并选择相应的 JRE，单击“Next”按钮。

【步骤 3】进入项目设置对话框，如图 A－8 所示。在该对话框不需要做任何改动，直接单击“Finish”按钮，完成项目创建。

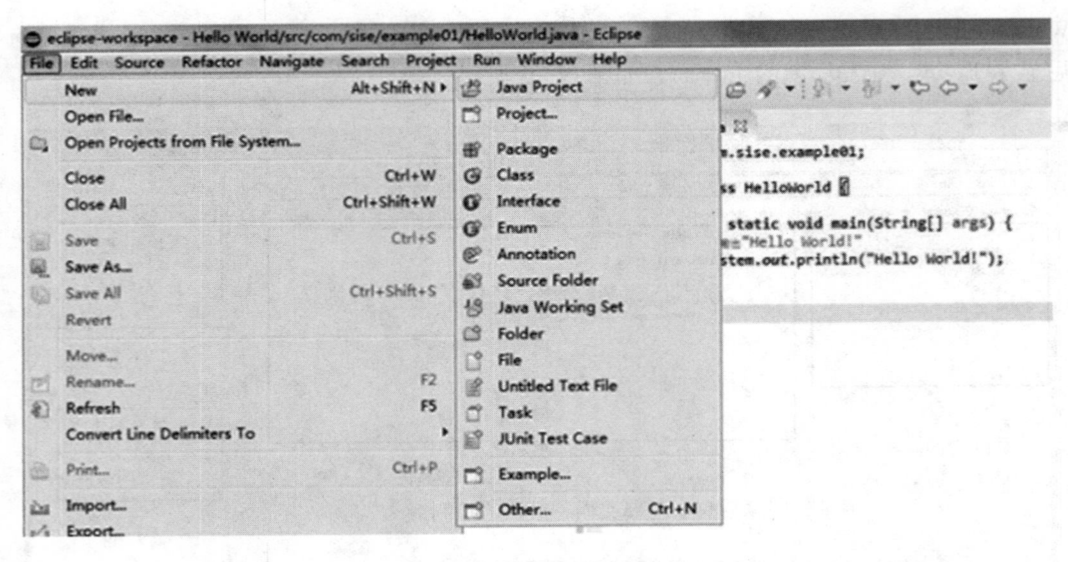

图 A－6　新建项目菜单

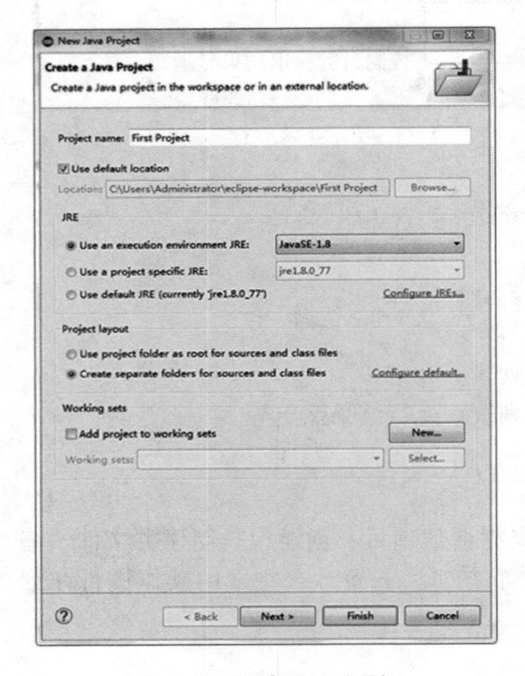

图 A－7　新建项目对话框

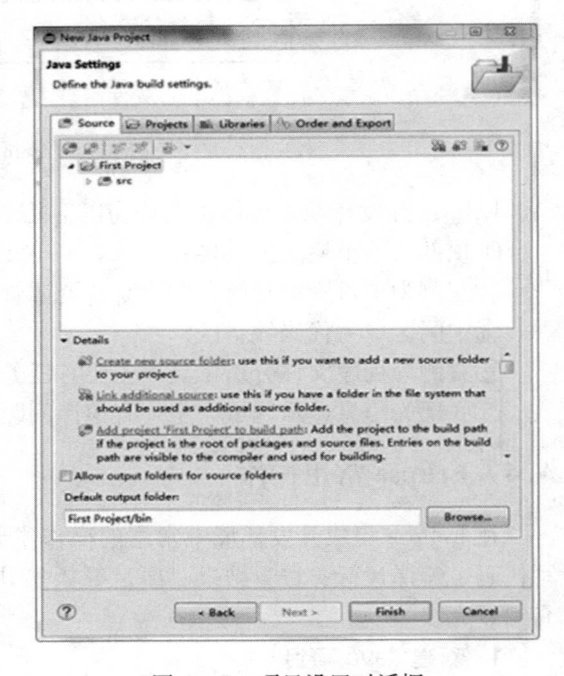

图 A－8　项目设置对话框

2. 新建包

【步骤 1】在要创建包的项目中选择 src 节点右击，在弹出的菜单中选择 New→Package 菜单项，如图 A－9 所示。

【步骤 2】在弹出的新建包对话框中，输入包名，然后单击“Finish”按钮，完成包的创建，如图 A－10 所示。

图 A－9　新建包菜单

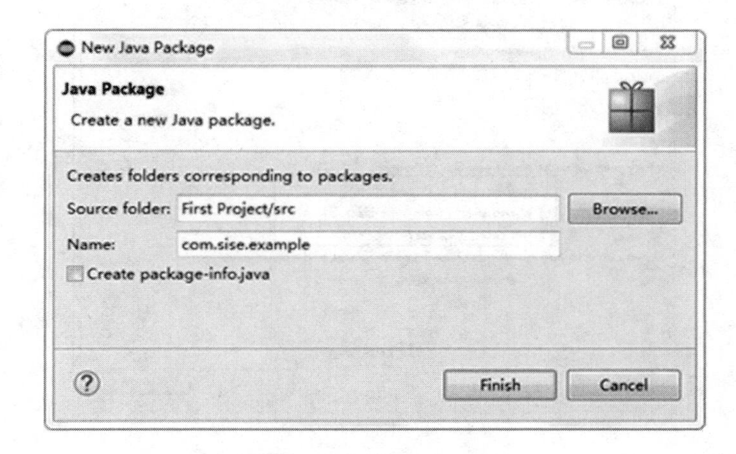

图 A－10　新建包对话框

3. 新建类

【步骤 1】在要创建类的项目中的 src 节点下的包上右击，在弹出的菜单中依次选择 New→Class 菜单项，如图 A－11 所示。

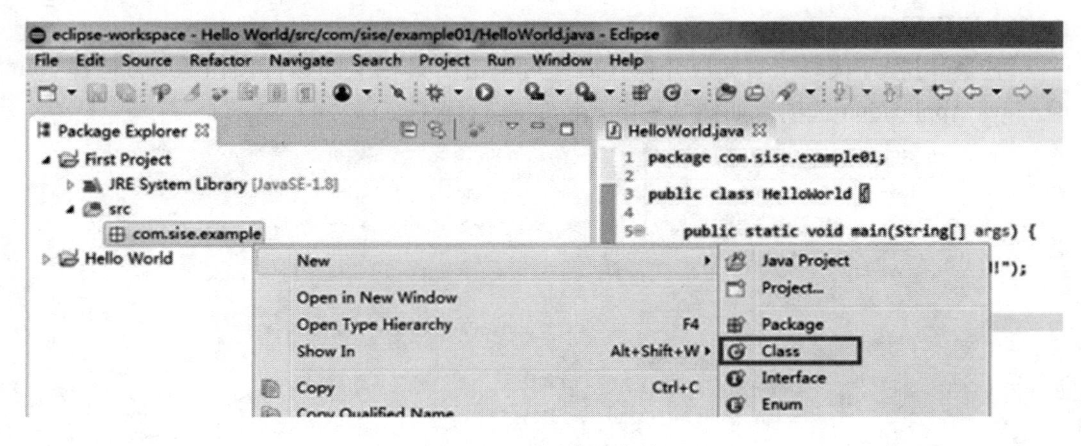

图 A－11　新建类菜单

【步骤2】在弹出的新建类对话框中，在Name文本框中输入类名如“Hello”，选中public static void main(String[] args)选项，然后单击“Finish”按钮，完成类的创建，如图A-12所示。

图A-12　新建类对话框

【步骤3】新建类后，Eclipse会自动打开新建类文件代码编辑窗口，在代码编辑窗口即可编写Java代码，代码编写完成后单击工具栏上的“保存”按钮，或者按“Ctrl+S”快捷键保存代码。

4. 运行程序

【步骤1】程序代码编写完成并保存后，可单击工具栏上的运行按钮，选择Run as→Java Application选项，如图A-13所示，运行程序。

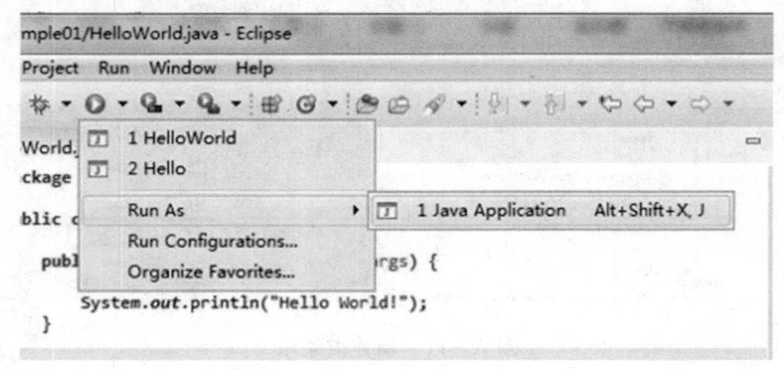

图A-13　运行Java程序

【步骤2】程序运行后，在 Eclipse 底部的“Console”选项卡中显示输出运行结果，如图 A－14 所示。

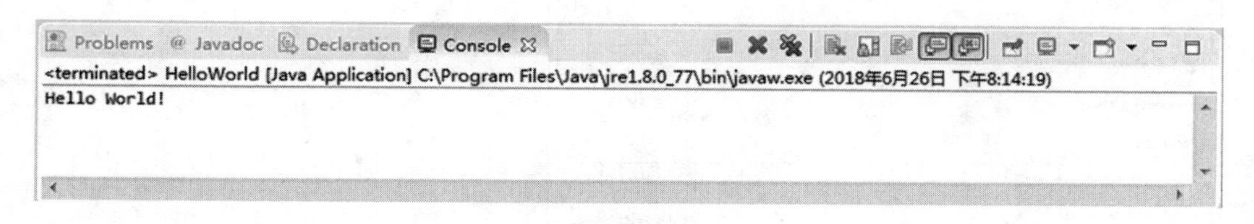

图 A－14　运行结果

5. Eclipse 项目导入

在开发过程中，经常会需要将未完成的项目导入到 Eclipse 中或从其它位置复制已有的项目，而避免项目重新创建的操作，可以通过 Eclipse 的导入功能，将这些项目导入到 Eclipse 的工作空间。

【步骤1】选择 File→Import 菜单项，如图 A－15 所示。

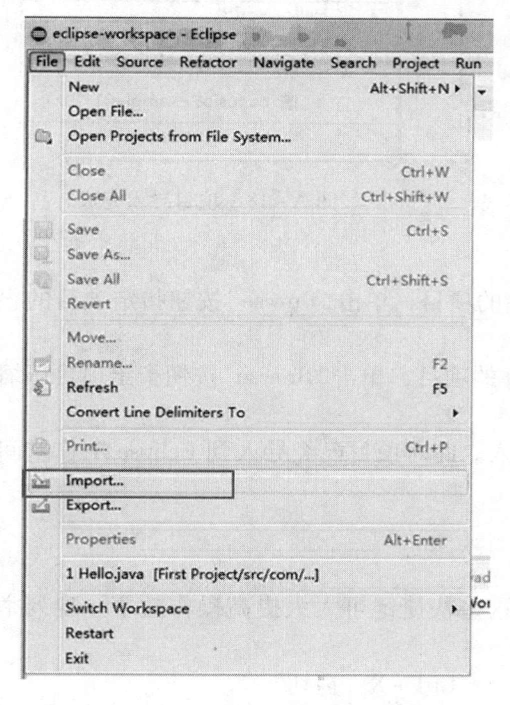

图 A－15　导入项目菜单

图 A－16　导入项目类型

【步骤2】在弹出的对话框中，选中 General→Existing Projects into Workspace 选项，如图 A－16 所示。

【步骤3】单击“Next”按钮，弹出导入项目窗口，如图 A－17 所示。

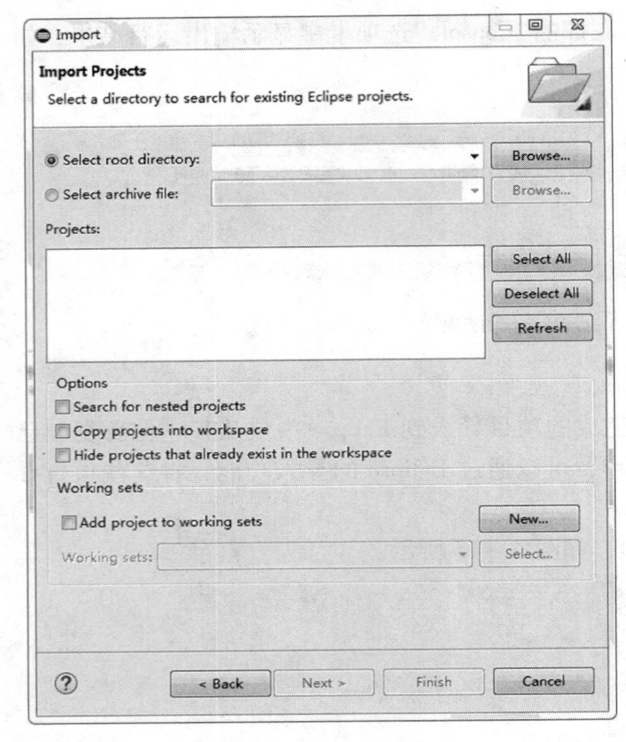

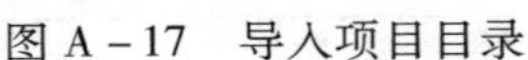
图 A－17　导入项目目录

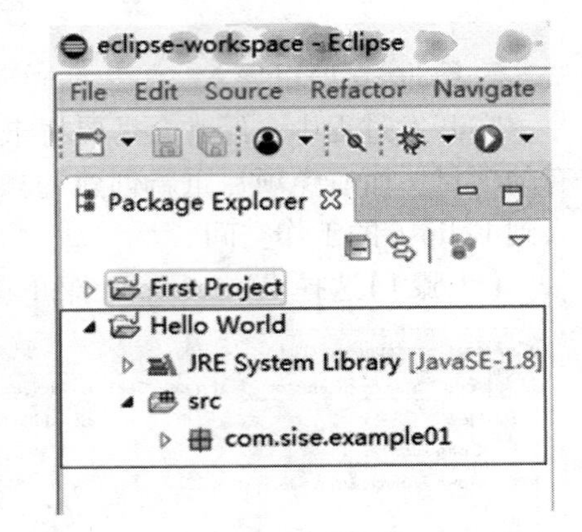

图 A－18　项目导入完成

在该窗口中，可导入两种类型的项目：

①项目根目录，即导入以文件夹形式存储的项目，单击“Browse”按钮指定项目的根目录即可。

②项目压缩文件，即导入压缩成.zip 文件的项目，单击“Browse”按钮指定项目压缩文件即可。

【步骤 3】单击“Finish”按钮，完成项目导入。此时项目已经导入到 Eclipse 工作空间中，如图 A－18 所示。

A.5　Eclipse 快捷键

在 Eclipse 中提供一系列的快捷键，使用这些快捷键可大大提高操作效率。现列举少量常用快捷键。

Ctrl + Shift + F：自动格式化代码
Ctril + Shift + O：自动引入所需要的包
Ctrl +／：添加或消除//注释
Ctrl + F：查找并替换
Ctrl + K：查找下一个
Ctrl + A：全部选中
Ctrl + V：粘贴
Ctrl + C：复制
Ctrl + X：剪切
Ctrl + Z：撤销
Ctrl + Y：重做
Ctrl + Shift + B：添加/去除断点
Shift + F5：使用过滤器单步执行
Ctrl + U：执行
F5：单步跳入
F11：调试上次启动
F8：继续

附录B　WindowBuilder 的安装与使用

Eclipse 之所以能适用于不同语言的开发，主要原因是有强大的插件库。WindowBuilder 是 Java 可视化开发插件，在 Eclipse 中安装上 WindowBuilder 即可进行 Java 可视化开发，减少代码编写量，提高开发效率。下面介绍 WindowBuilder 的安装与使用。

B.1　WindowBuilder 的安装

Eclipse 插件的安装主要有两种方式：第一种是在线安装；第二种是离线安装，即先将插件压缩包下载，然后再安装。这里推荐使用第二种方式。

【步骤 1】到 WindowBuilder 插件包的官方地址

http：//www. eclipse. org/windowbuilder/download. php

下载适合 Eclipse 版本的 WindowBuilder 插件，如图 B－1 所示。

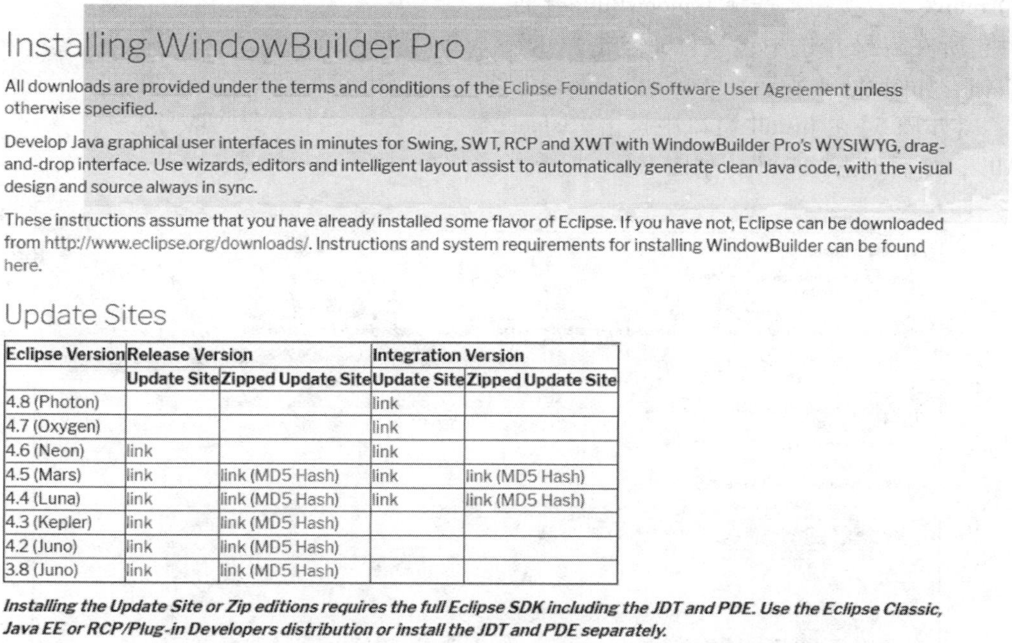

Installing WindowBuilder Pro

All downloads are provided under the terms and conditions of the Eclipse Foundation Software User Agreement unless otherwise specified.

Develop Java graphical user interfaces in minutes for Swing, SWT, RCP and XWT with WindowBuilder Pro's WYSIWYG, drag-and-drop interface. Use wizards, editors and intelligent layout assist to automatically generate clean Java code, with the visual design and source always in sync.

These instructions assume that you have already installed some flavor of Eclipse. If you have not, Eclipse can be downloaded from http://www.eclipse.org/downloads/. Instructions and system requirements for installing WindowBuilder can be found here.

Update Sites

Eclipse Version	Release Version		Integration Version	
	Update Site	Zipped Update Site	Update Site	Zipped Update Site
4.8 (Photon)			link	
4.7 (Oxygen)			link	
4.6 (Neon)	link		link	
4.5 (Mars)	link	link (MD5 Hash)	link	link (MD5 Hash)
4.4 (Luna)	link	link (MD5 Hash)	link	link (MD5 Hash)
4.3 (Kepler)	link	link (MD5 Hash)		
4.2 (Juno)	link	link (MD5 Hash)		
3.8 (Juno)	link	link (MD5 Hash)		

Installing the Update Site or Zip editions requires the full Eclipse SDK including the JDT and PDE. Use the Eclipse Classic, Java EE or RCP/Plug-in Developers distribution or install the JDT and PDE separately.

图 B－1　WindowBuilder 插件下载页面

目前 Eclipse 4. 7 和 Eclipse 4. 8 版本只能在线安装。

【步骤 2】打开 Eclipse，选择 Help→Install New Software. . . ，如图 B－2 所示。

【步骤 3】在打开的 Install 窗口中，点击右边的“Add. . . ”按钮，如图 B－3 所示。

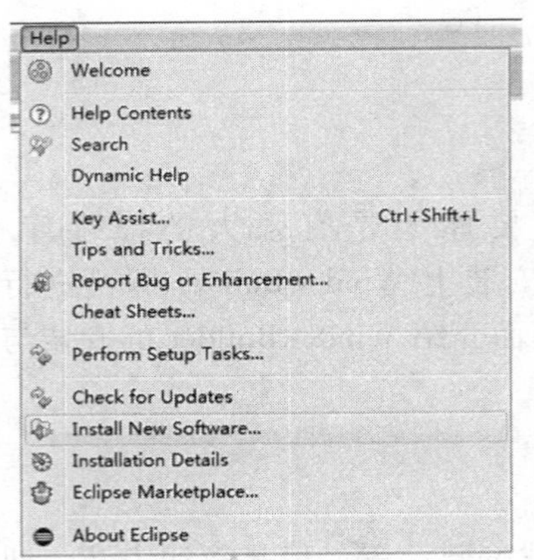

图 B－2　选择安装插件

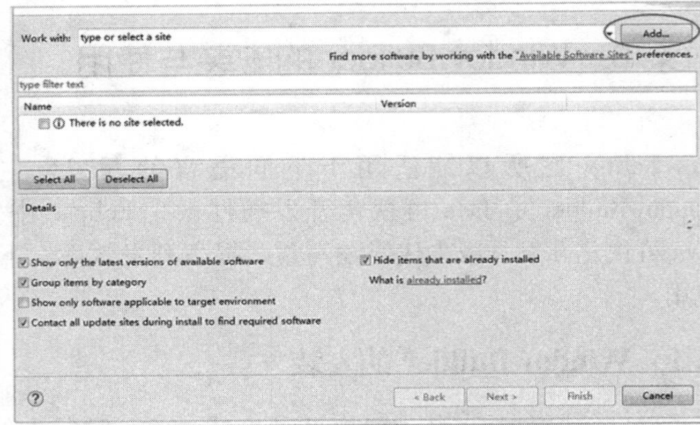

图 B－3　Install 窗口

【步骤 4】在 Add Repository 窗口中，在 Name 文本框输入插件名称，如 WindowBuilder，然后点击 Location 右边的“Archive...”按钮，选择 WindowBuilder 插件包所在目录并选中包文件，点击“OK”按钮，如图 B－4 所示。

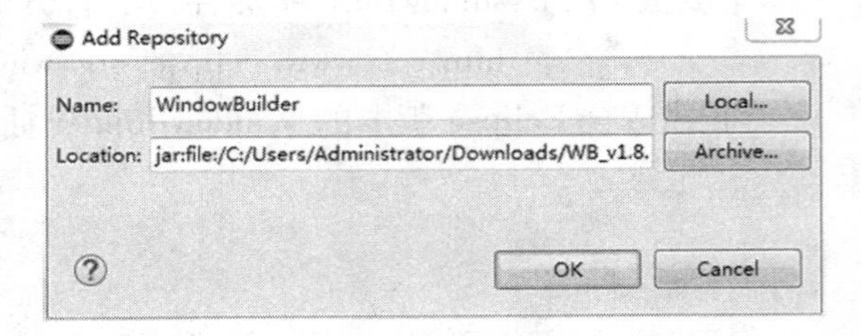

图 B－4　Add Repository 窗口

【步骤 5】在 Install 窗口中点击“Select All”，然后点击“Next”，如图 B－5 所示。

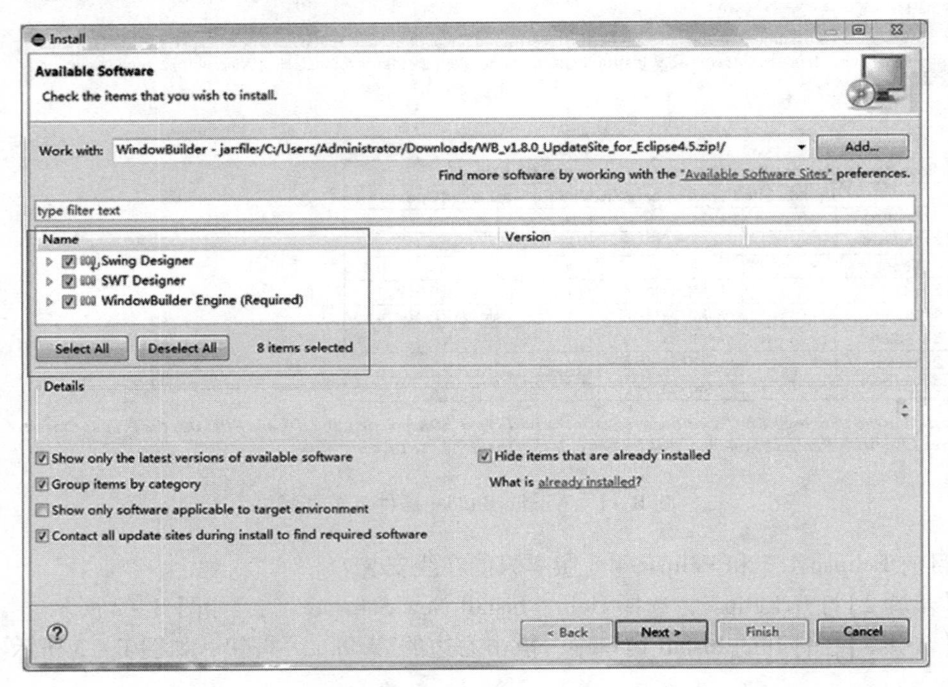

图 B－5　选择要安装的插件内容

【步骤6】在接下来的步骤中，一直点击“Next”，最后点击“Finish”即可完成WindowBuilder插件的安装。

WindowBuilder插件安装完成后需要重启Eclipse。

B.2 WindowBuilder的使用

WindowBuilder插件主要是为开发者提供可视化开发界面，减少代码编写量，提高开发效率。在使用WindowBuilder之前，需要先建立Java项目，然后在该项目下建立Swing Application。操作步骤如下：

【步骤1】新建一个Java Project，假定项目名称为WindowBuilderDemo，如图B-6所示。

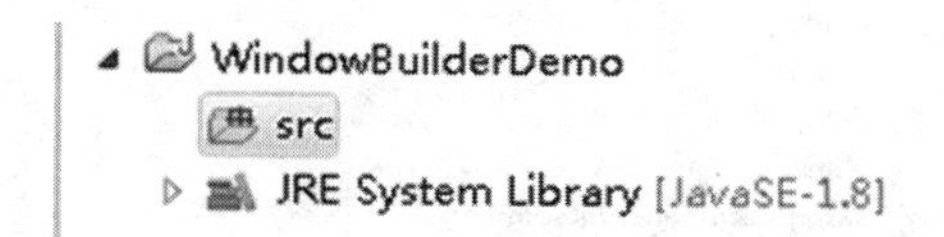

图B-6 新建Java Project项目

【步骤2】选中WindowBuilderDemo项目下的src目录，右击鼠标按钮，选择New→Other，如图B-7所示。

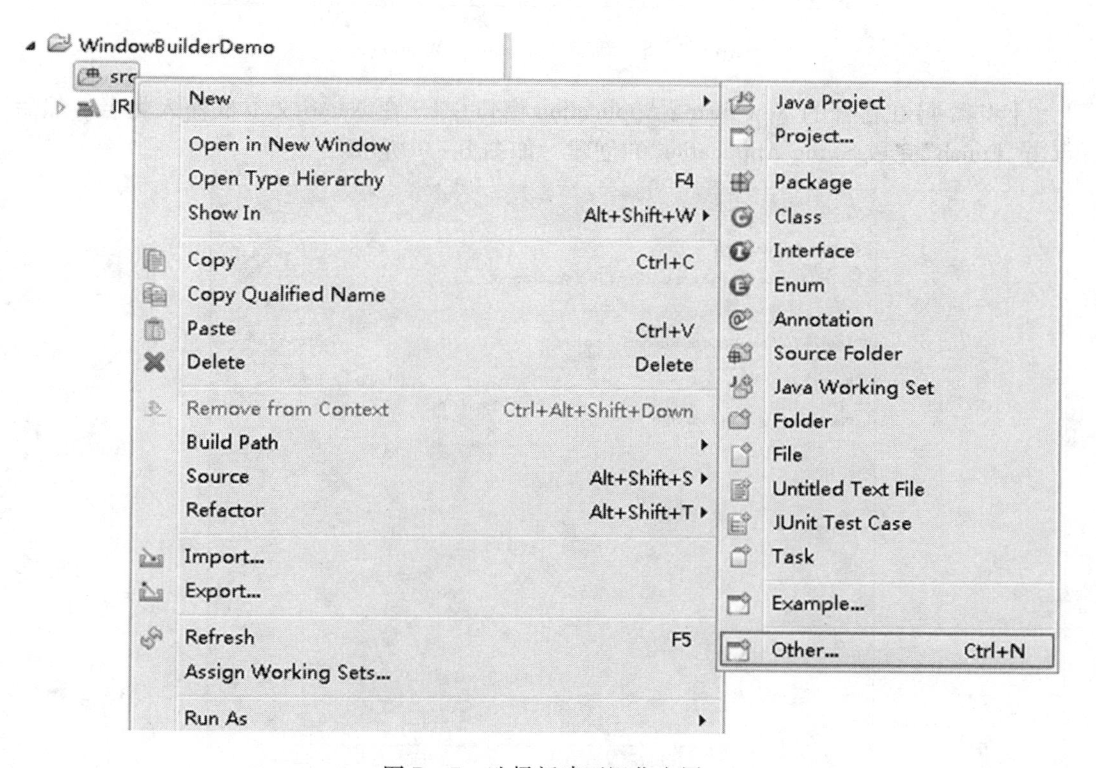

图B-7 选择新建可视化应用

【步骤3】在打开的 New 窗口中，选择 WindowBuilder→Swing Designer→Application Window，点击“Next”，如图 B-8 所示。

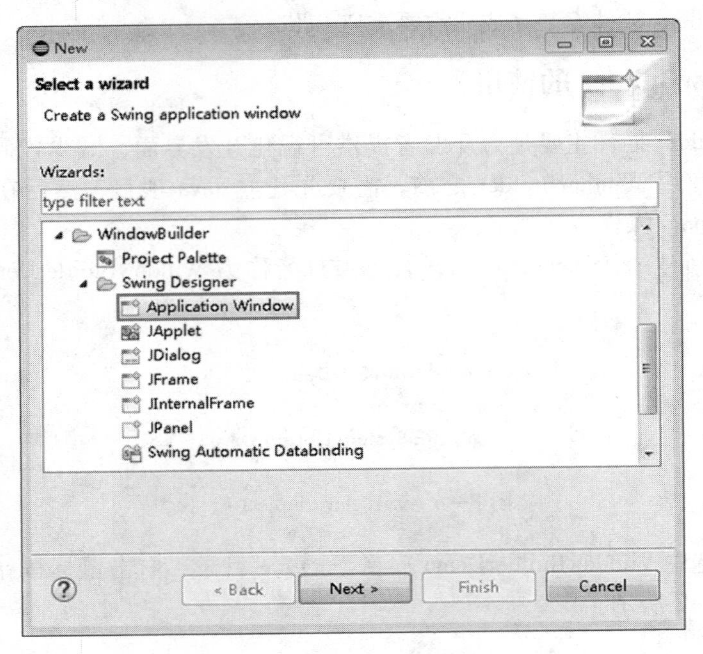

图 B-8　新建 Application Window

【步骤4】在打开的 New Swing Application 窗口中，在 Name 文本框输入类名，然后点击“Finish”完成 Swing Application 的创建，如图 B-9 所示。

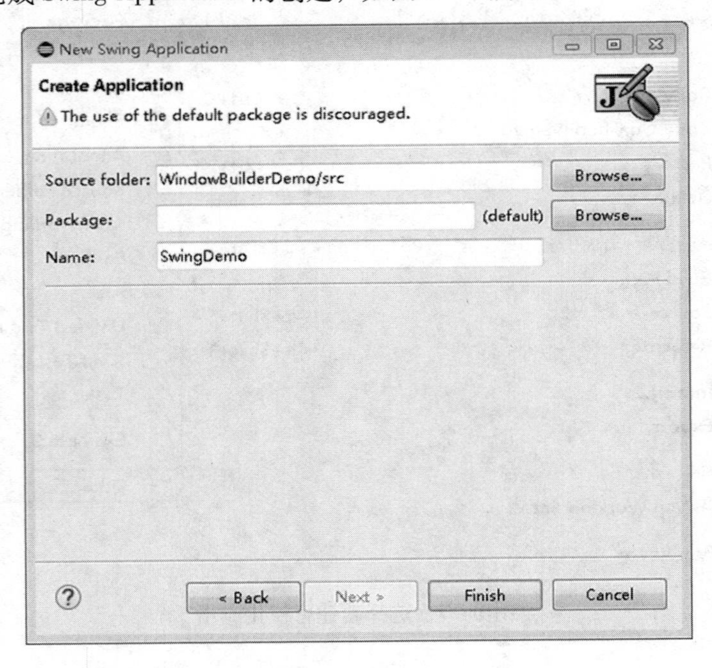

图 B-9　输入类名

Swing Application 创建完成后，会自动打开刚创建的类文件，在代码编辑框下方有个 Design 选项，如图 B－10 所示。点击“Design”选项，可打开设计界面，如图 B－11 所示。在 Design 界面，包含组件窗口、组件属性窗口、面板窗口等。其中面板窗口提供了可视化开发的各种组件，开发者可自由拖放组件到应用程序窗口，实现可视化开发。

Package Explorer
WindowBuilderDemo
src
(default package)
SwingDemo.java
JRE System Library [JavaSE-1.8]

SwingDemo.java

```java
import java.awt.EventQueue;

public class SwingDemo {

    private JFrame frame;

    /**
     * Launch the application.
     */
    public static void main(String[] args) {
        EventQueue.invokeLater(new Runnable() {
            public void run() {
                try {
                    SwingDemo window = new SwingDemo();
                    window.frame.setVisible(true);
                } catch (Exception e) {
                    e.printStackTrace();
                }
            }
        });
    }

    /**
     * Create the application.
     */
    public SwingDemo() {
        initialize();
    }

    /**
     * Initialize the contents of the frame.
     */
    private void initialize() {
        frame = new JFrame();
        frame.setBounds(100, 100, 450, 300);
        frame.setDefaultCloseOperation(JFrame.EXIT_ON_CLOSE);
    }

}
```

Source Design

图 B－10　SwingDemo 类代码

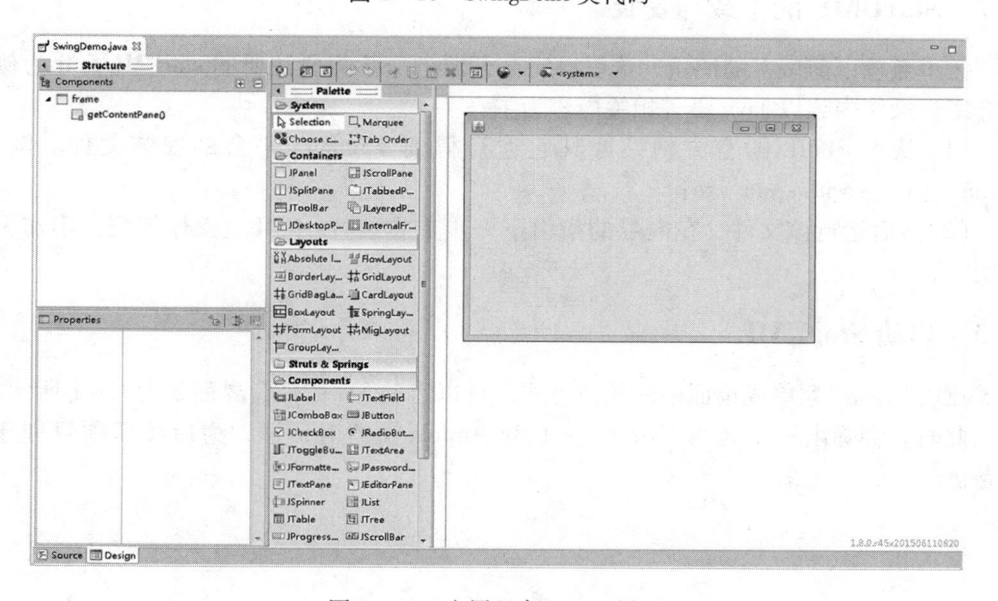

图 B－11　应用程序 Design 界面

附录

附录 C　StarUML 的安装与使用

C.1　StarUML 简介

StarUML(简称 SU)，是一个 UML 开发工具，可绘制多款 UML 图，StarUML 项目的目标是成为 RationalRose、Together 等商业 UML 工具的替代者。

StartUML 的特性：

(1)与 UML 2.x 标准元模型兼容，可绘制 11 款 UML 图，即类图、对象图、用例图、组件图、部署图、复合结构图、序列图、通信图、状态图、活动和配置文件图。

(2)可免费获取。早期的 StarUML 是开源、免费的，现在仍可免费下载试用版，也可购买功能更加强大的收费版本。

(3)多种格式影像文件。可导出 JPG、JPEG、BMP、EMF 和 WMF 等格式的影像文件。

(4)语法检验。StarUML 遵守 UML 的语法规则，不支持违反语法的动作。

(5)正反向工程。StarUML 可以依据类图的内容生成 Java、C ++ 、C#代码，也能够读取 Java、C ++ 、C#代码反向生成类图。

(6)支持 XMI。StarUML 接受 XMI 1.1、1.2 和 1.3 版的导入导出。

(7)导入 Rose 文件。StarUML 可以读取 Rational Rose 生成的文件。

(8)支持模式。支持 23 种 GoF 模式(Pattern)，以及 3 种 EJB 模式。

(9)多平台支持。包括 MacOS、Windows 和 Linux 平台。

C.2　StarUML 的下载与安装

为了兼顾以前版本的使用，这里以完全开源的、不需要注册的 starUML 5.0 为例进行介绍。操作内容以 Java 语言相关内容为主。

(1)从 StarUML 的官方网站或其它途径得到 Windows 平台的安装文件。例如：staruml－5.0－with－cm.exe；

(2)然后运行该文件，在向导的指引下一步步安装 StarUML。操作简便，不作更多说明。

C.3　启动 StarUML

点击"开始"菜单或桌面中的快捷方式，可以启动 StarUML，界面如图 C－1 所示。

此时，会弹出一个名为 New Project By Approach 的对话框，为后续新项目创建做准备。

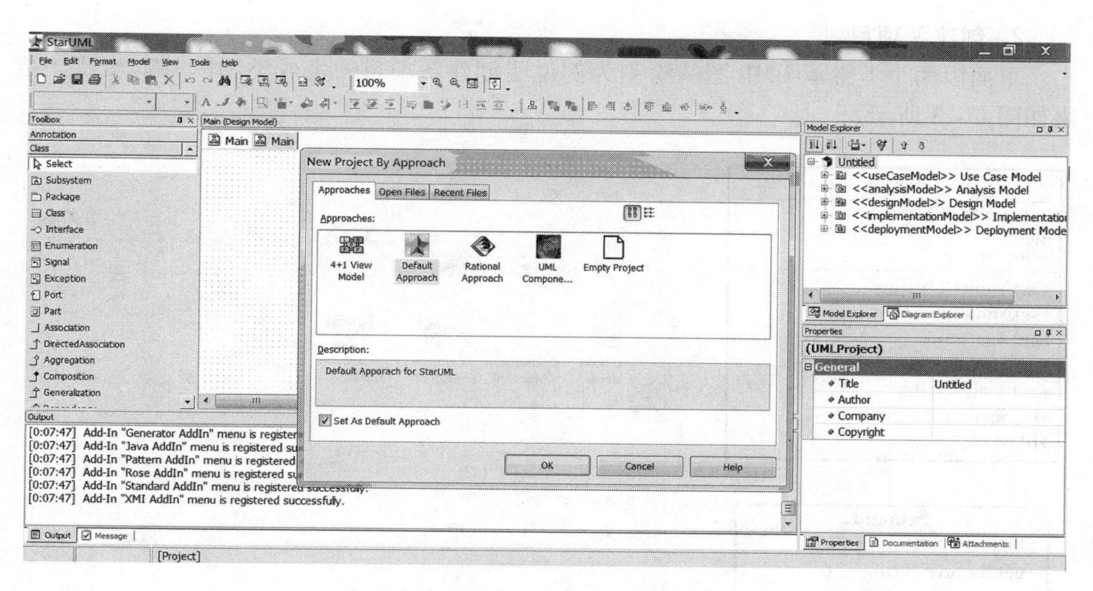

图 C－1　StarUML 界面

C. 4　StarUML 基本操作

1. StarUML 操作界面

StarUML 操作界面包括工具栏、工作区、UML 图例、模型视图、属性与方法编辑、结果输出等区域，如图 C－2 所示。

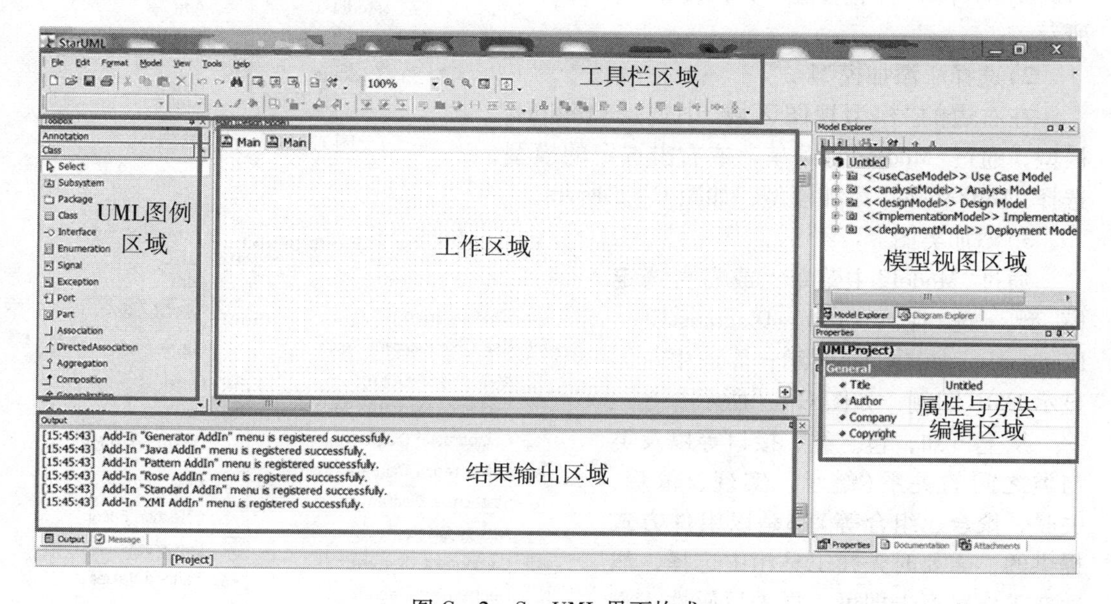

图 C－2　StarUML 界面构成

2. 创建新项目

下面以两个类继承 UML 图的绘制为例说明创建新项目、生成类图的基本步骤。结果如图 C－3 所示。

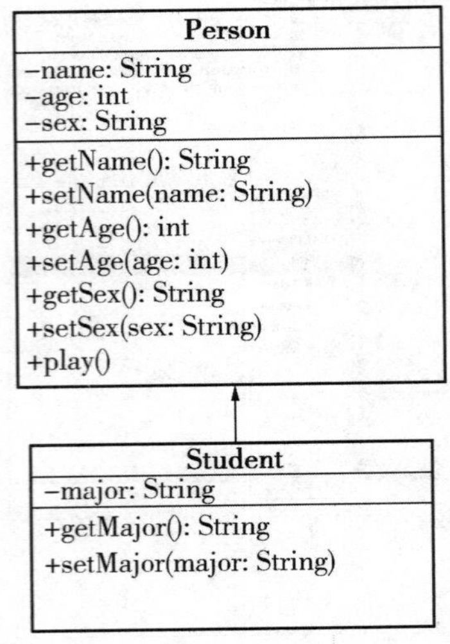

图 C－3　StarUML 生成的类图

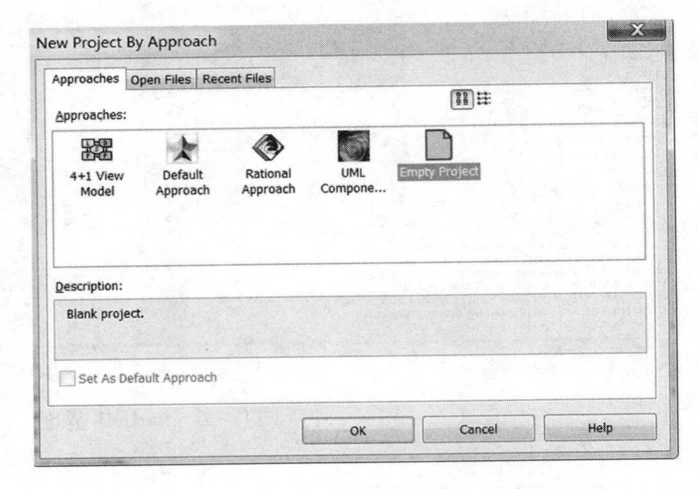

图 C－4　创建空项目

1）创建新项目

从 New Project By Approach 对话框中选择“Empty Project”并且点击“OK”按钮，如图 C－4 所示。

2）选择、添加模型

在右边的“模型视图区域”中选定“Untitled”模型，通过“Model”主菜单，或右击选定的模型，选择“Add/Model”添加模型，如图 C－5 所示。

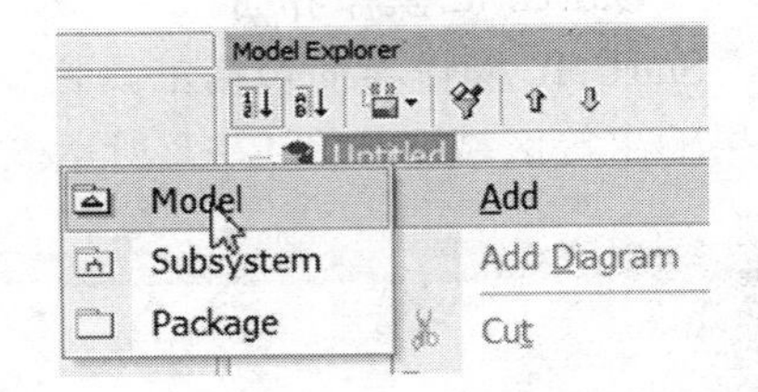

图 C－5　添加模型

3）添加类图

通过“Model”主菜单，或右击选定模型，选择“Add Diagram/Class Diagram”，如图C－6所示；界面中左侧显示 UML 图例，如图 C－7 所示。

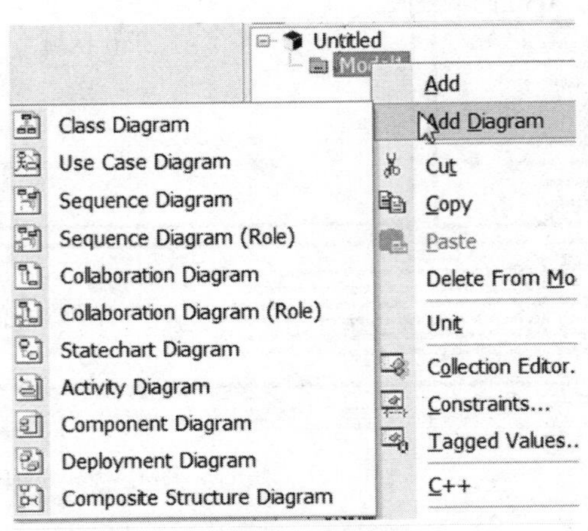

图 C－6　添加类图

从上可知，包、类、接口等以及类与类之间的关系（继承、实现、依赖、关联、聚合、组合等）都是以组件方式提供的，需要时先在工具箱中选择，然后在工作区点击即可，再进行属性、方法等设置。

注意：不同组件及类与类之间关系

图的表示以及线条、箭头的画法有专门要求，不能误用。

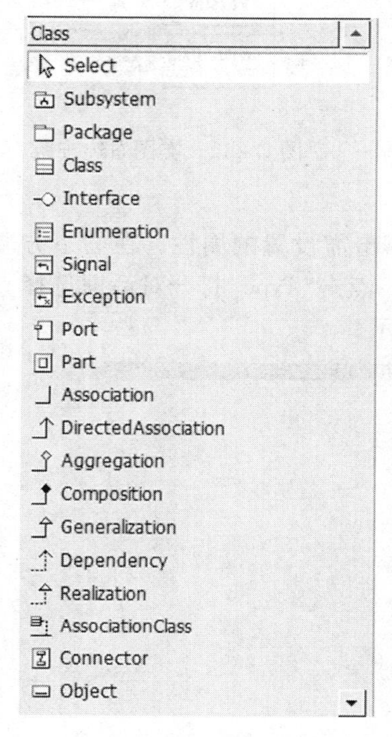

图 C－7　UML 图例

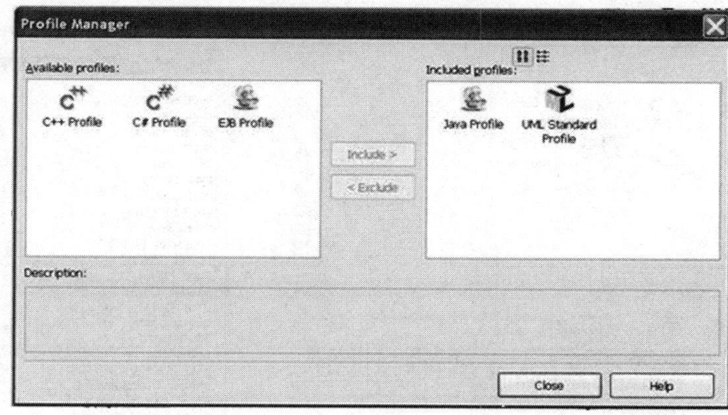

图 C－8　设置 profile

4）设置 profile

通过“Model/Profile...”菜单设置工程所需的 profile，这决定了工程所使用的规则和约定，一定要包含“Java Profile”这一项，如图 C－8 所示。

5）保存工程

为保证操作内容不丢失，应养成及时存盘的习惯。从“File”菜单中选择“Save”，按要求指定工程保存的目录位置和文件名（扩展名为 uml）即可。

6）创建类图

完成以上的操作后，开始真正创造图表，从左边的“工具箱”选择“Class”图标，然后用左键单击工作区的某处，这样就能创建一个类图，双击可将类改名，如图 C－9 所示。

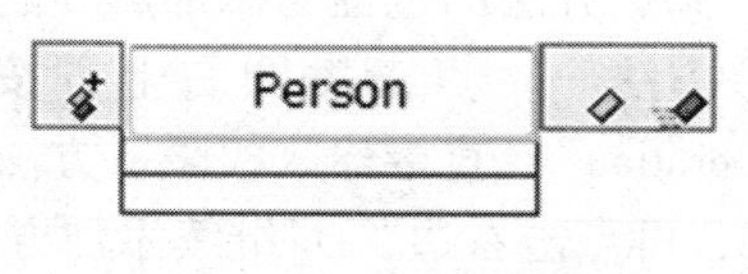

图 C－9　创建类图

7）为类添加属性、方法

（1）添加属性

点击类图右上方按钮或右击类图，在弹出的菜单中选择“Add”中的“Attribute”为其添加一个属性，直接输入权限、属性名和数据类型即可；再点击右边“＋”继续添加属性，如图 C－10—图 C－12 所示。双击属性可进行内容编辑。

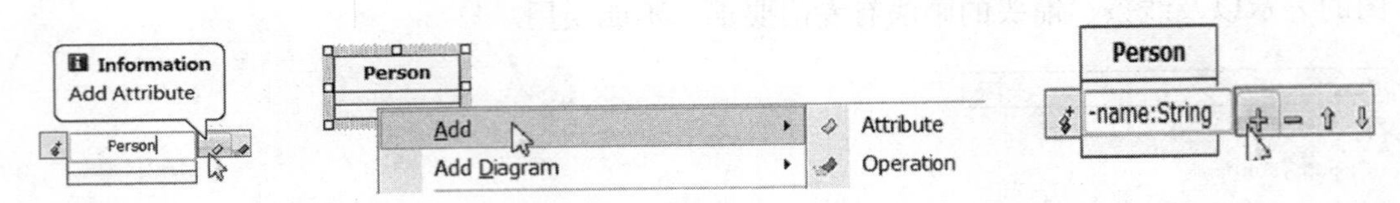

图 C－10　类图右上方按钮　　图 C－11　类图弹出式菜单　　图 C－12　类图右边按钮

设置属性的第二种方法：在右上方“模型视图区域”点击需设置的属性，在右下方的“属性编辑区域”输入属性名，选择“Visibility”设置权限，点击“Type”打开对话框选择数据类型(与 profile 设置有关)，如图 C－13、图 C－14 所示。

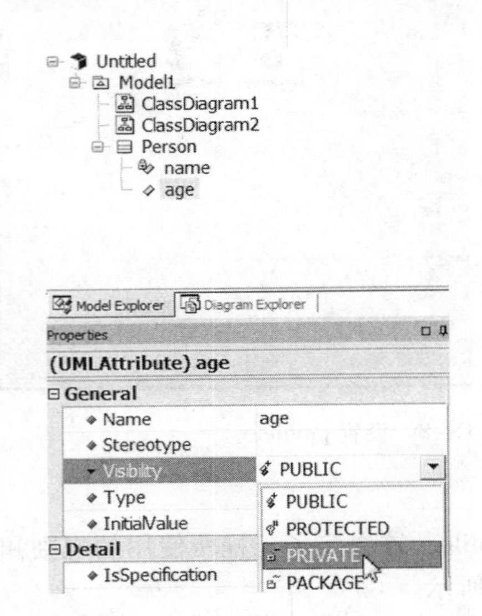

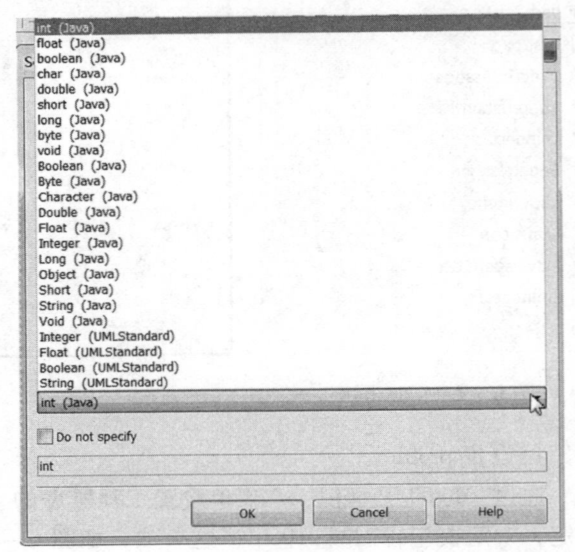

图 C－13　设置属性的名字、权限　　图 C－14　设置属性的数据类型

(2)添加方法

添加方法的过程与添加属性的操作比较类似。

方法一　点击类图右上方按钮或右击类图，在弹出的菜单中选择“Add”中的“Operation”，直接输入权限、方法名、参数名与数据类型及方法返回类型(void 类型空着)，再点击右边“＋”继续添加方法，如图 C－15—图 C－17 所示，双击方法可进行内容修改。

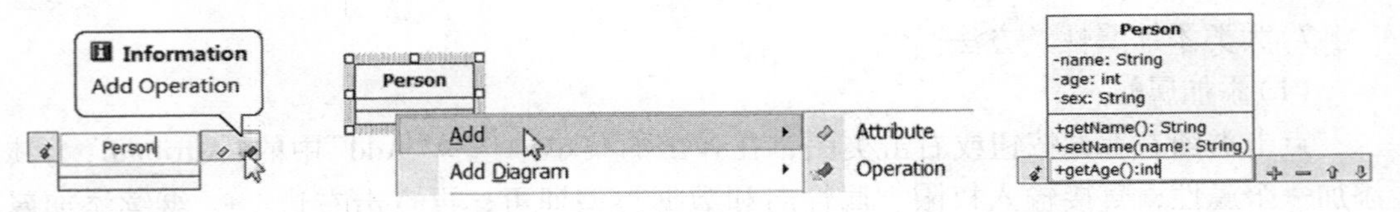

图 C－15　类图右上方按钮　　图 C－16　类图弹出式菜单　　图 C－17　类图右边按钮

方法二 在右上方"模型视图区域"点击需设置的方法，在右下方的"方法编辑区域"输入方法名、选择权限，点击"IsAbstract"后面的方框可设置抽象方法，选择"Parameters"对话框可插入参数名，点出"Type"可选择参数类型，如图 C-18 所示。

特别需要指出的是，设置方法的返回值数据类型操作与设置参数类型操作相同，不同点是参数名任意，需要点击"DirectionKind"选择"RETURN"值，如图 C-19 所示。

通过上述方法，为 Person 类设置好属性与方法，得到如图 C-20 所示结果。

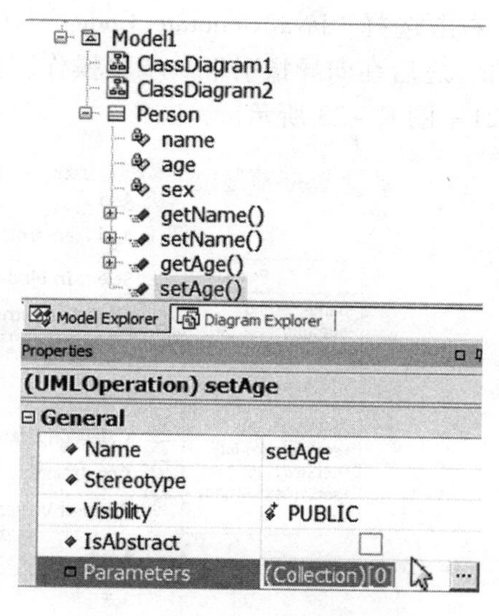

图 C-18 设置方法的参数

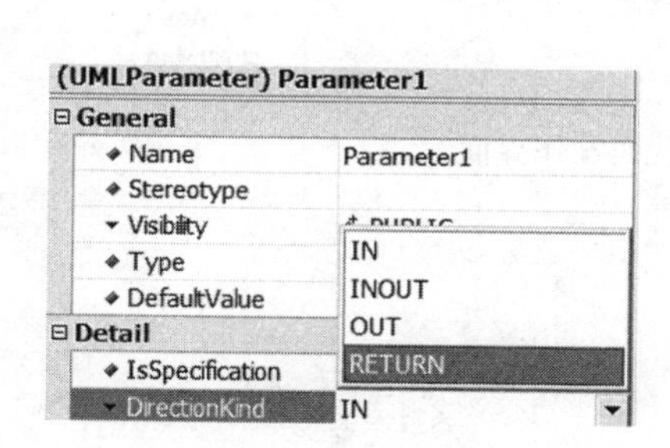

图 C-19 设置方法的返回值类型

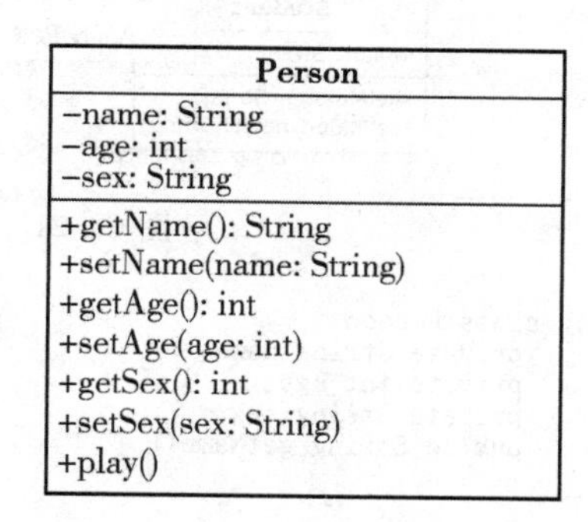

图 C-20 Person 类 UML 图

使用类似方法，在工作区下方创建子类 Student 的 UML 类图，只需要设置该类新增的属性和方法即可。

8）为类与类之间建立联系并保存

从左边的"工具箱"选择"Generalization"图标，然后从下方的 Student 类拖向上方的 Person 类，即可得到图 C-3 所示结果，并进行保存。

9）导出

将 UML 图表导出为图片等格式，操作方法：选择"File"菜单的"Export Diagram"，选择图片的文件类型、指定文件名即可。

C.5 正向工程与逆向工程

1. 正向工程

正向工程即将 UML 类图转换为 Java 代码。操作方法：先选定需要转换类的 UML

图，右击选择“Java/Generate Code…”（或选择“Tools”菜单下的“Java/Generate Code…”），之后在向导指引下一步步操作，指定生成Java程序存放的目录即可保存，如图C－21—图C－23所示。

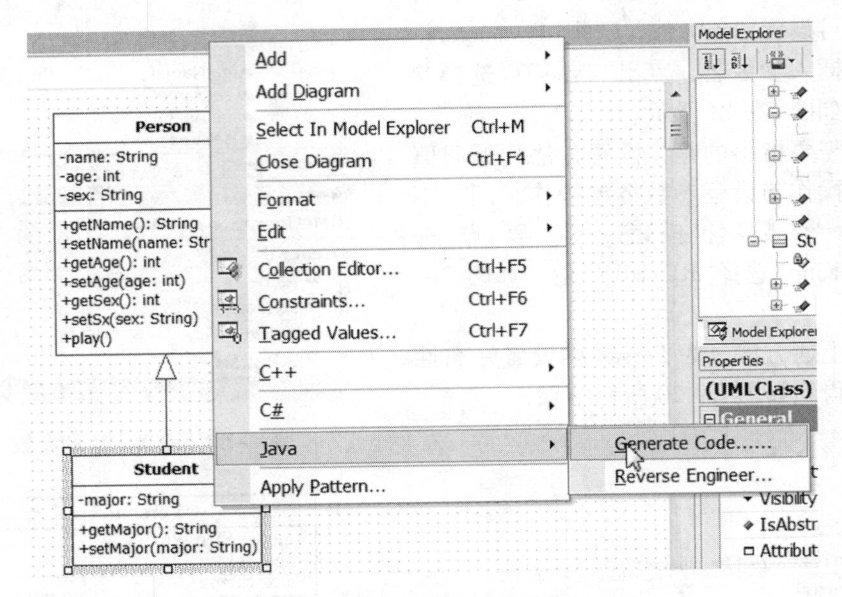

图C－21　由类图生成代码操作界面

```
public class Person {
    private String name;
    private int age;
    private String sex;
    public String getName() {

    }
    public void setName(String name) {

    }
    public int getAge() {

    }
    public void setAge(int age) {

    }
    public String getSex() {

    }
    public void setSex(String sex) {

    }
}
```

图C－22　生成Person类代码

```
public class Student extends Person {
    private String major;
    public String getMajor() {

    }

    public void setMajor(String major) {

    }
}
```

图C－23　生成Student类代码

2. 逆向工程

逆向工程即将Java代码转换为UML类图。操作方法：右击工作区选择“Java/Reverse Engineer...”，之后指定需要转换的Java源程序代码，设置相关选项，在向导指引下一步步操作即可。

C.6 设计模式的展示

设计模式的入门知识在实验5、实验6中已述及，再对单例模式和简单工厂模式进行简介。在StarUML中能显示GOF设计模式的UML类图。操作方法：右击工作区选择“Apply Pattern...”，打开对话框，之后选定GOF设计模式，在向导指引下一步步操作即可，如图C-24、图C-25所示。

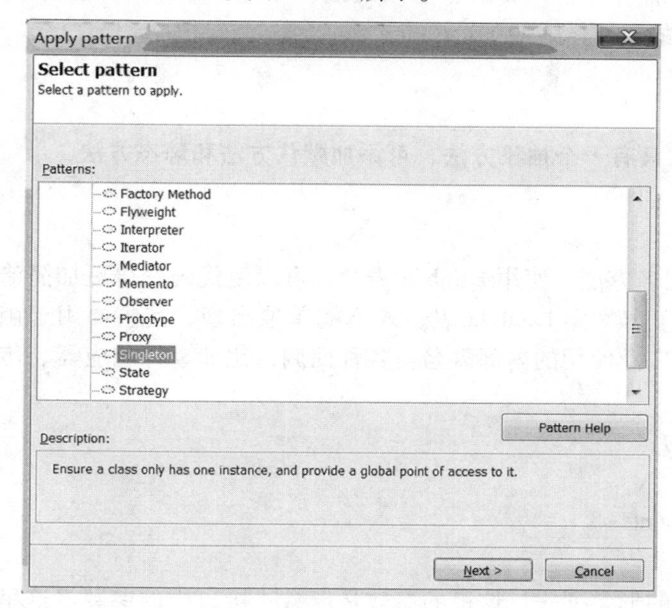

图C-24 选择设计模式

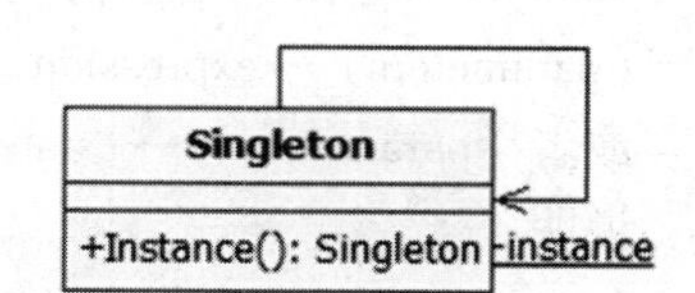

图C-25 单例模式的UML图

附录D Java SE高版本的新特性

Oracle公司于2014年3月18日发布了Java 8(又称为JDK1.8)，是Java语言开发的一个主要版本。相比以前发布的版本，Java 8是一次重大的版本升级，新增了许多新特性，如支持函数式编程、新的JavaScript引擎、新的日期API、新的Stream API等。这里主要介绍以下几项新特性：①函数式接口和Lambda表达式；②接口的默认方法和静态方法；③Java注解；④方法引用；⑤Date Time API；⑥Optional类；⑦Nashorn JavaScript引擎。

D.1 函数式接口和Lambda表达式

1. 函数式接口

函数式接口(Functional Interface)是一个有且仅有一个抽象方法，但是可以有多个非抽象方法的接口。比如，Java标准库中的java.lang.Runnable，java.util.concurrent.Callable

就是典型的函数式接口。函数式接口主要是为 Lambda 表达式而设计的。

在 Java 8 中通过@ FunctionalInterface 注解，将一个接口标注为函数式接口。该接口只能包含一个抽象方法，但可以包含多个非抽象方法，如接口的默认方法。@ FunctionalInterface注解不是必需的，只要接口只包含一个抽象方法，Java 虚拟机会自动判断该接口为函数式接口。一般建议在接口上使用@ FunctionalInterface 注解进行声明，以免他人错误地往接口中添加新方法。如果在函数式接口中定义了第二个抽象方法，编译器会报错。函数式接口的声明格式如下：

```
@FunctionalInterface
public interface Func{
    void run();     //有且只有一个抽象方法，可添加默认方法和静态方法
}
```

2. Lambda 表达式

Lambda 表达式实质是一个匿名方法，使用 Lambda 表达式可以使代码变得更加简洁紧凑，减少代码冗余，提高程序可读性。Lambda 表达式不能单独出现，其主要用于函数式接口的实现，用于替换以前广泛使用的内部匿名类各种回调，比如事件响应器、传入 Thread 类的 Runnable 等。

Lambda 表达式的语法格式为：

(parameters) →expression

或者 (parameters) →{statements;}

说明：

(1) parameters　类似方法中的形参列表，这里的参数是函数式接口中的参数。这里的参数类型可以明确地声明，也可不声明而由 JVM 隐含地推断，当只有一个参数时可以省略括号。

(2) →　可以理解为“被用于”的意思。

(3) 方法体　可以是表达式也可以是代码块。如果是表达式，可以省略大括号，用于实现函数式接口中的方法。这个方法体可以有返回值，也可以没有返回值。

应用举例：

```
//定义一个函数式接口 LambdaDemo1,该接口有且只有一个抽象方法
public interface LambdaDemo1 {
    abstract void print(); //该方法可通过 Lambda 表达式实现,而不需编写实现类
}
//定义另一个函数式接口 LambdaDemo2
public interface LambdaDemo2{
    int Add(int a,int b);
}
public class Main {
    public static void main(String[] args) {
//声明 Lambda 表达式,实现函数式接口 LambdaDemo1 的 print()方法,该方法没有参数,并且执行语句只有 1 条
    LambdaDemo1 ld = () - > System.out.println("测试无参");
```

```
    ld.print();
    //声明 lambda 表达式,有两个参数
    LambdaDemo2 ld2 = (a,b) - > {
        return a - b;
    };
    System.out.println(ld2.Add(2, 1));
    }
}
```

程序运行结果：

```
测试无参
3
```

关于 Lambda 表达式的新特性还很多，有需要的读者可阅读相关文档。

D.2 接口的默认方法和静态方法

在 Java 8 之前的版本中，接口的方法必须都为抽象方法，也就是说接口中不允许有接口的实现。这样的弊端是，如果新增了接口方法，则必须修改所有的接口实现类。因此，Java 设计人员引入了接口默认方法，其目的是解决接口的修改与已有的实现不兼容的问题，接口默认方法可以作为库、框架向前兼容的一种手段。

1. 接口的默认方法

接口的默认方法就像一个普通 Java 方法，方法前用 default 关键字修饰。其语法格式为：

```
public interface Student{
  //定义一个默认方法
  default void display(){
        System.out.println("I am a Student!");
  }
}
```

2. 接口的静态方法

Java 8 的另一个特性是接口可以声明(并且可以提供实现)静态方法。这里要注意静态方法的权限修饰只能是 public 或者不写。

默认方法和静态方法的应用举例：

```
public interface DefaultDemo {
    default void defaultMethod(){
            System.out.println("这是默认方法");
    }
    static void staticMethod() {
            System.out.println("这是静态方法");
    }
}
```

D.3 Java 注解

Java 注解是指对程序中的某部分代码块提供一些信息，但并不直接作用于所注解的代码内容。JDK 从 Java1.5 开始引入了注解，当前许多 Java 框架中大量使用了注解，如 Spring、Hibernate、Jersey 等。读者在学习过程中要注意注解与注释的区别。

1. 注解的语法

注解的语法比较简单，使用@ 符号加注解名即可，如常见的@ Override。

Java 中内置了三种标准注解和五种元注解。下面对这几种注解进行说明。

(1)三种标准注解。

@ Override：用于标明此方法覆盖了父类的方法。

@ Deprecated：用于标明已经过时的方法或类，编译器在编译阶段遇到这个注解时会发出提醒警告，告诉开发者正在调用一个过时的元素(比如过时的方法、过时的类或过时的成员变量)。

@ SuppressWarnings：用于有选择地关闭编译器对类、方法、成员变量、变量初始化的警告。

(2)五种元注解。所谓元注解就是标记其它注解的注解。在 Java 中除了以上三种内置注解，还提供了五种元注解。

@ Retention：英文意思为保留期。当 @ Retention 应用到一个注解上时，它解释说明了这个注解的存活时间。它的取值如下：

RetentionPolicy. SOURCE　注解只在源码阶段保留，在编译器进行编译时它将被丢弃忽视。

RetentionPolicy. CLASS　注解只被保留到编译进行的时候，它并不会被加载到 JVM 中。

RetentionPolicy. RUNTIME　注解可以保留到程序运行的时候，它会被加载进入到 JVM 中，所以在程序运行时可以获取到它们。

@ Documented：它的作用是能够将注解中的元素包含到 Javadoc 中。

@ Target：指定了注解运用的地方，当一个注解被 @ Target 注解时，这个注解就被限定了运用的场景。

@ Inherited：注解继承，允许子类继承父类中的注解。

@ Repeatable：@ Repeatable 是 Java 1.8 才加进来的，是 Java 8 的一个新特性，表示在同一个位置重复相同的注解。

2. 自定义注解

创建自定义注解和创建一个接口相似，但是注解的 interface 关键字需要以@ 符号开头。其基本语法格式如下：

```
权限 @ interface 注解名{
}
```

如定义一个名为 Demo 的注解，代码为：

```
@ Target(ElementType. METHOD)
```

```
@ Retention( RetentionPolicy. RUNTIME)
public @ interface Demo{
…
}
```

定义注解的时候需要用到元注解。上面用到了@ Target 和@ RetentionPolicy，分别表示@ Demo 只能用于方法上和该注解生存期是运行时。

.

D. 4 方法引用

方法引用是用来直接访问类或者实例的已经存在的方法或者构造方法。方法引用提供了一种引用而不执行方法的方式，它需要由兼容的函数式接口构成的目标类型上下文。计算时，方法引用会创建函数式接口的一个实例。方法引用实质上是 Lambda 表达式的一种特殊形式。方法引用和 Lambda 表达式配合使用，使得 Java 类的构造方法看起来紧凑而简洁。

方法引用的语法格式为：类名:: 方法名。（注意：只需要写方法名，不需要写括号）

方法引用可分为四种类型：①引用静态方法；②引用对象的实例方法；③引用了类型的任意对象的实例方法；④引用构造方法。

例 D－1 定义一个学生类 Student，该类包含 name 和 score 两个私有成员变量，同时有以下成员方法：构造方法（含两个参数）、setName( ) 方法、getName( ) 方法、setScore( ) 方法、getScore( ) 方法、compareStudentByScore(Student，Student) 方法。请构建 4 个学生，并根据学生分数对学生进行排序，输出学生的分数值。

```
//Student 类定义
public class Student {
    private String name;
    private int score;

//无参构造方法
    public Student(){
    }
//带参构造方法,对成员变量赋初值
    public Student(String name,int score){
        this.name=name;
        this.score=score;
    }
//获取学生姓名
    public String getName() {
        return name;
    }
```

```
//设置学生姓名
    public void setName(String name) {
        this.name=name;
    }
//获取学生分数
    public int getScore() {
        return score;
    }
//设置学生分数
    public void setScore(int score) {
        this.score=score;
}
//比较两个学生的分数
    public static int compareStudentByScore(Student student1,Student student2){
        return student1.getScore() - student2.getScore();
    }
}

//主类,构建四个学生对象,并根据分数对学生排序,输出学生成绩
import java.util.Arrays;
import java.util.List;

public class Main {
    public static void main(String[] args   {
        Student student1=new Student("zhangsan",60);
        Student student2=new Student("lisi",70);
        Student student3=new Student("wangwu",80);
        Student student4=new Student("zhaoliu",90);
        List < Student >  students = Arrays.asList (student1, student2, student3,
student4);
//以下两行代码为使用 Lambda 表达式实现排序和成绩输出
        students.sort(Student::compareStudentByScore);
        students.forEach(student  - > System.out.println(student.getScore()));
//以下两行代码使用方法引用代替 Lambda 表达式实现排序和成绩输出
        students.sort(Student::compareStudentByScore);
        students.forEach(student  - > System.out.println(student.getScore()));
        }
}
```

以上代码中，使用 List 存储多个学生对象，并调用 sort 方法进行排序。sort 方法接收一个 Comparator 函数式接口，接口中唯一的抽象方法 compare 接收两个参数返回一个

int 类型值，下面是 Comparator 接口定义：

```
@ FunctionalInterface
public interface Comparator < T > {
    int compare(T o1, T o2);
}
```

通过以上应用示例可以看出，方法引用主要用来代替 Lambda 表达式，使得代码更紧凑简洁。

D.5 Date Time API

Java 8 引入了新的 Date Time API(JSR 310)来改进时间、日期的处理，在包 java.time 下包含了一组全新的时间日期 API。新的时间日期库的最大的优点就在于它清晰地定义了时间日期相关的一些概念，比如瞬时时间(Instant)、持续时间(duration)、日期(date)、时间(time)、时区(time-zone)以及时间段(Period)。同时，它也借鉴了 Joda 库的一些优点，比如将人和机器对时间日期的理解区分开。Java 8 仍然延用了 ISO 的日历体系，并且与它的前辈们不同，java.time 包中的类是不可变且线程安全的。

下面是包 java.time 里面的一些关键的类：

(1)Instant　它代表的是时间戳。

(2)Clock　它代表时钟，提供了访问当前日期和时间的方法，可以用来取代 System.currentTimeMillis()和 TimeZone.getDefault()方法。Clock 是时区敏感的。

(3)LocalDate　不包含具体时间的日期，比如 2014-01-14。它可以用来存储生日、周年纪念日、入职日期等。

(4)LocalTime　它代表的是不含日期的时间。

(5)LocalDateTime　它包含了日期及时间，不过还是没有偏移信息或者说时区。

(6)ZonedDateTime　这是一个包含时区的完整的日期时间，偏移量是以 UTC/格林威治时间为基准的。

下面介绍常用的应用示例：

(1)获取当前时间戳

```
Instant timestamp = Instant.now();
System.out.println("当前时间戳:" + timestamp);
```

(2)使用 Clock 获取系统当前的时间，以微秒计数

```
Clock clock = Clock.systemDefaultZone(); //通过获取 Clock 实例
long millis = clock.millis();            //获取当前的时间，以微秒计数
```

(3)使用 LocalDate 获取系统当前日期

```
LocalDate today = LocalDate.now();
System.out.println("今天的日期是:" + today);
```

(4)获取当前日期的年月日信息

```
LocalDate today = LocalDate.now();
```

```
int year = today.getYear();
int month = today.getMonthValue();
int day = today.getDayOfMonth();
System.out.printf("年份：%d 月份：%d 日期：%d\t %n", year, month, day);
```

(5)使用 LocalTime 获取本地时间

```
LocalTime time = LocalTime.now();
System.out.println("当前时间：" + time);
```

D.6 Optional 类

Optional 类是一个可以为 null 的容器对象。如果值存在则 isPresent()方法会返回 true，调用 get()方法可以返回该对象。

Optional 是个容器，它可以保存类型 T 的值，或者仅仅保存 null。Optional 提供很多有用的方法，这样就不用显式进行空值检测。

Optional 类的引入很好地解决了空指针异常的问题。

(1)Optional 类的声明

在 Java 8 中 Optional 类的声明如下：

```
public final class Optional<T> extends Object
```

(2)Optional 类的方法

Optional 类提供的方法如表 D-1 所示。

表 D-1 Optional 类的方法

序号	方法与描述
1	static <T> Optional<T> empty()：返回空的 Optional 实例
2	boolean equals(Object obj)：判断其它对象是否等于 Optional
3	Optional<T> filter(Predicate<? super <T> predicate)：如果值存在，并且这个值匹配给定的 predicate，返回一个 Optional 用以描述这个值，否则返回一个空的 Optional
4	<U> Optional<U> flatMap(Function<? super T, Optional<U>> mapper)：如果值存在，返回基于 Optional 包含的映射方法的值，否则返回一个空的 Optional
5	Tget()：如果在这个 Optional 中包含这个值，返回值，否则抛出异常：NoSuchElementException
6	int hashCode()：返回存在值的哈希码，如果值不存在，返回 0
7	void ifPresent(Consumer<? super T> consumer)：如果值存在则使用该值调用 consumer，否则不做任何事情
8	boolean isPresent()：如果值存在则方法会返回 true，否则返回 false
9	<U>Optional<U> map(Function<? super T,? extends U> mapper)：如果存在该值，提供映射方法；如果返回非 null，返回一个 Optional 描述结果
10	static <T> Optional<T> of(T value)：返回一个指定非 null 值的 Optional

续表 D-1

序号	方法与描述
11	static <T> Optional<T> ofNullable(T value)：如果为非空，返回 Optional 描述的指定值，否则返回空的 Optional
12	T orElse(T other)：如果存在该值，返回值，否则返回 other
13	T orElseGet(Supplier<? extends T> other)：如果存在该值，返回值，否则触发 other，并返回 other 调用的结果
14	<X extends Throwable> T orElseThrow(Supplier<? extends X> exceptionSupplier)：如果存在该值，返回包含的值，否则抛出由 Supplier 继承的异常
15	String toString()：返回一个 Optional 的非空字符串，用来调试

D.7 Nashorn JavaScript 引擎

Nashorn 是 一个 javascript 引擎。从 JDK 1.8 开始，Nashorn 取代 Rhino(JDK 1.6, JDK1.7)成为 Java 的嵌入式 JavaScript 引擎。Nashorn 完全支持 ECMAScript 5.1 规范以及一些扩展。它使用基于 JSR 292 的新语言特性，其中包含在 JDK 7 中引入的 invokedynamic，将 JavaScript 编译成 Java 字节码。与先前的 Rhino 实现相比，Nashorn 带来了 2～10 倍的性能提升。

Nashorn 的一些新特性：

(1)jjs

jjs 是个基于 Nashorn 引擎的命令行工具。它接受一些 JavaScript 源代码为参数，并且执行这些源代码。jjs 语法：

jjs javaScript 文件名

(2)jjs 交互式编程

jjs 交互式编程使得可以在命令行环境下执行 JavaScript 源代码。如：

```
jjs
jjs > print("Hello, World!")
Hello, World!
jjs > quit()
```

(3)Java 中调用 JavaScript

使用 ScriptEngineManager，JavaScript 代码可以在 Java 中执行。如以下示例：

```
import javax.script.ScriptEngine;
import javax.script.ScriptEngineManager;
import javax.script.ScriptException;   /*  直接调用 JavaScript 代码  */
public class ScriptEngineTest {
public static void main(String[] args) {
  ScriptEngineManager manager = new ScriptEngineManager();
```

```
        ScriptEngine engine = manager.getEngineByName("javascript");
        try{
            engine.eval("var a = 3; var b = 4;print (a + b);");//调用 JavaScript 代码
        }catch(ScriptException e){
            e.printStackTrace();
        }
    }
}
```

输出结果：

```
7
```

(4)JavaScript 中调用 Java

通过 Nashorn 可以在 JavaScript 中调用 Java，包括访问 Java 类、导入 Java 包和类、使用 Java 数组、实现 Java 接口、扩展 Java 类等。下面以一个简单的例子说明如何在 JavaScript 中访问 Java 类。

javaScript 代码如下：

```
var ArrayList = Java.type("java.util.ArrayList");
var intType = Java.type("int");
var StringArrayType = Java.type("java.lang.String[]");
var int2DArrayType = Java.type("int[][]");
```

由以上代码可见，在 JavaScript 中访问 Java 类是通过访问 Java.type()函数实现的，该函数根据传入的完整类名返回对应对象的类型。